중국의 바이오에너지 산업

삼농(三農) 문제의 새로운 해법

■ 한 손에 잡히는 중국, 차이나하우스

중국의 바이오에너지 산업

삼농(三農) 문제의 새로운 해법

스위안춘(石元春) 저, 지성태 · 양철 역

차이나하우스

서 문

필자가 농업과학기술과 교육에 몸담은 지 벌써 반세기가 되었다. 우연한 기회에 요즘 세계적으로 핫이슈이자 가장 민감한 영역인 에너지분야에 뛰어들게 되었다.

2003년 중국 국무원은 〈국가 중장기 과학기술 발전계획國家中長期科學與技術發展規劃〉을 수립하고 전략연구팀을 구성하였으며, 필자가 농업팀 팀장을 맡게 되었다. 이는 집중해서 관련 자료를 읽고 문제를 사고할 수 있는 아주 좋은 기회였다. 왜 중국 농업은 현대화가 어렵고 중국 농민은 부유해지기 어려운가? 필자의 생각은 이렇다. 이는 계획경제모델하에서 공업과 농업의 이원화, 도시와 농촌의 이원화정책을 폄으로써 8억의 농민을 유한한 토지에 묶어두고 부가가치가 매우 낮은 식량과 농산물을 생산하도록 한 결과이다. 이 '봉쇄선'을 돌파하려면 반드시 농업의 전통적 생산라인을 농산물가공단계로까지 연장시켜야 한다.

이 시기에 미국 미네소타대학 교수인 롼룽성阮榕生이 필자를 찾아와 미국 바이오에너지 발전현황에 대해 언급하였고, 1999년 클린턴 정부에서 내놓은 〈바이오 상품과 바이오에너지 개발 및 촉진Developing and Promoting Biobased Products and Bioenergy〉 대통령령과 관련된 문건을 남기고 갔다. 필자는 단숨에 이 자료들을 완독하였으며, 특히 대통령령 가운데 다음과 같은 단락이 눈길을 끌었다. "현재 바이오 생산물과 바이오에너지 기술은 재생가능한 농림업 자원을 인류에게 필요한 전력 · 연료 · 화학물질 · 약품과 기타 물질을 만족시킬 공급원으로 전환시킬 잠재력을 가지고 있다. 이러한 영역의 기술진보는 미국 농촌에서 농민 · 임업종사자 · 목축업자와 상인에게 다량의 새롭고 고무적인 사업기회와 고용기회를 제공하고, 농림업 폐기물을 대상으로 한 새로운 시장을 형성하고, 아직까지 충분히 이용되지 않은 토지에 경제적 기회를 가져다줌은 물론 미국의 석유 수입 의존도와 온실가스 배출을 줄이고 공기와 수질을 개선할 수 있다."이 단락의 내용은 필자에게 마치 '신대륙'을 발견한 것 같은 기쁨과 흥분을 가져다주었으며, 원래 농산물가공 이외에도 이렇게 큰 에너지 농업이 있었고, 이는 오늘날 사회발전의 최전방에 있으면서 발전 가능성이 무한한 하나의 광활한 신천지였던 것이다. 필자는 이로부터 "덩굴을 더듬어 참외를 찾는順藤摸瓜"심정으로 더 많은 자료를 계속해서 수집했고, 이것들을 보면 볼수록 더욱 흥분되었다. 이후 6년간 필자는 이 영역에 더욱 더 깊이 빠져 헤어나기 힘들 정도였으며, 이는 또한 오늘날 세계가 기후변화와 에너지 전환에 대응하는 위대한 시대의 변혁을 목도할 수 있는 기회는 물론, 중국의 이러한 변혁을 감지하고 그에 직접 참여할 수 있는 기회를 필자에게 주었다.

기후변화에 대응하기 위해 21세기의 첫 10년은 세계가 〈교토 의정서〉를 비준하고 실행하며 '포스트 교토시대'를 열어가는 10년이었다. 1997년 통과한 〈교토 의정서〉 초안은 38개 공업국가로 하여금 2008~2012년에 1990년 이산화탄소 배출량의 5.2%를 줄이도록 요구하고 있다. 이는 인류가 최초로 세계기후변화에 조직적으로 대응하는 행동이라 할 수 있다. 이후의 중대한 사건을 살펴보면, 2007년 4월 IPCC의 제4차 과학평가보고에서 세계기후변화의 심각한 추세와 결과에 대해 재차 통보하였고, 같은 해 6월 독일에서 열린 8개국 정상회담에서 세계기후변화를 대회 주제로 삼고 '포스트 교토시대'에 관한 논의를 시작하였다. 같은 해 12월 발리에서 '포스트 교토시대'를 여는 사전 회의가 열렸고, 모토는 "기후변화라는 파괴적 재난에서 우리의 지구를 구하자."였다. 조속한 준비과정을 거쳐 194개 국가 대표와 119명의 국가원수가 참석한 '유엔기후변화회의'가 2009년 코펜하겐에서 개최되었고, 인류가 우리 모두의 지구를 구하고 현 세대와 자손들을 위해 어떻게 더욱 큰 규모의 조직적 행동으로 기후변화에 대응할 것인가를 논의하였다.

지난 10년 간 에너지 절약 및 이산화탄소 배출량 감축과 청정에너지의 화석연료 대체는 매우 활발하게 이루어졌다. 청정에너지의 화석연료 대체에 있어 바이오에너지가 줄곧 주도적인 위치에 있었다.

클린턴 정부의 대통령령제 13134호 발효에서부터 부시 정부의 적극적 추진에 이르기까지 미국에서 바이오에너지 발전은 매우 빠르게 이루어졌다. 부시 대통령이 2005년 서명한 〈국가 에너지정책법〉과 2007년 서명한 〈에너지 자주와 안전 법안〉은 바이오에너지를 화석연료 대체를 위한 주도적 위치로 끌어올렸고, 오바마 대통령은 바이오에너지 위상을 미국 '청정에너지 경제'를 발전시키는 국가전략으로 한층 더 높였다. 미국 바이오에너지의 공헌은 이미 1억 톤 분량의 표준석탄standard coal을 초과하여 전국 에너지 총 소비량의 4% 이상을 차지하며, 수자원 에너지를 능가하여 최대 재생가능에너지로 자리매김했다. 지난 10년 간 미국의 연료용 에탄올의 연간 생산량은 439만 톤에서 3,180만 톤으로 증가함으로써 브라질을 능가하여 세계 1위를 차지하게 되었다.

지난 10년간 바이오매스를 이용한 전기발전, 열병합 발전과 고형연료BMF, 바이오디젤biodiesel, 연료용 에탄올의 공업화 생산 및 메탄가스 이용 등이 활짝 핀 꽃처럼 EU 국가에서 성행하였고, 2006년 바이오연료 생산량은 이미 538만 톤 분량의 표준석유 생산량에 도달하였다. 이는 EU가 〈교토 의정서〉의 이산화탄소 배출량 감축 지표를 충실히 이행한 것과 무관하지 않다. 환경보호 효과를 고려하여 EU는 바이오디젤을 중점적으로 개발하였고, 연료용 에탄올 생산량도 50만 톤 이하에서 2009년 313만 톤까지 증가시켰다. 필자가 감동한 것은, EU가 많은 노력에도 불구하고 설정한 목표를 달성하지 못했을 때, 2007년 EU 위원회에서 회의를 열어 달성하지 못한 원인을 심각하게 검토하고 새로운 목표와 방안을 제시하였는데, 이러한 엄숙하면서도 진지하게 잘못을 시정하는 태도는 존경스러우면서도 본받을 만하다는 것이다.

과거 10년 동안 브라질의 사탕수수 에탄올 생산은 세계에서 두각을 나타냈으며 1999~2009년에 생산량은 1,029만 톤에서 1,980만 톤으로 증가하였고, 전국적으로 원료기지에서부터 운송과 해외수출에 이르기까지 완전한 시스템을 구축하여 브라질 국민경제의 가장 큰 지주산업이 되었다. 2009년 연료용 에탄올은 국내 56%의 가솔린을 대체하였고 4,233만 톤의 이산화탄소 배출을 감축하는 효과를 가져왔다. 전국적으로 700여만 대의 가변연료차량FFV: Flexible Fuel Vehicle과 1.2만 대의 소형 비행기에 연료용 에탄올을 사용하고 있다. 무엇을 '청정에너지 경제'라고 할까? 브라질의 경우가 바로 청정에너지 경제이다.

중국의 지난 10년을 되돌아보면 시작단계인 앞의 5년 동안은 에탄올산업 발전을 위한 분위기가 매우 좋았다. 2001년 주룽지朱鎔基총리는 중국과학원과 중국공정원工程院 두 기관 원사院士들이 참석한 회의에서, 미국은 옥수수를 이용해 연료용 에탄올을 생산하는데 이렇게 많은 묵은 식량을 보유하고 있는 중국도 그것을 이용한 에탄올산업을 발전시킬 수 있다고 언급했다. 연료용 에탄올 사업은 〈10 · 5 계획〉에 포함되어 4개의 연료용 에탄올 생산공장이 세워졌고 2~3년 만에 100만 톤 이상의 연간 생산력을 갖추었다. 또한 2006년 연료용 에탄올 판매량은 1,544만 톤으로 세계 3위를 차지했다. 2005년 전국인민대표대회에서 〈중화인민공화국 재생가능에너지법中華人民共和國可再生能源法〉이 통과되었고, 2007년에는 〈중국 재생가능에너지 발전계획中國可再生陵園發展規劃〉이 반포되었다. 앞의 5년 동안 중국에서 재생가능에너지와 바이오에너지는 건강하고 역동적인 발전을 이루었다.

뒤의 5년간〈11 · 5 규획〉 바이오매스를 이용한 전력 생산은 장족의 발전을 보였지만 연료용 에탄올 생산은 거의 제자리걸음이었고, 고형연료를 비롯한 바이오에너지 사업은 모두 계획 목표치를 달성하지 못했다. 한편으로는 바이오에너지에 대한 인기가 하락하였고, 다른 한편으로는 풍력 에너지와 태양광 에너지 산업의 기형적 발전과 함께 '거품'현상이 나타났다. 필자는 이로 인한 당

혹스러움과 불만을 감출 수 없었고, 총리에게 서신을 보내고 회의에서 날선 논쟁을 하며 잡지와 신문지상에서 힘껏 변론을 폈지만 정책담당자들에게 미친 영향은 매우 미미했다.

필자는 바이오에너지 발전을 이끌고 있는 민간 중소기업들을 둘러보았는데, 이들 대부분은 자기 자금과 대출에 의존하는 아주 어려운 처지에 놓였고, 어떤 기업은 겨우 유지할 정도였고, 또 어떤 기업은 아예 도산한 경우도 있었지만, 이러한 상황에서도 이를 극복해 가고 있으며 어떤 기업은 매우 성공적으로 운영되고 있음을 알게 되었다. 이들은 결코 취미나 호기심으로 기업을 운영하는 것이 아니라 자신의 가산을 걸고 모든 노력을 경주하고 있으며, 이들은 중국 바이오 산업발전의 '풀뿌리'이자 '대들보'이고 중국 바이오매스 산업사를 빛낼 영웅이라 할 수 있다. 필자는 더 많은 중국 과학기술계가 이들 민간 중소기업과 협력의 길로 나아가릴 바란다.

필자가 이 책을 집필하게 된 이유는 수집한 자료와 나름의 사고를 정리하고 시대적 의의가 있는 이 역사적 순간을 기록하면서, 필자가 직접 참여하고 목도한 중국의 이 역사적 순간의 경험과 소감을 전달하기 위함이다. 이 책에서는 자료와 본인의 사고를 정리하면서 필자의 경험과 소감을 소개하였으며, 미래에 대한 전망을 제시하였다. 책 제목은 고민 끝에 최종적으로 〈바이오매스의 최후 승리決勝生物質〉로 정했다. 이 제목의 함의는 바이오매스 산업은 이 시대의 신생산업으로서 앞으로 인류사회에 많은 혜택을 가져올 것이란 확신을 갖고, 우리가 이를 위해 힘껏 성원하여 세상 사람들이 이에 대해 더 일찍 더 많이 인식하도록 해야 한다는 의미이다. 이러한 의미에서 이 책은 한 권의 '선언서宣言書'이다. 또 다른 함의는 바이오매스 산업에 뜻을 품고 있는 모든 인사들 · 기업가 · 과학기술자 · 교육자 · 농림업 종사자 · 공무원 · 언론가 · 문예가들이 각자가 가지고 있는 무기를 이용하여 어려움을 극복하고 성과를 높여 대중에게 홍보하고 지도자들을 감동시키기를 바란다는 의미에서 이 책은 한 권의 '동원서動員書'이기도 하다. 필자 본인은 2004년 바이오매스 영역에 뛰어든 이후 지난 6년을 하루 같이 스스로의 부족한 글솜씨를 빌려 글을 쓰고, 부족한 말솜씨로 강단에 올라 바이오매스 산업발전의 필요성을 끊임없이 피력하였다.

중국 상황은 인위적인 요인이 너무 많아 판단하기가 매우 어렵다. 그러나 중국에는 "사람이 판단하기보다는 하늘에 맡기는 것이 낫다人算不如天算."는 말이 있다. 즉 사람은 한 시점을 예측할 수 있으며, 그 무지 속의 객관적 법칙이야 말로 사물의 발전을 실제로 좌우한다는 것이다. 이것이 바로 필자가 바이오매스 산업이 사람들의 의지로 전환되는 사회발전의 추세가 아니라고 확신하는 이유이다. 그리고 중국의 바이오매스 산업을 발전시키는 기본적인 역량은 '풀뿌리'층인 민간 중소기업에 있다고 굳게 믿고 있기 때문에 반드시 '민중을 일깨워'그들에게 바이오매스를 이해시키고 바이오매스 산업을 지지하도록 해야 한다. 이 책은 대중들을 위해 쓰여졌고, 진심어린 마음으로 그들에게 바치는 바이다.

대중들을 위해 쓴 책이기 때문에 어려운 내용을 알기 쉽게 설명하였고 생동감 있게 서술하였으며 재미를 가미하였다. 만약 그들이 보기에 내용이 너무 어렵고 재미가 없다고 느낀다면 이는 실패한 작품이다. 매 장마다 1만~1.5만자가 수록되었고 매 절에 1,000~1,500자가 실려 있으며, 장마다 후반부에 참고문헌을 첨부하였다. 독립적인 장과 절을 구성하고 전후 재차 넘기는 번거로움을 피하기 위해 일부 자료를 중복하여 사용한 점은 양해해 주기 바란다. 문자는 사상을 표현하는 부호이고 도표와 사진은 또 다른 표현수단이므로 이 책에서는 도표, 사진과 문자를 적절히 혼합하여 서로의 장점을 잘 살리려고 노력하였다. 제 4장과 5장에서는 중국의 바이오매스 원료자원을 소개하였으며, 이는 기업가들의 참고 목적 외에도 업계의 '중국 바이오매스 자원 희소론자'에게 보이기 위한 것이기에 내용이 비교적 전문적이고 구체적이다.

책 내용 중에 어떤 사건과 인물의 발표내용관점에 대한 필자 본인의 생각과 비판을 담은 부분이 많으며, 어떤 부문은 상당히 날카롭고 자극적일 수도 있다. 만약 불합리하거나 잘못된 부분이 있다면 이해해주기 바란다.

이 책을 출판하는데 있어 도움을 아끼지 않은 청쉬程序교수와 리스중李十中교수에게 감사드린다. 이들은 자료 · 정보 · 연구결과 및 자신의 확실한 소견을 망설임 없이 가장 먼저 필자에게 제공하였다. 만약 이들의 도움이 없었다면 이 책에 부족함이 많았을 것이다. 필자의 아내 리윈주李韻珠교수에게도 감사드린다. 그녀는 이 책을 위해 다량의 수치자료 정리는 물론 사진과 도표 작업을 도와주었으며, 또한 이 책 원고의 첫 번째 독자인 동시에 엄격한 비평가였다. 중국농업대학출판사와 부총편집장이자 책임편집장인 충샤오홍叢曉紅님과 책임편집장 텐수쥔田樹君님께도 감사드린다. 책 전체 원고가 한꺼번에 완성되지 않은데다 문자와 도표가 뒤엉켜 편집작업에 많은 불편을 가져다주었음에도 불구하고 아주 훌륭하게 처리해주었다. 이 책을 위해 도움을 주신 모든 분들에게 감사드린다.

필자는 농업과학기술과 교육분야에 오랫동안 몸담아 왔지만 에너지 영역에서는 비전문가이자 새내기이기 때문에 책 속에 '수준 낮은'오류가 발견되면 에너지계의 선배님들과 독자들께서 서슴없이 지적해주기 바란다.

한국어판 저자 서문

우리 함께 녹색성장의 내일을 맞이하자

『중국의 바이오에너지 산업원제: 决胜生物质』이 출간되고 얼마 되지 않아 중국 농업대학출판사를 통해 한국의 지성태 박사가 한국어 번역본 출간을 계획한다는 소식을 접하고 기쁨을 감출 수 없었다. 이는 본인의 저서에 대한 긍정적 평가인 동시에 책 속에 녹아있는 녹색가치관에 대해 인정하는 것이기 때문이다.

태양복사는 태양이 지구에 지속적으로 공급하는 에너지의 주요 형태이고, 지구상의 식물체는 광합성작용을 통해 이것을 화학적 상태로 전환하여 바이오매스 체내에 저장한다. 4억 년 전, 고등식물이 지구 육지에 대량으로 번식하기 시작하였고, 이는 다시 석탄 · 석유와 천연가스로 전환되어'화석에너지'로 불리며 인류사회의 찬란한 공업문명 발전에 이바지하였다.

선진과학기술은 불과 20~30년 만에 수억 년 동안 축적해온 화석에너지 대부분을 소모해버렸을 뿐만 아니라 대량의 온실가스를 대기 중에 배출하여 지구 전체 온난화를 초래함으로써 인류사회로 하여금 대체에너지 개발과 온실가스 감축이라는 이중의 도전에 직면하게 하였고, 우리사회의 지속가능한 발전에도 걸림돌로 작용하고 있다.

다행인 것은 선진과학기술이 인류가 수억 년을 들이지 않고 현재 지구상에 자라고 있는 바이오매스를 이용해 바이오메탄 · 바이오에탄올과 바이오천연가스를 생산하여 점차 고갈되어가는 화석에너지를 대체할 수 있도록 하였다는 것이다. 또한 이렇게 생산된 바이오에너지는 재생가능할 뿐만 아니라 온실가스 배출을 대량 감축시키는 청정에너지이다.

모든 유기체와 작물의 짚과 속대 · 가축분뇨 · 임업부산물 · 공업부문과 도시에서 배출하는 폐수 · 폐기물과 슬러지 · 오수 등은 모두 바이오매스 에너지와 바이오제품의 원료로 이용이 가능하다. 따라서 바이오매스 생산을 통해 자원순환과 환경보호 산업으로서의 현대 농림업의 발전을 이끌 수 있다.

1966년 미국의 케네스 볼딩Kenneth Boulding에 의해 '우주선 경제이론'이 제기된 이후 발전하기 시작한 '순환경제이론'은 자원의 유한성과 폐기물의 오염을 제기하였고, 자원의 회수와 순환 · 재생과 재활용을 통한 소모와 배출을 줄이고 효율을 높이는 경제발전모델 수립을 주장하였다. 미국 · 유럽과 브라질 등 많은 국가들의 10~20여년의 경험에 비춰볼 때, 바이오매스 과학기술과 산업이 화석에너지 대체 · 온실가스 감축 · 자원순환과 환경보호 및 농림업 발전을 촉진하는데 현재는 물론 미래에도 중요한 역할을 할 것으로 보인다.

상대적으로 볼 때, 한국은 화석에너지 자원과 바이오매스 자원이 모두 부족한 편이다. 따라서 한편의 멋진 바이오매스 순환경제의 드라마를 세상 사람들에게 보여줄 수 있도록 하루 빨리 정성을 다해 준비해야 한다.

몇 해 전, 한 한국 지인과 대화하던 중에 그가 중국의 『논어論語』와 『역경易經』에 대해 깊이 이해하고 있는 것을 보고 본인은 매우 놀라지 않을 수 없었다. 이는 당시 베이징농업대학 총장이던 본인으로 하여금 중국의 중등교육과 고등교육에서 인문학과 중국 고대철학사상에 대한 교육을 강화할 필요가 있다는 생각을 하게끔 했다.

2013년 6월 박근혜 대통령이 중국에 방문하여 칭화淸華대학에서 『관자管子』의 한 대목인 "곡식을 심으면 일 년 후에 수확을 하고, 나무를 심으면 십 년 후에 결실을 맺지만, 사람을 기르면 백 년 후가 든든하다一年之計, 莫如樹谷; 十年之計, 莫如樹木; 百年之計, 莫如樹人·"를 인용하여 시작한 강연은 한중 양국의 학자, 국민들 사이의 거리를 한순간에 좁혀놓았다.

두 국가와 두 민족 간, 두 가정과 두 친구 간의 가장 좋은 우호교류의 징검다리이자 촉매제는 바로 문화이다. 박근혜 대통령이 칭화대학 강연 마지막에 했던 말처럼, "중국과 한국의 젊은이들이 앞으로 문화와 인문 교류를 통해서 더 가까운 나라로 발전하게 되길 바란다." 『중국의 바이오에너지 산업』한국어판도 미력하나마 이에 힘을 보탤 수 있길 바란다.

한국은 유구한 역사와 찬란한 문화를 보유하고 있으며, 근래에 '한강의 기적'을 통해 한국 경제는 세계 선진국 대열에 들어섰다. 한중 수교 이래 두 국가의 경제부문의 교류도 점점 더 긴밀해지고 있다. 본인은 매일 같이 탁상용 컴퓨터의 모니터에서 'SAMSUNG'의 로고를 대면하고, 베이징 거리를 질주하는 'HYUNDAI'자동차도 접한다. 세계는 본래 하나의 가족이다.

『논어』와 『관자』는 과거를 상징하고, '삼성전자'와 '현대자동차'는 현재를 대표하며, 바이오매스 순환과 녹색문명 발전은 미래를 나타낸다. 지구촌의 한국과 중국 두 이웃나라가 함께 녹색성장의 내일을 맞이하였으면 하는 바람이다.

한국의 독자들이 본 저서에 많은 관심을 가져주길 바라며, 본 저서의 부족한 점에 대한 질책과 조언을 아낌없이 주길 바란다.

베이징 중국농업대학 연구실에서

저자 스위안춘(石元春)

역자 서문

석유와 석탄을 포함한 화석연료가 고갈되어 가고 지구온난화의 주범인 온실가스 감축에 대한 논의가 진행되고 있는 가운데, 지속가능한 신생에너지 개발의 필요성이 대두된 지 이미 오래다. 더욱이 일본 후쿠시마 원전 사고로 인해 에너지 안전성에 대한 관심이 그 어느 때보다 고조되었다. 이는 에너지 부문의 세대교체 혹은 지각변동을 예고하는 듯하다. 그러나 신생에너지의 기존 에너지 대체는 결코 간단한 문제가 아니다. 오늘날의 산업구조가 특정 에너지 중심으로 이루어져 있고 인류의 생활패턴도 이와 긴밀히 연계되어 있기 때문에 에너지 교체는 산업의 구조조정을 초래하고 우리 삶의 양식도 바꾸어 놓을 것이다. 다시 말해, 신생에너지의 구 에너지 교체는 그에 상응하는 기회비용이 따른다. 에너지 교체는 곧 에너지권력의 이동이므로 주도권을 빼앗으려는 신생에너지와 주도권을 고수하려는 구 에너지간의 갈등은 불가피하다. 기본적으로 경제성에 기초한 사회적 합의가 이루어질 때 에너지의 주도권은 비로소 후자에서 전자로 이동하게 된다. 최근 주목받고 있는 바이오에너지도 신생에너지의 하나로 주류 에너지 대열에 진입하기 위한 사회적 합의를 도출해 가는 과도기에 있다. 물론 국가마다 차이는 있다. 브라질 · 미국 등 일부 국가에서는 바이오에너지 상용화를 위한 사회적 합의가 거의 이루어진 반면, 한국 · 중국 등을 포함한 대다수의 국가에서는 그에 대한 논의가 여전히 진행 중이다.

대체에너지로서 바이오에너지의 한계점을 강조하는 사람들은 바이오에너지산업 발전을 중세시대 영국을 중심으로 나타났던 '엔클로저 운동enclosure movement'에 비유한다. 즉, 당시 양모산업의 발전으로 곡물을 생산하던 농지를 양을 방목하기 위한 초지로 전환함으로써 소농계층의 몰락과 빈곤의 심화를 야기했다. 바이오에너지산업의 발전도 생산된 곡물을 바이오에너지의 원료로 사용하여 식용 곡물의 공급을 감소시킴으로써 결국 식량안보에 영향을 미친다는 주장이다. 이러한 논리는 2006~2008년 세계 곡물가격 폭등의 책임을 바이오에너지에 전가시키거나 바이오에너지 생산량 증대를 개도국의 기아와 빈곤의 심화와 결부시키려는 시도와 결코 무관하지 않다. 이와 같은 논리를 지지하는 메커니즘은 다음과 같다. 고유가 시대를 맞아 미국 · 브라질 등을 포함한 일부 국가에서 대체에너지로 바이오에탄올 개발 및 생산 → 대량 생산으로 수익성이 제고되고 정부에서도 보조금을 지급함으로써 바이오에너지 생산량 증대 → 바이오에너지의 주원료인 옥수수 가격 상승과 생산면적 확대 → 옥수수 생산 증대로 재배면적이 상대적으로 감소한 다른 곡물의 가격 동반 상승, 중국과 같은 신흥경제국가 주민의 동물성 단백질 소비 증가로 옥수수 · 콩과 같은 사료원료 곡물의 수요 급증 → 세계 곡물가격 폭등으로 곡물 구매력이 저하된 개도국의 빈곤과 기아 심화 → 곡물 수요 증대로 인한 한계농지 이용 및 개간으로 녹지와 산림 파괴 및 수자원 부족 → 자연환경 파괴와 잦은 자연재해로 인해 곡물 공급량 감소, 결국 이러한 악순환이 반복된다는 것이다.

그러나 바이오에너지를 옹호하는 사람들은 단순히 바이오에너지가 인류의 식량안보를 저해할 수 있다는 주장에 대해 반론하거나 재생가능한 에너지로서의 매력만을 강조하는 것이 아니라 미래 농업발전을 위한 하나의 대안으로써 바이오에너지에 주목하고 있다. 본 저서의 저자인 스위안춘石元春 선생도 미래 농업의 근본적 지향점은 농업 · 공업 · 상업의 복합모델이라고 주장하며 바이오에너지산업을 중심으로 한 '에너지 농업'을 하나의 대안으로 제시하였다. 즉, 바이오에너지가 현재 중국이 직면하고 있는 '삼농三農'문제를 해소할 수 있는 특효약이 될 것이라고 보았다. 즉, 농업의 부산물을 바이오에너지의 원료로 이용하고 원료 생산을 위해 한계성 토지를 개발할 경우 엄청난 경제적 가치와 생태적 가치를 실현할 수 있으며, 이와 관련한 새로운 투자를 촉진하여 농촌 경제가 활성화되고 새로운 일자리가 창출될 것이다. 또한 농가의 소득 증대로 이어져 도농 간의 소득격차 해소에도 도움이 되고, 농업부문의 투입도 증가하여 농업 생산성 증대에도 크게 이바지하게 될 것이라고 보았다. 한마디로 바이오에너지산업의 가치사슬value chains 형성을 통한 농업의 새로운 성장동력을 기대하는 것이다. 이런 점에서 저자는 중국의 바이오에너지 산업 발전 잠재력이 매우 크다고 본다. 특히 중국은 풍부한 바이오매스 자원을 보유하고 있다. 작물의 짚과 속대, 가축분뇨, 임업 벌채와 가공 부산물, 조림 부산물, 공업 유기질 폐기물, 도시의 유기질 쓰레기 등 그 종류도 매우 다양하다. 또한 식량안보에 직접적인 영향을 미칠 수 있는 옥수수를 제외하더라도 사탕수수, 돼지감자, 고구마, 카사바, 각종 유지작물과 목본유木本油 식물 등의 바이오매스 원료식물을 생산하고 있다. 뿐만 아니라 대규모 한계성 토지자원을 보유함으로써 바이오매스 원료식물을 추가적으로 생산할 수 있는 잠재력도 갖고 있다.

신생에너지의 상용화를 위해서는 경제성과 사회적 합의 외에도 정부의 정책적 지원이 필수적이다. 세계 바이오에탄올 생산량의 1, 2위를 차지하고 있는 미국과 브라질의 경우가 좋은 예이다. 브라질 정부는 세계의 '에탄올 허브'가 되겠다는 목표로 관련 산업에 재정적 지원을 아끼지 않고 있다. 그 결과 사탕수수를 이용해 연간 200억 리터 이상의 에탄올을 생산하였으며, 휘발유와 에탄올을 혼합사용할 수 있는 플렉스flex 차량이 연간 전체 자동차 판매량의 약 90%를 차지하여 그 수가 이미 전체 등록차량의 약 30%를 차지하는 것으로 나타났다. 미국도 1999년 클린턴정부의 〈바이오상품과 바이오에너지 개발촉진Developing and Promoting Biobased Products and Bioenergy〉대통령령부터 2007년 부시 정부의 〈에너지 자주와 안전 법안Energy Independence and Security Act〉에 이르기까지 바이오에탄올 관련 지원정책을 폄으로써 연간 생산량 500억 리터 이상의 세계 최대 바이오에탄올 생산국이 되었다. 이 두 국가의 바이오에너지산업의 발전은 결국 높은 석유 수입의존도문제를 해소하기 위한 대체에너지 개발의 필요성에 대한 사회적 합의가 이루어졌고, 이를 실천하기 위한 정부의 지원정책이 뒷받침되었기 때문이다.

중국의 경우 〈10 · 5 계획〉2001~2005년기간 중국 정부의 바이오에탄올산업에 대한 적극적인 지원정책에 힘입어 괄목할만한 발전을 이루었다. 그러나 2006년부터 시작된 글로벌 식량위기는 '바이오에너지 발전'은 곧 '식량안보 위협'이라는 등식을 낳게 하였고, 바이오에너지 관련 산업은 자연히 위축되었다. 이후 중국 정부의 재생가능에너지 분야의 지원은 태양광 · 풍력 등으로 전환되는 경향을 보였다. 예를 들어, 〈12 · 5 규획〉2011~2015년기간 풍력발전소와 태양광발전소의 설비용량을 각각 7,000만 kW와 500만 kW 이상씩 늘린다는 목표를 세운데 반해 바이오에너지에 대해서는 구체적인 언급이 없다. 결국 바이오에너지를 통해 석유에 대한 지나친 의존에서 벗어나 '에너지 자주'를 실현하자는 논리가 식량안보가 에너지문제에 우선한다는 논리에 밀리고만 것이다. 이 대목에서 바이오에너지산업 발전을 위해 정부의 의지가 얼마나 중요한가를 재차 확인할 수 있다.

이러한 가운데 저자는 바이오에너지 발전과 식량안보가 결코 상충되지 않는다고 주장한다. 그는 바이오에너지 원료로 옥수수와 같은 식량작물이 아닌 농업과 임업부문의 부산물 · 공업 폐기물 · 생활쓰레기는 물론 카사바 · 고구마 · 돼지감자 등 다른 원료작물에 주목하고, 대규모 한계성 토지 개발을 통한 생산 잠재력 증대에서 해법을 찾으려 하였다. 저자는 자동차 연료 수요 급증, 석유자원 고갈, 불안정한 석유가격 등의 객관적인 근거를 들어 향후 바이오에너지로 대표되는 '녹색 유전'의 발전을 확신하고 있다. 다행히 최근 발표된 '국가에너지발전 〈12 · 5 규획〉國家能源發展"十二五"規劃'에서 2015년까지 바이오에너지 발전설비 용량을 1,300만 kW까지 늘린다는 목표를 세웠지만, 중국 바이오에너지의 장기적 발전을 위해서는 환경친화적이고 지속가능한 발전을 골자로 하는 '녹색문명'건설에 대한 사회구성원들의 합의를 이끌어낼 필요가 있다. 여든을 넘긴 나이에도 바이오에너지 발전을 위해 열정을 쏟고 있는 저자가 바로 '녹색문명'의 선구자이다.

역자는 중국농업대학 경제관리학원의 석사과정 중에 있을 때 인연을 맺게 된 중국농업대학출판사 쑹쥔궈宋俊果 여사의 소개로 2011년 5월 스위안춘石元春 선생의 『중국의 바이오에너지 산업』을 처음 접하게 되었다. 본 저서는 역자로 하여금 중국 '삼농'문제의 해법을 새로운 각도에서 접근하도록 하였고, 노교수의 지칠 줄 모르는 탐구력과 민족의 미래를 걱정하는 학자로서의 기품을 느끼도록 하기에 충분했다. 이에 부족한 실력임에도 불구하고 저자의 바이오에너지 발전에 대한 확신을 한국 독자들에게 전달하고, 한국에서도 '녹색문명'의 꽃을 피우는데 미력하나마 도움이 되고자 번역을 결심하게 되었다. 바쁜 학위과정에 있으면서도 번역작업에 동참해준 양철 학형에게 말로 다 형언할 수 없는 고마움을 전한다. 그리고 녹록치 않은 출판사 형편에도 본 역서의 출간을 흔쾌히 승낙해주신 차이나하우스 이건웅 사장님께도 진심으로 감사드린다. 마지막으로 가족들과 함께 해야 할 여가시간에도 번역작업에 몰두해 있는 역자를 묵묵하게 바라보며 응원을 아끼지 않은 아내와 아들에게 고마움을 전하며 출간된 역서가 조금의 위안이 되길 바란다.

2013년 겨울 회기동 연구실에서

역자 지성태

決勝生物質

중국의 바이오에너지 산업

목차

중국은 화석 에너지자원이 부족하고 그 구조가 불균형하다. 또한 수요가 급증하고 부족현상이 심화되고 있으며, 석유의 수입 의존도는 50%가 넘고, 천연가스의 경우도 30%에 가깝다. 따라서 주유소에서 '기름 없음' 혹은 '가스 없음' 현상을 자주 목격할 수 있다.

중국 에너지난과 전환 1

- 중국의 매우 심각한 에너지 상황
- 중국의 '풍부했던 석탄의 추억'
- 중국의 석탄에 대한 3 가지 전략적 견해
- 중국의 석유와 천연가스 대외 의존
- 에너지 전환은 세계의 대세
- 중국의 풍부한 청정에너지 자원
- 아주 낮은 중국의 에너지 전환의식
- 불가능한 것이 아니라 실천하지 않는 것이다

끓는 물을 떠내었다가 이를 다시 부어 끓는 것을
멈추려 한들 멈출 수 없고,
그 근본을 인식하고 불을 제거해야 한다.

『회남자 · 정신훈淮南子 · 精神訓』

모든 일이 그렇듯이, 의존하면 할수록 벗어나기 어렵고, 그럴수록 더욱 깊숙이 빠져든다. 에너지도 마찬가지다. 원시사회에서는 나무를 비벼 불을 지폈고 농업사회에서는 땔감을 이용해 아궁이에 불을 피웠지만, 공업사회에서는 석탄, 전기, 석유, 천연가스 등의 소비가 급증하고 있으며, 그 의존도가 갈수록 커지고 있다. 인류가 화석 에너지의 판도라상자를 연지 불과 백년이 갓 넘었는데 4억 년 넘게 축적되어온 석탄, 석유와 천연가스를 순식간에 모두 소모해버렸다. 화석에너지는 인류사회에 동력과 번영을 가져다준 동시에 안타깝게도 인류 자신의 생존환경도 해치고 말았다. 이는 정말 양날의 칼이 아닐 수 없다.

이윤추구의 기치 하에 먼저 공업화를 이룬 일부 국가들은 지금도 화석에너지자원 확보에 여념이 없으며, 그 자원을 함부로 소모하고, 그로 인한 환경악화의 심각성을 외면하고 있다. 중국, 인도 등 신흥경제국들의 경제발전도 화석에너지에 대한 의존에서 벗어나기 어렵다. 2009년 말 코펜하겐에서 열린 세계 기후변화회의에서 각국은 이산화탄소 배출량 감축을 놓고 자신의 이익을 보호하기 위해 격렬한 논쟁을 벌였다. 그러나 모두가 명확하게 인식하는 것은, 바로 화석에너지자원이 고갈되기 전에 하루 빨리 이를 대체할 청정에너지를 준비하여 인류 역사에 있어 첫 번째 에너지 전환의 계기를 마련해야 한다는 것이다. 이것이 선진국과 신흥경제국을 불문하고 화석에너지에 대한 의존에서 벗어날 수 있는 유일한 길인 것이다. 브라질, 스웨덴, 미국과 같이 빠르면 빠를수록 주동적이 되고 늦으면 늦을수록 수동적이 된다.

중국은 화석에너지자원이 매우 부족한 상황에서 그 수요는 급증하고 있으며, 이산화탄소 배출량이 세계 1위에 오름으로써 이러한 에너지문제가 중국을 심하게 괴롭히고 있다. 중국은 어떻게 이러한 에너지난을 해결할 수 있을까? 외국 자원에 의존할 것인가? 석탄으로 석유를 대체할 것인가? 전기자동차에 의존할 것인가? …… '병세가 급할 때 내릴 수 있는 처방'은 여러 가지 있을 수 있지만 병의 근원을 치유할 수 있는 방법은 한 가지밖에 없다. 바로 에너지 전환의 깃발을 높이 들고 하루 빨리 청정에너지를 발전시키는 것이다. "끓는 물을 떠내었다가 이를 다시 부어 끓는 것을 멈추려 한들 멈출 수 없으며, 그 근본을 인식하고 불을 제거해야 한다."

본 장에서는 중국 에너지난과 전환에 대해 서술하였고, 다음 장에서는 중국 '삼농三農: 농업 · 농촌 · 농민'문제 해결을 위한 특효약——에너지 농업을 다루었으며, 3장에서는 바이오매스산업이 중국에서 '피할 수 없는 시험대'임을 논증하였다. 이는 하나의 맥락으로 이루어졌으며, 중국 에너지와 '삼농'등 두 가지 근본문제를 해결하기 위한 바이오매스산업의 중요한 의의를 서술하고 있다.

1. 중국의 매우 심각한 에너지 상황

화석에너지는 자원이 부족하고 그 구조가 불균형하며, 수요가 급증하고 부족현상이 심화되고 있다. 또한 수입에 의존하고 있고 에너지 효율이 높지 않으며 이산화탄소 배출 감축이 어렵다. 이것이 오늘날 중국의 기본적 에너지 실태이며 상황이 대단히 심각하다.

앞으로 채굴 가능한 중국 화석에너지의 매장량을 표준석탄으로 환산하면 882억 톤2005년이고, 2005년의 표준석탄 채굴량 19억 톤을 기준으로 할 경우 앞으로 46년간 채굴이 가능하다. 개혁개방 초기의 에너지 총 소비량은 표준석탄 6억 톤이었고, 2000년에는 13억 톤으로 연평균 5.8%씩 증가하였고, 2000~2007년의 연평균 증가율은 13.6%에 달했다. 수요 급증으로 자원 확보에 대한 부담이 갈수록 커지고 있고, 남아있는 매장량은 점점 감소하고 채굴 가능한 기간은 점점 줄어드는 가운데, 급부상하고 있는 대국으로서 얼마 남지 않은 에너지자원을 보며 걱정하지 않을 수 없다.

에너지자원의 구조를 살펴보면, 표준석탄으로 환산한 882억 톤의 채굴 가능한 매장량 가운데 석탄, 석유와 천연가스는 각각 92.6%$_{817억 톤}$, 4%$_{35억 톤}$와 3.4%$_{30억 톤}$인데, 이처럼 석탄이 절대적으로 큰 비중을 차지하는 구조는 매우 불리하다. 불균형한 에너지구조는 불균형한 소비구조를 유발하게 되는데, 2007년 1차 에너지 소비 가운데 화석에너지가 표준석탄 기준으로 24.62억 톤, 에너지 총 소비량의 91.8%$_{석탄\ 68.8\%}$를 차지하였고, 비화석 에너지인 수력, 원자력과 수력을 제외한 재생가능에너지가 각각 6.44%, 0.79%와 0.97%를 차지했다$_{그림\ 1-1}$. 소비 급증과 석탄 위주의 소비구조는 이산화탄소 배출량에 있어 중국이 미국을 능가하고 세계 1위가 된 주요 원인이다. 예측컨대, 2020년 중국의 이산화탄소 배출량은 약 80억 톤으로 세계 총 배출량의 1/4을 차지하게 될 것이다. 화석 에너지자원의 부족과 수요 급증은 석유와 천연가스의 대량 수입을 초래하였고, 석유의 수입의존도는 53.6%에 달했다$_{2009년}$. 이 외에도 중국의

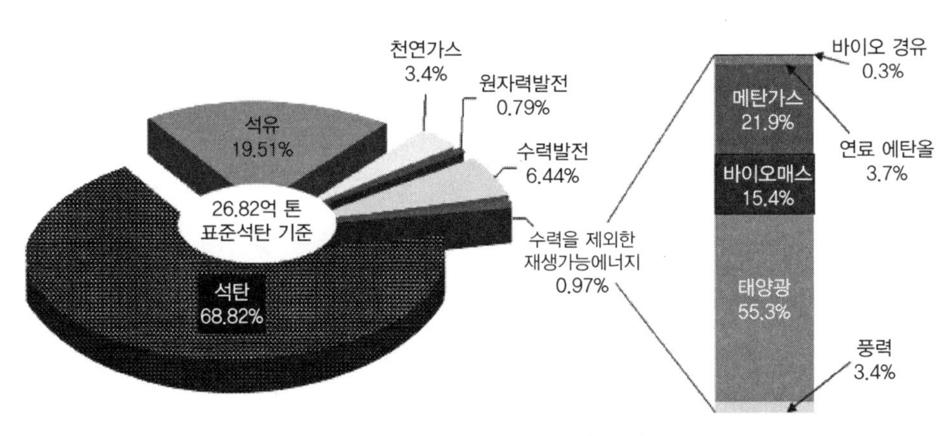

그림 1-1 2007년 중국 에너지 소비구조
주: 재생가능에너지는 2005년 자료.

에너지 종합 효율은 선진국에 비해 10%포인트 낮다.

중국의 에너지난은 마치 기반이 약한데 소비는 많고 낭비가 심해 재산이 없으나 먹고 쓰기만 하는 대가족과 같고, 선천적으로 약하며 후천적으로도 관리하지 않아 몸이 허하고 기운이 없음에도 높은 노동강도를 감당해야 하는 병약한 신체와도 같다. 중국 에너지 상황이 심각한 것은 단지 '적기'때문이 아니라 에너지에 대한 관점과 전략이 시대에 뒤떨어져 있기 때문이며, 이것이 바로 본 장에서 서술하고자 하는 내용이다.

2. 중국의 '풍부했던 석탄의 추억'

중국에 석유와 천연가스가 부족하다는 것에 이의를 제기하는 사람은 없다. 그러나 중국에 석탄이 부족하다는 의견에 반대하는 사람은 많을 것이다. 왜냐하면 중국은 줄곧 석탄이 풍부하다고 자부해왔기 때문이다.

그렇다면 중국은 정말 석탄이 풍부한가, 아니면 부족한가? 먼저 '채굴 가능한 매장량'을 살펴보자. 야오창姚强이 『청정석탄기술潔淨煤技術』에서 제기한 자료에 따르면, 중국 석탄의 채굴 가능 매장량은 표준석탄 기준으로 1,145억 톤 주: 2005년 내부 자료에서는 표준석탄 기준으로 817억 톤이라고 밝힘 이며 중국 화석에너지자원 총 매장량의 93%를 차지하고, 세계 석탄 총 매장량의 10%로 3위를 차지한다. 이러한 각도에서 보면 중국은 말 그대로 석탄이 풍부하다. 그러나 1인당 평균 보유량은 89만 톤으로 미국의 1/10, 러시아의 1/12, 호주의 1/47, 세계 평균의 1/3 수준에 그치며, 이를 보면 석탄이 풍부하다고 할 수는 없다. 더 중요한 것은 석탄 '매장량과 채굴량의 비율' 특정 연도의 채굴 가능 매장량과 생산량의 비율임 을 보면 더욱 불안해하지 않을 수 없다 그림 1-2.

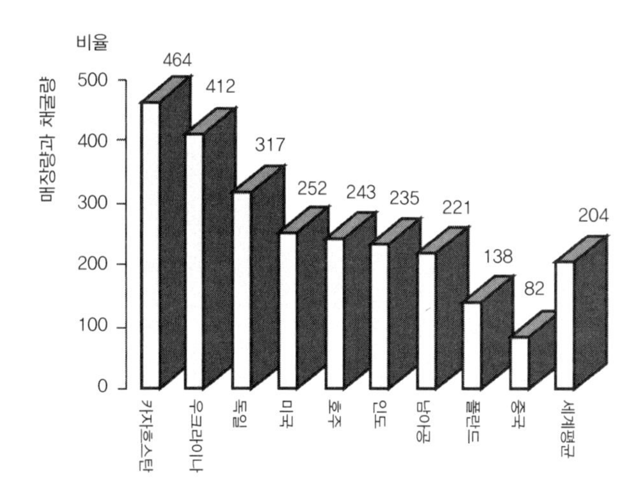

그림 1-2 세계 주요 국가의 석탄 매장량과 채굴량 비율 (2002년)

채굴 가능 매장량 817억 톤과, 1950년 연간 석탄 채굴량 3,000만 톤을 기준으로 환산하면 3,816년간 채굴할 수 있어 걱정할 필요가 전혀 없다. 1980년 연간 채굴량 6억 톤으로 환산하면 191년간 채굴이 가능하여 비교적 많이 남았다고 할 수 있다. 2000년 연간 채굴량 13억 톤으로 환산하면 겨우 88년간 채굴이 가능하게 되어 불안해진다. 만약 2007년 연간 채굴량 25.3억 톤으로 환산하면 45년 밖에 사용할 수 없어 조급해하지 않을 수 없다. 이 얼마나 다급한 일인가! 반면 미국, 호주와 인도는 모두 250년 이상, 독일의 경우 300년 이상 채굴이 가능한 석탄 매장량을 보유하고 있다. 20세기 중엽 중국도 현재 이들 국가들과 마찬가지로 배교적 '풍부한 석탄 매장량'을 보유한 국가였다. 그러나 이미 '가세가 기울어 호시절이 다시 찾아오기'는 힘들게 되었다. 중국인은 반드시 이러한 현실을 직시해야 하며, 결코 과거의 '부유했던 가세'의 향수에 젖어있으면 안 되고, 하루 빨리 '풍부했던 석탄의 추억'을 지워버리고 '부족한 석탄'에 적응하여 살아가야 한다.

안타까운 것은 중국이 아직까지도 석탄 사용에 있어 그 고갈에 대한 위기감 걱정 없이 함부로 사용하고 있다는 것이다. 전력이 부족한 상황이 오면 바로 석탄 채굴을 떠올리게 된다. 그 결과 1980년 석탄 생산량이 6억 톤, 2005년 22억 톤, 2007년 25.26억 톤으로 늘어나 세계 석탄 생산량의 40% 이상을 차지하였으며, 명실상부한 세계 제1의 석탄 생산대국이 되었다. 석유가 부족하다는 말이 나오면, 어떤 이들은 거액의 자금을 들여 비용이 높고 오염이 심하며, 수자원 소모량이 많고 에너지 효율이 낮은 '석탄으로 석유를 대체하는 방안'을 떠올린다. 혹은 에너지 효율이 매우 낮고6으로 1을 뽑아냄 오염이 매우 심하며, 독성이 매우 강하고 부식성이 강한데다 운반이 어렵고, 1980~1990년대 미국과 유럽 국가들이 이미 실험에서 실패하여 포기한 석탄 메탄올coal-based methanol을 떠올린다. 이처럼 눈앞의 이익만 보고 장래를 생각하지 않는 현상은 '풍부했던 석탄의 추억'에 대한 동경이라 하지 않을 수 없다.

최근 언론매체 상에서 떠도는 '석탄형님의 새로운 풍채煤老大的新風采'란 글에서 "25년 후 인류는 석유와 작별인사를 해야 하고, 석탄자원은 최소한 150년간 그 수요를 충족시킬 수 있다. 석탄은 매장량이 풍부하고 가격이 저렴하고 넓게 분포하고 있으며, 풍력에너지, 태양광에너지 등 '젊고'비용이 높은 재생가능한 에너지에 비해 석탄이 경제성은 훨씬 뛰어나다", "석유의 믿을 만한 '후계자'를 찾는다면, 석탄이 최선의 선택이다."라고 표현했다. 이는 매우 당돌한 표현이며, 마치 석탄공장 사장을 위해 광고하는 듯하다. 석탄 매장량과 채굴량 비율을 45 2007년에서 150으로 확대하고 '큰 것을 작다고', '오래된 것을 새롭다고'하며 사실을 심하게 왜곡함은 물론, 대량의 국가 자원과 재정을 낭비하는 동시에 온실가스 배출을 늘림으로써 사회적 책임감 부족으로 보이기에 충분하다.

중국 화석에너지 가운데 석탄자원은 비교적 많은 편이고, 장기간에 걸쳐 석탄 위주의 에너지 소비가 이루어질 것이지만, 이는 눈앞의 이익을 위해 장래를 생각하지 않아도 된다는 것을 의미하지는 않는다. 2000년 석탄 생산량은 13억 톤, 2007년에는 25억 톤으로 7년 만에 배가 증가했으며, 마치 '끝까지 쫓아가 끝장을 볼 기세'다. 그러나 하늘에서 석탄이 떨어지지 않는 이상 2050년까지

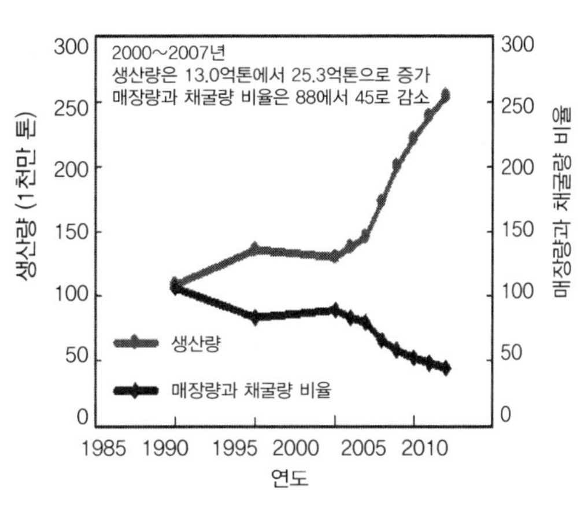

그림 1-3 중국 석탄 생산량 및 매장량과 채굴량 비율 현황

도 못가 중국의 채굴 가능한 석탄은 모두 고갈될 것이다. 부시 대통령은 미국의 석유 사용은 마치 마약에 중독된 것 같고, 중국의 '석탄 중독'은 미국의 '석유 중독'보다 더 심하다고 말한 바 있다. 일부 전문가, 기업과 국민이 가진 '풍부했던 석탄의 추억'은 아직까지 우려할 수준은 아니지만, 더 걱정스러운 것은 정부의 정책결정부문이 이러한 '석탄 중독'에 빠져 국가와 국민의 이익을 저해할 수 있다는 것이다.

3. 중국의 석탄에 대한 3가지 전략적 견해

이처럼 중국의 에너지자원 가운데 석탄의 지위가 특수한 상황에서 그에 대한 전략적 견해가 매우 중요하다. 대체로 3가지 견해로 구분된다.

"석탄은 현재는 물론 미래2050년까지 혹은 그 이후까지에도 중국 에너지의 주력군이고, 비록 석탄이 전체 에너지자원 중에서 차지하는 비중이 점차 줄어든다고 해도75%에서 60%까지 감소 그 총 생산량은 계속해서 증가할 것이다.", "전력 생산에 사용되는 석탄의 비중이 점점 더 커져 현재의 50%에서 70% 이상까지 증가할 것이다.", "매년 석탄 생산량의 1/8을 차량용 액체연료 생산에 사용할 경우 전체 공급차원에서 볼 때 큰 불균형을 가져오지는 않을 것이다."2007년 1월 25일자 과기일보科技日報에 실린 니웨이더우倪維斗원사의 글 가운데 위의 첫 번째 문장은 사실을 전달하였고, 두 번째 문장과 세 번째 문장은 자원 이용에 있어 걱정하지 말고 "최대한 사용하고 보자"는 인상을 준다. 이는 "석탄 위주로 마음껏 사용하고, 이로 인해 에너지자원 가운데 그 비중은 감소하고 총 사용량은 증가한다."라고 요약할 수 있는 석탄에 대한 전략적 견해이다.

1995년 국제에너지기구IEA가 중국의 이산화탄소 배출량이 세계 2위까지 올랐다고 공포한 이후, 허줘슈何祚庥원사가 말하기를, "중국의 석탄을 위주로 한 에너지정책은 언제까지 유지될 수 있을까?", "만약 중국이 석탄 위주의 정책을 고수할 경우 버틸 수 있는 시간은 20년을 넘지 못할 것이다."라고 하였다. 마오쭝창毛宗强 교수도 "중국은 현재 석탄 중심의 에너지구조에 변화를 주어야만 할 것인가? 주동적으로 변화시켜야 할 것인가, 아니면 어쩔 수 없이 변화시켜야 할 때까지 기다려야 하는가?"라고 지적하였다.

두 번째 견해는 중국과학원이 「우리나라 에너지의 지속가능한 발전시스템에 대한 전략 연구보고我國能源可持續發展體系戰略研究報告」2007에서 밝힌 것으로, "석탄의 비중을 줄이고 재생가능한 에너지와 원자력 에너지를 큰 폭으로 증가시키는 방향으로 나아감으로써 하루 빨리 에너지구조를 조정해야 할 때이다.", "비록 각종 요인들이 복잡하게 얽혀 있어 2050년 중국 에너지 수요를 아직 정확하게 예측할 수는 없지만, 2050년 중국 에너지구조에 중대한 변화가 나타나고 그로 인해 석탄 비중이 큰 폭으로 감소할 것이 분명하다. 비록 중국 석탄 수요가 계속해서 증가하고 현재 국내 증산에 대한 의욕이 매우 높지만, 환경오염, 온실가스 배출과 자원의 합리적이고 지속가능한 이용의 각도에서 봤을 때 이를 묵인해서는 안 된다."라고 하였다. 위 보고에서는 2050년 중국의 1차 에너지 총 소비량 가운데 석탄의 비중을 약 40%에서 통제하겠다는 목표를 세웠다. 이 보고서의 관점는 명확하고 호소력이 강하며 의지가 확고하다. 또한 위기감과 긴박감이 넘치고 매우 이성적이다. 이는 "비중을 줄이고 사용을 통제하여 다른 에너지원으로 적극적으로 대체한다."라고 요약할 수 있는 석탄에 대한 전략적 견해이다.

본인은 두 번째 견해에 동의하지만, '비중 통제'의 탄력성이 크고 '2050년'까지 아직 멀었으며 제약에 제한이 있다고 생각한다. 따라서 이를 기초로 하여 "생산량을 통제하고 강제적으로 대체시킨다."는 제3의 견해를 내놓았다. '생산량 통제'란 일정한 석탄 생산량에 도달하면 더 이상 생산하지 않음을 뜻하고, '강제적 대체'란 수요 초과 부분에 대해서는 비화석 에너지로 대체함을 뜻하며, 둘 다 강한 제약성을 띤다. 미국은 〈에너지 자주와 안전법안〉에서 2022년 1.08억 톤의 액체 바이오연료 생산 목표와 매년 생산지표를 명시하였다. 그 가운데 통제 대상인 식량을 이용한 바이오연료통상적인 바이오연료의 생산량을 2015년 4,500만 톤까지만 증가시키고 더 이상 증산하지 않으며, 권장의 성격을 띤 비식량을 이용한 바이오연료선진적인 바이오연료의 경우, 무에서 유가 만들어지고 나중에 그 입지를 다지는 격으로 2009년 180만 톤에서 2022년 6,300만 톤으로 증가시키기로 하였는데, 두 가지 목표 모두 경직성을 띤다. 한편으로 생산량을 엄격하게 통제하고, 또 다른 한편으로 빠른 대체과정에서 융통성과 다른 여지가 존재할 수 없으며 어떠한 편법도 통하지 않도록 하였다. 이러한 방법은 중국의 상황에도 매우 적합하다. 중국의 연간 석탄 생산량은 이미 높은 수준에 도달하였으며, 만약 30억 톤에 도달한 후 더 이상의 증산을 막을 경우 부족분은 반드시 청정에너지로 대체할 것을 강제하고 이를 법률로 정해야 한다. 이것이 바로 '사지에 처했을 때 살아남는'전략적 방안이다.

4. 중국의 석유와 천연가스 대외 의존

여기서는 세 가지 측면에서 중국의 석유자원에 대해 살펴볼 것이다. 즉 매장량 측면, 수요 측면과 수입 측면이다.

2005년 중국의 채굴 가능한 석유 매장량은 표준석탄 기준으로 35억 톤이었으며, 채굴량의 비율은 14였다. 즉 새로 발견한 매장량과 수출입량을 고려하지 않은 상황에서 14년간 채굴할 수 있음을 뜻하며, 2008년 장쩌민은 석유의 매장량과 채굴량의 비율이 11.3까지 하락하였다고 밝혔다. 수요 급증으로 인해 1994~2007년의 14년 사이 석유의 연간 소비량은 1.50억 톤에서 3.66억 톤까지 증가하여 10.3%의 연평균 증가율을 보임으로써 세계 3위의 석유소비국이 되었다. 3년 전 중국 북방지역에서 매장량 10억 톤의 대규모 유전을 발견했다는 기쁜 소식이 전해졌지만 전부 채굴한다고 해도 고작 2~3년간 사용할 수 있는 양이다. 25억 톤이라는 소문도 있지만 길어야 5~6년간 사용

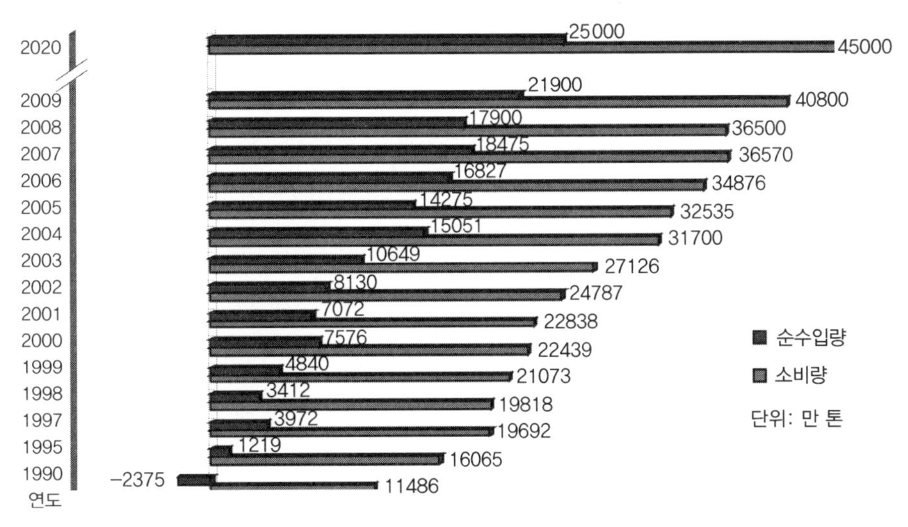

그림 1-4 1990~2009년 중국의 석유 소비량과 순수입량

할 수 있는 양으로 결코 많은 매장량이 아니다. 우리가 유념해야 할 것은 석유 자원이 극히 부족한 것이 바로 중국이 직면한 상황이라는 것이다.

1994년 중국이 석유 순수입국으로 전환했을 때 석유 수입량은 290만 톤이었고, 2003년 수입의존도는 39%에 달했다. 2009년 중국의 석유 생산량은 1.885억 톤으로 수입량은 1.996억 톤, 수입의존도는 51.4%순수입 원유와 이미 가공을 거친 석유의 양을 합치면 2.19억 톤으로 소비량 4.08억 톤을 기준으로 할 때 수입의존도는 이미 53.6%에 달함에 달했다. 최근 6년 사이 수입의존도는 12%포인트 증가하였으며, 만약 획기적 조치가 취해지지 않을 경우 2020년에는 70%에 근접할 것이다. 이처럼 높은 수입의존도를 유지하기 위해 그동안 대량의 외화를 동원하여 중동, 러시아, 중앙아시아, 아프리카, 라틴아메리카 등지에 그 많은 자금은 물론 외교와 정치 자원을 투입하였다. 오늘날 중국의 외교를 볼 때 석유와 천연가스 외교의 비중이 크고, 석유와 천연가스의 해외 의존이 점차 현실화되고 있으며, 이는 20세기 1970년대와 1980년대 미국의 상황과 매우 흡사하다.

지금은 시대가 바뀌어 과거와 비교할 수 없다. 세계 석유자원 개발에 있어 중국은 서방국가들에 비해 약 1세기가 늦었으며, 중국이 참여한 곳은 세계 석유자원의 '마지막 점령지'를 놓고 벌이는 격렬한 전쟁터이지 에덴동산이 결코 아니다. 중국이 직면한 것은 변화무쌍한 국제무대와 불안정한 산유국들이며, 값비싼 대가와 큰 리스크가 따르는 게임임에 틀림없다. 미국과 영국 등 전통적 석유 수요 대국 외에 인도도 얕잡아 볼 수 없으며, 석유부장이 2010년 초 대표단을 거느리고 수단 · 나이지리아 · 앙고라와 우간다를 방문하였고, 주요 산유국인 앙고라 · 나이지리아와 일련의 에너지협정을 체결함으로써 석유의 '마지막 점령지'를 겨냥하였다. 국제에너지기구$_{IEA}$에서 발표한 2007년 연례보고에서는 다음과 같이 심각성을 환기시켰다. 만약 중국과 인도의 에너지 수요가 통제되지 않고 계속 증가할 경우 2030년에 1배 증가하여 석유 수입량이 미국과 일본의 수입량을 초과할 것이다. 중동 석유에 대한 지나친 의존은 경제적, 정치적 리스크를 가져올 것이며, 단기적 리스크로는 국내 인플레션을 심화시킬 것이고, 장기적 리스크로는 만약 이 지역에 충돌과 전쟁이 발생할 경우 중국과 인도는 가장 먼저 유가 상승과 공급 중단의 충격을 받게 될 것이다.

중국은 수입 석유 가운데 70%를 불안정한 중동지역에서 들여오고 있으며, 100척 이상의 중국 유조선이 매일 같이 미국 군함이 순찰하고 해적이 창궐하며 각종 위험이 도사리고 있는 말라카해협을 통과하고 있다. 미국 국방부의 「2007년 중국 군사력 보고」에서는 '중국의 매우 중요한 해상 석유 경로'란 한 장의 그림을 다음과 같이 설명하고 있다. "중국은 에너지 수입을 보장하기 위한 관건이라고 할 수 있는 해상경로에 과도하게 의존하고 있으며, 중국의 수입 원유 가운데 약 80%가 말라카해협을 통과해야 한다."그러고 보니 미국이 중국의 석유 공급을 위한 길목이 자기들 손아귀에 있다고 큰 소리 친 것이 이해가 된다$_{\text{그림 1-5와 그림 1-6}}$.

물론 일부 언론매체에서부터 미국 에너지정보국$_{EIA}$에 이르기까지 사실을 과장하여 선진국과의 경쟁을 제지하거나 억제하려는 의도가 있긴 하지만, 중국에 사태의 심각성을 환기시켜주는 계기가 되었다. 중국 내부적 입장에서 본다면, 얼마를 투입해야 이 해상 석유 경로를 보장받을 수 있을까? 얼마를 투

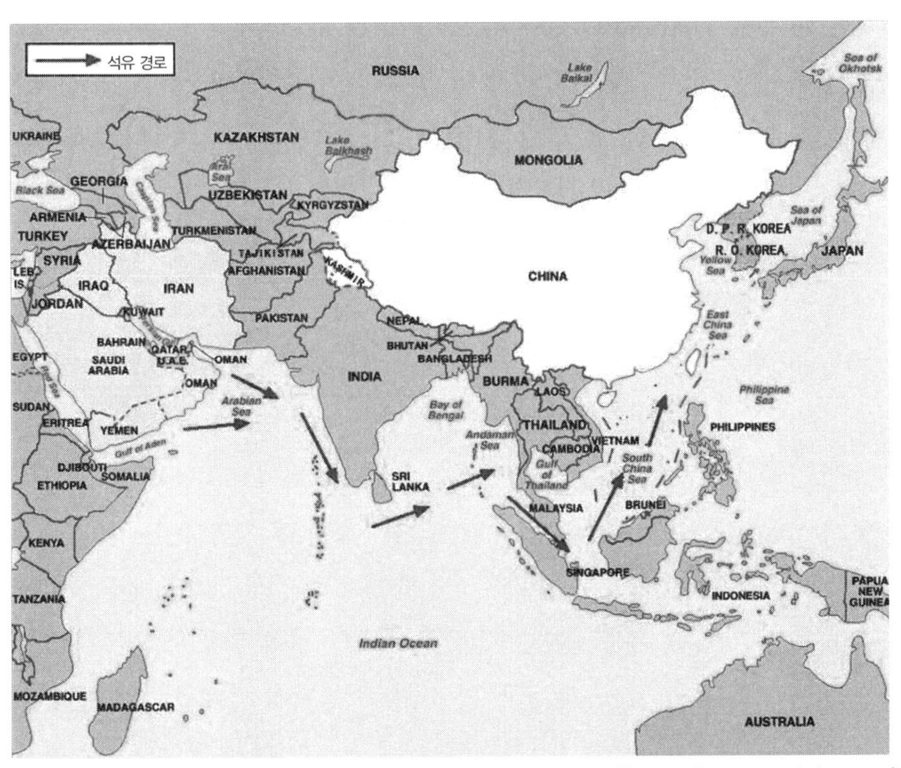

그림 1-5 중국의 매우 중요한 해상 석유 경로(미국 국방부의 「2007년 중국 군사력 보고」)
출처: blog.sina.com.cn/s/blog_54dfc00d01000dmw.html, 2007-11-30.

그림 1-6 중국 해군 호위 함대 사진
출처: 中國軍網.

입해야 파키스탄을 지나 티벳으로 들어오는 육로를 뚫을 수 있을까? 얼마를 투입해야 러시아의 석유와 천연가스를 중국의 대경大慶으로 끌어들일 수 있을까? 또한 중앙아시아의 송유관, 태평양을 가로지르는 라틴아메리카의 석유 운송노선 등도 이에 해당한다.

문제는 국외 석유와 천연가스도 매장량이 한정되어 있어 화수분처럼 끊임없이 생산할 수 없다는 것이다. 2000년 세계 석유의 채굴 가능 매장량은 1,408.2억 톤이고 생산량은 34.2억 톤으로 매장량과 채굴량의 비율은 41.2였다. 천연가스의 채취 가능 매장량은 149.42조 m³이고 생산량은 1.76조 m³로 매장량과 생산량의 비율은 84.9였다. 다시 말해, 2000년을 기준으로 환산할 경우 앞으로 석유는 41년, 천연가스는 85년 더 사용할 수 있다는 것이다. 미국 에너지정보국EIA이 발표한 「국제 에너지 전망 2005」보고 중 제기한 1995~2025년 이미 확인된 매장량과 증가한 세계 석유 매장량 추정치는 각각 1,750억 톤과 1,000억 톤이고, 아직 발견되지 않은 매장량은 1,286억 톤이다. 같은 기간 이미 확인된 매장량과 증가한 세계 천연가스의 매장량 추정치는 각각 171조 m³와 66.46조 m³이고, 아직 발견되지 않은 매장량은 121.79조 m³이다. 자원이 점차 고갈되면서 석유와 천연가스의 생산비와 가격은 자연히 상승할 것이며, 중국의 유조선은 현재 점점 폭이 좁고 비용이 높은, 곧 막다른 골목으로 치닫는 항로를 향해 가고 있다.

여기서 말하고자 하는 것은 석유와 천연가스의 '수입'과 '해외 원정'이 중요하지 않다는 것이 아니다. 왜냐하면 현재 석유와 천연가스의 수요가 많고 자체 보유량이 부족한 상황에서 그 외에 다른 조달방법이 없기 때문이다. 또한 여기서 말하고자 하는 것은 외화를 동원하여 가격이 낮을 때 석유와 천연가스를 전략적으로 비축하는 것이 중요하지 않다는 것이 아니다. 왜냐하면 이는 아주 좋은 기회이기 때문이다. 그러나 이는 사고파는 단순한 관계가 아니고, 국가가 대량의 자금은 물론 정치적, 외교적, 군사적 자원과 대가를 지불해야 하기 때문에 음성적 비용이 표면적 가격보다 훨씬 큼을 말하고자 하는 것이다. 또한 석유와 천연가스를 수입하는 것 외에도 청정에너지산업을 육성하여 수입을 대체하는 방안을 강구하여 두 가지 방안을 적절히 병행할 수 있음을 말하고자 하는 것이다. 석유와 천연가스는 결국 점차 고갈될 것이고, 재생가능에너지로 대체하는 것만이 갈수록 폭이 넓고 자유롭고 안전하며 청결하면서도 지속적으로 에너지를 공급받을 수 있는 길이다. 현재 미국, 유럽, 브라질은 이러한 길을 가고 있는데, 중국은 이러한 길로 나아가고 있는가?

중국은 떠오르는 대국으로서 일거수일투족이 모두 국제사회에 크고 작은 영향을 미칠 수 있다. 중국은 식량안보 방침으로 95%의 자급률을 목표로 함으로써 매우 자주적이고 안전하며 주동적인 자세를 취하고 있기 때문에, 국제시장은 단순히 조정기능만 할 뿐이다. 따라서 2008년 세계 식량위기 가운데서도 당황하지 않고 여유 있게 대처하지 않았는가? 그러나 국민경제의 '식량'—석유의 경우 절반 이상을 해외에 의존하면서 어떻게 자주적이고 안전할 수 있겠는가! 국가의 자주, 안보와 직결된 식량과 에너지라는 두 가지 문제에 있어 어떻게 이처럼 천양지차의 이중적 잣대를 가지고 있는가?

5. 에너지 전환은 세계의 대세

미국과 유럽 등 선진 공업국이 에너지 발전에 있어 어떠한 길을 걸었는가를 살펴보면, 이는 중국에 많은 시사점을 준다 5, 6, 7장에서 이러한 점들을 소개하였고, 본 절에서는 그 부분을 간략하게 기술하였으며, 다소 중복되는 부분이 있다•

지구상의 석유와 천연가스 자원이 과도하게 집중되어 있고 국가 간 공업화수준의 차이가 매우 크기 때문에 자원 보유국과 소비국의 양극화와 모순이 점점 심화되는 경향을 보이고 있다. 선진 공업국들은 강력한 경제, 기술과 군사적 우위를 통해 자원 보유국의 석유자원을 강제로 점유하거나 약탈하고 있으며, 그 시발점은 1908년 영국이 이란의 석유 채굴권을 획득하여 영국—페

르시아석유회사Anglo-Persian Oil Company를 설립한 것으로 볼 수 있다. 그리고 갈등이 심화된 대표적 사건은 1960년 설립된 석유수출국기구OPEC와 그에 이어 설립된 '국제에너지기구IEA'사이의 대립은 물론, 이후 두 차례 미국과 이라크 사이의 전쟁과 최근 미국과 이란과의 대립으로 무려 1세기에 걸쳐 갈등이 지속되었다.

"봄꽃은 떨어지기 마련이다."라는 말이 있다. '이란과 이라크'에 의해 미국이, 러시아와 우크라이나의 '충돌'에 의해 유럽이 '에너지 해외 의존'으로 인한 고통을 뼈저리게 느꼈다. 석유와 천연가스를 해외에 의존하는 경제와 정치, 군사에 이르기까지 그 비용이 점점 높아지고, 부담이 점차 커지고 있으며, 석유와 천연가스 자원이 점차 고갈되고 세계 기후변화에 대응해야하는 상황에 직면함으로써 미국과 유럽 국가들은 어쩔 수 없이 국가 전략적 차원에서 석유와 천연가스의 해외 의존적 상황에서 벗어나려고 최선을 다하고 있다. 이에 따라 화석연료를 대체할 수 있는 여러 가지 방안을 모색하고 있고, 전체 에너지 소비량 가운데 재생가능에너지의 비중을 빠르게 높여가고 있다. 선진국의 에너지 전환의 계기는 1973년에 발생한 세계 석유파동이다1장 참조.

미국은 1975년부터 옥수수 에탄올을 생산하기 시작하였고, 20세기 1980년대 샌프란시스코 인근에 당시 세계에서 가장 큰 풍력발전소를 설립하였고, 1990년대 초 남부 캘리포니아에 10~80조 와트의 태양광 발전소 9개를 건설하였다. 이 '차바퀴 위의 국가'에너지 전환의 핵심은 바로 바이오연료로 석유를 대체하는 것이었다. 클린턴은 1999년의 〈바이오 상품Biobased products과 바이오에너지 개발 및 촉진〉 대통령령으로, 부시는 2005년의 국가에너지정책법〉과 "2012년까지 연료제조업체들이 반드시 가솔린 가운데 2,250만 톤의 바이오 에탄올을 첨가하도록 하는"에탄올 훈령과, 2006년 국정보고연설에서 제기한 "미국의 석유 사용은 마치 마약에 중독된 것 같다."란 내용은 물론, 2007년 통과된 바이오연료를 주요 내용으로 하는 〈에너지 자주와 안전 법안〉을 통해 바이오에너지를 통한 화석연료 대체를 점점 더 높은 궤도로 끌어올렸다. "바이오매스는 미국의 에너지 공급에 기여하기 시작하였고, 2003년

2.9quads약 1억 톤 분량의 표준석탄를 제공함으로써 미국의 전체 에너지 소비량의 3% 이상을 차지하고, 수력발전을 제치고 재생가능에너지 가운데 가장 큰 에너지원이 되었다."그림 12-7참조

오바마는 집권 후 얼마 되지 않아 대통령령을 하달하여 농업부로 하여금 "바이오연료산업에 대한 투자와 생산을 크게 늘리고, 이 산업을 통해 미국 농촌경제의 빠른 발전을 위한 유일한 기회를 제공하도록"지시하였고, '청정에너지 경제로의 전환'이란 국가전략을 제기하며 〈청정에너지와 안전 법안〉을 통과시켰다. 또한 2010년 국정보고연설에서 "청정 · 재생가능에너지 동력을 장악하는 국가가 21세기의 선두주자가 될 것"이라고 말했다.

에너지부장 주디원朱棣文, Steven Chu는 부임하자마자 수소연료전지 연구에 대한 자금 지원을 없앴고, "바이오연료와 저탄소 바이오에너지를 크게 발전시켜야 한다."고 제안하였다. 2009년도 에너지부 예산의 에너지 효율과 재생에너지 연구개발 관련 항목 가운데 바이오에너지에 배정된 금액은 태양광과 풍력 에너지의 5.8배였다. 그는 칭화대학 강연2009년 7월에서 청정에너지 신기술 가운데 특별히 에너지작물 억새芒草, Miscanthus를 소개하였으며그림 12-8 참조, "조기

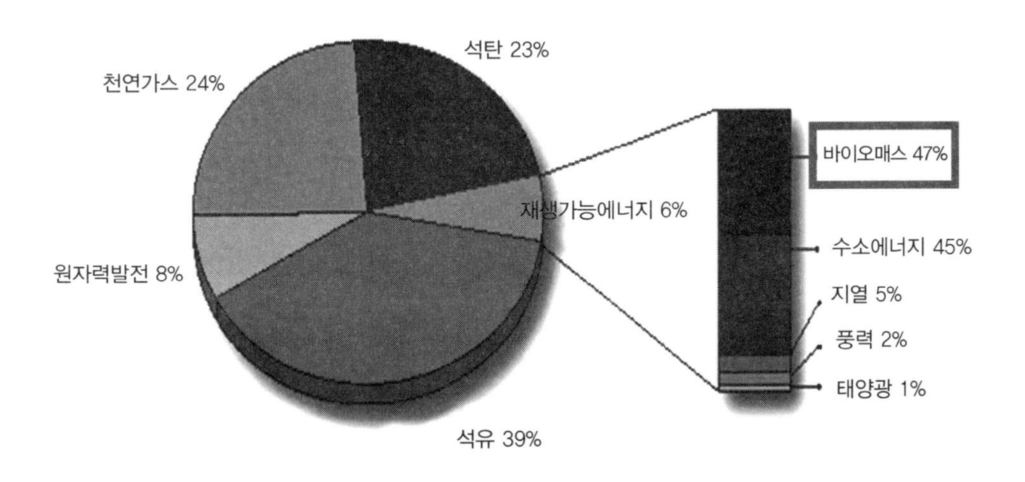

그림 1-7 2003년 미국의 에너지 소비구조

파종의 조건 하에서 단위 면적당 에탄올 생산량은 옥수수의 15배에 달하며, 5,000만 에이커$_{\text{1에이커는 약 4,047㎡}}$의 에너지작물로 현재 미국 가솔린 소비량의 절반에 해당하는 바이오연료를 생산할 수 있다."고 하였다.

그림 1-8 2009년 7월 주디원이 칭화대학에서 강연하는 모습$_{\text{왼쪽 그림}}$과 당시 사용한 PPT 자료$_{\text{오른쪽 그림}}$

2009년 말 미국 에너지정보국$_{\text{EIA}}$이 발표한 「에너지 전망$_{\text{2010}}$」에서 2035년까지의 미국 에너지 전환의 윤곽을 그렸는데, 그 전체적 틀은 단위 GDP의 에너지 소모량과 이산화탄소 배출은 물론 국민 1인당 평균 에너지 소비를 지속적으로 줄여나가고, 에너지 소비가 점진적으로 증가하는 가운데 화석 에너지를 점차 재생가능에너지로 전환하는 것이다. 운송연료부문에서는 "2035년까지 액체연료 수요의 증가부분은 바이오연료로 충족시킴으로써, 연료 에탄올 소비량은 석유 소비량의 17%를 차지할 것이고, 바이오연료를 통해 수입 원유 의존도를 45%까지 낮출 수 있다."고 보았다. 자동차부문에서는 "바이오연료와 가솔린을 동력으로 하는 연료유연자동차$_{\text{FFVs}}$가 40.9%를 차지할 것이고, 마일드 하이브리드 자동차가 26.37%를 차지할 것이고, 풀 하이브리드 자동차는 18.27%를 차지할 것이고, 전기자동차는 5.35%를 차지할 것이다."라고 보았다. 전력부문에서는 2035년 수력발전을 제외한 재생가능에너지 발전량은 미국의 발전 증가량 가운데 41%를 차지할 것이며, 그 중 바이오매스 발전, 풍력발전과 태양광발전이 각각 49.3%, 37.0%와 4.2%를 차지한 것으로 보았다.

풍력발전은 2005~2015년 빠르게 발전한 후 안정될 것이고, 바이오매스 발전은 계속해서 빠르게 증가할 것으로 예측했다그림 1-9 참조.

위에서 서술한 내용을 통해 에너지 소비량이 세계 전체 소비량의 1/5을 차지하는 미국의 에너지 전환에 있어서의 결단과 추진방안, 21세기 1/3 기간 동안의 동향을 살펴볼 수 있다.

오바마가 미국의 청정에너지경제로의 전환을 제기할 때, 그 이웃국가 브라질과 스웨덴은 이미 어느 정도의 규모를 갖추고 있었다. 2008년 11월 '국제 바이오연료 대회'를 개최할 때, 브라질 전국공민협회 주석 딜마 로세프 여사는 개회사에서 "브라질의 경제는 재생가능에너지를 기초로 구축되었고, 현재 전국적으로 바이오 에탄올이 50%의 가솔린을 대체하고 바이오 경유가 3%의 화석 경유를 대체하며, 이러한 비율은 빠른 속도로 높아지고 있다. 2003년 형성되기 시작한 연료유연자동차FFVs시장은 이미 700여만 대를 보유하고, 자동차 판매량의 90% 이상이 FFVs자동차이다."라고 말하였다. 브라질 국내 1.2만 대의 소형, 농업용 비행기가 에탄올연료를 사용한다.

브라질은 이미 10개의 사탕수수 에탄올 생산기지를 건설하였고, 2009년 사탕수수 에탄올 생산량이 1,980만 톤이었고, 생산비용은 석유 배럴 당 50

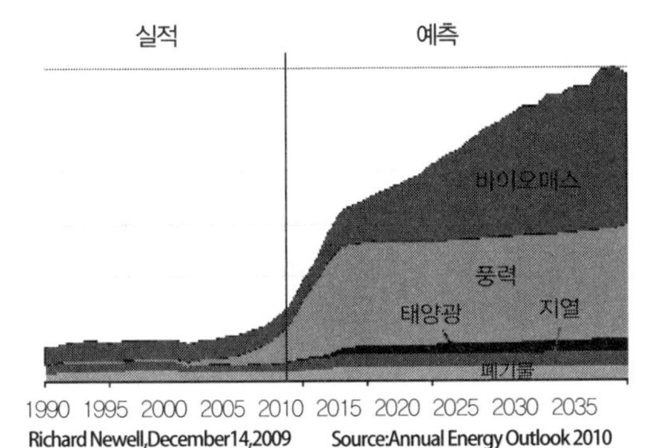

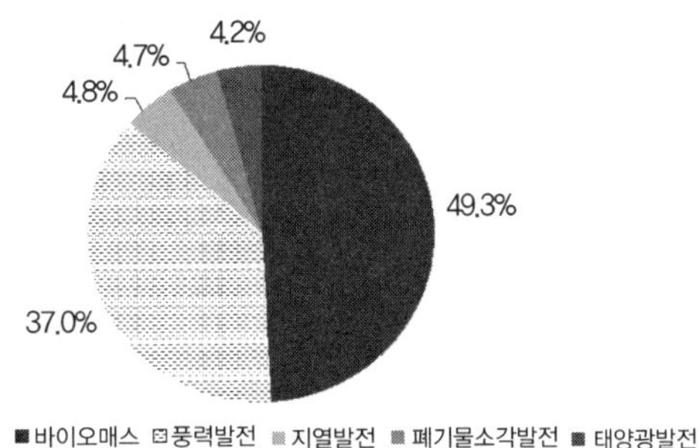

그림 1-9 2008~2035년 미국의 수력발전을 제외한 재생가능에너지의 발전 예측왼쪽 그림과 2035년의 에너지 구조오른쪽 그림

달러에 상당했다. 전국적으로 이미 사탕수수밭에서 자동차바퀴에 이르기까지 완전한 저장 · 배송설비와 판매시스템을 구축하였고, 에탄올 수출을 위해 전체 길이 115만 미터의 송유관을 매설하였다. 2005년 200만 톤의 에탄올을 수출하였고, 이는 세계 에탄올 교역량의 53%를 차지한다. 또한 인도, 베네수엘라 등 10여 개 국가에 주정 생산설비를 수출하였고 건설공사 도급을 맡았다. 사탕수수 에탄올은 이미 브라질 농업, 설탕, 에탄올, 전력, 기계 제조, 화공, 자동차, 교통, 건설 등 13개 업종의 국가 제1의 골간산업을 발전시키는 주역이 되었고, 생산총액은 정보산업을 초과하였다.

스웨덴의 에너지 소비구조에서 석유가 차지하는 비중은 1970년 77%에서 2003년 32%로 하락하였고, 공업용으로 사용된 바이오매스 에너지 용량은 512억 kWh로 석유$_{\text{224억 kWh}}$와 석탄$_{\text{166억 kWh}}$의 1~3배이다. 바이오매스를 통해 공급되는 열과 전기는 1,030억 kWh로 전국 에너지 총 소비량의 16.5%를 차지하고, 열 공급 에너지 총 소비량의 68.5%를 차지한다. 2007년 메탄가스 자동차는 1.5만 대에 달했고, 가스 충전소는 전국적으로 확대되었고, 2040년을 전후하여 천연가스는 모두 메탄가스로 대체될 것으로 내다보았다. 2006년 '세계 바이오매스 에너지 대회'에서 스웨덴 총리 고란 퍼슨은 "바이오에너지는 현재 스웨덴 에너지 수요의 25%를 충족시킬 수 있고, 2020년 스웨덴은 세계에서 석유에 의존하지 않는 첫 번째 국가가 될 것"이라고 선포하였다.

2007년 EU는 2020년 에너지 소비 총액 가운데 재생가능에너지가 차지하는 비중을 20%까지 끌어올릴 것을 법으로 제정하였다. 그 중 바이오연료가 교통부문에서 차지하는 비중을 가솔린과 경유 소비량의 10%까지 증가시킨다는 목표를 세웠다. 일본은 2050년 세계 원유 생산이 최고조에 이르기 전에 석유에 의존하지 않는 기술을 개발하기로 하였고, 산업별로 '석유에서 탈피하는'시간표를 제작하였으며, '화석 일본'에서 '바이오매스 일본'으로의 전략적 전환을 제기하였다. 인도는 2011년 전국 운송연료에 10%의 에탄올을 반드시 첨가해야 한다는 법령을 제정하였고, 위반할 경우 법적 처벌을 면치 못하게 되었다. 미국, 브라질, EU와 스웨덴 등은 이미 에너지 전환의 밑그림을 그리고 있다. 만약 화석에너지의 청정에너지로의 전환이 세계적 추세라고 할 때, 에너지 전환은 바로 바이오매스 에너지가 주도하고 있다.

6. 중국의 풍부한 청정에너지 자원

중국의 에너지 전환은 기본적으로 청정에너지의 자원 지탱능력에 달려 있다. 2008년 중국공정원에서 발표한 중국 재생가능에너지 발전전략 연구보고에서 이와 관련된 자료들을 찾아볼 수 있다.

중국 수력발전의 경제적 개발 가능 발전량은 4.02억 kW이고, 그 중 소수력발전은 1.28억 kW로 전국 수력발전 설비 용량의 33%와 발전능력의 31%를 차지한다. 중국의 수력발전 자원은 풍부하며, 개발수준이 이미 32%에 도달했지만 여전히 큰 잠재력을 보유하고 있다. 중국의 육지 풍력발전지면에서 10미터 높이의 개발 가능 발전량은 2.97억 kW이고 개발 가능 면적은 20만 ㎢이다. 해안에서 20㎞ 떨어진 해역 범위 내에서의 개발 가능 발전량은 1.8억 kW이고 개발 가능 면적은 3.7만 ㎢이다. 중국은 2%의 국토육지 면적에서만 풍력발전 개발 조건을 갖추고 있어, 개발 가능 면적과 자원량이 큰 편은 아니다. 2007년의 생산량을 보면, 이용 가능한 바이오매스 원료 자원량은 표준석탄 기준으로 9.32억 톤이고, 2030년에는 11.71억 톤으로 증가할 것으로 내다보았다. 중국의 태양광발전 자원은 풍부하지만 현재까지 자원량에 관한 구체적 수치가 없다. 중국 핵발전 설비 용량은 900만 kW로 세계 핵발전 설비 용량의 5%에 지나지 않으며, 개발 여지가 비교적 큰 편이다. 그러나 중국은 천연우라늄 공급이 부족하기 때문에 이미 확인된 매장량으로는 출력 100만 kW인 25개 표준 핵발전소만을 지탱할 수 있다.

UN에서 정한 관례에 따라 대형 수력발전과 핵발전은 전통적 에너지에 속하고, 재생가능에너지는 소수력발전, 풍력발전, 태양광발전과 바이오매스 에너지만을 포함하고 '수력발전을 제외한 재생가능에너지(비수력 재생가능에너지)'라고도 한다. 자원량의 비교를 용이하게 하기 위해 각종 청정에너지의 단위를 일괄적으로 표준석탄으로 환산하여 표 1-1에 적용하였다. 중국 청정에너지의 경제적 개발 총량(태양광 에너지는 포함하지 않음)은 표준석탄 기준으로 21.48억 톤이고, 그 중 대형 수력발전과 핵발전(핵발전은 이미 확인된 자원 매장량을 기준)은 각각 3.98억 톤과 0.58억 톤이고, 이를 합한 양은 청정에너지 총 자원량의 21.2%를 차지한다. 수력발전을 제외한 재생가능에너지가 청정에너지 자원 총량에서 차지하는 비중은 78.8%이고, 그 중 소수력발전, 풍력발전과 바이오매스 에너지의 자원량은 각각 1.86억 톤, 3.34억 톤과 11.71억 톤이고, 바이오매스 에너지의 자원량은 소수력발전의 6.3배와 풍력발전의 3.5배이다(표 1-1과 그림 1-10 참조).

표 1-1 중국의 청정에너지와 자원 현황

청정 에너지	에너지 상태	주요 상품	자원의 주요 분포지역	경제적 개발 가능 자원량			점유율 (%)
				설비용량 (만 kW)	발전능력 (억 kW.h)	표준석탄 (만 톤)	
풍력	동력	전기	3북지역, 티베트 고원	47,700	10,017	33,390	15.5
태양광	열	열과 전기	티베트 고원, 서북지역	–	–	–	–
바오매스	화학	각종 에너지와 비에너지 상품	동부지역	–	–	117,100	54.5
소수력	위치	전기	서부지역	12,800	5,586	18,620	8.7
대형 수력	위치	전기	서부지역	27,380	11,948	39,827	18.5
핵	원자	전기	합리적 배치	2,500	1,750	5,833	2.7
누계	–	–	–	–	–	214,770	100.0

주: 풍력과 원자력의 설비 용량은 각각 2,100시간과 7,000시간을 곱하여 연간 발전능력을 환산하였고, 수력발전은 기존 자료에서 인용하였고, 3kW.h는 1kg 표준석탄에 해당한다.

지역적 분포를 살펴보면, 수력발전 자원은 서부지역에 집중되어 있고, 서남지역이 차지하는 비중은 70%이다. 육지 풍력발전 자원은 3북(동북, 화북, 서북)지역과 티벳 고원에 집중되어 있고, 그 중 내몽고자치구가 전체 자원량의 50%

를 차지한다. 태양광에너지 자원은 티벳 고원과 서북지역에 풍부하고, 풍력발전 자원이 풍부한 지역과 중첩된다. 중국의 수력발전, 풍력발전과 태양광에너지 자원은 서부와 북방지역에 집중되어 있고, 바이오매스 자원은 경제가 발전한 동부와 남방지역에 넓게 분포하면서도 집중되어 있다. 재생가능에너지는 한 어미에서 태어난 형제들 같으며, 지역 분포는 마치 '제후들의 봉지封地'와 같이 한 지역씩 차지하고 있으면서 상호 보완적인 역할을 한다그림 1-11 참조.

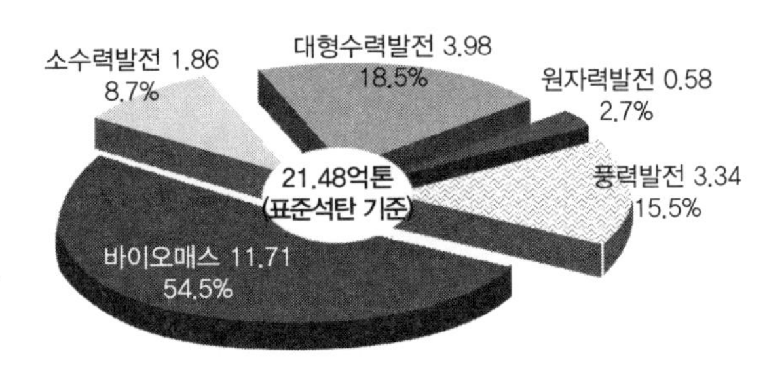

그림 1-10 중국 청정에너지 자원의 구성

주: 태양광 에너지는 포함하지 않았고, 수치는 표준석탄으로 환산하였으며, 단위는 억 톤임.

표준석탄 기준으로 청정에너지의 연간 생산량은 20.5억 톤이고, 2007년 전국 에너지 총 소비량의 82%에 해당한다. 만약 앞에서 살펴보았던 태양광에너지를 통한 열 공급과 발전을 포함할 경우 그 잠재력은 중국 에너지 전환의 큰 임무를 수행하기에 충분하다.

아마도 전력도 청정에너지가 아니냐고 묻는 이들도 있을 것이다. 그렇다. 전력은 사용 과정에서 청결하다. 그러나 이는 1차적 에너지 전환을 거친 2차 에너지이다. 만약 발전용 1차 에너지가 화석에너지이고 약 두 단위의 석탄으로 한 단위의 전기만을 전환할 수 있다면, 전력은 여전히 자원 소모량이 많고 많은 온실가스를 배출하는 비청정에너지이다. 전력은 발전용 1차 에너지가 청정에너지일 경우에만 비로소 진정한 의미에서의 청정에너지이다. 수소에너지도 2차 에너지인데, 기술이 아직 미성숙단계에 있기 때문에 비용과 이산화탄소 배출량이 전기에너지보다 훨씬 높다. 신생에너지를 이용한 자동차는 중국에서 각광을 받고 있지만, 전기든 수소든 이를 동력으로 사용하는 것은 현재는 물론 앞으로 오랜 기간 동안 주로 석탄을 이용해 전기를 생산하는 중

그림 1-11 중국 재생가능에너지 자원의 지역 분포도

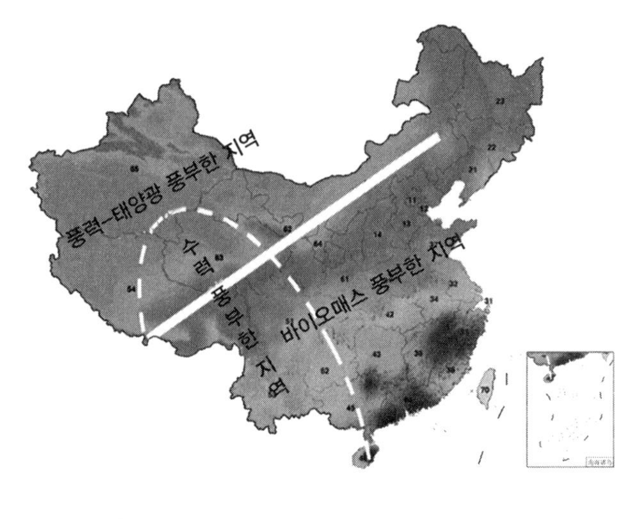

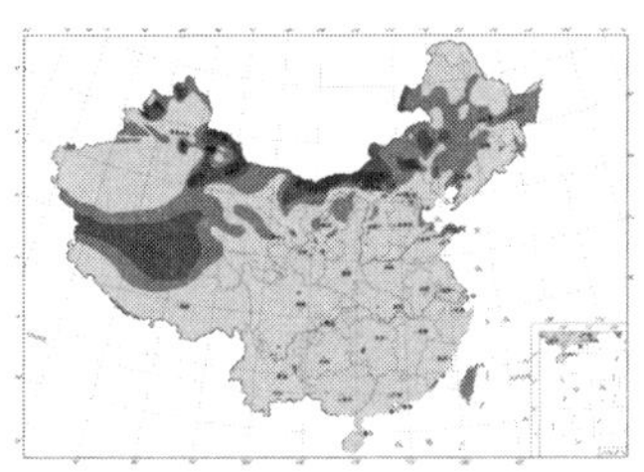

중국 10미터 고도의 연평균 풍력 공율 밀도 분포도

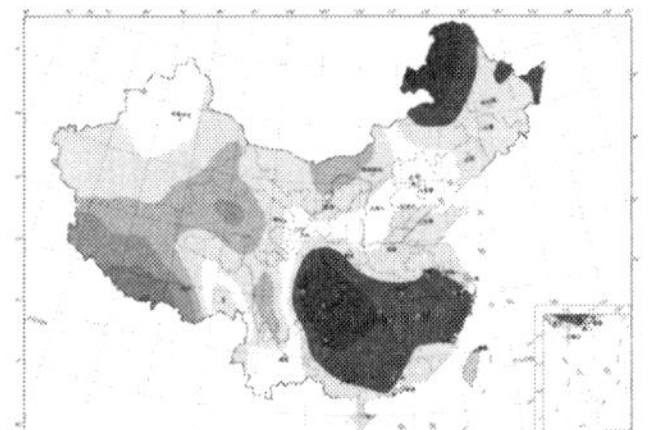

중국 연평균 태양 복사도 분포도

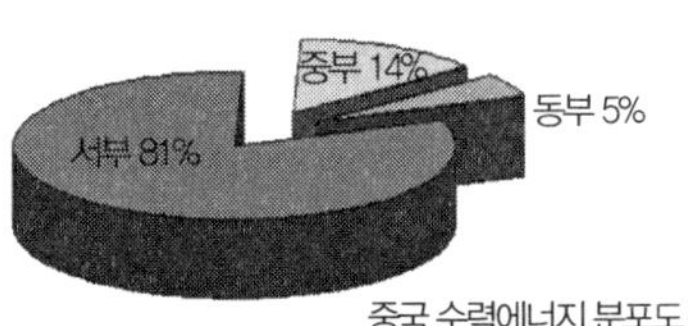

중국 수력에너지 분포도

주: 오른쪽 위의 그림은 10미터 높이의 연평균 풍력 공율 밀도 분포도이고(자료: 국가기상국), 색상이 진한 것에서 옅은 것에 이르기까지 각각 매우 풍부한 지역, 풍부한 지역, 비교적 풍부한 지역, 보통인 지역과 부족한 지역으로 구분한다. 오른쪽 중간 그림은 연평균 태양 복사도 분포도이고, 진한 오렌지색상에서 옅은 색에 이르기 까지 각각 260이상, 260~240, 240~220과 220~200, 황색은 각각 200~180과 180~160, 파란색은 각각 160~140, 140~120과 120 이하로 구분하였고(단위는 W/㎡임), 오른쪽 아래 그림은 중국 수력발전 자원 분포도이다.

국의 입장에서는 일종의 많은 화석에너지를 소모하고 다량의 온실가스를 배출하며, 사용과정에서는 청결할지 몰라도 생산과정에서는 아주 청결하지 못한 '신생에너지'이다. 언론매체는 물론 지도자들과 기술자들도 전기 자동차에 대한 보도에서 객관적이고 실사구시적인 태도를 취해야 하고, 대중을 오도해서는 안 된다. 그렇지 않을 경우, '눈 가리고 아웅 하는 격'이 되고 자동차 제조업체를 위해 거짓말을 하는 것이 된다.

7. 아주 낮은 중국의 에너지 전환의식

중국은 화석에너지 자원은 매우 부족한 가운데 수요는 급증하고, 소비구조는 매우 불균형한 상태에서 석유의 수입의존도가 높고, 온실가스 배출량이 세계 1위인 국가가 되었다. 따라서 하루 빨리 화석에너지를 대체하고 에너지 전환을 이루어야함에도 불구하고 현실은 그렇지 못하다. 중국은 현재 국가의 부와 행정자원을 국외로부터 화석에너지를 구매하고 개발하는데 집중하고 있으며, 국내 청정에너지 자원 개발을 위한 투자는 아주 제한적이다. 이를 통해 알 수 있듯이, 중국의 에너지 전환의식은 매우 낮다. 이는 중국 경제와 사회발전에 있어 아주 커다란 고질병이고, 계속해서 화약이 주입되어, 언젠가는 터질 시한폭탄과도 같다. 왜 중국의 에너지 전환의식이 매우 낮다고 말하는가? 아래에서 살펴보자.

첫째, 발전목표가 낮은 가운데 '수력발전의 비중'이 높다. 2007년 8월 발표한 〈재생가능에너지 중장기 발전계획可再生能源中長期發展規劃〉에서 "2010년 재생가능에너지의 소비량을 에너지 전체 소비량의 10%까지 높이고, 2020년에는 15%까지 높이겠다."라고 밝혔다. 15%가 매우 낮은 수준은 아니지만 그 중 '수력발전의 비중'이 높다. 대형 수력발전은 전통적 에너지에 속한다는 UN의 관례에 따르고, 2006년 대형 수력발전이 이미 에너지 전체 소비량의 7%를 차지하는 상황에서, 15%의 목표 가운데 8%만이 진정한 재생가능에너지이다. 에너지 단위를 표준석탄으로 통일할 경우표 1-2, 2020년 재생가능에너지 생산목표는 표준석탄 기준으로 6억 톤이고, 대형 수력발전을 제외하면 3억 톤이 남게 되어 겨우 에너지 전체 소비량의 7.5%를 차지한다. EU의 경우 그 비중이 20%이고, 미국과 브라질은 더 높다. 따라서 중국의 재생가능에너지 발전목표의 시발점은 매우 낮다.

표 1-2 중국 재생가능에너지 중장기 발전계획

단위: 100만 톤(표준석탄)/년

재생가능 에너지	실제 상황	계획 목표		2020년 점유율 (%)	
	2005년	2010년	2020년	대형 수력발전 포함	대형 수력발전 미포함
대형 수력	88.40	160.0	300.00	50.11	–
소수력	43.33	93.33	100.00	16.70	33.48
풍력	0.88	3.50	21.00	3.51	7.03
태양광	9.65	18.20	37.20	6.21	12.46
지열	2.00	4.00	12.00	2.00	4.02
바이오매스	10.74	27.21	128.45	21.46	43.01
대형 수력 미포함 합계	66.60	146.24	298.65	–	100
대형 수력 포함 합계	155.00	306.24	598.65	100	–

주: 설비 용량을 발전량으로 환산하는 방법은 다음과 같다. 연간 수력발전은 4,000시간, 풍력발전은 2,100시간, 태양광발전은 2,000시간, 바이오매스발전은 6,000시간이고, 표준석탄으로 환산하면 3kWh는 표준석탄 1kg이고, 태양광을 통한 연간 1㎡당 열 공급량을 환산하면 표준석탄 120kg이다.

표 1-3 중국 재생가능에너지 중장기 발전계획 가운데 바이오매스에너지부문

단위: 100만 톤/년

바이오매스 에너지	실제 상황	계획 목표		2020년 점유율(%)
	2005년	2010년	2020년	46.71
바이오매스	4.00	11.00	60.00	24.46
메탄가스	5.71	13.57	31.42	19.46
고형연료(BMF)	–	0.50	25.00	19.46
연료 에탄올	0.96	1.88	9.42	7.33
바이오 경유	0.07	0.26	2.62	2.04
합계	10.74	27.21	128.45	100

주: 메탄가스 1㎥를 표준석탄으로 환산하면 0.714kg이고, 고형연료 1톤은 표준석탄 0.5톤이고, 연료 에탄올을 가솔린 발열량(calorific value)의 64%로 계산하면, 에탄올 1톤은 표준석탄 0.942톤이다. 바이오 경유는 보통 경유 발열량의 90%로 계산하면, 바이오 경유 1톤은 표준석탄 1.311톤이다. 기타 표 1-2 참조.

둘째, 진보하지 않고 오히려 퇴보하고 있다. 중국은 코펜하겐 기후변화회의에서 "2020년 단위 GDP당 이산화탄소 배출량을 2005년의 40~45%를 감축하겠다."고 승인하였다. 따라서 필자는 재생가능에너지부문에 커다란 도약이 있을 것이라고 생각했지만, 이러한 목표를 달성하기 위해 2009년 12월에 개최한 '전국 에너지 공작회의'에서는 "2020년 비화석에너지가 1차 에너지 소비에서 차지하는 비중을 약 15%까지 높이겠다."는 새로운 목표를 내놓았다. 좀 더 보충하면, "위의 목표를 달성하기 위해서는 2020년 중국 수력발전 설비 용량은 3억 kW 이상이 되어야 하고, 핵발전 설비 용량은 6,000만~7,000만 kW 이상이 되어야 하고, 풍력발전, 태양광에너지와 기타 재생가능에너지의 사용량은 표준석탄 기준으로 1.5억 톤 이상이 되어야 한다."고 보았다. 이러한 보충설명을 〈재생가능에너지 중장기 발전계획〉과 비교하면 진보한 것이 아니라 오히려 퇴보하였다. 또한 '비화석에너지'개념을 이용하여 기존 재생가능에너지 목표치에 핵에너지를 포함시키고 난 후에도 여전히 15%의 수치다. 여기에서 이러한 새로운 목표치를 나타내는데 있어 바이오매스 에너지에 관한 구체적인 수치는 없고 '기타 재생가능에너지'에 끼워 넣었다는데 주의할 필요가 있다.

계산을 해보면 다음과 같다. 핵발전 7,000만 kW 설비 용량과 연간 8,000시간$_{\text{일반적으로 7,000시간}}$의 전력 생산을 기준으로 계산하면 표준석탄 1.9억 톤에 상당하고, 수력발전 3억 kW 설비 용량과 연간 3,500시간의 전력 생산을 기준으로 계산하면 표준석탄 3.5억 톤에 상당하고, 거기에 표준석탄 1.5억 톤에 상당하는 재생가능에너지를 더할 경우 모두 합쳐 약 7억 톤이 된다. 〈재생가능에너지 중장기 발전계획〉의 6억 톤보다 1억 톤 많은 것처럼 보이지만, 1.9억 톤의 핵발전 에너지를 더했고, 실제로 대형 수력발전이 포함된 재생가능에너지 1억 톤을 뺐고, 수력발전을 제외한 재생가능에너지는 무려 3억 톤에서 1.5억 톤으로 줄였다. '비화석연료'란 '새로운 단어'를 이용해 재생가능에너지 목표치를 큰 폭으로 줄인 것이다.

셋째, 에너지 총소비량은 오묘한 숫자놀음이다. 〈재생가능에너지 중장기 발전계획〉에서, 대형 수력발전을 포함한 재생가능에너지의 2020년 전체 에너지 소비량에서 차지하는 비중인 15%와 표준석탄을 기준으로 한 6억 톤은 2020년 에너지 소비량을 표준석탄 40억 톤으로 측정하여 계산한 것이다. 실제로 2008년 전체 에너지 소비량은 이미 표준석탄 28.5억 톤에 달했고, 앞으로 12년간 중국 에너지 소비량은 11.5억 톤만 증가할 것이라고 보았다. 즉 연간 증가율을 3.3%로 본 것이다. 이는 정말 가능한가? 2000~2008년 연평균 에너지 소비 증가율은 13%였고, 이후 12년간 3.3%라고 할 때, 증가율이 이렇게 큰 폭으로 감소할 수 있을까?

2009년 국가에너지국은 2020년 에너지 소비량이 44억 톤이 될 것이란 예측치를 또 다시 내놓았다. 허쭤슈何祚庥 원사는 GDP 연평균 증가율이 8~9%이고 에너지 총 소비량이 표준석탄 기준으로 44억 톤이라고 할 때 0.39의 에너지 소비탄력성 계수를 산출하였다. 그는 "역사적으로 어떤 대국이 공업화를 추진하는데 있어, 특히 중공업을 발전시키는 과정에서 이처럼 낮은 에너지 소모율을 보였는가?"라고 의문을 제기했다. 허 원사는 탄력성 계수를 0.5와 1.0으로 나누어 계산하였고, 그 결과 2020년 에너지 소비량은 각각 46.6~49.4억 톤과 73.3~81.8억 톤으로 나타났다. 허 원사의 견해는 매우 명확하다. 한 국가의 공업화 전기와 중기의 에너지 소비탄력성 계수는 일반적으로 1.0보다 크고, 후기가 되어야 1.0보다 작아지곤 한다. 그렇다면 2020년 44억 톤의 에너지 소비량과 3.3%의 연평균 증가율은 일종의 스스로를 기만하고 남도 속이는 숫자에 불과하다.

필자가 말하려고 했던 15%의 오묘한 숫자놀음은 이제 설명이 가능하다. 2020년 표준석탄을 기준으로 한 7억 톤의 '비화석 에너지'가 44억 톤의 전체 에너지 소비량에서 15%를 차지하는 것은 맞지만, 만약 전체 에너지 소비량이 60억 톤이라고 할 때, 7억 톤이 차지하는 비중은 겨우 11.7%이고, 1.5억 톤의 수력발전을 제외한 재생가능에너지 비중은 2.5%에 지나지 않는다. 이 안에 얼마나 큰 오해의 소지가 '숨어'있는 것인가!

넷째, 집행과정에서 이상한 현상이 나타난다. 〈재생가능에너지 중장기 발전계획〉에서 2020년 바이오매스에너지, 풍력에너지와 태양광에너지의 발전 목표는 표준석탄을 기준으로 일괄적으로 환산한 결과 각각 1.29억 톤, 0.21억 톤과 0.37억 톤이었고, 각각 43%, 7%와 13%를 차지함으로써 바이오매스에너지가 가장 크게 나타났다. 그러나 시작하자마자 이와는 반대로 행동하였다. 〈재생가능에너지 중장기 발전계획〉이 발표되고 얼마 지나지 않아 국가에너지국 국장은 '삼협에 버금가는 풍력발전소 건설'을 제목으로 한 글을 발표하였다. 국가에너지국 국장 글의 '에너지 용량'이 크다는 표현에서 알 수 있듯이, 풍력발전은 최근 들어 전국적으로 크게 확대되고 있으며, 설비 용량은 2006년 260만 kW에서 2008년 1,217만 kW로 갑자기 증가함으로써 계획을 발표하자마자 500만 kW였던 2010년 목표치를 2,000만 kW로 상향조정하여 3년 사이에 4배가 증가하였고1년 전의 500만 kW의 목표치는 어떻게 만들어진 것인가?, 2020년의 목표치는 3,000만 kW에서 1억 kW로 상향조정되었다.

풍력발전은 조건이 완전히 구비되지 않은 상황에서 인위적인 '열풍'이 불었지만, 1년도 못 돼 1/3에 가까운 약 500만 kW의 풍력발전 설비가 작동을 멈춘 채 방치되어 있다. 또한 수백억에 달하는 자금이 매몰되어sunk 있고, 국무원의 '생산력 과잉'명단에도 올랐다. 풍력발전의 '거품'이 꺼진 것이다. 비슷한 시기에 열풍이 불었던 태양광발전도 '거품'이 꺼졌다. 마치 경제참고보經濟參考報에 실린 "중국 태양광의 거품은 사라졌고, 천억 위안의 투자 중 절반을 낭비했다."2009년 8월 24일라는 글의 제목과도 같다. 인위적으로 풍력발전과 태양광발전의 거품을 만든 동시에 〈11 · 5 규획〉 기간 비식량 에탄올 생산은 거의 사라졌고, 200만 톤의 증산 목표 중 20만 톤밖에 달성하지 못했다. 또한 100만 톤의 고형연료 생산 목표 중 30만 톤밖에 달성하지 못했다. 이는 분명히 2007년 발표된 〈재생가능에너지 중장기 발전계획〉과 상반되는 결과가 아닌가?

먼저 재생가능에너지 개념을 오도해 15%의 목표치의 절반에 상당하는 '수력발전'을 끼워 넣더니, 그 다음에는 비화석에너지 개념을 오도해 표준석탄을 기준으로 3억 톤에 상당하는 재생가능에너지를 1.5억 톤으로 줄였다. 또한 에너지 총소비량을 가지고 숫자놀음을 하기도 하였다. 겨우 2년여의 시간 동안 중국의 재생가능에너지의 하늘은 '다채로웠고', 변화무쌍했다. 작곡가는 주선율을 유지하면서 여러 가지 기교를 부릴 수 있고, 속도, 힘, 박자, 음색 등에 있어서도 자유로움을 발휘할 수 있다. 이를 '변주곡'이라고 하며, 베토벤 '피아노 소나타 F단조'의 제2악장, 슈베르트 '피아노 5중주 A장조'의 제4악장, 그리고 모두가 좋아하는 쇼팽의 폴로네즈Polonaise가 대표적이다. 중국은 재생가능에너지 위에 한 편의 '15% 변주곡'을 썼지만, 안타깝게도 화석에너지라는 주선율 가운데 재생가능에너지와 바이오매스에너지의 변주를 계속해서 약화시켰다.

재생가능에너지가 이처럼 중요한 영역임에도 불구하고 어떤 관료들은 〈재생가능에너지 중장기 발전계획〉을 어린애 장난으로 보고 손바닥 위에 놓고 가지고 놀았다. 자신을 기만하고 남을 속일 경우 그 결과가 결코 좋을 리 없으며, 결국 피해보는 것은 국가가 되는 것이다.

2010년은 '11 · 5'계획의 마지막 해이고, 2011년 3월 '양회兩會'에서 인민대표와 정협위원이 그에 대한 책임을 물을까? 지금으로선 알 수 없다.

8. 불가능한 것이 아니라 실천하지 않는 것이다

재생가능에너지로 화석에너지를 대체하는데 있어 많은 국가들이 고무되어 있는데 반해 중국은 오히려 답보상태이다. 원료자원이 부족해서인가? 아니다! 기술수준이 낮아서인가? 아니다! 자금이 없어서인가? 아니다10조 위안 이상의 자금을 해외 화석에너지 확보에 투자하고 있다.! 수요가 많지 않아서인가? 아니다! 시장 전망이 좋지 않아서인가? 아니다! 리스크가 커서인가? 아니다! ……

재생가능에너지로 화석에너지를 대체하는데 있어 바이오매스 에너지가 주된 역할을 하는 것이 세계적 추세이지만, 중국은 오히려 기피하고 있다. 원료자원이 부족해서인가? 바이오매스 원료자원은 대형 수력발전과 핵발전을 포함한 중국 청정에너지자원의 절반, 수력발전의 2배, 풍력발전의 3.5배를 차지한다. 에너지상품이 좋지 않아서인가? 바이오에너지상품은 다양하며, 고체, 액체와 기체 모든 형태를 갖추고 있다. 기술수준이 낮아서인가? 재생가능에너지 가운데 기술이 가장 앞서 있는 부문이 바로 바이오에너지이다. 사회적 수익이 낮아서인가? 청정에너지 가운데 바이오에너지만이 유일하게 농촌 경제발전과 농민 소득증대를 촉진할 수 있다. 생태환경을 위한 수익성이 충분히 높지 않아서인가? 바이오에너지는 청정에너지 가운데 유일하게 이산화탄소를 흡수하고 배출량을 줄이는 두 가지 기능을 가지며, 환경오염물질을 무해하도록 하고 자원화하고 순환적으로 이용하도록 한다.

문제의 해답은 한 가지이다. 즉, 불가능한 것이 아니라 실천하지 않는 것이다.

〈재생가능에너지 중장기 발전계획〉과 2009년 '전국 에너지 공작회의'에서의 지적을 보면, 2020년 중국의 화석에너지는 여전히 에너지 전체 소비량의 90%를 차지할 것이고, 석유의 대외의존도는 60%를 크게 초과할 것이며, 천연가스와 석탄의 수입량은 계속 증가하여 국가의 에너지 자주와 안전수준은 계속 낮아질 것이고 점차 취약해질 것이라고 전망하고 있다. 이는 중국이 화석에너지에 의존하며, 또한 이를 해외에 의존하고 재생가능에너지를 간과한 에너지전략의 필연적 결과이다.

중국석유화공집단공사이하 '중국석화'로 약칭, Sinopec Group 전임 부총재인 차오시앙홍曹湘洪 원사는 다음과 같이 지적하였다. "일단 석유자원 대국과 생산 대국의 석유 생산에 문제가 발생할 경우 세계 석유 공급은 심각한 위기에 처하게 될 것이 뻔하다. 긴장일로에 있는 세계 석유 수급상황에서 벗어나기 위해서는 바이오에너지산업을 더욱 발전시켜야 한다.", "바이오연료를 적극 발전시키는 것이 석유에 대한 지나친 의존과 이산화탄소 배출을 줄이는 중요한 전략적 조치이다."또한 중국석화 석유탐사개발연구원의 전임 원장 관더판關德範은 글에서 밝히기를, "중국 에너지발전전략에 관한 사고의 틀을 근본적으로 전환하여 화석에너지에서 재생가능에너지 위주의 궤도로 진입해야 하며, 이것만이 유일한 선택이고, 다른 길은 없다. 이치는 아주 간단하다. 즉 중국이 경제 전환기로 접어들 때 가장 먼저 수행해야 할 임무는 농촌의 경제구조를 바꾸고 농민의 생활수준을 높이는 것이다", "에너지전략에 관한 사고의 틀을 전환하는 가운데 가장 먼저 9억여 명의 농민을 대상으로 한 커다란 목표가 세워져야 하고, 재생가능에너지의 발전방향을 모색해야 한다."고 하였다. 필자는 이 두 분의 석유전문가가 당파적 견해에서 벗어나 국가의 이익 차원에서 중국의 에너지전략을 사고하였다는 것에 존경을 표하지 않을 수 없다. 만약 국가 에너지 관련 정책결정에 영향을 미치는 관련 공무원과 소위 말하는 '싱크탱크'들도 이와 같은 경지에 도달하면 얼마나 좋을까!

레스터 브라운Lester Brown은 『플랜 B』에서 말하기를, "광물연료를 기초로 하고 자동차를 중심으로 하며 일회용 물품으로 가득한 서양의 경제모델은 공업국가에서 이제 더 이상 통하지 않고, 중국, 인도 등 개발도상국에서도 통할 수 없다.", "21세기 초의 글로벌문명을 유지하는 것은 재생가능에너지를 동력으로 하고 교통운송이 다양화된 순환경제로의 전환에 달려있다"고 하였다. 레스터 브라운은 다시 한 번 중국을 지목하였다. 이번에는 정말로 치명적인 '아킬레스건약점'을 지적하였다. 중국은 현재 그가 말한 '통하지 않는'길을 빠르게 달리고 있다.

20세기 70년대 첫 번째 석유파동이 발생했을 때, 사우디아라비아의 석유부장 세이크 야마니Sheikh Yamani는 다음과 같은 명언을 남겼다. "기억해라, 석기시대가 사라진 것은 결코 돌을 모두 써버렸기 때문이 아니다."실제로 석기시대가 끝난 것은 돌을 모두 써버렸기 때문이 아니라 청동기와 철기가 나타났기 때문이다. 농업사회가 끝난 것은 농작물을 수확할 수 없기 때문이 아니라 공업혁명이 일어났기 때문이다. 모두가 일종의 '진보적 대체'와 '주체적 대체'

이다. 마찬가지로 화석에너지시대의 종말을 위해 반드시 화석에너지 전부를 소모할 필요가 없으며, 진보적 대체의 길을 주체적으로 모색해야 한다. 중국은 절대로 국내외 석유, 천연가스 자원이 모두 소모될 때까지 기다렸다가 그제야 재생가능에너지를 발전시켜서는 안 된다.

"비가 오기 전에 대비를 해야 하고, 목이 타서야 우물을 파서는 안 된다要未雨綢繆, 勿臨渴掘井·", "사람이 멀리 생각하지 않으면 반드시 가까이에 근심이 있다人無遠慮, 必有近憂·", "군자는 환난을 미연에 방지한다君子防患于未然·"이러한 격언들은 아주 많다. 중국은 예로부터 이러한 좋은 전통이 있어왔다. 에너지와 같이 국가의 존망을 좌우하는 중요한 사업에 있어 어찌 철저하게 대비하지 않을 수 있겠는가! 중국은 현재의 에너지전략을 다시 평가해야 하고, 에너지 자주, 안전과 전환의 기치를 더욱 드높여야 하며, 그렇지 않을 경우 국가의 이익을 저해하고 인민에게 피해를 주게 될 것이다.

국토자원부 자료에 따르면, 중국이 아직까지 이용하지 않은 토지 가운데 이용이 가능하고 농경지로 사용 가능한 면적이 각각 8,874 만 ha 와 734 만 ha 로, 이 얼마나 귀중한 재산인가! 아래의 그림은 알칼리성 토지로 전국적으로 900 여만 ha 가 존재하고, 사탕수수 등 에너지작물 재배가 가능하다.

“삼농三農”문제 해결을 위한 특효약 — 에너지 농업

2

- 역사적 빚
- ‘삼농’ 고질병에 대한 진단
- ‘농민의 도시로의 이주’는 효력이 없는 처방
- ‘투약이 미비’, 증세가 호전될 기미가 거의 없다
- ‘농업도 행위규범이 있다’
- 근본적 해결책: 농업 · 공업 · 무역 연합체
- 일본의 ‘농촌 공업화’
- ‘농업에 대한 이중적 태도葉公好農’
- 특효약 – 에너지 농업
- “나는 꿈이 하나 있다”

무릇 전쟁을 하는 자는 정공법을 써서 맞서고
변칙을 써서 이긴다.
『손자병법孫子兵法』

신중국은 중국 공산당의 영도 하에 농민에 의지하여 세워진 국가이고, 공업화 또한 농민이 제공한 원시자본을 통해 이루어졌다. 그러나 공업화가 시작되자마자 공업과 농업의 '이원화론'과 도시와 농촌의 '이원화론'을 통해 중국의 농업, 농촌과 농민은 주변화되었다. '이원화론'은 경제법칙에 위배됨은 물론 사회적 부의 분배에 있어 심각한 불공평을 초래하고 공업과 농업 간의 모순, 도시와 농촌 간의 모순을 심화시켜 중국 경제의 건강한 발전과 사회 안정에 영향을 미치는 잠재적 위험요인이 된다. 중국 공산당 중앙위원회中共中央, 중공중앙는 '삼농三農, 농업 · 농촌 · 농민'문제를 매우 중시하며, 이를 공산당 모든 사업에 있어 '최우선'에 놓았고, 각종 조치를 취하여 어느 정도의 성과를 거두었다. 그러나 공업과 농업 간의 격차와 도농격차의 지속적인 확대를 막지는 못했다. 문제 해결이 어려운 이유는 '이원화론'이 여전히 존재하고 있으며, 취했던 조치를 통해 표면적인 개선은 가능하지만 근본적 치료가 어려운데다, 마치 수혈은 하지만 새로운 피를 생산하지는 못하는 것과 같고, 물고기는 제공했지만 물고기 잡는 법을 알려주지는 않았기 때문이다.

21세기의 에너지 세대교체는 바이오산업을 현대사회의 중심 무대로 끌어올릴 것이고, 에너지와 농업부문을 발전의 최전방으로 밀어 올릴 것이다. 바이오산업은 농업에 그 뿌리를 내리고 농업을 하나의 새로운 영역과 발전의 시대로 인도할 것이다. 물고기는 물이 없으면 살지 못하고, 물은 물고기가 없으면 활력을 잃는다. 바이오산업과 농업의 이러한 물과 물고기의 관계는 에너지 세대교체를 맞는 세기의 재미있는 작품을 연출하게 될 것이다. '삼농'모친은 바이오에너지를 건장하게 성장시킬 것이고, 바이오산업은 '선봉장'과 같이 모친을 구하고 포위망을 뚫어 밝은 내일로 나아갈 것이다.

본 장에서는 중국 '삼농'의 문제, 원인, 해결책을 체계적으로 서술한 후 '삼농'을 위해 '혈액을 생산하고 체질을 강화하는'특효약 — 에너지 농업을 처방하였다. 그리고 "나는 꿈이 하나 있다"로 본 장을 마무리 했다.

1. 역사적 빚

한 국가가 공업화와 도시화를 추진하기 위해서는 엄청난 자본을 필요로 한다. 왜냐하면 기계와 고층빌딩이 저절로 생겨나는 것이 아니기 때문이다. 초기 공업국가의 원시자본 축적은 주로 식민지를 대상으로 한 약탈과 해적행위 등을 통한 '외부 자원'조달로 이루어졌다. 신중국 성립 초기 서방국가들의 경제적 봉쇄는 철통과도 같았기 때문에 공업화를 위한 원시자본 축적은 자체적으로 해결할 수밖에 없었다. 당시 국가가 경제적으로 빈곤하고 모든 분야에서 기초가 빈약한 상황에서 '밑천first pot of gold'이 어디에서 나오겠는가? 결국 '삼농'— 농업, 농촌과 농민에 의지할 수밖에 없었다. 중국 공업화와 도시화 과정에서 '삼농'은 식량과 농산물을 제공했을 뿐만 아니라 공산품과 농산물의 가격차剪刀差, scissors price, 국가 재정자원 분배 등의 방식을 통해 자신의 잉여 노동력 가치를 국가 공업화와 도시화 건설을 위해 끊임없이 공급해야 했다. 1952~1978년 6,078억 위안을 공급하였으며, 그 중 공산품과 농산물의 가격차의 형태로 5,100억 위안이 공급되었고, 나머지는 세수를 통해 공급되었다. 300조 위안이 공급되었다는 의견도 있다中央黨校 모전문가, 2008. 계산법과 수치가 다를 수 있지만 '밑천'은 분명히 '삼농'이 제공한 것이고, 그 액수가 어마어마하다.

'삼농'은 대약진, 인민공사, 3년의 고난과 '문화대혁명'등 여러 차례의 시련을 겪은 바 있고, 농업부문의 잉여노동력 가치를 국가 공업화와 도시화 건설에 헌납함으로써 이미 기진맥진한 상태로 가난에 찌들고 쇠약해졌다. 1979년 개혁개방 초기 발표한 〈중국 공산당 중앙위원회의 농업발전을 위한 몇 가지 문제에 관한 결정中共中央關于加快農業發展若干問題的決定〉에서 다음과 같이 지적한 바 있다. "1978년 전국 1인당 평균 점유한 식량은 대체로 1957년 수준에 상당하고, 전국 농업인구 1인당 연평균 소득은 70여 위안이고, 약 1/4의 생산대 사원의 소득은 50위안 이하이고, 1개 생산대대의 평균 집체누적액은 1만 위안에도 미치지 못하고, 어떤 지역은 심지어 간단한 재생산도 유지할 수 없다." 이것이 바로 개혁개방 초기 '삼농'의 비참한 현실이었고, 신중국 성립 30년 이후의 처참한 상황이었다.

중국 혁명 당시 농촌에 의지해 도시를 포위하였고, 팔로군과 해방군은 군복을 입은 농민이었다. 전국이 해방되기 전날 밤 모택동은 당 전체에 다음과 같이 경고한 바 있다. "결코 농촌을 잃고 도시만을 챙길 수 없다.", "중국의 주된 인구는 농민이고, 혁명은 농민의 지원에 의지했기에 승리를 거둘 수 있었고, 국가 공업화도 농민의 지원을 얻어야만 성공할 수 있다."하지만 안타까운 것은 바로 모택동 스스로가 도시와 농촌의 '이원화', 공업과 농업의 '이원화'를 추진했다는 것이다. 농민의 도시로의 진입을 불허호적제도했을 뿐만 아니라 농민이 공업, 상업, 건설업, 서비스업에 종사하는 것을 불허함으로써 농민들로 하여금 대대손손 땅에서 벗어나지 못하는 '세습농민'이 되도록 하였다. 농민은 최소한의 국민대우를 받지 못했고, '농업에서 비농업부문으로 전환하는 것'은 승천하는 것보다 더 어려웠고, 당시 중국 인구의 80%를 차지했던 농민은 주변화 되었다. 20세기 1990년대 후베이湖北성의 한 기층간부가 총리에게 쓴 편지에서 다음과 같이 말했다. "중국 농민은 매우 고생스럽고, 중국 농촌은 매우 빈곤하며, 중국에서 농업을 경영하는 것은 매우 위험스럽다."

중국의 개혁개방은 '삼농'으로부터 시작되었다. 당시 잘못된 상황을 바로잡는 3가지 '극약'이 처방되었다. 즉 인민공사를 가정연산승포제家庭聯産承包制로 바꾸었고, 식량만을 고집하는 단일 경영방식에서 다양한 경영방식으로 전환하였으며, 향진기업을 발전시켰다. 중앙은 25가지 중대 조치를 엄격하고 신속하게 추진하였고, 5개의 '1호 문건'을 연속해서 하달함으로써 "최근 2~3년 내에 일련의 조치를 취하여 농업발전을 가속화하고 농민의 부담을 경감시키며 농민 소득을 증대시킬 것"을 지시하였다.

완전히 파산국면에 직면했던 농촌경제는 활력을 되찾았고, 1978~1990년의 12년간 전국 식량 총생산량은 연평균 1,230만 톤 증가하였고, 이는 이전 30년(660만 톤)의 2배, 이후 8년(750만 톤)의 1.6배이다(그림 2-1 참조). 면화, 유지작물, 사탕수수, 과일과 육류 총생산량의 연평균 증가량은 이전 30년에 비해 각각 3배, 10배, 5배, 6배와 7배 증가하였다. 농촌가정의 1인당 연평균 소득은 1978년 134위안에서 1990년 630위안으로 증가하였다. 향진기업의 수와 전체 종업원의 수도 152만 개와 286만 명에서 1,873만 개와 9,265만 명으로 증가하였다(그림 2-2 참조). 농업 연간 총생산량은 514억 위안에서 9,780억 위안으로 증가하여 12년간 18배 증가하였다. '삼농'의 기적이 나타났다. 이는 중국 농업사에 있어 진정한 의미의 '대약진'과 '황금시기'이며, 토지개혁 이후 농민의 두 번째 새로운 변모이다.

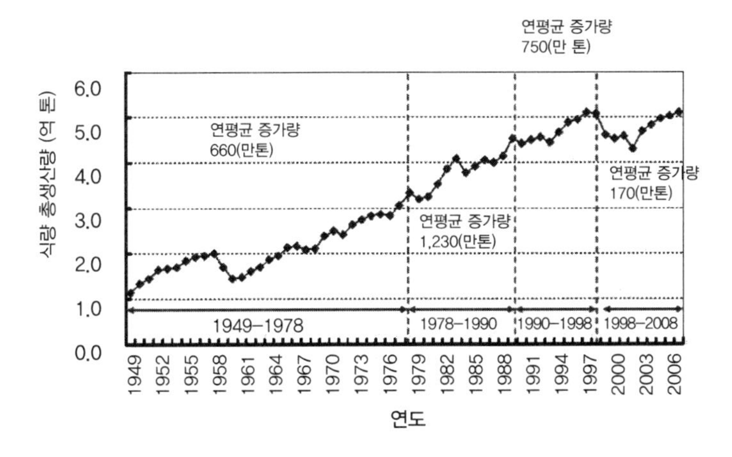

그림 2–1 지난 50년간 전국 식량 총생산의 변화 추이

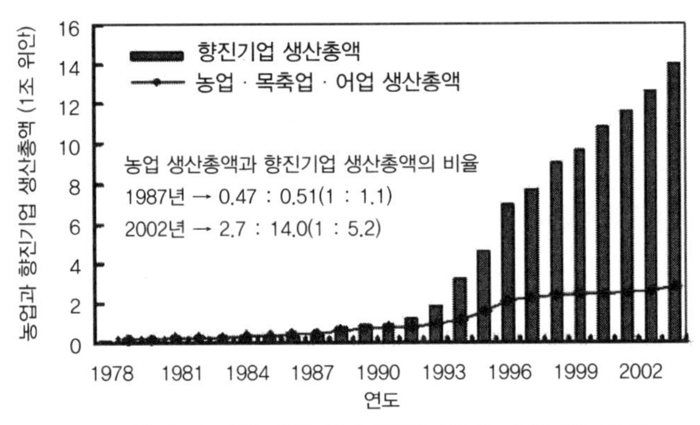

그림 2-2 개혁개방 이후 향진기업의 '새로운 출현'

만약 이러한 추세로 발전했다면, '삼농'은 국가 경제 전체 발전과 어깨를 나란히 하고 개혁개방으로 인한 태평성대를 누렸을 것이며, 이는 국가 공업화를 위해 제공한 원시자본축적에 대한 어느 정도의 위로와 보답을 받는 셈이기도 하다. 그러나 안타까운 것은 개혁개방의 초점이 공업과 도시부문으로 이동하면서 이러한 추세는 쇠퇴하고 말았다. 결국 도시주민과 농촌주민의 소득격차는 점점 더 벌어졌고, 농민의 생산의욕은 감퇴하였으며, 농업발전이 둔화되고, 공업과 농업 간의 모순, 도시와 농촌 간의 모순은 더욱 심화되어 '삼농'문제가 부각되었다.

2. '삼농' 고질병에 대한 진단

소위 말하는 '삼농'문제의 표면적으로 드러난 증세는 도시주민과 농촌주민의 소득격차가 점점 벌어지고 농업발전이 둔화된 것이다.

1990년대에 접어들어 중국 GDP는 두 자리 수로 빠르게 성장하였고 농민소득의 연평균 증가율은 1987년 전의 10% 이상에서 5%수준까지 떨어짐으로써 국가 GDP 증가율의 절반에도 미치지 못했다. 도시주민의 1인당 연평균 소득과의 비율은 개혁개방 초기의 1: 2에서 2007년 1: 3.3까지 확대되었고, 전자는 4,140위안이고 후자는 13,786위안이다그림 2–3 참조. 도시주민의 소득 13,786위안은 가처분소득을 나타내며, 공공의료보험, 양로보험과 각종 보조금 및 공공서비스 등 사회복지를 포함하지 않는다. 반면 농민은 이러한 혜택을 누릴 수 없으며, 이를 감안할 때 도시주민과 농촌주민의 1인당 평균 소득의 실질격차는 6~8배이다. 이 얼마나 불균형하면서도 불공평한가! 일부 서방국가들의 경우 도시주민과 농촌주민의 소득은 거의 비슷하다표 2–1 참조.

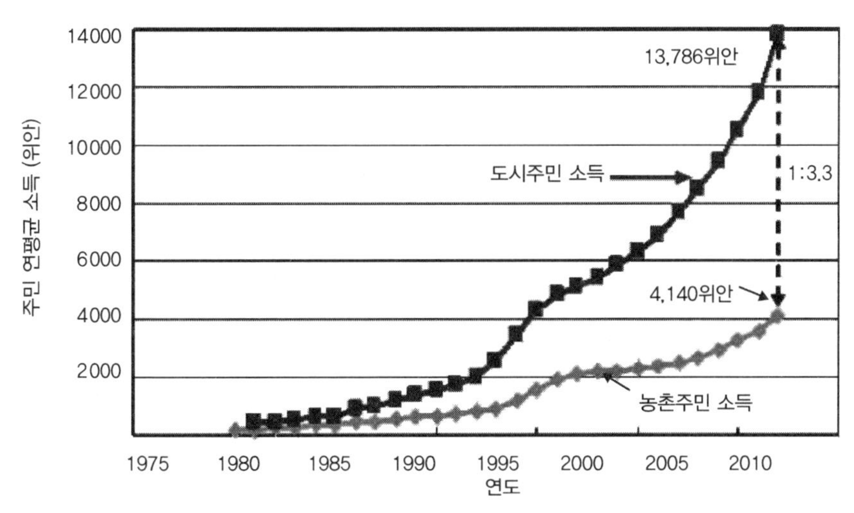

그림 2–3 전국 도시주민과 농촌주민의 연평균 소득 증가 현황

표 2–1 주요 국가의 농업과 비농업부문 노동자의 소득 현황

국가	국민 평균 명목소득 (달러)	비농업부분 / 농업부분		
		1985 년	1990 년	1995 년
덴마크	26,390	1.50	1.59	–
네덜란	20,850	1.16	1.12	1.11
캐나다	20,290	0.76	0.77	–
영국	18,150	1.15	1.14	1.16
미국	35,216	–	–	1.18
이스라엘	13,720	1.69	1.66	1.85

출처: 청쉬程序, 2006.

다시 말해, 농업발전이 둔화되었다. 개혁개방 초기인 1980년대 전국 식량 총생산량은 연평균 1,230만 톤 증가하였고, 1990~1998년 330만 톤으로 감소하였으며, 1998~2008년 10년간 거의 증가하지 않거나 회복성 증가를 보였다. 젊고

기력이 왕성한 사람이 하루 종일 힘이 없다면 분명히 병이 난 것이다.

아래는 중국 농업의 3가지 요소에 대한 진단이다.

첫째, 토지요소이다. 1996~2006년 연평균 수용되는 농경지의 면적은 66.67여만 ha였고, 경지면적은 1.30억 ha에서 1.23억 ha로 감소하였으며 이러한 추세는 여전히 계속되고 있다. 2020년의 농업용수계획에 따르면, 4,000억 m³ 이내로 유지하고 그 이상의 확보는 어려울 것으로 보았다. 따라서 '토지요소'의 상황은 더 나빠질 것이다.

둘째, 자본요소이다. 2007년 농촌주민 1인당 평균 생산성 지출은 1,433위안으로 간단한 재생산을 유지하는데도 부족한 수준이다. 주요 투자주체인 농민은 재생산을 확대할 여력이 없으며, 농업은 외부 자본에 대한 흡인력이 부족하고, 국가의 투자도 계란으로 바위치기다. 자본이 없으면 농업의 현대화도 그림에 떡인 셈이다.

셋째, 노동력요소이다. 노동력 상황은 차마 말하기 어렵다그림 2-4 참조. 비록 1978~2006년까지 28년간 농업부문 노동력 가운데 모두 합쳐 1.8억 명이 비농업부분으로 이전했지만, 농업부문은 여전히 3억 이상의 노동력을 유지하고 있으며, 농촌인구는 8억 명에서 9.5억 명으로 증가하였다. 이는 농촌의 높은 출생률이 인구를 더 증가시켰기 때문이다. 농업 경영을 통해 얻는 소득이 낮

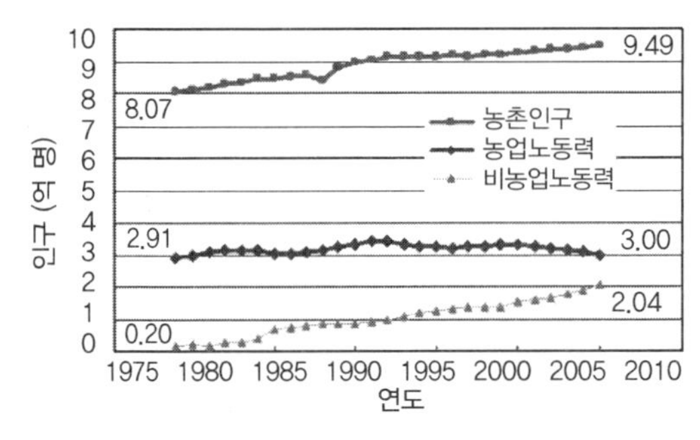

그림 2-4 개혁개방 30년 농촌인구의 변화추이

그림 2-5 세계금융위기와 대량 실업 농민공의 귀향

기 때문에 청장년층 노동력은 도시에 가 일을 하고, 농업부문의 노동력 대군은 주로 부녀자와 노인으로 구성된 '3860부대'에 의존하여 지탱하고 있어 농업 노동력의 전체적인 질이 떨어졌다. 노동력 과잉과 질 하락의 문제는 현재까지 해결의 기미가 보이지 않는다.

중국 '삼농'의 규모는 매우 크며, 토지, 자본과 노동력 등 생산 3요소의 관성이 강하고 약 2억 명의 농민공이 도시와 농촌 사이를 이동하고 있는 상황에서, 만약 획기적인 조치와 강력한 자극이 주어지지 않을 경우 농업의 상황이 실질적으로 호전되기는 매우 어려울 것이다. 중국 속담에 "중병에는 극약을 써야 한다."란 말이 있다. 그렇다면 '삼농'에 필요한 '극약'은 어디에 있단 말인가?

3. '농민의 도시로의 이주'는 효력이 없는 처방

1990년대 중국의 일부 권위 있는 경제학자들은 '삼농'을 해결하기 위한 처방전을 썼는데, 그것이 바로 '농민의 도시로의 이주'이다. 그들은 '삼농'문제의 해결은 일부 농민을 도시로 이주시킴으로써 이주한 농민은 더 많은 돈을 벌 수 있고, 농촌에 남아있는 농민은 더 많은 '노동의 결과물'을 얻을 수 있다고 생각했다. '농민의 도시 이주론'은 '빠른 도시화 추진론'을 촉진시키기도 한다. 10여년이 지났는데 치료효과는 어떤가?

공업화과정에서 농업 노동력의 비농업부문으로의 이동은 필연적이다. 경제학자 루이스William Arthur Lewis의 유명한 이원화경제구조이론에서 나타내듯이, 농업 잉여노동력과 한계생산성을 근거로 할 때 농업부분 잉여 노동력의 공업과 도시부문으로의 이동은 무한한 공급과 유한한 공급 두 단계로 나누어진다. 페이-라니스 모형Fei-Ranis model도 농업 잉여노동력 이동의 3단계론을 제기하였다. 이들의 이론은 모두 인구가 적고, 농민이 많지 않은 서양 공업 국가를 배경으로 개괄한 것이며, 이 처방은 초기 공업국가에서는 확실히 효력이 있었다.

공업화 중기인 1900년 미국 · 영국 · 프랑스 · 독일 · 일본의 인구는 각각 7,630만, 4,219만, 3,896만, 5,637만과 4,481만 명이었고, 그 중 농업인구는 2천~3천만 명을 넘지 않았으며, 절반의 농민이 도시로 이주한다고 해도 1천~2천만 명에 불과하다. 초기와 중기 공업화의 전통공업은 노동집약적이었기 때문에 노동력 수요가 왕성하여 공업과 농업, 도시와 농촌 사이의 노동력 이동에 있어 기본적인 균형을 이룰 수 있었다. 루이스이론과 페이-라니스 모형은 이처럼 노동력이 이동하는 가운데 균형을 이루는 것을 전제로 한다. 따라서 공업화 후기에 이르러 여전히 수요가 공급을 초과해야 하고, 농업부문보다 높은 공업부문의 한계노동생산성에 의지해야 농촌 노동력의 이주를 유인할 수 있으며, 비로소 노동력의 공급시장이 형성된다. 중국의 상황은 근본적으로 이와는 다르다!

1980년대 중국은 빠른 공업화시기에 접어들었다. 이 시기에 농촌인구가 전체 인구에서 차지하는 비중은 80%였고, 많은 노동력 과잉과 높은 출생률을 보여 공업과 도시의 흡입능력을 훨씬 초과하였다. 개혁개방 이후 30년간 공업과 농업, 도시와 농촌 사이의 인구이동그림 2-4 참조은 이미 중국의 공업과 도시부문이 대규모 농업 노동력을 흡수하기 어렵고, 공급이 수요보다 훨씬 크다는 것을 나타낸다. 농민의 1/3이 도시로 진입하면서 전체 도시인구가 크게 늘어났고, 그에 따른 일자리와 도시 공공서비스자원을 더 제공해야 했다. 현재 많은 도시주민과 대졸자들이 일자리를 잡지 못하고 있다. 다시 농촌을 살펴보면, 비록 3억의 농민이 도시로 이주했지만 여전히 5~6억이 농촌에 남아있다. 원래 3명이 먹던 만두饅頭 하나를 여전히 2명이 나눠먹어야 하는데 어찌 배가 부를 수 있겠는가? 그 노동생산성과 소득의 증가를 도시와 비교할 수 있겠는가? 다시 말해, 공업화와 도시화는 사회경제발전의 결과이고 점진적 발전과정이지 농촌 잉여노동력을 끊임없이 수용하는 '요술 상자'가 아니다. 하물며

21세기의 중국은 이미 공업화 중기에 접어들었고, 기술과 자본집약적 산업이 빠르게 발전하면서 노동집약적 산업의 규모는 축소되고, 농촌 잉여노동력의 흡입력도 감소하였다. 공업과 농업 간, 도시와 농촌 간 노동력 이동 방면에서 중국과 서방 선행 공업국의 기본적 배경과 조건은 완전히 다르고, 이는 수량이 질을 결정하는 전형적인 예라고 할 수 있다.

공업화과정에서 농촌 잉여 노동력이 도시와 공업부문으로 이동한 것은 정상적이고 진보적인 것이지만 농민을 도시로 이주시킴으로써 중국의 '삼농'문제를 해결하려는 것은 '불가능한 일을 고집하는 것'과 같다. 이 처방은 '삼농'의 증세를 거의 없애지 못했고, 부작용도 적지 않다. 루다다오陸大道원사가 2007년도 연구보고서에서 제기한 놀라운 사실을 살펴보자.

> "거의 10년간 중국의 도시화는 순차적, 점진적 추진의 원칙을 저버렸고 정상적인 발전궤도에서 벗어나 있었다. 특히 대규모 토지 수용, 토지 훼손 현상은 놀랄 만한 일이다. 도시민 1인당 점유한 토지의 면적은 순식간에 유럽과 미국 등 선진국 수준인 110~130㎡에 도달하였다", "2000년 전국적으로 이미 5,000만 명의 농민이 토지를 잃었고, 2001~2004년 전국적으로 감소한 농경지의 면적이 2,694만 무(畝)에 달한다. 노동력 1인당 점유한 경지면적을 4무라고 할 때 670만명의 농업 잉여노동력이 증가한 셈이다. 이렇게 가다가는 2020년까지 6,000만 명의 농민이 토지를 잃고 실직하게 될 것이다. 토지가격이 저렴하고 보상이 제대로 이루지지 않기 때문에 농민은 수익적 측면에서 큰 손해를 보고, 심지어 "토지가 없고 일자리가 없고 최저생활을 보장받지 못하는 '3무(無) 농민'이 된다."

최근 농민의 수중에서 빠져나간 토지는 약 1억 무이고, 수용된 1무당 농민은 단지 2만~3만 위안의 보상을 받고, 현지 정부와 기업은 수십만 위안 혹은 수백만 위안의 이익을 챙긴다. 이러한 수단을 통해 수백억 위안의 자금이 은밀하게 농촌에서 도시와 공업부문으로 유출된다. 이 얼마나 은폐되고 비참한 현실인가! 농민은 도시화과정에서 수익을 얻기보다는 오히려 손해를 보았다. 이러한 현실이 제17차 3중 전회에서 제기된 '토지유전土地流轉' 제도를 낳게 했다.

4. '투약이 미비', 증세가 호전될 기미가 거의 없다

전통농업은 토지와 빛 · 열 · 물 · 공기 등 자연요소를 주요 생산재로 삼았고, 식물의 광합성능력에 의지해 식물과 동물을 생산했지만, 자연 리스크가 컸고 경제적 수익성이 낮았다. 이러한 농업은 '천하를 안정시키고 백성을 안심시키는 전략적 산업'이기도 하며, 세계 각국은 농업을 대상으로 고액의 보조금정책을 실시하고 있는데 특히 선진국에서 보편적이다. 최근 몇 년간 중앙과 국무원은 농업에 대한 지원역량을 강화하였고, 일련의 농업지원支農惠農정책을 연이어 내놓았다. 그러나 '투약이 미비'한 상태이다.

2005년 12월 상무부 부장 바오시라이薄熙來가 WTO 도하라운드에서 돌아와 밝힌 소감을 살펴보자.

"이번 WTO의 부장들은 내게 큰 깨달음을 주었으며, 중국보다 수백 배 많은 그들의 농산물 보조금에 놀라지 않을 수 없었다. EU는 농산물에 40여억 유로의 수출보조금을 지급하고 있었고, EU 각국은 400여억 유로를 지원하고 있다. 미국은 80여억 달러를 지원하였고, 일본은 60여억 달러를 지원한데 비해 중국은 '0'이었다". "중국에서 면화를 재배하는 농민은 약 5,000만 명이고, 모든 보조금을 합치면 5.5억 위안이라고 할 때 1인당 평균 10위안의 보조금을 받는 셈이다. 이에 반해 미국에서 면화를 재배하는 농민은 겨우 2.5만 명이고, 연간 보조금이 30억 달러라고 할 때 1인당 평균 12만 달러를 받는 셈이다. 일본·EU·미국의 쌀에 대한 연간 보조금은 130억 달러이고, 미국은 벼 생산이 많지 않음에도 13억 달러를 보조하고 있으며, 이는 생산비의 70%이상에 해당한다. 선진국의 농산물에 대한 보조금을 모두 합치면 연간 1인당 평균 약 3,000달러의 보조금을 받는 셈이고, 중국의 농민 수는 7.4억으로 연간 1인당 평균 소득은 400달러에도 미치지 못한다."

농업세 폐지는 고금을 막론하고 아주 획기적인 일로 꼽을 수 있지만 상징적 의미가 더 강한 것이 사실이다. 국가 세무총국 부국장은 글에서 다음과 같이 밝혔다.

"현재 농업세 폐지 후 농민은 세금을 납부하지 않아도 되는 상태에 놓일 것이라는 피상적인 인식이 사회 저변에 깔려있다. …… 농민이 농업에 종사하면서 어쩔 수 없이 부담해야 하는 부가가치세와 차량 취득세, 그리고 농민이 일상 소비 중에 부담해야 하는 부가가치세, 영업세, 저축의 이자세만을 놓고 보더라도 2003년 약 4,788억 위안인 것으로 추정되었고, 농민 총소득의 약 14.3%를 차지한다(2003년 국가의 농업 지원자금은 1,125억 위안으로 농민을 대상으로 한 세수의 23.5%를 차지하고, 국가 재정 총지출의 4.6%를 차지한다, 필자 주).

"도시주민과 비교할 때, 농민이 부담하는 세수는 그로 인해 누릴 수 있는 공공재, 서비스와 대등하지 않으며, 겨우 농업세(연간 약 400억 위안, 필자 주)를 폐지했다고 해서 중국이 오랫동안 형성해 온 농민의 이익을 희생시켜 도시의 공업발전을 이루는 형국을 근본적으로 전환시키기는 어려울 것이며, 공업이 농업에 진 빚을 되갚고 도시가 농촌을 지원하는 전략적 목표와는 여전히 큰 격차가 있다."

'농업 보조금'에 대해 살펴보자. 아래는 후난성湖南省 화룽현華容縣 황산촌黃山村 쩡치판曾啓凡 노인의 예이다. 이는 중국 '삼농'문제를 반세기 동안 연구해 온 스산石山 노인이 제공한 것이다.

쩡노인 가족은 여섯이고, 노인 내외가 10무의 논을 도급받아 경작하고, 아들은 며느리와 함께 광저우(廣州)에서 일을 한다. 2007년 조생종벼와 만생종벼 900kg을 수확하여 1무당 748위안의 수익을 올렸고, 식량 보조금 54위안을 받았다. 총 비용은 668위안으로 실제 소득은 134위안이며, 연간 순소득은 1,340위안으로 1인당 평균 447위안이다. 만약 아들이 외지에 나가 벌어들이는 소득이 없다면 생활을 유지하기 매우 어려운 상황이다. 2007년 조생종벼와 만생종벼의 가격은 전년도에 비해 각각 5.9%와 2.4% 올랐지만 화학비료, 농약, 비닐, 기계 경작, 기계 수확 비용은 각각 28.6%, 27.3%, 60%,

33%와 50% 증가하여 1무당 순소득은 2006년도에 비해 오히려 12.5% 감소하였다. 만약 쩡노인 부부의 노동비용까지 포함시킬 경우 이들 가정의 소득은 마이너스이다.

농업용 공산품 생산재와 농민 생활용품 가격은 시장경제시스템 하에서 결정되지만 식량, 육류 등 농산물가격은 계획경제시스템 하에서 통제를 받아 조금 오른다 싶으면 정부가 효과적으로 '억제'하며, 농민의 이익을 희생시켜 도시주민의 이익을 보호하고 일시적 사회 안정을 유지한다. 2006년 국가발전 및 개혁위원회國家發展和改革委員會 가격사價格司에서 발표한 수치에 따르면, 벼 · 밀과 옥수수의 50kg 평균 출하가격은 1994~1995년 75.11위안까지 오른 뒤 10년간 오르지 않고 오히려 하락하였으며, 어느 분기에는 50위안 전후로 하락하기도 하였고, 2005년에는 67.35위안을 기록했다. 공산품 생산재의 가격 상승과 농산물 가격 억제로 인해 농산물 생산비용이 계속해서 상승하였으며, 농민이 정성을 다해 재배한 벼는 노동비용을 포함하지 않았음에도 1무당 겨우 100~200위안밖에 되지 않는다. 차라리 도시에 가 몇 일간 막일을 하는 것이 더 나으며, 그럴 경우 즉시 현금으로 일당을 받을 수도 있다. 이런 농민들에게 식량 생산 의욕이 있을 수 있단 말인가? 1982년 농작물주로 식량작물의 다모작 지수는 147%이고, 쌍절 조생종벼 파종면적은 1,051만 ha에 달했다. 그러나 2006년에는 599만 ha까지 하락하였고, 다모작 지수도 121%로 감소하였다. 최근 농민들이 '땅을 묵히거나'파종은 하되 관리를 하지 않는 현상은 이미 흔히 찾아볼 수 있다.

그림 2-6 중국 농민 뤄중리(羅中立) 유화

비록 그렇다고 할지라도, 식량과 기타 농작물의 공업과 도시로의 공급을 보장하기 위해 농민은 어쩔 수 없이 정부의 '계획'하에서 수익성이 아주 낮고 보조금도 적은 식량을 재배해야 한다. 전국 1.53억 ha의 농작물 파종면적 중에서 식량 파종면적은 69%를 차지한다2007년. 비식량 농작물의 수익성이 식량에 비해 훨씬 높은데도 그 비중은 이처럼 크다. 전국 80%의 농촌인구가 20%의 '파이'조차도 나눌 수 없으며, 정책이 불평등하고 분배가 불공정한 현실에서 사회가 어찌 안정되고 조화로울 수 있겠는가! 국제 농업경제학계에서는 일부 개발도상국들이 '친도시정책pro-urban policy'을 신봉하는 것을 비판하였으며, 중국은 이 방면에서 상당히 앞섰다고 볼 수 있다.

최근 중국 공산당 중앙위원회는 다시금 도시와 농촌을 통합적으로 발전시키고, 많이 베풀고 적게 취하며, 도시가 농촌에, 공업이 농업에 진 빚을 갚고, 현대농업을 발전시켜 사회주의신농촌을 건설해야한다고 제기하였다. 2008년 제17차 3중 전회에서는 "근래 농촌개혁을 추진하는 과정에서 도시와 농촌의 이원화구조가 초래한 모순이 매우 심각하다", "공업과 농업, 도시와 농촌의 새로운 관계 형성을 위해 최선을 다하는 것이 현대화를 빠르게 추진하는 중요한 전략이 되어야 한다."고 한층 더 강조하였다. 여기에서 "땅이 삼척이나 얼었으면 이는 하루의 추위 때문이 아니다地凍三尺非一日之寒."라는 이치를 엿볼 수 있다.

"양 잃고 양 우리를 고쳐도 아직 늦지 않았다亡羊補牢, 尙未爲晩."라는 말이 있다. 중요한 것은 이론과 인식에서 문제를 유발한 근본적 원인을 찾고, '우리를 고칠'효과적인 대책을 찾는 것이지 형식적이고 표면적인 임기응변에 머물러서는 안 된다. 다음 절에서는 '농업도 행위규범이 있다農亦有道'를 살펴보자.

5. '농업도 행위규범이 있다'

선행 공업국의 공업화와 시장화는 1차 · 2차 · 3차 산업이 체계적이고 균형적으로 추진되는 가운데 이루어졌기 때문에 기본적으로 예기치 않은 '삼농'문제가 존재하지 않는다. 중국이 오랫동안 추진한 '공업과 농업의 이원화'와 '도시와 농촌의 이원화'는 '삼농'을 전체 경제와 사회의 진화시스템에서 분리시켰고, 또한 공업화와 도시화의 진행과정에서 농업의 정상적이고 조화로운 발전을 왜곡시켰다. 이것이 바로 중국의 '삼농'문제가 나타난 경제 · 사회적인 근본원인이다.

'도둑도 행위규범이 있다'는데, 농업이라고 행위규범이 없겠는가? 그렇다면 농업 자체의 발전규칙은 무엇인가?

공업과 농업의 차이는 본래 공업화 전기에 존재한다. 이는 두 산업의 생산력수준과 생산경영방식상의 커다란 차이로 인해 나타난다. 19세기 말 마르크스의 지적에 따르면, "농업부문에서 여전히 수공노동이 상대적으로 우위에 있는 상황에서, 농업보다 빨라진 공업의 발전은 자본가계급의 생산방식을 고착화시켰다. 그러나 이는 역사적 차이이며 사라질 것이다."마르크스는 다음과 같이 지적하기도 하였다. "공업을 농업과 결합시키면 도시와 농촌간의 격차를 점차 소멸시킬 수 있다.", "도시와 농촌의 면모를 바꾸기만 하면 사회 전체의 면모도 함께 바뀐다." 엥겔스도 다음과 같이 말한 바 있다. "농촌 농업인구의 분산과 도시인구의 집중은 단지 공업과 농업의 발전수준이 충분히 높지 않음을 나타낼 뿐이다.", "공업을 농업과 결합시켜 도시와 농촌간의 격차를 점차 소멸시켜야 한다."마르크스와 엥겔스는 공업과 농업의 격차와 도시와 농촌의 격차는 역사적으로 형성된 일종의 일시적 현상이며, 공업과 농업을 결합하고 생산력을 발전시켜 이를 점차 없애야 한다고 거듭 강조하였다. 중국의 도시와 농촌의 이원화론과 공업과 농업의 이원화론은 공교롭게도 마르크스와 엥겔스의 이러한 이론에 위배되고, 오히려 그에 역행하는 것이다.

서방 경제학자들은 줄곧 공업화과정에서 농업의 발전법칙에 대해 논하고 있다. 19세기 말 독일 경제학자 프레드리히 리스트Friedrich Liszt는 농업이 전통적 소생산체제에서 산업화와 상업화로 발전하는 '3단계론'을 제기하였다. 1930년대 전기 소련의 카시아노프Kasyanov는 농업발전이 생산 전과 생산 후 방향으로 연장되는 '수직 통합론vertical integration'을 제시하였다. 1955년 미국의 경제학자 존 데이비스John Davies는 농업 생산재의 생산과 공급, 생산경영, 농산물 가공 · 저장 · 운송 · 판매를 하나의 통일된 경제복합체인 '농산업agribusiness'혹은 '농업 복·합체'이론을 제시하였다. 이러한 이론들은 거의 1세기 동안 공업국가의 농업발전에 중요한 영향을 미쳤다.

과학기술혁명과 공업혁명은 이미 100~200년 진행되었다. 공업화의 큰 시류에 따라 농업부문 자체에도 고도의 과학기술혁명과 산업혁명이 이루어졌으며, 과학기술과 생산력 수준은 이미 과거와 견줄 수 없고, 공업과의 격차도 조금씩 사라지고 있다. 19세기 말과 20세기 초 우량종자, 화학비료, 농약, 트랙터, 전력, 시설재배와 양식 등을 대표로 하는 근대농업 과학기술혁명과 설비혁명이 시작되어 전통적 공업발전을 따라잡았다. 특히 20세기 후반 시작되었던 바이오과학기술, 정보기술을 대표로 하는 새로운 농업 과학기술혁명을 들 수 있다. 오늘날 가장 선진적인 유전자조작기술, 3S기술원격 탐지(RS), 지리정보시스템(GIS), 위성항법시스템(GNSS), 컴퓨터 디지털가상기술, 인공지능기술, 인터넷기술과 설비 등을 이용해 농업은 끊임없이 무장하고 있으며, 어떤 전통공업과 비교해도 농업은 훨씬 선진화되어 앞서나가고 있다. 대량 생산과 시장화 경영에 적응하기 위해 미국의 규모화된 가정농장, 유럽의 농가와 생산조직이 결합된 형태로 농업을 점차 조직화 · 전문화 · 시장화 · 기업화시키고 있다. 과학기술과 생산력, 생산경영방식에 있어 초기에 존재했던 공업과 농업 사이의 경계선은 점차 모호해지고 있다. 경제수준과 소득수준, 물질생활과 문화생활, 사회복지 등 측면에서의 도농격차도 점차 사라지고 있고, 공업과 농업 사이에는 단지 노동대상과 생산방식의 차이만 있을 뿐이고, 도시와 농촌 사이에는 단지 생산조건과 생활환경의 차이가 있을 뿐이다. 이는 상상이 아니라 오늘날 선진국에서 나타나는 현실이다. 오늘 중국 농업의 낙후는 당대 농업과 농촌의 낙후를 뜻하는 것이 아니다.

중국의 문제는 이러한 선진기술의 부족이 아니라 공업과 농업의 이원화론, 도시와 농촌의 이원화론이란 족쇄를 부셔버리고, '삼농'의 머리위에 놓인 이 두 개의 큰 산을 옮겨버림으로써 뒤바뀐 역사를 다시 되돌려놓는 것이다.

아래 절에서 우리는 '농업도 행위규범이 있다'는 3개의 사례와 근본적인 해결책은 농업 · 공업 · 무역 연합체에 있음을 살펴볼 것이다.

6. 근본적 해결책: 농업·공업·무역 연합체

선진국 가운데 농업 현대화과정에서 성공적 경험을 축적한 미국, 네덜란드와 이스라엘의 사례를 다음에서 살펴보자.

19세기 말과 20세기 초는 미국이 전통농업에서 현대농업으로 전환하는 시기였으며, 주로 농업의 종자개량 · 기계화 · 전문화와 상업화로 나타났다. 거기에 서양에서 도입된 대규모 농업개발운동은 농업 생산력과 생산량을 크게 증가시킴으로써 나중에는 농산물 과잉문제에 장기간 직면하게 된다. 당시 농산물 수출이 미국 전체 수출액에서 약 70%를 차지함으로써 농업의 현대화가 미국의 공업화를 지지하는 형세가 되었다. 미국의 농업현대화를 살펴보자.

미국 인구는 2.86억으로 경지는 1.73억 ha이며 농업인구는 520만이다. 그 중 가정농장은 17만 개로 1인당 평균 경지면적은 0.6ha이고, 농장 1개당 경지면적은 185ha이다. 전국 곡물 총생산량은 3.5억 톤이고, 농업인구의 연간 1인당 식량 생산량은 67톤이며 이는 150여명을 먹여 살릴 수 있는 양이다. 1930년대 경제 '대공황'당시 농산물 판매가 매우 둔화되어 국회는 입법을 통해 판매를 촉진하였고, 농업 주산지는 각각 4개의 '농업 응용연구센터'를 설립하여 농산물 다용도 개발과 같은 생산 후 영역의 연구를 전문적으로 책임지도록 하였다. 옥수수 가공품만 하더라도 약 천 가지가 넘는다. 데이비스의 '농업 종합체'이론의 영향 하에서 1960년대 미국정부는 〈지역 재개발법〉, 〈빈곤퇴치법〉, 〈취업기회법〉 등을 연이어 반포하였다. 또한 비非도시제조업을 농촌으로 확산시켰고, '밭에서 식탁까지'일체화된 '농공복합기업'화를 추진하여 농업의 생산 전후의 저장 · 운송 · 가공 · 판매와 서비스 등이 농촌에서 빠르게 발전하였다. 이에 따라 250만 개의 새로운 일자리가 생겼고, 농민 소득은 큰 폭으로 증가하였으며, 농촌주민도 점차 도시주민과 마찬가지로 물질적, 문화적 생활을 누릴 수 있게 되었다. 미국 농업인구는 전체 인구에서 2%를 차지하지만 '농업 복합체'의 취업인구는 전체 취업인구의 17%를 차지한다. 많은 가정농장이 '농업과 공업을 겸하고'있으며, 연평균 소득은 약 6만 달러이고, 그 중 비농업소득이 약 절반을 차지한다. 1994년 미국 국회는 〈농업부 조직개편 법안〉을 통과시켜 농촌경제와 지역 발전을 통해 미국 농촌주민이 더 많은 경제활동 기회를 획득할 수 있도록 하였고, 농업부에 상무국과 협동조합국, 농촌주택국, 농촌공공사업국과 농촌구역발전사무실을 신설하였다. 최근 미국 바이오 에탄올산업을 대대적으로 발전시키는 과정에서 미국 농민과 농촌발전이 가장 큰 수혜를 입었다. 약 200개 연료용 에탄올 가공공장의 대다수가 가정농장들이 합작운영하는 형태로 농촌에 세워졌고, 정책적으로 많은 우대를 받고 있다. 공업과 농업, 도시와 농촌의 경계선이 미국에서는 이미 아주 모호해졌으며, 중국의 '초나라와 한나라 사이의 경계'처럼 분명하지 않다.

미국은 자원이 풍부하고 종합적 역량이 뛰어난 농업현대화 국가의 사례이다. 다음은 인구 대비 토지가 협소하고 자원이 부족한 네덜란드의 농업현대화 사례이다.

북유럽에 위치한 네덜란드의 육지면적은 겨우 4.15만 ㎢이고, 토지의 1/4이 해수면보다 낮은 지대에 위치한다. 인구는 1,630만이고, 경지는 90.7만 ha, 1인당 평균 경지면적은 0.056ha이며, 농업인구는 50만이다. 인구 대비 토지가 협소한 네덜란드는 농업부분에서 많은 세계 1위의 기록을 보유한 국가이다. 1991년 토지 생산성은 1ha 당 2,468달러로 세계 1위이다. 1인당 노동생산성은 4,339달러로 미국보다 약간 낮은 수준이다. 농지 1제곱미터 당 수출액은 1.5달러이고, 1994~1999년 농산물 순수출액은 180억 달러로

151억 달러인 미국보다 높은 수준이다. 2005년 농업과 식품 수출액은 789억 달러이고, 순수출액은 세계 1위이다. 그리고 바다를 막아 조성한 간척지의 면적이 세계 1위이고, 유리온실의 면적 또한 세계 1위이다. 네덜란드의 농산물 가공업의 연간 생산액은 170여억 굴덴Gulden에 달하며, 네덜란드 국내 총생산에 대한 공헌은 화학공업 다음으로 2위를 차지하고, 전체 공업 총생산의 30%를 차지하는데 이는 농업 총생산의 1.2배이다. 네덜란드 농업은 20세기의 세계적 기적이라고 할 수 있으며, 그 비결은 집약적이고 효율적인 경영·농업·공업·무역의 일체화와 산업화 경영에 있다. 네덜란드 농학자 야프 포스트Jaap Post는 다음과 같이 말했다. "앞으로 농업 복합체 내에서 각종 활동을 종합적으로 고려해야만 농업의 완전한 그림을 구성할 수 있다."

다음은 인구 대비 토지가 협소하고, 농업생산조건이 매우 열악한 이스라엘의 농업현대화 사례를 소개한다.

이스라엘 국토면적은 2.1만 ㎢, 인구는 715만이며, 그 중 농업인구는 14.7만이고, 경지면적은 43.8만 ha, 1인당 평균 경지면적은 0.061ha이다. 국토 절반 이상의 연간 강수량이 180㎜ 이하이고 60%가 건조지대이기 때문에, 50%의 농경지가 관개를 필요로 한다. 이스라엘은 인구 대비 토지가 협소하며 그 토지가 척박하고 자원이 부족해 농업 생산조건이 매우 열악하지만, 농업 취업인구 1인당 90명을 먹여 살릴 수 있고, 1인당 생산액은 4.1만 달러이다. 1999년 농업 생산액은 32.8억 달러였고, 수출액은 12.28억 달러, 단위노동력이 수출을 통해 벌어들인 외화는 1.5만 달러였다. 집체농장과 농업협동조합, 이 두 가지 농업생산경영조직은 생산·가공·포장·판매의 계열화된 경영을 통해 국내외 시장과 직접 연결할 수 있다. 이들의 옥수수 단위생산량은 중국의 3배이고, 1ha당 토마토 최고 생산량은 500톤으로, 점적관수, 온실과 우량종자 이 세 분야에서는 세계 최고의 기술을 보유하고 있다.

이상 3국의 사례와 중국과의 대비에서 알 수 있듯이, 미국 농업 취업인구가 1인당 평균 33ha의 경지를 경작하고, 네덜란드와 이스라엘의 농업 노동인구 1인당 평균 경지면적이 각각 3.6ha와 5.2ha인데 반해 중국은 0.25ha이다. 또한 미국의 농업 노동인구 1인당 경지면적은 네덜란드, 이스라엘과 중국의 9배, 6배와 132배에 달한다. 미국은 전형적인 자원형 · 집약형 농업이고, 네덜란드와 이스라엘은 비자원형 · 집약형 농업인데 반해, 중국은 비자원형 · 비집약형 농업이다. 그 외에도 노동생산성과 노동인구 1인당 평균 소득에 있어 미국 · 네덜란드 · 이스라엘 등 3국의 수준은 모두 높은 반면, 중국은 같은 비자원형 농업국인 네덜란드와 이스라엘과 비교할 때 각각 1/40과 1/25에 지나지 않는다2007년 중국 농업 노동인구 1인당 평균 소득은 827달러. 만약 미국 농민의 경지면적이 중국 농민보다 크기 때문에 이러한 차이가 난다고 하면, 왜 같은 비자원형 국가인 네덜란드와 이스라엘의 노동생산성과 노동인구의 평균 소득이 중국보다 몇 십 배씩 높은 것인가? 이는 농업 경영시스템과 모델이 다르기 때문이다.

미국, 네덜란드, 이스라엘 등 3국의 국가 상황은 크게 다르지만 농업현대화의 길은 기본적으로 비슷하다. 즉 존 데이비스가 제기한 '농업 복합체'모델이 바로 초급 농산물 생산 사슬이 가공 · 최종 상품 · 서비스에서 무역과 수출까지 연장된 것이며, 하나의 완전한 생물성 생산과 서비스체계를 형성하는 것이다. 일반적인 상황에서 최종 상품과 서비스에 더 가까워질수록 부가가치와 경제 효율성은 더 높아지고, 농민농업 생산자은 참여의 기회를 가지게 되며, 당연히 그 노동생산성과 노동력 1인당 평균 소득도 상승한다. 중국의 경우는 그렇지 않다. 공업과 농업, 도시와 농촌 '이원화론'의 주도와 영향 하에서 농민과 농업은 부가가치와 경제 효율성이 낮은 초급 농산물 생산에만 참여하고, 부가가치와 경제 효율성이 높은 것은 모두 식품과 경공업부문의 차지가 되어 농민의 몫이 있겠는가! 이러한 시스템과 모델 하에서 8억 중국 농민이 부유해질 수 있겠는가? 중국 농업이 현대화될 수 있겠는가? 농업 현대화과정에서 미국, 캐나다 등이 우위를 정하고 있는 자국의 자원과 기계에 의존한다고 할 때, 비자원형인 중국은 네덜란드와 이스라엘의 'agribusiness'외에 다른 길은 없다.

데이비스가 제기한 'agribusiness'의 원뜻과 여러 국가의 상황을 놓고 볼 때, '농업 복합체'로 번역하기 쉽다. 그러나 이는 학술적 색채가 짙어 보인다. 만약 '농업 · 공업 · 무역 연합체'로 번역할 경우 개념이 더욱 명확하고 직설적이며, 중국에도 적합하기 때문에 후자를 사용하고자 한다.

7. 일본의 '농촌 공업화'

농업은 '농업 · 공업 · 무역 연합체'의 길로 가야하며, 농촌의 경우 공업화의 길로 가야 한다. 본 절에서는 중국의 이웃나라인 일본의 농촌 공업화의 길을 살펴보자.

'탈 아시아 유럽 편입'을 목표로 했던 일본은 서유럽 국가들의 경험을 흡수하여 공업화 초기 농촌 공업화의 길을 걷는데 열중했다. 1930년대 일본정부는 농촌의 '경제갱생운동'을 시작하였고, '농촌 · 산촌 · 어촌 경제조직에 적합한 농촌 공업을 확실히 보급하는데 도입해야 할 방안'을 제정함으로써 농촌공업발전을 추진하였다. 일본 공업화가 '도약'하기 시작한 1961년 공업과 농업, 도농격차 축소를 목표로 한 〈농업기본법〉을 제정하였고, 입법 · 계획 · 배치 · 유인과 투자 등 여러 방면의 조치를 통해 공장을 농촌에 세우고 전통적 농촌기업을 개혁하였다. 또한 1971년에는 〈농촌지역 공업 도입 촉진법〉을 반포함으로써 공업이 태평양 연안과 대도시에 집중되는 것을 제한하였고, 공업과 농업의 유기적 결합을 촉진하여 농업 · 공업 · 상업 일체화를 실시하였다. 1972년 〈공업 재배치 촉진법〉이 제정됨으로써 전국 공업 생산총액의 73%를 차지하는 태평양 연안지역에 위치한 기업의 절반을 2,371개 농촌 시 · 정町 · 촌전체의 90%으로 옮겼고, 정부는 이주비와 운송비는 물론 우대 이전대출을 제공하였다. 특히 홋카이도北海島 · 도호쿠東北 · 시코쿠四國 등 변두리 낙후한 농촌지역의 공업화 추진에 역점을 두었다.

농촌 공업화를 위한 일련의 조치가 추진됨에 따라 중소기업과 중소도시가 농촌에서 우후죽순처럼 발전하였고, 농촌 잉여노동력은 농촌 기업에서 일자리를 찾게 됨으로써 겸업농이 농가의 대다수를 차지했다. 비록 공업화의 빠른 발전시기였음에도 불구하고 도시에 진입하여 취업한 가족 구성원이 있는 농가의 수는 전체 농가의 약 7%를 차지했을 뿐이다. 농민의 겸업소득은 크게 증가하였고, 정부가 공업화의 고속발전 초기에 세웠던 "농업 종사자와 기타 산업 종사자의 생활수준에 있어 균형을 확실히 보장한다."는 목표를 조기에 실현하였다. 또한 공업과 농업 간, 도시와 농촌 간, 지역 간 발전이 균형적이고 조화로운 방향으로 이루어졌다. 즉 변두리 농촌지역과 대도시 근교 농촌지역 사이에 뚜렷한 차이가 나타나지 않았다.

일본은 농촌 공업화를 추진하는데 있어 대담하였을 뿐만 아니라 나름의 철학도 있었다고 보여지며, 큰 역량을 쏟아 부었다. 물론 중국도 토지개혁과 가정연산책임제를 추진하는데 있어 담력과 식견을 가지고 큰 역량을 쏟아 부었지만, 안타까운 것은 국가가 대대적으로 공업화를 추진하던 시기에 농촌 공업화를 통한 조화로운 발전을 간과했다는 것이다.

8. '농업에 대한 이중적 태도葉公好農'

중국은 '농업 · 공업 · 상업 연합체'와 농촌 공업화에 대해 고려해본 적이 없는가? 아니다. "말로는 용을 좋아한다고 하지만 실제로는 좋아하지 않는다葉公好龍."는 중국인 모두가 알고 있는 고사성어를 인용하여, 본 절에서 말하고자 하는 것은 현대 중국의 "말로는 농업을 중요시한다고 하지만 실제로는 중요시하지 않는다."는 '葉公好農'이다.

필자는 놀랍게도 '문화대혁명'시기에 중국이 쇄국정책을 폈지만, 1978년 제11차 3중전회에서 제기한 중국 농업발전의 길이 공교롭게도 당시 선진국가에서 성행했던 '농업 · 공업 · 상업 연합체'와 일치한다는 것을 알게 되었다. 과연 '영웅의 식견은 비슷하고'사물의 발전에는 법칙이 있구나! 제11차 3중전회 이후 중국 공산당 중앙위원회에서 5년 연속 첫 번째로 발표한 문건은 농업개혁 지도를 내용으로 하였으며, 사람들은 이를 '1호 문건'이라 칭했다. 다음은 1983년, 1984년과 1986년의 '1호 문건' 가운데 중국 농업발전의 길과 관련된 몇 개의 단락을 발췌한 것이다.

> "중국 농촌은 농림축수산식품의 전면적인 발전, 농업 · 공업 · 상업 종합경영의 길로 가야만 농업생태의 선순환을 보장하고 경제 수익성을 높일 수 있으며, 공업발전과 도시와 농촌주민의 수요를 만족시킬 수 있고, 농촌 잉여노동력으로 하여금 농촌을 근거지로 하지만 농업 이외의 부문에 종사하도록 함으로써 다양한 부문의 경제구조를 구성할 수 있게 되며, 농민 생활을 풍요롭게 하여 농촌의 면모를 바꾸고 방방곳곳에 소형 경제문화센터를 세워 공업과 농업의 격차, 도시와 농촌의 격차를 점차 축소시킬 수 있다."
>
> "농촌의 분공분업이 발전함으로써 더욱 더 많은 사람들이 경종농업에서 탈피하여 임업, 축산업 등에 종사하고, 또한 앞으로 대다수의 사람들이 소규모 공업과 소도시 서비스업으로 이전할 것이며, 이는 하나의 필연적인 역사적 진보이다."
>
> "식량은 수익성이 낮은 상품이기 때문에 농민은 다각화 경영을 통해 소득을 보충해야 한다. 따라서 식량 생산과 다각화 경영은 반드시 통합적으로 계획하고 고려하며 밀접하게 결합되어 상호 촉진해야 한다.", "이전에는 오로지 식량 생산에만 집중했는데도 불구하고 빠른 식량 증산의 목표를 달성하지 못하였으며, 오히려 농촌경제가 정체되는 국면을 초래하였다. 최근 몇 년간 경제작물, 임축산어업은 물론 농촌의 공업, 건설업, 운수업, 서비스업 등을 포함한 다각화 경영을 추진한 결과, 식량 증산속도가 더욱 빨라졌고, 농촌경제가 총체적으로 번영하였다", "중국의 여건 하에서 농업과 농촌 공업은 반드시 조화로운 발전을 이루어야 한다. 농촌 공업을 발전시키지 않으면 잉여노동력은 출구가 없고 공업으로 농업을 보완할 방법도 없다."

30년 전의 제11차 3중전회 문건과 당시의 5개 '1호 문건'의 내용은 이보다 더 좋을 수 없다. "농림축수산식품의 전면적 발전, 농업 · 공업 · 상업 종합경영의 길"을 치밀하게 제시하였고, "중국의 여건 하에서 농업과 농촌 공업은 반드시 조화로운 발전을 이루어야 하고", "방방곳곳에 소형 경제문화센터를 세워 공업과 농업의 격차, 도시와 농촌의 격차를 점차 축소시켜야 한다." 고 제기하였다. 이 문건에서는 얼마나 정확하고 완전하고 명확하게 사람을 독려하는 명쾌한 길을 제시하고 있는가! 특히, 다음과 같은 부분에서 우리를 각성시키고 있다. 즉 "오로지 식량 생산에만 집중했는데도 불구하고 빠른 식량 증산의 목표를 달성하지 못하였으며, 오히려 농촌경제가 정체되는 국면을 초래하였다."30년 전 이러한 사고는 오늘날에도 뒤쳐지지 않을 뿐만 아니라 매우 현실적인 지도적 의의를 가지고 있다.

1996년의 중국 공산당 중앙위원회 문건도 "무역 · 공업 · 농업의 일체화 경영을 발전시키고, 농가를 국내외 시장과 연계시키고, 농산물의 생산, 가공, 판매를 긴밀하게 결합시키는 것이 중국 농업이 가정연상승포경영의 기초 하에서 규모를 확대하고 상품화, 전문화와 현대화로 전환하는 중요한 길이다."라고 지적한 바 있다. 그러나 안타까운 것은 이를 열심히 추진하지 않아 '삼농'문제가 오히려 점차 심화되었다는 것이다. 비록 중국 공산당 중앙위원회는 '삼농'문제를 매우 중시하여 관심을 갖고 각종 '농업 지원支農'조치와 '농업 우대惠農'조치를 취했지만 대부분 표면적으로 해결하였을 뿐 근본적으로 해결하지는 못했다.

똑같은 '농업 · 공업 · 상업 연합체'모델임에도 불구하고 왜 비자원형의 네덜란드와 이스라엘은 그처럼 훌륭한 성과를 거둘 수 있었던 반면 중국의 결과는 암울한 것인가? 왜 중국은 자신의 경험과 교훈 가운데 '농업 · 공업 · 상업 연합체'모델을 자체적으로 도출할 수 있었음에도 불구하고 '葉公好龍'과 같이 그 기회를 놓여버렸는가? 마치 한신韓信이 항우項羽의 수하에서 '장군旗牌官'이었고, 유방劉邦의 수하에서도 '대장군登台拜帥'이었지만, 오강烏江에서 항우를 죽음으로 몬 자가 바로 이 한신인 이치와 같다. 마찬가지로 '농업 · 공업 · 상업 연합체'모델이 중국과 네덜란드, 이스라엘에서 천지차이가 나는 것은 실제로 실천에 옮겼는가, 아니면 우유부단했는가의 차이이다.

왜 중국은 '엽공葉公'처럼 자체적으로 도출한 '농업 · 공업 · 상업 연합체'모델의 적용을 꺼려했는가? 왜냐하면 '공업과 농업의 이원화론'과 '도시와 농촌의 이원화론'의 독이 너무 깊어 언제나 땅을 울타리 삼아, '삼농'모을 마치 기계처럼 13억 인구를 위한혹은 도시민을 위해 식량 재배와 공업화를 위한 원자재 공급에만 전념하도록 하였기 때문이다. 사실상 '못의 물을 말려 물고기를 잡는 것竭澤而漁'이 아니라 '못에 물을 대어 물고기를 기르는 것'이다. 그 결과 기대했던 결과와는 정반대가 되었고, 사회의 불공정은 사회의 불안정을 내재할 수밖에 없다.

위에서 '농업도 행위규범이 있다農亦有道'를 논했고, 현대농업의 미국, 네덜란드, 이스라엘 등 3국의 사례와 일본의 '농업 공업화'를 살펴보았으며, 중국의 '농업 · 공업 · 상업 일체화'와 '葉公好農'에 대해 논했다. 왜 중국의 '삼농'고질병은 완치되기 어렵고, 농업 현대화의 길로 나아가기 어려운가? 문제는 도대체 어디에 있단 말인가? 중국의 농업경제학자들은 왜 해결책을 내놓지 못하는가? 설마 중국에 농촌정책연구실이 하나만 있는 것은 아닐 텐데?

9. 특효약 – 에너지 농업

농업의 근본적인 지향점이 '농업 · 공업 · 상업 연합체'모델임을 인정하는 것이 목표 실현 가능성을 뜻하는 것은 아니다. 마오쩌둥은 다음과 같이 말한 바 있다. "우리의 목표는 강을 건너는 것이지만 교량 혹은 배가 없으면 건널 수 없다. 교량과 배의 문제를 해결하지 않으면 강을 건너는 것은 공염불에 불과하다. 방법적 문제를 해결하지 못하면 임무는 단지 허튼 소리일 뿐이다." '농업 · 공업 · 상업 연합체'실현을 위한 '교량'과 '배'는 어디에 있는가? 두 가지 해답이 있다. 하나는 농산물가공이고, 다른 하나는 에너지 농업이다. 만약 농산물가공이 보수와 보강이 필요한 전통적 '낡은 다리'라고 한다면 에너지 농업은 21세기에 비로소 두각을 나타낸 새로운 '항공모함'이다. 이 '항공모함'의 원료는 비전통적이며 재생가능하고, 상품은 저탄소로 친환경적이고, 기술은 현대적이며, 시장은 무한하다.

1999년 미국에서 발표한 〈바이오 상품과 바이오에너지 개발 및 촉진 Developing and Promoting Biobased Products and Bioenergy〉 대통령령을 다시 살펴보자.

"현재 바이오 상품과 바이오에너지 기술은, 재생가능 농림업 자원을 인류에게 필요한 전력, 연료, 화학물질, 약품과 기타 물질을 만족시킬 수 있는 주요 공급원으로 전환시켜 줄 것이다. 이러한 영역에서의 기술진보는 미국 농촌에서 농민, 임업 종사자, 목축업자와 상인에게 가장 새롭고 고무적인 사업기회와 고용기회를 제공하고, 농림업 폐기물의 새로운 시장을 조성하며, 아직 충분히 이용되고 있지 않은 토지에 경제적 기회를 제공함으로써, 미국의 수입석유에 대한 의존도와 온실가스 배출을 줄이도록 하여 공기와 물의 질을 개선할 것이다."

2005년 필자는 '농업의 3개 전장戰場'이란 주제로 정저우鄭州에서 강연을 한 적이 있다. 그 중 일부 내용을 소개한다.

"21세기는 에너지 전환의 시대이며, 현대 바이오매스산업이 그 요구에 부응하여 새롭게 발전함으로써 농업에 아주 좋은 역사적 기회를 가져다 주었다. 이는 농업시스템 가운데 농림업 폐기물과 한계성 토지를 이용하여 재배하는 저항성이 큰 에너지식물을 원료로 하여 바이오에너지와 바이오 상품을 생산하는 것이고, 그 원료와 상품은 모두 새롭고 비전통적인 것이다. 이를 '에너지 농업'이라 부르고, 이것이 바로 농업의 '제3의 전장'이다. 이는 농업 산업구조에 있어서 하나의 혁명이고, 농업 생산력과 농민 소득수준을 높이는 하나의 동력이 강한 엔진이다."

세계금융위기가 중국 실물경제로 파급되기 시작할 때, 필자는 '농민에게 일자리를 제공하고 소득을 증대시킬 긴급 건의서'를 쓴 적이 있다. 그 가운데 위와 관련된 논의를 이어갔다.

"유기질 폐기물과 한계성 토지가 일단 개발되기만 하면 그 엄청난 경제적 가치와 생태적 가치가 실현될 수 있다. 이는 완전히 새로운 투자로 자원과 상품이 새롭고, 시장이 무한하고, 산업은 친환경적이고 지속가능한 것이다. 이것이 바로 진정한 의미에서의 새로운 경제성장점이다. 자본이 유통되지 않으면 '죽은 돈'이고, '자원'이 이용되지 않으면 '쓰레기'이다. '삼농'이 얼마나 이 새로운 경제성장점이 가동되기를 갈망하고 있는가!"

아래에서 열거한 사례를 통해 이 '엔진'의 동력과 '새로운 경제성장점'의 잠재력이 얼마나 큰가를 알 수 있다.

■ 중국은 매년 약 4억 톤의 농작물 '짚과 속대'와 1.08억 톤의 3가지 임업 부산물 벌채 부산물, 조재 부산물, 가공 부산물(2007년) 을 에너지로 이용할 수 있다. 이것들을 직접 연소시켜 발전 發電 하거나 고형연료로 사용하여 난방 공급, 열병합발전 등의 방식으로 연간 2.8억 톤에 상당하는 표준석탄을 생산하고 7개의 션둥(神東)탄전에 상당함 6.7억 톤의 이산화탄소를 감축할 수 있다. 농민은 1톤의 짚과 속대 혹은 임업 부산물을 팔아 2, 3백 위안을 벌 수 있으며, 모두 합쳐 연간 새로이 증가하는 소득은 약 1,400억 위안이고 수집과 운송을 위한 250만~300만 개의 일자리를 얻을 수 있다.

■ 중국은 4,000만 ha의 한계성 토지에 비식량 에탄올의 원료작물인 사탕수수, 서류, 돼지감자 등을 재배하여 연간 1억 톤 이상의 연료 에탄올과 6,000만 톤의 석유를 대체할 수 있는 잠재력을 보유하고 있고, 농민은 1,500억 위안의 소득을 늘리고 100만~150만 개의 일자리를 새로이 얻을 수 있다.

■ 중국의 가축 분뇨, 공업 유기질 폐수, 도시의 오수 및 유기질 쓰레기 등 메탄가스 원료는 830억 m^3의 메탄가스 혹은 700억 m^3의 천연가스를 생산할 수 있는 잠재력을 보유하고 있다. 그 중 전국적으로 생산되는 가축 분뇨는 약 20억 톤 습기가 포함된 중량 이며, 만약 메탄가스 원료로 이용할 경우 톤당 10~20위안의 가격으로 판매할 수 있어 농민은 200억~400억 위안의 소득을 얻을 수

있다. 이를 메탄가스의 생산 가치로 환산할 경우 약 1,200억 위안이다.

■ 농촌 환경과 에너지 소비의 질을 높일 수 있고, '사회주의신농촌'건설을 촉진할 수 있다.

위에서 제시한 일부 농림 폐기물과 한계성 토지자원을 매년 고체, 액체와 기체 등 3가지 종류의 바이오연료로 전환하는 것만으로도 표준석탄 4.3억 톤에 상당하는 화석에너지를 대체할 수 있고 10억 톤의 이산화탄소를 감축할 수 있으며, 농민은 4,000억 위안의 현금소득과 약 500만 개의 일자리를 새로이 얻을 수 있다. 이러한 '엔진'의 동력은 결코 작다고 할 수 없다. 에너지 농업은 국가와 농민을 위해 '금광'을 채굴하고 '돈이 열리는 나무搖錢樹'를 심는 것이다. 뿐만 아니라 이는 친환경적이고 지속가능하기까지 하다.

에너지 농업의 사회적 효용에 있어서의 공로는 실로 대단하다. 바이오매스원료는 비교적 분산되어 있어, 약 20메가 와트 발전용량의 발전소, 약 5만 톤 생산용량의 고형연료 생산공장, 약 10만 톤 생산용량의 에탄올 생산공장, 1일 생산용량 2만 ㎥의 바이오가스 생산공장 등 중소형 가공공장 위주가 된 것이다. 그 원료자원량에 따라 전국적으로 수만 개가 세워질 수 있고, 현縣마다 8~9개의 바이오매스 에너지 가공공장이 농촌지역에 우후죽순처럼 세워질 수 있다. 마치 '인민 전쟁'과 같이 중국 농촌을 공업화 소도시화로 나아가게 할 것이고, 수천 · 수만 개의 서비스업종은 물론 그와 관련된 대규모 일자리도 생겨날 것이고, 공업과 농업의 격차, 도시와 농촌의 격차는 점차 축소될 것이며, 사회는 더욱 조화롭고 안정적이 될 것이다. 만약 중국의 에너지 농업이 해외로 진출하여 바이오매스 원료자원이 풍부한 동남아시아, 아프리카와 협력하여 현지 에너지 농업을 개발하면, 분명히 현지의 석유와 천연가스 자원을 개발하는 것보다 더 큰 환영을 받을 것이다.

현대농업의 산업구조는 초급 농산물을 생산하는 '기초 농업즉 전통적인 좁은 의미의 농업', 초급 농산물을 원료로 하는 '가공 농업'과 비전통적 원료로 비전통적 농산물을 생산하는 '에너지 농업'을 포괄해야 한다. 이러한 현대농업의 생산 구조에서 '기초 농업'이 기반이 되어 3자가 반드시 조화롭게 발전해야 한다.

손자병법에서 "범전자, 이정합, 이기승凡戰者, 以正合, 以奇勝."이라고 했다. 즉 전쟁의 지휘자는 주된 병력을 주요 전장에 배치하는 동시에 일부 '기병奇兵'으로 기습을 해야 한다. '기병'은 종종 수세적이었던 전세를 주동적으로 바꿔 전쟁을 승리로 이끄는데 관건이 되기도 한다. '삼농'문제를 해결하기 위해서는 지금처럼 8억 농민들로 하여금 초급 농산물 생산에만 종사하도록 해서는 안 되며, '바이오 농업'이란 '기병'을 파견하여 승리의 물꼬를 트고 전체적인 국면을 전환해야 한다.

10. "나는 꿈이 하나 있다"

중국 '삼농'의 미래는 어떻게 될 것인가? 먼저 20여 년 전 페이샤오둥費孝通선생의 말씀을 살펴보자.

> "인구가 이렇게 많은 국가에서 다양한 기업이 소수의 도시에 집중되어서는 안 되며, 가능한 한 광대한 농촌으로 분산시켜야 한다. 필자는 이를 '공업 하향(下鄕)'이라 칭하였다. 간단히 말해서 중국 농촌경제의 관건은 공업과 농업을 상호 보완하는 것이다. 농업에만 의존해서도 안 되고, 공업에만 의존해서도 살 수 없다. 공업과 농업의 상호 보완은 필자가 말하는 '공업 하향'의 기초이다". "따라서 필자는 인구를 수용할 수 있는 소도시를 많이 만들어야 하며, 이러한 소도시만이 인구를 충분히 수용할 수 있다고 본다. 또한 소도시에 수용된 사람들은 직업을 가져야 하는데 그렇지 않을 경우 수용이 불가능하다. 따라서 반드시 기타 산업을 발전시켜야 한다. 기타 산업이 공업과 농업이 결합되고 공업과 농업의 격차가 사라진 사회를 실현하기 위한 길을 열어 줄 것이다."

장중파張忠法는 1990년 발표한 글에서 하나의 자료를 제공하였다. 개혁개방 초기인 1978~1988년 농업 노동력은 연평균 2.26%씩 비농업부문으로 이동하였으며, 이는 개혁개방 전 26년간 수치의 1.41배이다. 그 중 80% 이상이 향진기업으로 이동하였고, 16%는 도시로 이동하였다. 그 관련 글은 다음과 같다.

"앞으로 취업 전환의 기본 방향은 다음과 같다. 농촌에서 잉여노동력을 어느 정도 소화시키고 나서 중소도시로 이전한다는 전제 하에서 농촌 공업과 도시 대공업의 합리적 연계를 통해 농업소득과 공업소득의 균형을 맞추어야 하고, 공업소득과 농업소득의 균형은 물론 농촌 공업소득과 도시 공업소득의 균형 등 두 단계를 거쳐야만 비로소 이원화구조를 완전히 바꾸어 중국 전통 농업으로 하여금 현대경제의 운행 중으로 진입하게 할 수 있다."

2006년 타이완의 쉬줘윈許倬雲선생은 타이완 제당製糖기업을 예로 들면서 "농민을 도시의 공업부문으로 이동시키든지 공업을 농촌으로 옮겨야 한다."고 말하였다. 그리고 앞 절에서 일본의 농촌 공업화도 살펴보았다. 이들의 공통점은 모두 '공업 하향'과 '공업과 농업의 상호 보완'이다. 13억 인구와 8억 농민을 보유한 농업대국은 공업화과정에서 수억의 농민을 대도시와 대공업으로 이전시킬 수 없으며, '공업 하향'과 '공업과 농업의 상호 보완'의 길을 통하여, 농업의 노동생산성 제고로 인해 계속해서 대규모로 양산되는 농촌 잉여노동력을 소화시키고 균형을 맞춰야 한다. 구체적으로 말해서, 초급 농산물 생산을 기초로 하여 '에너지 농업'과 '가공 농업'은 물론 그와 상응하여 발전하는 중소도시와 3차 산업을 크게 발전시켜야 한다. 이는 중국 공산당 중앙위원회 제17차 3중전회에서 제기한 "도시와 농촌의 이원화된 기구를 없애고, 새로운 공업과 농업, 도시와 농촌 관계를 형성한다."는 전략의 기본 모델이자 길이 될 것이다.

필자는 중국 '삼농'의 미래에 대해 다음과 같은 꿈을 가지고 있다.

"광활한 중국 농촌의 대지 위에 밤하늘의 별들처럼 흩어져 있는 현대화된 농촌주민 주거지와 농업 · 공업 · 상업 · 문화가 서로 결합된 중소도시를 기대해 본다. 동식물 생산을 기반으로 하는 모든 농업 · 공업 · 상업 연합체가 여기서 각양각색의 형태를 가지고 건실하게 성장하는 것이다. 과학기술, 금융, 생산, 생활, 문화서비스 등 많은 분야가 있고, 꾸준히 발전하는 것이다. 바이오 기술, 기계, 컴퓨터, 인터넷, 원격 탐지, 위성항법 등 과거의 삽과 쟁기처럼 보급되는 것이다. 그러면 농민은 고향을 떠나 대도시와 농촌 사이에서 유랑할 필요 없이 바이오연료로 움직이는 자동차를 운전하여 현대화된 거주지와 청정 중소도시 사이를 왕래하면 된다. 그들이 생산 활동과 생활에서 사용하는 것은 바이오매스, 태양광과 풍력을 전환한 열과 전기이다. 이들이 향유하는 것은 대자연이 베푼 토지의 숨결, 흐르는 물의 온유함, 신선한 공기, 그리고 꽃향기와 새소리일 것이다. 이들은 대도시에서의 물질과 문명생활을 누릴 수 있을 뿐만 아니라 도시의 소란스러움과 긴장에서도 벗어날 수 있다. 이것이 앞으로 중국 대지 위에 나타나게 될 21세기 '도화원(桃花源)'이다."

마틴 루터 킹의 명언을 하나 살펴보자. "나는 꿈이 하나 있는데, 나의 네 아이가 언젠가 그러한 국가에서 사는 것이다. 그러한 나라는, 그들이 다른 사람으로부터 평가 받는 근거가 더 이상 그들의 피부색이 아닌 그들의 인격적 내면이 되는 것이다."그해 오바마는 겨우 2세였고, 현재 이미 미국 대통령이 되었다.

필자도 꿈이 하나 있다. 즉, 중국이란 찬란한 문명을 가진 위대한 국가에서 언제가 '삼농'이 더 이상 '이원화'된 그늘에서 살지 않고, 주변화되지 않고, 빈곤과 낙후의 화신으로 보여지지 않으며, 생기발랄한 '삼농', 국가를 위해 더욱 더 커다란 공헌을 하는 '삼농', 도시인들이 부러워할 수밖에 없는 21세기 도화원식의 생산과 생활로 보여지길 바란다. 필자

그림 2-7 마틴 루터 킹 연설

는 유명한 당대 시인 백거이의 시로 본 장을 마무리하고자 한다. 백거이는 28세에 진사에 급제했고, 35세에 유림원翰林院 학사가 되어 황제를 위해 조서를 작성하였고, 이후에는 태자의 스승이 되어 종일품에 올랐다. 그가 창안성長安城 밖에서 농민들이 보리를 추수하는 모습을 보며 아주 감동적인 〈관예맥觀刈麥〉을 지었다.

> 今我何功德(금아하공덕), 曾不事農桑(증부사농상).
> 나는 지금 무슨 공덕이 있어, 농사 짓고 누에 치지 않았음에도.
> 吏祿三百石(이녹삼백석), 歲晏有餘糧(세안유여량).
> 관리 봉록으로 삼백 석을 받아, 한 해가 저물도록 남은 곡식이 있구나.
> 念此私自媿(념차사자괴), 盡日不能忘(진일부능망).

이는 농업문명시대의 중국 지식분자와 사대부의 고상한 정서이다. 오늘날 중국 농민은 신중국 성립의 공신이자, 중국 공업화와 도시화 건설 밑천의 기부자이다. 그렇다면 더 큰 감사의 마음을 가져야 하지 않겠는가? 설마 중국 공업화와 빠른 경제발전 과정에서 8억 농민을 주변화시켜 방대한 취약계층으로 만들 것인가? 그렇다면 더 큰 부끄러움과 책임감으로 '삼농'문제를 해결해야 하지 않겠는가? 또한 '삼농'에 대해 감사의 마음을 가져야 하지 않겠는가? '삼농'에 복을 가져다줄 에너지 농업에 대해 무관심해야 하는가? 백거이의 '관예맥'시구를 보고 오늘날 중국 인민의 공복들이 더욱 자성하고 행동해야 하지 않겠는가?

이것은 마오우쑤毛烏素 사막화 토지에 위치한 닝샤寧夏링우靈武현 바이지탄白芨灘 · 임업장의 3 년생 영조 Caragana Korshinskii Kom—화봉 Hedysarum scoparium 사생沙生 관목군락이고, 이는 사막의 녹색 '수호신'이 되었다. 이 지역의 연강수량은 약 250 ㎜에 지나지 않는다.

3 비껴갈 수 없는 관문

- 바이오매스에너지의 독특한 특성
- 친농업의 '특이한' 기능
- 석탄연료와 바이오연료 사이의 논쟁
- 식량안보의 '억울한 송사'
- 냉대와 환대의 두 상황
- 비껴갈 수 없는 관문
- 왜 중국에서 바이오매스에너지가 환영받지 못하는가?
- 세상에 백락이 있고 그 다음에 천리마가 있다

세상에 백락이 있고 그 다음에 천리마가 있다.
천리마는 항상 있으나 백락은 항상 있지 않다.
당唐 한유韓愈

본 장에 논쟁의 여지가 있는 제목을 붙인 이유는, 중국 에너지 정책결정 담당자와 '싱크 탱크'가운데 화석에너지를 중시하고 청정에너지를 경시하며, 풍력에너지와 태양광에너지에는 우호적인 반면 바이오매스에너지에는 무관심한 사람들이 있고, 이들은 에너지 정책결정과정에서 항상 바이오매스에너지를 배제시키려 하기 때문이다. 이 장에서는 바로 이들에게 바이오매스에너지는 중국이 결코 비껴갈 수 없는 하나의 관문임을 확실히 인식시키고자 한다.

일반적으로 새로운 사물이 나타나면 사람들은 이에 대해 인식하는 과정을 겪는다. 물론 바이오매스에너지도 예외는 아니다. 학계에서는 "각자 전문분야가 다르기 때문에"그 인식에도 차이가 있다. 업계에서는 이익구조가 다르기 때문에 제각기 다른 입장을 가지고 있다. 그러나 정부 정책결정자의 경우 국가 이익을 중시하기 때문에 최선을 택하기 마련이다. 비록 미국 학계에서 바이오매스에너지에 대한 의견은 분분하지만 미국 정부 정책결정자들의 입장은 명확하고 확고하며, 어떠한 망설임도 없이 바이오매스에너지 산업을 추진하고 있다. 하지만 정부 주도형인 중국은 오히려 그렇지 못하다. 어느 때는 매우 중시했다가도 〈10·5 계획〉, 또 어떨 때는 부차적 사안으로 밀려나기도 하며 〈11·5 규획〉, 정책방향에 있어 일관성이 부재하다. 바이오매스에너지가 중국에서 도대체 어떠하단 말인가!

물론 바이오매스에너지 발전의 시각에서 볼 때 이것이 꼭 부정적 상황만은 아니다. "劍之鍔, 砥之而光; 人之名, 砥之而揚. 砥乎砥乎, 爲吾之師乎!" 당(唐)·수위안위(舒元輿) 현대어로 설명하면, 역경은 스승이며, 사람으로 하여금 분발하고 성숙하고 강하게 한다는 뜻이다. 본 장은 바이오매스에너지의 독특한 특성으로 시작되고, 그 다음 바이오매스에너지가 중국에서 자주 직면하는 문제, 결코 비켜갈 수 없는 관문인 이유와 중국에서 환영받지 못하는 원인에 대해 설명하고, 마지막으로 "백락이 적어 천리마를 알아보지 못한다."라고 탄식하며 마무리 지었다.

1. 바이오매스에너지의 독특한 특성

차이는 자연계의 보편적 현상이다. 태양계에는 항성과 행성이 있고, 지구에는 한대, 온대, 열대기후가 있고, 광물에는 금 · 은 · 동 · 철 · 주석 등이 있고, 식물에는 고등식물, 초등식물과 교목, 관목, 풀 등이 있다. 통속적인 표현을 쓰면 "10개의 손가락이 같을 수 없다."이다. 태양 복사열에 의한 에너지가 지구에 도달한 후, 지구의 각 위치에서 받아들이는 에너지가 일정하지 않고 각각의 지표물질의 열 반응은 천차만별이다. 이로 인해 기류가 생기고 바람으로부터 동력에너지를 축적하게 된다. 또한 물이 지표면에서 대기 중으로 증발하여 비가 됨으로써 강과 하천에서 위치에너지를 축적한다. 식물의 광합성작용을 통해 바이오매스로부터 화학에너지를 축적할 수 있다. 인공 설비를 통해 태양광 에너지를 모으거나 전기에너지로 전환할 수 있다그림 3-1 참조. 풍력에너지, 수력에너지, 바이오매스에너지, 태양광에너지 등은 태양열 복사에너지가 각각 다른 저장체에 실려 표출되는 에너지 형태로써, "용이 아홉 마리의 새끼를 낳았다고 해도 각기 다르다."라는 말로 표현할 수 있다.

상품에 있어 수력에너지, 풍력에너지, 태양광에너지, 조수潮水에너지, 지열에너지, 그리고 원자력에너지, 수소에너지와 미래의 핵융합, 헬륨-3 등은 모두 물리학적 형태의 에너지로 전기와 열로만 전환할 수 있고, 풍력에너지와 태양광에너지의 안정성과 저장성은 매우 떨어진다. 바이오매스에너지의 경

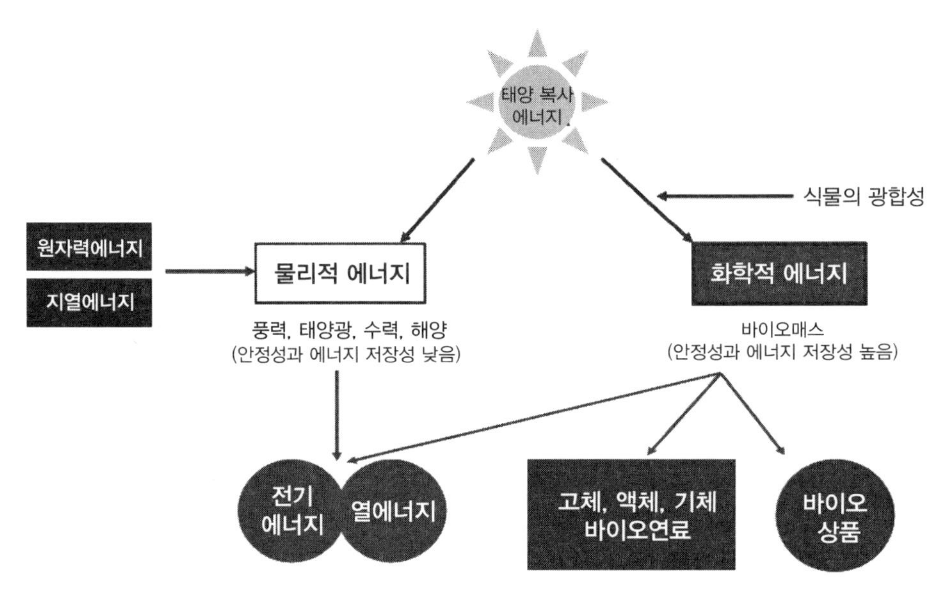

그림 3-1 재생가능에너지 및 핵에너지와 지열에너지의 생산과 상품 설명도

우 다른 점은 태양열 복사에너지가 식물의 광합성작용을 거쳐 형성된 식물을 매개체로 한 화학적 형태의 에너지라는 것인데, 이 차이를 결코 간과해서는 안 된다.

바로 이러한 이유로 인해 에너지를 보유하면서 물질 저장체를 가지고, 안정적이면서 에너지를 축적할 수 있으며, 고체, 액체, 기체 등 3가지 형태의 에너지 상품을 가지는 동시에 생물을 기초로 한 비非에너지 상품을 가지는 것이다. 바이오매스에너지가 있어야 비로소 석유, 석탄, 천연가스 등 각종 에너지 상품과 그로부터 파생된 수천 종의 비에너지 화공상품을 완전히 대체할 수 있으며, 이는 기타 청정에너지로는 할 수 없는 것들이다. 만약 풍력에너지, 태양광에너지, 수력에너지, 지열에너지, 핵에너지, 수소에너지 등을 권투선수에 비유하면, '선수들'은 스트레이트만을 날리지만, 바이오매스에너지는 '종합적인 권법'을 수련하여 스트레이트, 스윙, 훅, 잽, 어퍼컷 등 십팔반무예十八般武藝에 모두 능하다고 할 수 있다.

자연의 속성상 바이오매스에너지는 기타 청정에너지와 같지 않으며, 이는 간단한 원리처럼 보이지만 인식에 있어 오해가 있을 수 있다. 사람들은 종종 바이오매스에너지의 에너지기능에 집중한 나머지 바이오매스에너지와 기타 청정에너지와 실질적 차이와 장점을 간과하여 이를 왜곡하기도 한다. 중요한 것은 국가가 '에너지 이용'에 주목할 때 이 중요한 '에너지원'을 간과해서는 안 된다는 것이다.

2. 친농업의 '특이한' 기능

위에서 제시한 자연적 속성 외에, 바이오매스에너지의 사회적 속성인 '친농업'의 특이한 기능도 기타 청정에너지원와는 사뭇 다르다. 바이오매스에너지의 생물적 성격은 바이오매스에너지와 '삼농'과의 친밀한 '혈연'관계를 결정지음으로써, 바이오매스에너지가 청정에너지와 '삼농'을 위해 일하는 기능을 동시에 수행할 수 있도록 하였다.

바이오매스원료는 농림업에서 생산되고, 에너지 상품 가공과정에 '삼농'도 참여하여 수익을 얻을 수 있다. 이는 미국의 〈바이오 상품과 바이오에너지 개발 및 촉진〉 대통령령에서 제시한 "이러한 영역의 기술진보는 미국 농촌에서 농민, 임업자, 축산업자와 상인들에게 대량의 새롭고 고무적인 상업과 고용의 기회를 가져오고, 농림업 폐기물의 새로운 시장을 건립할 수 있으며, 아직 충분히 이용되지 않은 토지에 경제적 기회를 가져다 줄 것이다."라는 의견과 일치한다.

미국의 200여개의 액체 바이오연료 가공공장의 절대 다수는 농촌에 분산되어 있고 농민이 직접 설립하였으며, 미국 바이오연료산업 발전의 가장 큰 수혜자는 농민이다. 브라질 대통령 룰라Lula는 "브라질은 바이오연료산업 발전을 통해 농업의 성장을 꾀하고 농민을 부유케 하고, 식량과 빈곤문제를 더 효과적으로 해결하는 것에 지대한 관심을 갖고 있다."라고 말했다. 또한 독일 농업부 장관을 역임한 레나테 퀴나스트Renate Kuenast도 "화석연료를 대체할 수 있는 가장 빠르면서 가장 저렴한 방식은 바이오연료이며, 농민과 농촌의 소득도 높일 수 있다."고 발언하였다. UN의 아시아태평양 경제사회관찰 2008 보고에서는 다음과 같이 밝혔다. "바이오연료산업의 발전추세는 막을 수 없고, 이는 농민 소득을 증대시키고 취업기회를 제공하는데 아주 큰 도움이 된다."

중국 '삼농'문제의 초점은 농민 소득을 증가시키고, 부가가치가 너무 낮은 식량과 초급 농산물 생산으로는 도시주민과 농촌주민의 소득격차가 확대되는 추세를 되돌릴 수 없으며, 반드시 농민을 위해 파급효과가 크고 증가폭도 크며 지속 가능한 소득증대 방안을 모색해야 한다는 것이다. 바이오매스산업이 바로 최선의 선택이다. 앞 장에서 말했던 것처럼, 농민은 짚과 속대, 임업 부산물을 판매함으로써 연간 1,400억 위안의 소득을 높일 수 있고, 가축 분뇨 등 유기질 폐기물을 원료로 하여 공업용 메탄가스를 생산하면 1,200억 위안의 소득을 높일 수 있으며, 서류 · 사탕수수를 재배하여 비식량 작물 에탄올을 생산하면 1,500억 위안의 소득을 증가시킬 뿐 아니라, 수백만 개의 일자리를 창출할 수 있다. 현실에서도 나타나듯이, 바이오매스에너지 가공공장이 있는 곳이면 어디든지 그 곳의 농민들은 두 말할 나위 없이 많은 현금소득을 얻는다. 이것이야 말로 파급면적이 넓고 증가폭이 큰 농민 소득증대가 아니고 무엇이란 말인가? 중국 농민이 1ha의 식량을 재배할 경우 얻는 순소득은 3~5천 위안에 지나지 않으며, 이에 따라 식량 재배에 대한 의욕이 높지 않다. 만약 짚과 속대를 이용할 경우 3~5천 위안의 소득을 추가로 얻게 되어 농민의 식량 재배 의욕을 크게 높일 수 있을 것이다.

이상은 단지 바이오매스에너지의 표면적인 기능이었으며, 더 심도 있는 차원에서 바이오매스에너지는 농업을 위해 완전히 새로운 '에너지 농업'영역을 개척한다. 바이오매스에너지는 농업의 생산 사슬을 부가가치가 높고 시장이 무한한 청정에너지와 바이오상품을 생산하는 신흥산업으로까지 연장시키고, 농업 산업구조의 획기적인 조정과 혁명을 불러일으킬 것이다. 또한 농촌의 공업화, 도시화를 촉진하고, 잉여노동력을 이전시키는 동시에 공업과 농업의 격차와 도시와 농촌의 격차를 축소시킬 수 있을 것이다. 그 외에 작물의 짚과 속대, 가축의 분뇨, 임업의 부산물, 가공업과 도시의 유기질 폐기물, 저질 한계성 토지 등 사람들이 거들떠보지도 않으며 환경을 오염시키는 '쓸모없는 것들'을 무해화하고 자원화하여 물질, 에너지와 경제가 선순환하는 시스템으로 편입시킴으로써 보기 좋게 오늘날 그 수요가 급증하는 '청정에너지'와 온실가스 배출을 감축하는 주요한 역량이 되었다. 이는 또한 지구상의 자원절약이고 환경보호이다.

최근 몇 년간 중앙정부中央는 농민 소득증대에 많은 관심을 가졌고 농업 지원정책을 계속해서 내놓았지만, '수혈'은 많았던 반면 '조혈造血'은 적었다. 즉 외부의 지원은 많았지만 그에 따른 성과는 미미했다. '공업으로 농업에 진 빚을 되갚자', '도시와 농촌을 통합적으로 발전시키자'등의 전략적 사고는 많았으나 실질적 '실천'은 적었으며, 에너지 농업이 바로 효과적인 '실천'을 제공하였다. 바이오매스에너지의 이러한 '특별히 상이한'기능은 기타 재생가능에너지에서는 찾을 수 없는 상상의 공간이다.

자연적 속성과 사회적 속성에 있어 바이오매스에너지는 모두 출중하기 때문에 현재 각국 화석에너지를 대체하는 주력이 되었고, 미국, 유럽과 브라질 등의 국가에서는 이를 더욱 중시하고 있는 반면, 중국에서는 이와는 다른 양상이 나타나고 있다. 먼저 광산주의 반대에 부딪혔고, 그 다음 식량안보라는 '억울한 송사'에 휘말리게 되었으며, 전 세계가 기후변화에 대응하고 청정에너지를 대대적으로 발전시키는 상황에서 중국의 에너지 담당부문은 바이오매스에너지를 회피하는 대신 풍력에너지와 태양광에너지의 '거품'을 만들려 한다.

세계 재생가능에너지의 선두 주자인 바이오매스에너지는 중국의 이러한 비정상적인 양상에 봉착하고 있는 것이다.

3. 석탄연료와 바이오연료 사이의 논쟁

중국의 석유 수입이 급증하고 있는 상황에서 몇 명의 전문가는 2005년 국가 석유 대체 전략을 수립할 것을 중앙정부에 제안하였다. 이는 매우 중요한 미래 지향적 건의임에 틀림없지만, 한편 계속되는 석탄연료와 바이오연료 사이의 논쟁을 불러일으키기도 하였다.

국가 발전 및 개혁위원회國家發展與改革委員會는 석유 대체 문제 연구팀을 구성하고 1년여의 연구를 통해 2006년 여름 석탄에서 추출해낸 메틸알코올과 디메틸에테르dimethyl ether를 석유의 주요 대체에너지로 한다는 결론은 내렸다. 공청회에서 필자는 반대의견을 확실히 피력하였으며, 석탄에서 추출한 메틸알코올이 가진 6가지 '치명적인 문제'를 제기하였다. 첫째, 에너지 효율이 매우 낮다. 1톤의 메틸알코올을 생산하기 위해 1.3~1.5톤의 원료석탄과 2톤의 연료석탄을 소모해야 하고, 발열량은 휘발유의 46%이다. 즉 4~6개의 석탄에너지를 1개의 메틸알코올과 교환하는 셈이다. 둘째, 청결하지 못하다. 석탄에서 1톤의 메틸알코올을 생산할 때 8.25톤의 이산화탄소를 배출하며, 이는 정제된 휘발유의 몇 배에 해당한다. 셋째, 기계를 부식시킨다. 장거리를 운행할 경우 엔진이 고장 날 수 있다. 넷째, 독성이 있다. 다섯째, 설비투자가 크다. 가장 큰 문제는 석탄도 재생 불가능한 화석에너지라는 것이다. 전국화공기술연구회 부주임 탕홍칭唐宏青의 자료에 따르면, 국내 석탄에서 1톤의 메틸알코올을 생산하려면 1.6톤의 표준석탄이 필요하고, 1.67~2톤의 표준석탄에 상당하는 에너지를 소비하고 22~30톤의 물을 소비해야 한다http://www.xj.cei.gov.cn/e/DoPrint/?classid=314&id=7673. 즉 메틸알코올 생산과정에서의 에너지 투입산출 비율은 4.2: 1이다발열량을 기준. 이는 전형적인 '동쪽의 벽을 허물어 서쪽의 벽을 고친다'거나 피를 팔아 장사 밑천으로 삼는 격이다.

1980년대 미국은 메틸알코올을 생산하여 자동차용 연료로 실험하였고, 1996년 캘리포니아주에는 1.3만 대의 자동차와 500대의 버스가 메틸알코올

연료를 사용하였고, 80여 개의 주유소를 세웠다. 하지만 사용과정에서 부식 및 저장과 독성 등의 문제로 인해 모든 메틸알코올 주유소가 문을 닫았다http://energy.ca.gov/afvs/vehicle_fact_sheets/methanol.html. 로스앤젤레스와 시애틀도 기계 손상, 빈번한 수리 등의 이유로 자동차연료로 메틸알코올 시범사용 프로젝트의 실패를 선언하고 없애버렸다http://www.lsccs.com/projects/bigsky/Final/Ch8.pdf. 1980년대 스웨덴은 수도 스톡홀름에서 9종의 연료 자동차를 가지고 10여 년간 화석연료를 대체하기 위한 실험을 진행하였다. 최종적으로 메탄가스와 에탄올 등 2가지 바이오연료를 선택하였다. 현재 세계적으로 어떤 국가도 메틸알코올을 운송연료로 사용하지 않는다. 다른 국가들이 직면했던 기술적 문제들을 중국은 해결하지 못했으면서 왜 그처럼 커다란 환경과 경제적 대가를 지불하면서까지 '헛걸음'을 치려 하는가? 그 안에는 다른 의도가 숨어있는 것이 확실하다.

그 다음으로 "석탄으로 기름을 만든다."는 것이다. 2007년 말 선화神華그룹은 네이멍구內蒙古에서 연간 생산량 320만 톤 규모의 석탄을 직접 액화시키는 사업에 투자하였다. 이는 전형적인 에너지 효율이 낮으면서3~5톤의 석탄을 투입하여 1톤의 기름 생산, 물 소비가 많고1톤의 기름을 생산하기 위해 약 10톤의 물을 소비, 이산화탄소 배출량이 많으며이산화탄소 배출량은 원유 정제할 때의 7~10배, 투자규모가 큰 사업이다. 문제는 중국의 석탄산지가 주로 물이 부족한 북방지역에 위치해 있다는 것이며, 이 사업만으로도 연간 1,000만 톤의 물을 소비하는데, 이로 인해 8만 무畝의 관개농지가 줄어드는 셈이다. 또 다른 사업들은 닝샤寧夏, 샨시陝西와 신장新疆에서 진행되며, 마찬가지로 농업과 물을 놓고 경쟁해야 하고, 중국 서부지역 생태계에 재난을 불러올 것이 뻔했다. 공교롭게도 같은 해 5월 미국 참의원의 에너지와 자연자원 위원회는 지구 온난화에 영향을 준다는 이유로 20: 3의 표결로 2022년 석탄을 이용하여 220억 갈론gallon의 디젤유를 생산한다는 의결안을 부결시켰고, 같은 해 말 2022년 360억 갈론의 바이오연료를 생산한다는 〈에너지 자주와 안전 법안〉을 통과시켰다. 석탄을 액화연료로 만드는 동일한 문제에 대해 두 국가의 정부는 각각 다른 태도를 보이고 있는 것이다.

『중국과학원 원사 건의』 2008년 제18권에 실린 퉁전허佟振合 원사 등이 쓴 「중국 재생가능에너지체계에 관한 사고關于發展我國可再生能源體系的思考」란 글에서 "에너지안보 차원에서 중국의 자동차용 연료로 디메틸에테르와 메틸알코올을 수입 석유를 대체할 주요 선택품목으로 할 것을 건의한다."고 밝혔다. 이어 같은 잡지 제20권에 필자가 쓴 그에 대한 반박문이 실렸다. 즉 석탄에서 추출한 메틸알코올을 수입석유를 대체할 주요 선택품목으로 하는 것을 반대하였다. 석유를 대체한 석탄연료와 바이오연료 사이의 논쟁은 중국 학계로 확대되었다.

표면적으로는 석유를 대체할 연료를 석탄에서 추출해낸 메틸알코올 위주로 할 것인가 아니면 바이오연료 위주로 할 것인가에 대한 논쟁이지만, 실질적으로는 환경을 희생시키고 '호수의 물을 퍼내고 물고기를 잡는 식'으로 중국의 귀중한 석탄자원을 소비하느냐 아니면 청결하고 재생가능한 바이오에너지를 개발하느냐에 대한 논쟁이고, 광산주의 이익과 농민의 이익에 관한 논쟁인 것이다. 왜냐하면 광산주가 이 사업을 실시함으로써 얻은 이익이 어마어마하기 때문이다.

4. 식량안보의 '억울한 송사'

2006년 가을 옥수수가격이 급등하고 지린吉林성의 옥수수 가공업이 발전함에 따라 성 밖으로 유출되는 옥수수의 양이 줄었다. 따라서 국무원에 연료용 에탄올이 "국가 식량안보에 영향을 준다."고 보고되었다. 이 얼마나 억울한 일인가!

과연 진실은 무엇인가? 2006년 지린성의 옥수수 총 생산량은 1,800만 톤이고, 그 중 650만 톤이 가공용으로 사용되었고, 연료용 에탄올 생산에 사용된 옥수수는 60만 톤으로 전체 옥수수 가공량의 14%, 옥수수 총 생산량의 5%를 차지하였다. 표 14-1에서는 지린성 주요 옥수수 가공기업 및 상품과 가공능력을 열거하였다. 2005년 전국 옥수수 총 생산량은 1.4억 톤이고, 연료용 에탄올 생산에 사용된 옥수수는 210만 톤으로 전국 옥수수 총 생산량의 1.5%를 차지하였다. 연료용 에탄올 생산이 국가 식량안보에 영향을 미친다는 어떠한 근거도 없으며, '상소'가 너무 과장되고 전혀 근거가 없다. 반대로 2005년 중국은 400만 톤의 옥수수를 수출하였고, 이는 연료용 에탄올 생산에 사용된 옥수수의 1배에 이른다. 그렇다면 왜 "옥수수 수출이 식량안보에 영향을 미친다."는 '상소'를 올리지 않는 것인가? 2007년 봄 국가 발전 및 개혁위원회는 옥수수 에탄올 사업 비준을 금하는 내용의 공문을 하달하였다. 환란을 미연에 방지하기 위한 아주 적절한 조치였고, 문건에서 제기한 '비식량'방침도 시기적절하고 현명한 선택이었다. 그러나 이로 인해 바이오에너지 머리 위에 오랫동안 가시지 않을 "식량안보에 영향을 미친다."는 검은 그림자가 드리워지고 말았다.

2008년 상반기의 세계 식량위기 가운데 미국의 옥수수 에탄올 생산은 많은 사람들의 지탄을 받았지만 중국만은 상황이 좋은 편이었다. 첫째, 식량 비축량이 충분했다. 둘째, 사람들이 바이오에너지가 식량안보에 영향을 미치지 않을 것이라고 인식하기 시작했다. 식량안보의 풍파는 지나갔지만 적지 않은 '후유증'을 남겼다. 〈11 · 5 규획〉의 연료용 에탄올 발전목표를 400만 톤 증산에서 200만 톤으로 하향조정하였고, 결과적으로 20만 톤에 그쳤다. 이 5년 동안 미국, 브라질과 EU의 연료용 에탄올 생산량은 배 이상 증가하였으나 중국은 제자리걸음을 하고 있다.

중국 식량안보에 영향을 미치는 요인은 아주 많다. 주된 요인으로는 식량 재배 농가의 소득이 매우 낮아 생산 의욕이 떨어지고, 거기에 경지면적이 감소하고 토질이 나빠지는 것을 들 수 있다. 그런 가운데 연료용 에탄올이 안타깝게도 '속죄양'이 되었다.

표 3-1 지린성 주요 옥수수 가공기업, 상품 및 가공능력

단위: 만 톤

기업명	주요 상품	연간 옥수수 가공능력
長春大成	옥수수 전분, 리신(lysine), 전분젤라틴	120
公主岭	황룡(黃龍)옥수수, 전분당	65
松原賽利事達	옥수수 전분, 옥수수당	30
吉林燃料乙醇	연료용 에탄올	90
吉林德惠正大飼料	사료	40
四平新天龍酒業	식용 주정	30
吉安生化乾安酒精	식용 주정	60
吉林梅河阜康酒精	식용 주정	30
吉林天河實業	식용 주정	10

출처: 渤海期貨商務사이트, 2006.

5. 냉대와 환대의 두 상황

세계 금융위기에 대응하기 위해 중국은 2008년 4조 위안의 투자계획을 발표하였는데, 먼저 10개 항목의 '산업진흥계획'을 내놓았고, 그 이후에 2개 항목을 추가하였으며, 그 중에 신생에너지도 포함되었다. 4조 위안의 커다란 파이를 눈앞에 두고 어떤 업종과 기업이 그 중 일부를 탐내지 않겠는가? 이들 사이에 투자 쟁탈전을 하지 않을 수 없게 되었다.

2009년 초부터 〈신생에너지산업 진흥계획新能源産業振興規劃〉을 수월하기 시작하였으며, 이는 환영할 일임에 틀림없지만 적지 않은 불협화음을 야기할 수 있다. 국가에너지국은 국가 이익을 최우선해야 하고 총체적이고 객관적인 입장에서 신생에너지 진흥방안을 내놓아야 한다. 그러나 〈의견수렴문征求意見稿〉에서는 발표한지 얼마 되지 않은 〈국가 재생가능에너지 중장기 발전계획國家可再生能源中長期發展規劃〉을 제쳐두고, 조건이 구비되었는지 여부도 고려하지 않고 '산업

진흥'의 무게를 풍력에너지와 태양광에너지로 옮겼으며, 국가에너지국의 주요 관리들은 '풍력발전 삼협三峽', '신생에너지 자동차'등에 대해 목소리 높여 강조했다. 봄부터 여름까지 중국 언론매체에서는 풍력에너지, 태양광에너지와 전기자동차에 관한 프로그램이 넘쳐났고, 사업기회를 생명처럼 여기는 기업들도 무작정 달려들어 계속해서 열을 올렸다. 이때 바이오매스에너지는 푸대접을 받게 되었고, '관심을 갖는 사람이 적었고', 신화사新華社 기자조차도 필자와 인터뷰를 시작하자마자 "최근 풍력에너지와 태양광에너지가 이처럼 인기가 많은 반면 바이오매스에너지에 대한 관심은 거의 없는데, 어떻게 생각하십니까?"라고 물었다. 필자는 "이는 아주 비정상적이다"라고 대답했다.

2009년 10월 베이징에서 중국전략 · 관리연구회와 미국의 브루킹스협회Brookings Institution가 공동으로 기획하여 '중 · 미 청정에너지 실무 협력전략 논단中美清潔能源務實合作戰略論壇'을 개최하였다그림 3-2 참조. 기획 초기 정부의 에너지 담당부문은 풍력에너지, 태양광에너지, 신생에너지 자동차와 석탄의 청정 이용 등 4개 항목만을 거론하였고, 미국 측에서 가장 큰 경쟁력을 가지고 있는 바이오매스에너지는 배제되었다. 회의조직의 중국 측도 이는 타당하지 않다고 보았으며, 조사연구를 거친 후에서야 '바이오매스에너지'도 논의 대상에 포함시켰다.

그렇다. 사람들이 의도했던 것이 모두 이루어지는 것은 아니다. 1년도 되지 않아 풍력에너지와 태양광에너지의 거품이 꺼지기 시작했다. 사실 2009년 1월 영국의 〈사이언스〉 잡지에 실린 중국 풍력에너지에 관한 특별 기고에서 다음과 같이 지적한 바 있다. "2007년 5월 세계 풍력에너지위원회와 중국 풍력에너지협회는 공동으로 발표한 비망록에서 중국 풍력발전에 대한 의견을 제시하였다. 채 2년도 되지 않아 비망록에서 제기되었던 우려는 현실로 나타났다.", "중국은 전력망을 대대적으로 개선해야만 재생가능에너지의 발

그림 3-2 2009년 10월 북경에서 개회한 중 · 미 청정에너지 논단

전에 적응할 수 있다."에너지 주관부문의 담당자들은 이 의견을 수렴하지 않고 '대약진'처럼 '풍력발전 삼협'을 무모하게 추진하였으며, 결국 목표했던 전력의 절반도 공급할 수 없고, 전력망 시스템에도 커다란 문제가 있었다. 전력망을 안정시키기 위해 발전소 부근에 화력발전소를 다시 건설해야 하는데, 여기에 무슨 청정에너지와 대체에너지의 의미가 있는가?

태양광에너지를 다시 살펴보자. 전국 20여 개 성은 앞 다투어 태양광집열판 생산라인을 만들었으며, 그 규모가 전 세계 수요량의 두 배에 달했다. 2009년 10월 출간된 『경제참고보經濟參考報』에는 「중국 광전지 거품은 이미 꺼졌고, 천억 위안의 투자 절반이 '공수표'가 되었다.」란 제목의 글이 실렸다. 과기일보科技日報에서도 「신생에너지의 생산능력 과잉이 우려스럽다.」란 제목의 글에서 "중국의 집열판 제련, 풍력발전기 설비의 핵심부품 기술은 아직도 수입에 의존하고 있으며, 이러한 기술은 이미 미국, 독일, 일본 등 국가의 소수 기업들이 독점하고 있다."고 상기시켜 주었다. 2009년 9월 국무원이 발표한 생산능력 과잉과 중복 건설 명단에 풍력발전과 태양광 집열판도 이름을 올렸다.

"진짜는 가짜일 수 없고, 가짜는 진짜일 수 없다."란 말과 같이 상황의 전개가 매우 빠르다. 1년도 체 되지 않아 정책결정자의 잘못된 판단 하에 형성된 풍력에너지와 태양광에너지의 '거품'은 꺼지고 말았다. 풍력에너지와 태양광에너지에 문제가 있는 것이 아니라 조건이 아직 갖춰지지 않은 상황에서 인위적으로 추진했기 때문이다. 급하게 추진하려고 한 나머지 목표도 달성하지 못했다.

또 다른 재미있는 사건이 있었다. 오바마는 취임연설에서 다음과 같이 말했다. "We will harness the sun and the winds and the soil to fuel our cars and run our factories우리는 앞으로 태양열, 바람과 토양을 최대한 이용하여 우리의 자동차를 움직이고 우리의 공장을 돌릴 것이다." 여기서 'soil'은 분명 토양에 의지하여 바이오연료를 생산한다는 것을 뜻하며, 중문판에는 '지열geotherma'로 오역되기도 하고, 잘못된 것이 또 잘못 전해져 언론매체를 통해 퍼져나갔다. 2009년 1월 과기일보에 실린 「녹생경제가 미국을 재건한다: 오바마의 에너지 대전략 분석」이란 제목의 긴 문장에서 "미국은 태양광에너지, 풍력에너지와 지열에너지를 개발한다."란 표현이 여러 차례 출현함으로써 미국은 바이오연료를 개발하지 않는 것처럼 보인다. 하지만 이 책의 6장 내용을 살펴보면 이것이 얼마나 어처구니없는, 중국에서만 있을 수 있는 오역과 오보인지 알 수 있다. 중국 속담에 사람이 재수가 없으면 "냉수를 마시다가도 이가 빠진다."고 했다. 2009년은 중국에서 바이오에너지가 '운이 없던'한 해였다.

2009년에 공포된 〈신생에너지산업 진흥계획〉에서 나온 이 계획은 위와 같은 여러 원인과 의견이 분분하여 아직까지 시행되지 못하고 있다. 지난 1년간 세계와 중국의 에너지 상황에는 매우 큰 변화가 있었다. 2009년 말에는 좋은 징조가 나타났는데, 바로 원자바오溫家寶 총리가 코펜하겐 지구기후변화회의에서 다음과 같은 연설을 했던 것이다. "농촌, 변두리지역과 알맞은 조건을 갖춘 지역에 바이오매스에너지, 태양광에너지, 지열에너지, 풍력에너지 등 신형 재생가능에너지를 대대적으로 발전시키도록 적극 지원할 것이다."바이오매스에너지를 최우선에 두는 이러한 견해는 정말 오래간만에 보는 것이며, 이는 바이오매스에너지에 대한 관심이 다소 높아졌음을 뜻한다. 그러나 이후 들리는 신생에너지산업에 관한 여러 가지 소식 가운데 바이오매스에너지를 냉대하는 분위기는 결코 바뀌지 않았다.

6. 비껴갈 수 없는 관문

중국은 화석연료 대체문제에 있어 석탄을 액화시켜 석유를 대체한다고 했다가 메틸알코올과 디메틸에테르 생산한다고 하고, 또 풍력에너지와 태양광에너지를 발전시킨다고 했다가 신생에너지 자동차를 거론하면서 바이오매스

에너지만은 비껴가려고 애를 쓰고 있다. 여기서 이러한 사람들에게 확실히 말해주고 싶다. 즉 중국에서 바이오매스에너지는 비껴갈 수 없는 관문이다.

첫째, '자원의 관문'이다. 중국의 청정에너지로 이용 가능한 자원량(태양광에너지는 포함하지 않음)은 연간 21.5억 톤의 표준석탄에 상당하고, 그 중 수력에너지는 27.2%, 풍력에너지는 15.5%, 바이오매스에너지는 54.5%를 차지한다. 중국이 청정에너지를 발전시킨다고 할 때 과연 이 절반을 차지하는 바이오매스에너지를 비껴갈 수 있단 말인가?

둘째, '최선의 관문'이다. 전 세계적으로 자동차용 연료의 수요가 가장 빠르게 증가하고 있으며, 미국, 유럽과 브라질의 성공적인 경험에서 이미 증명했듯이 바이오에너지가 바로 화석연료를 대체할 수 있는 최선이면서 유일한 대안이다. 이것이 대세이다. 중국의 석유자원은 극히 부족하고 절반 이상을 수입에 의존하고 있는 상황에서 설마 바이오에너지를 포기하고 다른 방도를 찾겠는가? 설마 정말로 석탄에서 추출한 메틸알코올과 전기자동차에 의존하여 화석에너지로 화석에너지를 대체하는 어리석음을 자처하겠는가?

셋째, '삼농의 관문'이다. 바이오매스에너지의 원료자원은 '삼농'에 존재하고, 원료는 '삼농'에서 생산되기 때문에 농민 소득증대, 농촌 공업화, 도시화, 잉여노동력의 이전을 촉진할 수 있다. '삼농'문제는 당 전체의 최우선 과제이며, '도시와 농촌의 통합발전, 공업으로 농업을 지원'하는 등 중앙의 정신을 실현하기 위해 에너지 주관부문의 담당자와 소위 말하는 '싱크 탱크'가 언제까지 8억의 농민과 '삼농'문제를 간과할 수 있겠는가? 또 언제까지 바이오매스에너지를 비껴갈 수 있겠는가?

넷째, '환경의 관문'이다. 2009년 발표한 전국 오염 센서스 보고에 따르면, 가축 분뇨, 연소된 농작물의 짚과 속대, 과도하게 사용된 화학비료 등의 농업 비점오염원(agricultural non-point source pollution)은 이미 중국에서 주된 오염원이 되었고, 전국 화학적 산소 요구량(COD), 질소와 인의 총 배출량에서 차지하는 비중은 각각 57%, 60%와 48%에 달한다. 이러한 환경문제를 해결하지 않을 수 있겠는가? 바이오매스에너지 외에 다른 더 좋은 방법이 있는가?

다섯째, '농촌에서 사용하는 에너지의 관문'이다. 농업 현대화가 진행되고 농민 생활수준이 향상됨에 따라 농촌은 앞으로 중국에서 에너지 수요 증가가 가장 빠르고 가장 큰 에너지 시장을 가진 지역이 될 것이다. 석탄, 석유와 천연가스를 공급하여 농촌 에너지 수요의 부족분을 채울 수 있겠는가? 바이오매스에너지 외에 다른 더 좋은 방법이 있는가?

여섯째, '바이오 상품의 관문'이다. 석탄화학공업과 석유화학공업은 수천 가지 에너지와 비에너지 상품을 생산해내지만, 수력발전, 풍력발전, 태양광발전, 원자력발전, 수소발전 등은 이와 같은 플라스틱과 화공원료 등의 상품을 만들어낼 수 있는가? 불가능하다. 그렇다면 바이오매스에너지 외에 다른 더 좋은 방법이 있는가?

이상 6가지 관문 중 어느 것을 중국이 비껴갈 수 있단 말인가?

7. 왜 중국에서 바이오매스에너지가 환영받지 못하는가?

필자는 2008년 어느 글에서 "바이오연료는 '천부적으로 총명한 아이'로 다른 나라에서는 총애를 받지만 중국에서만큼은 사랑을 거의 받지 못한다"고 밝힌 바 있다. 왜 중국에서는 바이오매스에너지가 이처럼 환영을 받지 못하는가? 필자는 줄곧 이로 인해 곤혹스러울 따름이다.

식량안보에 영향을 미칠까 두려워서인가? 이는 이미 명확하게 설명이 됐으며 더 이상 논의의 여지가 없다. 그럼 바이오연료의 비용과 보조금이 너무 높기 때문인가? 신흥 산업발전 초기 정책적 지원은 아주 일반적이며 필연적이다. 또한 현재 바이오에너지에 대한 정부 보조는 태양광에너지와 풍력에너지에 비해 훨씬 낮은 수준이다. 그럼 기술과 설비가 아직 충분히 구비되지 않아서인가? 바이오매스에너지 기술의 성숙도는 높고, 모든 설비를 국산으로 조달할 수 있다. 반면 풍력발전과 태양광발전의 핵심기술은 모두 외국에서 들여오고 있는 실정이다. 그럼 원료자원이 충분하지 않아서인가? 중국 바이오매스에너지의 원료자원의 양은 풍력에너지와 태양광에너지의 수배에 달한다. 실제로 다른 기술적 원인을 찾기는 어려우며, 단지 사회적 혹은 경제적 측면에서 그 원인을 찾을 수 있다.

오늘날 중국이 공업화와 시장경제를 추진하는 과정에서 두 부류의 사람이 정책결정에 핵심적 역할을 하였다. 하나는 정부 주관부문의 고위직 관료이고, 다른 하나는 대형 중앙기업 혹은 국유기업의 고위층 관리자이다. 이들 사이에는 권력과 이익을 놓고 수많은 연결망이 이어져 있고, 그들 중 일부는 '친기업', '친도시'의 실권자와 기득권자이다. 일부 중앙기업 혹은 국유기업은 국가의 값싼 자원석탄, 석유, 천연가스 등을 점유하고 있을 뿐만 아니라 정책결정에 참여하고 시장 독점에 유리한 위치에 있으면서 어찌 '돈벌이'에 앞장서지 않겠는가. 거액의 이윤이 남는 상황에서 어느 관리자나 발열량이 6인 석탄을 액화시켜 발열량 1에 상당하는 석유를 대체함으로써 이로 인해 만들어지는 대량의 온실가스를 배출할 것이고, 어느 관리자나 수자원이 심각하게 부족한 사막지역에서 농업, 생태계와 물을 놓고 경쟁할 것이며, 어느 관리자나 국가 에너지 자주와 안전은 안중에도 없고 어마어마한 자본을 소모하면서까지 석유와 천연가스를 해외에 의존하려 할 것이다. 만약 석유를 대체할 석탄 추출물과 바이오에너지 사이의 경쟁이 실제로는 석탄 광산주의 이익과 농민 이익 간의 경쟁이라고 할 때, 풍력에너지태양광에너지와 바이오매스에너지의 정책지원 사이의 심각한 불균형은 실제로 정부의 주관부문이 석탄 광산주의 이익을 우선시하는가 아니면 농민의 이익을 우선시하는가의 문제이다.

중국 본토에서 자주적이고 안전하며 영원히 고갈되지 않는 '바이오물질 유전'을 건립하는 것에 대해 고위직 관료나 고위층 관리자는 관심이 없으며, 그보다는 노력을 적게 들이고 단시간에 가능한 한 큰 이익을 얻고 더 큰 업적을 쌓는 것을 선호한다. 바이오매스에너지 발전을 통해 '삼농'문제를 해소할 수 있고 8억 농민의 생존환경을 개선할 수 있다. 이는 중앙정부가 해야 할 일임에도 불구하고 그들과 어찌 함께 할 수 있겠는가. 그들도 일시적으로 환영할 수 있지만 결국 오래 가지 못하고 수박 겉핥기식으로 끝나기 마련이다. 광산 매몰사고에서처럼 희생을 무릅쓰고 용감히 나아가는 고집스러움을 찾아보기는 어렵다. 더 화가 나는 것은 바이오매스에너지가 발전할 수 없는 이유를 찾으려 애쓴다는 것이다. 자원이 부족하다! 원료자원이 분산되어 수집하기 어렵다! 식량안보에 영향을 미친다! 경제성이 없다! 기술의 성숙도가 낮다! 얻는 것보다 잃는 것이 많다! 견해가 일치하지 않는다! 등등. 그들은 해결이 가능하거나 이미 해결한(이 책 5~9장 참조) 기술적 문제를 이용해 남의 이목을 혼란시켜 바이오매스에너지를 부정하게 하고, 이를 통해 자신의 이익을 보호하고 그에 의도적으로 무관심하려 한다. 존재하지도 않는 '식량안보'문제를 논할 때 그들은 국가와 국민을 걱정하는 듯 아주 당당하게 말한다. 바이오매스에너지 밀도가 낮음을 논할 때도 그들은 자신만만하게 말하고, 바이오매스에너지가 농민 소득을 증대시킬 수 있음을 논할 때 그들은 정부가 다른 방법으로 농민 소득을 증대시키면 된다고 말한다. 모든 이권을 그들이 모두 장악하고 있으면서 모든 문제와 뒤탈은 국가와 국민이 책임져야 하는 상황이다. 그래도 좀 긍정적으로 생각하면 이는 그들의 바이오매스산업에 대한 이해가 편파적이기 때문이라고 볼 수 있다.

우리는 종종 하나의 잘못을 숨기면 세 개의 잘못이 뒤따른다고 말하곤 한다. 〈11 · 5 규획〉의 풍력에너지와 태양광에너지 발전에 관한 정책적 편차를 〈12 · 5 규획〉에서는 세 가지 편차로 그 잘못을 감추어야 하는 것은 아닌가? 즉 "스스로가 틀리지 않았고 바이오매스에너지를 냉대하는 것도 틀리지 않았다"는 것을 증명해야 하지 않을까? 과학과 진리는 권력과 이익 앞에서 이처럼 무기력해지는가?

"번영과 쇠퇴가 겨우 한 치 차이이거늘 실망하거나 낙담하기는 이르다."

'삼농'이여, 바이오매스에너지에 주목하라!

8. 세상에 백락이 있고 그 다음에 천리마가 있다

형식주의 타파를 주장한 고문古文운동의 선구자 한유韓愈는 그의 『잡설집雜說集』 가운데 한 편인 「마설馬說」에서 다음과 같이 말했다.

> 세상에 백락이 있고 그 다음에 천리마가 있다. 천리마는 늘 존재하지만, 백락이 항상 존재하는 것은 아니다. 따라서 아무리 명마라 할지라도 비천한 사람의 손에서 치욕을 당하다가, 마구간에서 다른 평범한 말과 함께 죽게 되면 천리마로 불리지 못한다.
>
> 천리를 달리는 말은 한 끼에 한 석의 곡식을 먹어치우는데, 말을 먹이는 사람은 그 말이 천리를 달릴 수 있다는 것을 모른 채 먹인다. 따라서 말은 천리를 달릴 수 있는 능력이 있음에도 불구하고, 배불리 먹지 못해 힘이 달려 그 재주를 밖으로 표출하지 못하고, 평범한 말들과도 함께 할 수 없으니 어찌 그 천리를 달릴 수 있는 재능을 펼칠 수 있겠는가!
>
> 채찍질도 천리마를 다루는 방법이 못되고, 먹이로도 그 재주를 맘껏 표출시키지 못하니, 울음으로도 그 뜻을 전할 길이 없도다. 채찍을 잡은 사람은 "천하에 좋은 말이 없다"고 한다. 슬프도다! 정말로 말이 없는 것인가? 아니면 말을 알아보지 못하는 것인가!

위의 글에서 말하기를, 천리마는 한 끼에 한 석의 곡식을 먹어치우지만, 말 주인은 이를 모르고 배불리 먹이지 않고 천리를 갈 수 있는 재능을 썩힌다. 말을 모는 이도 그 방법을 알지 못하고 천리마 울음의 의미를 파악하지 못하고 천리마 곁에 서서 "천하에 천리마가 없다!"고 한다. 따라서 한유는 비로소 "세상에 백락이 있고 그 다음에 천리마가 있다. 천리마는 늘 존재하지만 백락이 항상 존재하는 것은 아니다"라는 것을 깨닫게 된다. 중국에서 바이오매스에너지는 언제 백락을 만날 수 있을까? 오 슬프도다!

중국은 풍부한 임업 바이오매스 자원을 보유하고 있다. 조림하기 알맞은 황폐한 산과 비탈, 관목림 1억 ha와 〈12 · 5 규획〉에서 밝힌 천연림 조성 면적 1.2억 ha를 이용해 9억 톤의 임업 부산물을 생산할 수 있다.

중국 바이오매스 원료자원(Ⅰ) 4

제 1 부 농업과 임업 유기질 폐기물 자원

- 작물의 짚과 속대
- 가축 분뇨
- 임업 부산물
- 공업과 도시의 유기질 폐기물
- 유기질 폐기물 원료자원 종합

제 2 부 한계성 토지자원

- 이용 가능함에도 이용하고 있지 않은 토지 중 개간에 적합한 토지의 면적
- 이용 가능함에도 이용하고 있지 않은 토지 중 조림에 적합한 토지의 면적
- 현재 전체 임지林地 중 에너지 임지의 크기
- 현재 농지 중 에너지작물을 재배할 수 있는 면적
- 한계성 토지자원의 종합

천하 만물은 모두 유에서 생겨나고 유는 무에서 생겨난다.

노자老子

토지는 모든 생산과 존재의 원천이다.

칼 마르크스Karl Heinrich Marx

원료는 산업발전의 근본이며, 바이오매스산업에 있어 원료는 더욱 중요하다. 한편으로 원료는 주로 현지에서 조퇴하고, 다른 한편으로 상품은 원료에 의해 결정되며, 원료는 지역마다 차이가 있다. 현지의 원료자원과 그 분포를 파악하는 것이 바이오매스산업 발전의 기초이다.

바이오매스산업은 신흥산업으로 원료자원에 대한 전문적인 연구가 거의 이루어지지 않았다. 이 책의 '종합편'네덜란드 에드워드 스미츠Edward Smeets 등의 세계 바이오매스 원료자원에 대한 추정치를 소개하였고, 미국 에너지부와 농업부가 진행한 본국의 연간 10억 톤에 달하는 바이오매스 원료 공급에 대한 기술 타당성 연구를 소개하였다. 4장과 5장에서 소개한 '중국 바이오매스 원료자원'은 필자가 2006년에 참여한 중국공정원中國工程院 재생가능에너지 중대 자문 프로젝트와 그 중 바이오매스에너지 분야의 일부 연구결과이다. 바이오매스 원료자원을 농림 유기질 폐기물, 한계성 토지와 에너지 식물 등 3가지로 나누었고, 마지막으로 종합하여 설명하였다. 이를 4장과 5장으로 나누어 소개하였다.

연구과정에서 최선을 다해 기존 자료를 수집 · 정리하였지만, 자료 출처, 연대, 통계 방법이 상호 일치하지 않아 완전성이 떨어진다. 이 결과는 초보적인 수준에 불과하지만, 그 가운데 중국 바이오매스 원료자원의 기본 현황을 파악할 수 있다.

제1부 농업과 임업 유기질 폐기물 자원

순환은 자연계 물질운동의 기본 형식이며, 수천 년을 이어온 중국의 전통 농업이 바로 인위적 요소가 가미된 일종의 생명 · 물질 순환시스템이다. 인간이 작물을 심고 가축을 기르고 인류 자신을 부양하는 가운데 산출되는 작물의 짚과 속대, 인간과 가축의 분뇨, 타고 난 목초의 재, 음식 찌꺼기 등 거의 모든 부산물생명물질이 직접적 혹은 간접적으로 토양으로 되돌아가고 순환되며, 사람도 죽고 나면 흙으로 되돌아간다. 전통농업은 일종의 폐쇄된 물질에너지의 운행시스템이다. 태양 복사로 인해 전달되는 에너지 외에 어떠한 외부 물질과 에너지도 추가되지 않는다.

현대농업에 화학비료, 농약, 트랙터, 전력, 비닐 등 외부 자원의 성격을 띤 물질과 에너지가 투입되면서 농산물 생산이 증가하였고, 더 많은 짚과 속대, 가축의 분뇨, 유기질 폐수와 찌꺼기 등 '폐기물'과 '오염물질'도 양산하게 되었다. 바이오매스산업의 경우 이것들을 2차성 자원으로 사용하며, 현대기술을 이용하여 새로운 순환에 적용시킨다. 이는 일종의 부식 · 부패가 만들어내는 신기한 기술의 향연이다. 중국에서는 몇 가지 '부패'가 사용 가능한가? 이는 또한 어떠한 '신기함'을 보여줄 수 있을까?

1. 작물의 짚과 속대

여기서는 두 가지 문제를 해결하려고 하였다. 즉 전국적으로 연간 얼마큼의 짚과 속대가 생산되고 그것들이 어떻게 처분되는가이다.

작물 짚과 속대 자원량은 상당히 정확하게 추정이 가능하다. 왜냐하면 곡물의 알곡, 면화의 섬유, 서류의 뿌리줄기의 산출량과 짚, 속대 간에는 일정한 비례관계가 존재하고 이를 농업에서 '곡초_{穀草}비율'이라 한다. 국가는 매년 각종 작물 생산량에 대한 상세한 통계를 보유하고 있기 때문에 각종 짚과 속대의 수량과 총량도 추산할 수 있다. 짚과 속대 산출량을 밝힌 두 가지 자료가 있다. 하나는 필자가 참여한 중국공정원의 재생가능에너지 자문 프로젝트에서 제기한 것이고2008년, 다른 하나는 농업부가 2010년 발표한 최신자료이다.

전자가 제기한 자료는 표 4-1과 같이 정리하였다. 2007년 전국 9대 작물의 짚과 속대 총량은 7.04억 톤이고, 가장 많은 양을 차지하는 4개 품목은 옥수수, 밀, 벼과 유지작물로 각각 3.05억 톤, 1.49억 톤, 1.16억 톤과 0.51억 톤이다. 각종 짚과 속대의 발열량을 표준석탄으로 환산할 경우 옥수수, 밀, 벼와 유지작물은 각각 1.61억 톤, 0.75억 톤, 0.50억 톤과 0.27억 톤의 표준석탄에 상당하고, 짚과 속대의 에너지 총생산량은 표준석탄 3.55억 톤에 상당하며, 그 중 옥수수 속대가 에너지 총생산량의 45.5%를 차지한다. 작물 짚과 속대의 주요 산지는 식량 주산지와 일치하며, 그에 해당하는 10개 성省을 순서대로 나열하면, 허난河南, 산둥山東, 헤이룽장黑龍江, 허베이河北, 지린吉林, 장쑤江蘇, 쓰촨四川, 후난湖南, 후베이湖北와 네이멍구內蒙古이고, 대부분 중국 동부의 식량 주산지에 해당한다.

작물 짚과 속대는 주로 거름, 사료, 공업원료, 땔감과 노지 연소 등 5가지 용도로 사용된다. 각각의 전문 연구자료에 따르면, 거름으로 땅으로 환원되는 짚과 속대의 비중은 15%리징징(李京京), 1998이고, 노지에서 연소되는 짚과 속대의 양은 1.1억 톤이다. 중국 농촌 생활용 에너지 가운데 짚과 속대가 차지하는 비중은 48.33%이고, 사료용 짚과 속대는 주로 소 사육에 이용되고 연간 사료용으로 투입되는 짚과 속대는 약 1.17억 톤이다. 공업용으로는 주로 종이 생산에 이용되며, 2007년 생산된 7,350만 톤의 종이 가운데 5,935만 톤의 종이 펄프가 사용되었고, 그 중 비목재 펄프벼와 밀의 짚, 사탕수수 찌꺼기는 1,302만 톤으로 같은 해 소모된 짚과 속대 총량의 약 2%를 차지한다.

표 4-1 2007년 9대 작물의 짚과 속대의 생산량 및 발열량

구 분	작물생산량 (만 톤)	곡초비율	짚과 속대의 양		표준석탄 환산계수	표준석탄 환산량	
			만 톤	%		만 톤	%
벼	18,603	1: 0.623	11,590	16.5	0.429	4,972	14.0
밀	10,930	1: 1.366	14,930	21.2	0.50	7,465	21.0
옥수수	15,230	1: 2.0	30,460	43.3	0.529	16,113	45.5
잡곡	869	1: 1.0	869	1.2	0.50	435	1.2
두류	1,720	1: 1.15	2,580	3.7	0.543	1,401	3.9
서류	2,808	1:0.5	1,404	2.0	0.486	682	1.9
유지작물	2,569	1: 2.0	5,137	7.3	0.529	2,718	7.6
면화	762	1: 3.0	2,287	3.2	0.543	1,242	3.5
사탕수수	11,295	1: 0.1	1,130	1.6	0.441	498	1.4
합계	–	–	70,387	100.0	–	35,526	100.0

주: 농작물 생산량은 『중국농업연감, 2008』, 사탕수수의 짚과 속대는 잎만 포함, 표준석탄 환산계수는 『중국공정원 중대 자문 프로젝트: 중국 재생가능에너지 발전전략 총서 · 바이오매스에너지 편(2008)』

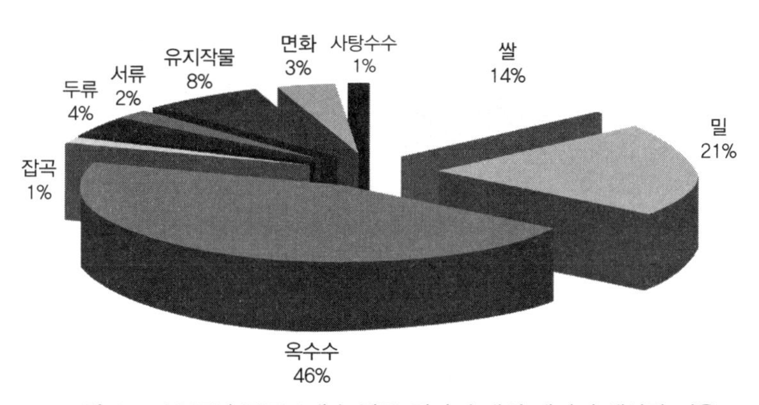

그림 4-1 2007년 중국 9대 농작물 짚과 속대의 에너지 생산량 비율

이상은 각 단일 항목의 연구결과이며, 중국 농업부와 미국 에너지부의 프로젝트 전문가팀은 1990년대 중국 바이오매스자원 획득 가능성에 대한 종합적인 조사연구를 실시하였으며, 그 평가보고서에서의 예측치는 다음과 같다. 2010년 중국 식량 생산량은 5.6억 톤이고, 짚과 속대의 총량은 7.2억 톤인데, 그 중 종이 생산용 2,300만 톤, 사료용 1.13억 톤, 거름용 1.089억 톤을

제외한 나머지 4.701억 톤은 에너지로 사용할 수 있다. 각각의 비중은 3.9%, 15.7%, 15.1%와 65.3%이다.

이상 모든 항목별 성과를 분석하고 종합하여 필자가 제시한 짚과 속대 5가지 용도의 비중은 다음과 같다. 거름용은 15%, 사료용은 20%, 공업원료는 4%, 땔감은 45%, 노지 연소는 16%이다그림 4-2 참조. 이러한 수치에 근거할 때, 2007년 중국 9대 작물의 7.04억 톤에 달하는 짚과 속대 가운데 61%를 에너지로 사용할 수 있다. 즉 짚과 속대의 현재 용도를 바꾸지 않는다는 전제 하에서 매년 약 4.3억 톤의 짚과 속대를 바이오매스원료로 사용할 수 있다.

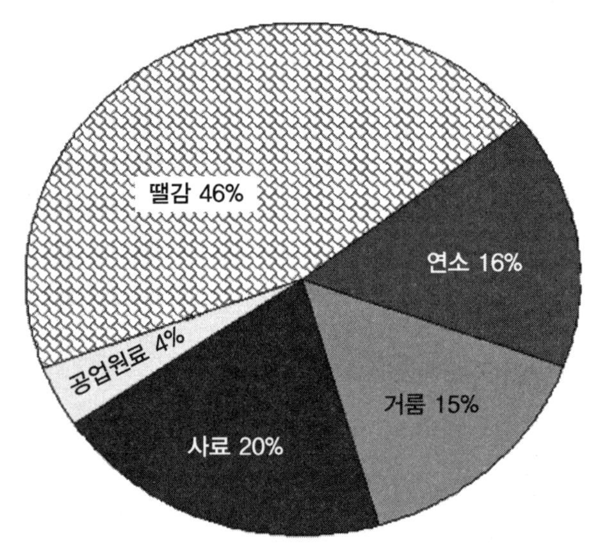

그림 4-2 중국 작물 짚과 속대의 5가지 용도

두 번째 자료는 2010년 농업부에서 발표한 중국 작물 짚과 속대에 관한 전문 조사보고서이다. 보고서에 따르면, 2009년 전국 작물 짚과 속대의 양은 8.2억 톤이고, 그 중 옥수수, 벼와 밀의 짚과 속대를 합치면 전체의 75%를 차지한다. 수집 가능한 짚과 속대의 양은 6.87억 톤이고, 그 중 에너지로 사용할 수 있는 것은 3.44억 톤으로 50%를 차지한다. 짚과 속대의 용도별로 살펴보면, 사료용과 거름용이 각각 30.7%와 14.8%를 차지하고, 연료와 노지 연소가 각각 18.7%와 31.3%를 차지하고, 제지製紙와 버섯 재배원료가 모두 2%씩을 차지한다.

이 두 자료의 주요 수치를 비교하면, 두 번째 자료의 사료용 비중이 첫 번째 자료보다 10% 높은 대신 땔감과 노지 연소를 합친 비중은 10% 낮다.

2. 가축 분뇨

가축 분뇨 원료자원의 자료정리 절차는 다음과 같다. '주요 공급원—사육주기—마리 당 분뇨 배출량—연간 사육 두수—분뇨 자원량—수집 가능 자원량—환산한 표준석탄량'이다.

수집 가능한 분뇨자원은 주로 소, 돼지와 닭으로부터 오고, 이상 정리 절차를 통해 얻은 결과는 표 4-2와 같다. 2007년 가축 분뇨의 실물량은 12.47억 톤이고 개발 가능한 양은 8.84억 톤이며, 그 중 소, 돼지, 닭 분뇨는 각각 4.64억 톤, 3.39억 톤과 0.80억 톤이다. 소, 돼지, 닭 분뇨의 에너지는 각각 1kg당 13,799kJ, 12,545kJ와 18,817kJ이고, 표준석탄으로 환산한 에너지 산출량은 각각 3,934만 톤, 2,909만 톤과 4,139만 톤이고, 모두 합치면 1.0983억 톤이다. 가축 분뇨 자원이 가장 풍부한 8개 성을 순서대로 나열하면 허난河南, 산둥山東, 허베이河北, 쓰촨四川, 후난湖南, 윈난雲南, 지린吉林과 후베이湖北이며, 이 지역들의 분뇨를 모두 합치면 표준석탄 5,815만 톤에 상당하고, 전국 가축 분뇨 에너지 총 산출량의 52.9%를 차지한다표 4-3 참조.

표 4-2 소, 돼지, 닭의 분뇨량과 개발 가능한 자원량(2007년)

구 분	소	돼지	육계(肉鷄)	산란계
체중 (kg)	500	50	1.5	1.5
사육(출하) 주기 (일)	365	150	60	365
1일 배설량 (kg/두, 마리)	20	4	0.1	0.1
1년 배설량 (톤/두, 마리)	7.3	0.6	0.006	0.0365
연간 사육규모 (만 두, 만 마리)	10,595*	56,508	726,438	248,046
분뇨 자원량 (만 톤/년)	77,343	33,905	4,359	9,054
분뇨 수집계수	0.60	1.00	0.60	0.60
개발 가능 분뇨량 (만 톤)	46,406	33,905	2,615	5,432
a. 건조 물질 함량 (%)	18	20	80	80
b. 표준석탄 환산계수**	0.471	0.429	0.643	0.643
c. 환산 후의 표준량 (만 톤)	3,934.2	2,909.0	1,345.3	2,794.2
환산 후의 표준량 합계 (만 톤)	10,982.7			

*: 사유규모, **: 환산계수는 『중국에너지통계연감(中國能源統計年鑑)』에서 각종 에너지를 표준 석탄으로 환산한 계수.

표 4-3 2007년 전국과 상위 8위 성의 가축 분뇨 자원량(환산한 표준석탄량)

단위: 만 톤

지역	소	돼지	육계	산란계	합계
전국	3,934.2	2,909.0	1,363.6	2,794.2	10,982.7
허난	382.8	231.1	85.6	422.5	1,121.9
산둥	211.9	188.1	298.5	363.2	1061.8
허베이	176.4	152.6	57.3	606.1	992.4
쓰촨	365.8	309.4	59.9	108.7	843.8
후난	151.4	248.0	52.3	49.8	501.5
윈난	269.5	130.6	12.9	29.4	442.4
후베이	116.5	161.2	22.8	122.7	423.3

주: 자료는 『중국 목축업 연감, 2008』에서 추산, *: 『중국통계연감, 2008』에서 추산.

가축 분뇨의 수집과 이용 방식은 원료자원의 수집 가능정도와 매우 밀접한 관련이 있다. 만약 많은 돼지가 농가에서 소규모단위로 사육될 경우, 정부는 매년 수십억 위안의 보조금을 지급하고 농가로 하여금 가정용 메탄가스 채취장을 만들어 극도로 분산된 돼지 분뇨를 이용하도록 하면 거의 모든 자원을 활용할 수 있게 된다. 가정용 메탄가스 생산은 '하나의 채취장, 세 가지 변화즉 메탄가스 채취장을 만듦으로써 돼지우리 ,화장실, 주방이 변한다', '4합合1화장실—돼지우리—메탄가스—온실', '돼지, 메탄가스, 과일'등 여러 가지 모델이 있다. 2008년 말 현재 전국 농가의 메탄가스 채취장 수는 2,857만 개에 달했고, 가축 사육장과 연계된 대형소화기 용적>1,000㎥ 메탄가스 채취장 수는 2,761개이다농업부 에너지환경보호기술센터 자료, 2009·

현재 가축 규모화 사육의 비중은 크지 않지만 발전추세를 볼 때, 광둥廣東, 산둥山東, 허난河南과 허베이河北 등 4개 성의 중·대형 가축 사육장 분뇨·오수의 획득 가능한 양이 가장 많으며, 표준석탄으로 환산한 양은 각각 115.85만 톤, 113.38만 톤, 103.73만 톤과 70.06만 톤으로 그 합계는 전국 총량의 약 40%를 차지한다. 중·대형 사육장은 주로 대도시, 중간 규모 도시와 농촌의 연접지대에 집중되었고, 약 70%가 중부 연해지역과 베이징, 톈진, 상하이와 광둥 등 대도시 주변에 집중되었다. 중부지역의 중·대형 사육장은 전국의 약 23%를 차지하고, 서부지역은 7%를 차지한다. 규모화된 가축 사육장은 메탄가스산업 발전의 중요한 기지이다.

3. 임업 부산물

바이오매스 원료자원이 될 수 있는 임업 부산물은 삼림 벌채 부산물, 목재 가공 부산물과 조림을 위한 가지치기 부산물을 포함하고, 이를 통칭하여 임업의 '3가지 부산물'이라 한다.

국무원이 국가임업국에 비준한 〈10·5 계획〉과 〈11·5 규획〉기간 연간 벌채 한도에 관한 심사의견은 물론, 전국 제5차 삼림자원 조사결과와 제6차 삼림자원 조사결과를 비교한 결과, 전국 인공림의 연간 벌채 한도는 7,087.2만 ㎥

증가하였고, 천연림의 연간 벌채 한도는 4,581.9만 m³ 감소하였다. 상품목재의 연간 벌채 한도는 4,179.5만 m³ 증가하였고, 비상품목재의 연간 벌채 한도는 1,674.2만 m³ 감소하였다. 〈10 · 5 계획〉과 〈11 · 5 규획〉기간 연간 벌채 한도에 근거할 경우 목재 벌채와 가공 부산물 자원량은 7,464만~8,056만 톤이고, 표준석탄으로 환산할 경우 4,255만~4,592만 톤이다표 4-4 참조.

표 4-4 〈10 · 5 계획〉과 〈11 · 5 규획〉기간 연간 목재 벌채 한도와 목재 벌채, 가공 부산물 자원량 추정치

구 분		벌채량 (만m³)	목재량 (만m³)	목재량/벌채량 (%)	목 재 가공비율 (%)	벌 채 부산물 (만m³)	가 공 부산물 (만m³)	부산물 합계		환산한 표준석탄 (만톤)
								(만m³)	(만톤)	
'10·5' 기간	상품목재	11,590	6,944	59.9	40	4,647	2,777	7,424	3,712	2,116
	비상품 목 재	10,720	5,360	50.0	40	5,360	2,144	7,504	3,752	2,139
	합 계	22,310	12,304	–	–	10,007	4,921	14,928	7,464	4,255
'11·5' 기간	상품목재	15,770	9,983	63.3	40	5,787	3,993	9,780	4,890	2,787
	비 상품 목재	9,046	4,523	50.0	40	4,523	1,809	6,332	3,166	1,805
	합 계	24,816	14,506	–	–	10,310	5,802	16,112	8,056	4,592

주: 1. 목재의 평균 체적밀도는 0.5g/㎤.
2. 벌채 부산물 추정방식: 목재 산출량 외의 부분은 벌채 부산물이다. 상품목재 산출비율은 국무원이 비준한 국가임업국의 각 지역 연간 벌채 한도에 관한 심사의견에 근거하여 확정한다. 비상품 목재는 주로 농민 자체적으로 사용하는 목재와 땔감을 포함한다. 여기서 비상품목재의 산출비율을 50%로 할 경우 부산물의 추정치는 더 작아질 것이다.
3. 여기서 원목에서 목재상품으로 가공될 때 부산물의 비율은 40%이다. 그러나 계획 내와 계획 외의 목재 생산 가운데 만들어지는 대량의 부산물과 가공 부산물의 상당 부분이 인조 목재 생산에 이용되고, 주로 섬유판, 파티클보드(particleboard) 등 공업 생산원료로 만들어진다. 여기서 이렇게 생산된 인조 목재를 고려하지 않을 경우 부산물의 추정치는 더 커질 것이다.
4. 목재의 최저 발열량이 4,000㎉/㎏이라고 할 때 목재와 표준석탄의 환산계수는 0.57이다.

임업 부산물의 두 번째 공급원은 연료림, 용재림, 방호림, 관목림, 소림疏林 등의 조림을 위한 가지치기와 각종 조경수정원수, 가로수 등을 포함의 가지치기에서 얻는 땔감이다. 각 지역과 임지 유형별 땔감 취득계수와 산출비율 등 계수에 근거하여표 4-5 참조, 각 성의 임지 유형과 면적에서 전국 땔감자원을 추산할 수 있

다. 추산 결과 전국의 연간 땔감 산출량은 5,239.3만 톤이고, 그 중 연료림의 땔감을 뺀 가능 채취량은 4,812.6만 톤이다. 산출량이 많은 10개 성을 순서대로 나열하면 윈난雲南, 쓰촨四川, 시짱西藏, 광시廣西, 장시江西, 후난湖南, 광둥廣東, 네이멍구內蒙古, 푸젠福建과 헤이룽장黑龍江이다. 앞쪽의 4개 성인 서남 3성과 시장을 합치면 양은 전국 땔감 총 산출량의 39%를 차지한다.

표 4-5 각 지역과 임지 유형별 땔감 취득계수와 산출비율

단위: kg/㎢

분 류	남방지역		평원지역		북방지역	
	취득계수	산출비용	취득계수	산출비율	취득계수	산출비율
연료림	1.0	7,500	1.0	7,500	1.0	3,750
용재림	0.5	750	0.7	750	0.2	600
방호림	0.2	375	0.5	375	0.2	375
관목림	0.5	750	0.7	750	0.3	750
소림	0.5	1,200	0.7	1,200	0.3	1,200
조경수	1.0	2kg/그루	1.0	2kg/그루	1.0	2kg/그루

종합해보면, 임업 부산물 중 삼림 벌채와 목재 가공 부산물의 실물량은 7,760만 톤이고, 표준석탄으로 환산하면 4,423만 톤 〈10 · 5 계획〉과 〈11 · 5 규획〉기간의 평균값이다. 땔감의 실물량은 4,813만 톤으로 표준석탄 2,743만 톤에 해당하며, 두 가지를 합친 실물량은 12,514만 톤으로 표준석탄 7,166만 톤에 해당한다. 이 수치는 위안전홍袁振宏의 자료와 『신에너지新能源』란 잡지에 실린 "우리나라 신에너지 생산 산업의 기초 규모"란 글의 수치 "땔감의 합리적인 연간 벌채량은 약 1.58억 톤"이고, 표준석탄으로 환산하면 9,006만 톤이다.보다 낮은 수준이다. 국가임업국에서 제시한 최신 자료2008년는 위의 수치보다 훨씬 큰데, "벌채와 조림으로 인한 부산물은 1.1억 톤이고, 목재 가공 부산물은 3,000만 톤이고, 폐목재는 6,000만 톤으로 '3가지 부산물'의 총량은 2억 톤이다."라는 것이다. 동북임업대학 마옌馬岩교수가 2009년 제시한 임업 3가지 부산물 연구 자료에서 보면, 숲에서 나오는 부산물

은 4.89억 톤 이상이고, 임업 가공 부산물과 도시에서 회수되는 폐목재는 각각 0.15억 톤과 0.30억 톤인 것으로 나타났다. 이 책에서 사용한 수치는 필자가 종합하여 정리한 결과이며, 자원량은 위에서 소개한 자료 가운데 가장 낮은 수준이고, 실물량은 12,573만 톤으로, 표준석탄으로 환산하면 7,166만 톤이다.

4. 공업과 도시의 유기질 폐기물

공업에서 나오는 수은, 카드뮴, 크롬 등 중금속과 농업에서 나오는 부영양화 물질 외에 가장 보편적이고 환경에 가장 큰 영향을 미치는 물의 오염원은 식품과 농산물 가공업에서 나오는 유기질 폐수와 찌꺼기 및 도시 오수의 유기물이다. 이러한 폐기 유기물은 산소가 충분한 조건에서 미생물에 의해 분해될 때 공기 중 다량의 산소를 소모하게 된다. 이를 화학적 산소 요구량COD이라고 하며, COD는 오염정도를 나타낸다. 바로 이러한 유기질 오염원을 무해화하고 자원화하면 양질의 에너지 원료자원과 식물의 영양공급원이 될 수 있다.

경공업 분야에서도 곡물 제분, 식물성 기름 가공, 제당, 도축, 수산물 가공, 과채류 가공, 식품 가공, 전분, 주정酒精, 식용 알코올, 제지 등 모두가 대량의 유기질 폐수와 찌꺼기를 방출한다. 이 11가지 산업의 2007년 공업 생산액은 29.7조 위안이며표 4-6 참조, 같은 해 경공업 생산액의 39%를 차지하였다. 각 업종의 유기질 폐기물 유형이 다르고 배출물의 수집방법이 다르며 추정도 매우 어렵기 때문에, 본 장에서는 중국 농산물 가공업의 유기질 폐기물로 메탄가스 500억 ㎥을 생산할 수 있고, 이는 표준석탄 3,500만 톤에 상당한다는 리우잉劉英이 도출한 자료를 이용했다.

표 4-6 유기질 오염물을 많이 배출하는 업종의 생산액(2007)

단위: 억 위안

업 종	생산액	업 종	생산액
곡물 제분	2,632	식품 가공	6,071
식물성 기름 가공	3,220	전 분	1,054
제 당	562	식용 알코올	2,612
도 축	3,618	주 정	374
수산물 가공	1,995	제 지	6,326
과채류 가공	1,239	생산총액	29,703

출처: 『중국경공업연감, 2008』.

공업 유기질 폐기물 배출이 집중되면 수집이 쉬워지고, 이것을 환경보호와 서로 연계시킬 수 있게 된다. 공업 유기질 폐기물의 이용률이 높아지고 이러한 상황에서 기술이 충분히 발전하고, 기술 · 설비 · 자금과 정책이 적절히 조화를 이루면, 이는 바이오매스 에너지의 중요한 원료 공급원이 되는 것이다.

두 번째 부분은 도시의 유기질 쓰레기이다. 2008년 중국통계연감에 따르면, 2007년 전국 쓰레기 처리량은 1.52억 톤이고, 쓰레기 무해화 처리비율은 62%이다. 그 중 위생적 매립, 연소 처리와 퇴비이용의 비중이 각각 82%, 15%와 3%이다. 분뇨 처리량은 0.25억 톤표준석탄 267만 톤에 상당함이고, 처리비율은 36%이다. 도시 생활쓰레기 가운데 유기물은 주로 주방쓰레기로 25~30%를 차지하고, 그 중 폐유지방은 약 250만 톤이다. 현재 중국 도시 쓰레기의 에너지 이용률은 여전히 매우 낮은 수준이다.

도시 쓰레기는 다양하고 그 처리방법 또한 복잡한 가운데, 쓰레기를 이용한 발전發電은 아직 초기단계이고, 그 중 주방 폐유지방의 수집과 바이오디젤유 전환 기술에 있어 일본을 비롯한 일부 국가는 이미 선진적 수준이다. 분뇨 처리방법은 상대적으로 단순하고, 처리비율은 높은 편이며, 메탄가스 생산원료로 사용할 수 있고, 부산물은 유기질비료로 만들 수 있다. 〈중국통계연감 2008〉에 따르면, 전국 생활쓰레기 처리량은 1.52억 톤이고 표준석탄으로 환산하면 2,599만 톤이며, 처리량이 가장 많은 10개 성을 순서대로 나열하면 광둥廣東, 헤이룽장黑龍江, 산둥山東, 장쑤江蘇, 저장浙江, 랴오닝遼寧, 허난河南, 상하이上海, 허베이河北와 후베이湖北이고, 그 합은 전국 총량의 약 59%를 차지한다표 4-7 참조.

청쉬程序교수가 제시한 자료이 책의 10장 참조에 따르면, 중국 공업과 도시의 매년 오수 방출량은 557억 톤2007년이고, 거기에 함유된 COD의 총량은 약 2,000만 톤이며, 메탄가스의 이론적 연간 산출량은 110억 m^3이다. 도시 쓰레기 매립량은 1.2억 톤2000년, 건조중량이고, 연간 약 90억 m^3의 매립가스LFG, 메탄 함량은 55%이다를 생산할 수 있으며, 메탄 함량이 97%인 천연가스로 환산하면 약 50억 m^3이다. 2020년 도시 쓰레기의 연간 매립량은 4억 톤에 달할 것으로 예측되며, 만약 이 모두를 이용하면 연간 가스천연가스 대체 생산 잠재력은 160억 m^3이다.

표 4-7 전국과 상위 10위 성의 도시 생활쓰레기 자원 현황

단위: 만 톤

지역	생활쓰레기 처분량	발열량 5,000kJ/㎏일 경우 환산한 표준석탄량	발열량 6,300kJ/㎏일 경우 환산한 표준석탄량
전국	15,214.5	2,599.0	3,274.7
광둥	1,833.8	313.3	394.7
헤이룽장	963.2	164.5	207.3
산둥	945.0	161.4	203.4
장쑤	898.4	153.5	193.4
저장	772.0	131.9	166.2
랴오닝	771.4	131.8	166.0
허난	737.5	126.0	158.7
상하이	690.7	118.0	148.7
허베이	686.5	117.3	147.8
후베이	673.2	115.0	144.9

주: 생활쓰레기 처분량 자료출처는 〈중국통계연감 2008〉.

5. 유기질 폐기물 원료자원 종합

이상 작물 짚과 속대, 가축 분뇨, 임업 부산물 및 공업과 도시의 유기질 폐기물 등 각 항목에 대해 자료 정리의 맥락과 결과를 제시하였고, 본 절에서는 표 4-8와 같이 그것을 종합적으로 정리하였다.

표 4-8 중국 주요 유기질 폐기물의 연간 생산량, 가용량과 환산한 표준석탄량

(2007년 수치 기준)

폐기물 종류	연간 생산량		가용률 (%)	연간 가용량		
	실물량 (억 톤)	환산한 표준 석탄량 (억 톤)		실물량 (억 톤)	환산한 표준 석탄량 (억 톤)	총량에서 차지하는 비중 (%)
작물 짚과 속대	7.04	3.55	60	4.22	2,599.0	2,599.0
가축 분뇨	8.84	1.10	70	6.19	2,599.0	2,599.0
임업 벌채와 가공 부산물	0.78	0.44	90	0.70	2,599.0	2,599.0
조림 부산물	0.48	0.27	80	0.38	2,599.0	2,599.0
공업 유기질 폐기물	–	0.35	80	–	2,599.0	2,599.0
도시 유기질 쓰레기	1.52	0.26	10	0.16	2,599.0	2,599.0
합계	18.66	5.97	–	11.65	2,599.0	2,599.0

종합 후의 중국 유기질 폐기물 원료자원의 기본 현황(2007년 기준)은 다음과 같다.

첫째, 중국 유기질 폐기물의 연간 실물 산출량은 18.66억 톤이고, 표준석탄으로 환산하면 5.97억 톤이다. 가용 실물량은 11.65억 톤이고, 표준석탄으로 환산하면 3.83억 톤이며, 2007년 전국 1차 에너지 총 소비량의 1/7에 상당한다. 유기질 폐기물 가운데 75.7%는 농업에서 만들어지고, 16.1%는 임업에서 만들어지며, 공업 가공과 도시의 산출량은 8.2%를 차지한다. 연간 에너지 생산량의 크기에 따라 나열하면 다음과 같다. 작물의 짚과 속대—가축 분뇨—벌채와 가공 부산물—공업 유기질 폐기물—조림 부산물—도시 유기질 쓰레기 순이다. 비록 이 6가지 유기질 폐기물 양의 차이가 매우 크지만, 제각기 특징이 있으며 각 항목은 모두 단독으로 개발할 수 있고 병행해도 서로 상충되지 않는다.

둘째, 이러한 유기질 폐기물은 분산되어 있는 것처럼 보이지만, 상대적으로 집중되어 있기도 하다. 짚과 속대는 식량 주산지에, 가축 분뇨는 사육지에, 임업 부산물은 산지에 집중되어 있고, 공업 유기질 폐기물은 농림업 상품 가공공장에 집중되어 있으며, 유기질 생활쓰레기는 도시에 집중되어 있다. 농가가 사육하는 3~5두 돼지의 분뇨와 음식을 찌꺼기도 농가용 메탄가스의 생산원료가 될 수 있다. 따라서 이렇게 크게 분산되어 있으면서 다소 집중된 상태는 중소형 개발모델에 아주 적합하고 중국 상황에도 맞으며, 농촌 공업화와 중소도시 발전을 추진하는데도 도움이 된다. 이것은 단점이 아닌 장점이다.

제2부 한계성 토지자원

중국의 바이오매스 에너지 발전에 대한 회의론자들은 두 가지 '풀리지 않는 매듭' 혹은 두 가지 '약점'을 제기하였다. 하나는 '식량안보에 영향을 준다는 것'이고, 이 매듭은 점차 풀리고 있다. 다른 하나는 '토지자원이 희소하다는 것'이며, 이 매듭은 여전히 풀리지 않고 있다. 중국은 농경지가 매우 부족하고 예비 토지자원이 충분하지 않다는 인상이 깊이 박혀있는 가운데 토지가 바이오매스산업을 지탱할 수 있을까? 누구나 이에 대한 의문을 가지고 있다. 바이오매스에너지 발전을 반대하거나 바이오매스산업을 아예 거들떠보지도 않는 사람들도 바로 이 '급소'를 공격한다. 문제의 실마리는 어디에 있는가? 만약 눈을 '농지'로 돌릴 경우 '희소한'것은 사실이지만, 만약 새로운 '토지관'을 도입하여 '한계성 토지'에 주목할 경우 다른 결론을 얻을 수 있다.

'한계성 토지'는 원래 경제학 개념이며, 생산소득으로 생산비만을 충당하고 소작료조차 지불할 수 없는 토지를 가리킨다. 여기서는 그 의미를 이용되는 토지 가운데 '저질 토지'로 바꾸었다. 즉 농지 가운데 비식량작물을 재배하는 소출이 적은 저질 토지와 아직 이용하지 않은 토지 가운데 조건이 양호한 토지를 뜻한다. 한계성 토지의 과학적인 설득력은 바이오매스 원료식물의 강력한 내성이다. 황량한 초지, 알칼리성 토지, 간석지, 모래땅, 척박한 땅, 한지旱地와 습지, 냉습지 등 일반 농작물 재배가 어려운 저질 토지에서 에너지식물은 '뿌리를 내릴 수 있다'. 이를 통해 저질 토지에서 많은 소출과 고소득을 꾀하여 '소작료도 납부하지 못하는'저주에서 벗어날 수 있다.

이러한 새로운 '한계성 토지관'을 통해 중국의 토지자원을 다시 살펴보면, 마치 '신대륙'같은 한계성 토지를 발견할 수 있다. 그러면 한계성 토지는 어디에 있는가? 첫째, 아직 이용하지 않은 토지와 에너지식물을 재배할 수 있는 토지에서 찾아야 한다. 둘째, 비식량작물을 재배하는 소출이 적은 저질 토지에서 찾아야 한다. 다행히 국토자원부와 국가임업국에서 상당히 상세하고 실질적인 자료를 제공받았다. 아래에서는 2가지 틀속에서 살펴보았다. 하나는 이용 가능함에도 아직 이용하고 있지 않은 토지 가운데 개간과 조림에 적합한 토지의 면적을 살펴보았고, 다른 하나는 기존의 임지와 농지 중에서 에너지 생산 용도로 사용할 수 있는 토지의 면적을 살펴보았다.

6. 이용 가능함에도 이용하고 있지 않은 토지 중 개간에 적합한 토지의 면적

국토자원부의 보고에 따르면, "1996년 10월 31일 현재 중국이 이용하고 있지 않은 토지의 면적은 24,509만 ha이며, 그 중 이용이 가능함에도 이용하고 있지 않은 토지의 면적은 24.6%이고, 나머지는 이용이 어려운 토지이다." 이 설명은 하나의 실마리를 제공한다. 즉 '이용이 가능함에도 아직 이용하고 있지 않은'토지와 '이용이 어려운'토지를 구분했다는 점이다. 2002년 국토자원부의 토지 이용 변경 조사보고에서도 '이용이 가능함에도 아직 이용하고 있지 않은'토지의 면적이 8,874만 ha라고 구체적으로 제시하였다. 2003년 또 다른 전문 조사보고에서는 8,874만 ha의 이용 가능한 예비 토지 가운데 자연조건이 상대적으로 양호하여 농업에 적합한 예비 토지의 면적이 734.4만 ha라고 더 구체적으로 제시하고 있다. 이를 통해 아직 이용하고 있지 않은 토지 중에서 이용이 어려운 토지의 면적은 15,635만 ha이고, 이용이 가능한 토지와 그 중 농업에 적합한 토지의 면적이 각각 8,874만 ha와 734.4만 ha임을 밝혔다.

8,874만 ha의 이용이 가능함에도 아직 이용하고 있지 않은 토지에는 황량한 초지, 알칼리성 토지, 간석지, 습지, 벌거숭이 토지와 기타 이용하고 있

지 않은 토지 등 6가지 유형이 포함되며, 이 보고에서는 이러한 토지의 유형을 다음과 같이 묘사하고 있다.

황량한 초지: 수목의 밀도가 10% 미만이고, 표층이 토질이고 잡초가 자라는 토지

알칼리성 토지: 토지 표층의 알칼리성이 강해 천연적으로 염분에 내성이 있는 식물만 자라는 토지

간석지: 연해 조수간만의 차가 심한 곳에 침전으로 형성된 지대, 강과 호수의 정상수위와 홍수 발생 시 수위 사이에서 형성되는 사주(砂洲)

습지: 물이 고여 일반적으로 습생식물이 자라는 토지

벌거숭이 토지: 표층이 토질이고 기본적으로 식생대가 형성되지 않은 토지

기타 이용하고 있지 않은 토지: 고랭지 사막, 툰드라 고원 등의 토지

이용 가능함에도 이용하고 있지 않은 이상 6가지 토지 가운데 황량한 초지와 알칼리성 토지가 큰 비중을 차지하며, 각각 52%와 11%이다. 지역별 분포를 보면 네이멍구內蒙古가 54%를 차지하고, 황토고원지역이 12%를 차지한다. 100만~300만 ha를 보유한 성을 그 면적 크기에 따라 나열하면, 후베이湖北, 허난河南, 간쑤甘肅와 쓰촨四川이다. 중국 해안선이 길어 개간할 수 있는 간석지가 107만 ha에 이르고, 주로 수자원과 기후 조건이 양호한 발해만과 황해에 분포한다.

국토자원부에서 제기한 농경지 예비자원의 정의는 "현재 기술조건 하에서 개발과 재개간을 통해 농경지로 바꿀 수 있는, 아직 이용하고 있지 않은 토지와 훼손되어 방치된 토지"이다. 그 구체적 지표는 다음과 같다.

자연경사도: ＜25°

토층 두께: ＞50㎝

토양의 질: 석회(자갈) 함량 ＜15%

지하수 높이: ＞1m

사구의 기복정도: 모래언덕 높이 ＜2m, 밀도 ＞40%

온도 조건: 온도와 누적 온도 조건이 작물 성장조건을 충족시켜야 함

수분 조건: 한작(旱作): 연 강수량 >400㎜, 관개: 수자원 확보수준이 양호해야함

아직까지 이용하고 있지 않은 734만 ha의 농업에 적합한 토지 가운데 개간이 가능한 토지의 면적은 701.7만 ha이고, 재개간이 가능한 토지의 면적은 32.7만 ha이다. 개간이 가능한 토지 가운데 상위 3위를 차지하는 것은 '황량한 초지', '기타 이용하고 있지 않은 토지'와 '알칼리성 토지'이며그림 4-3 참조, 개간이 가능한 황량한 초지는 주로 서북지역인 신장新疆, 간쑤甘肅, 닝샤寧夏와 칭하이靑海 등 4개 성에 분포한다. 장시江西성의 20.4만 ha의 경사가 완만한 구릉지에 위치한 황량한 초지, 헤이룽장성의 16.0만 ha의 흑토지, 수자원과 기후 및 생물자원에 있어 유리한 조건을 갖춘 윈난성의 11.2만 ha와 쓰촨성의 8.5만 ha의 황량한 초지는 모두 비교적 높은 개발가치를 지니고 있다. 개간이 가능한 알칼리성 토지자원은 주로 서북의 건조한 지역인 신장, 간쑤, 네이멍구, 칭하이, 닝샤 등 5개 성에 분포하고, 이를 합산한 총 48.3만 ha이다. 그 외에 쑹넌松嫩평야 서부, 발해만, 랴오둥遼東만과 항저우杭州만 등 연안의 알칼리성 토지와 해안을 따라 형성된 간석지에서 사탕수수, 염생 초본류Spartina maritima 등 알칼리에 내성을 지닌 에너지식물이 자랄 수 있다.

'재개간이 가능한 토지'는 주로 폐기물에 의해 점유된 토지, 함몰된 토지와 자연재해로 인해 손실된 토지를 포함한다. 그 중 채광, 제련, 연소발전 등 고체 폐기물이 점유한 토지 면적이 가장 크며16.6만 ha, 재개간이 가능한 토지 총 면적의 50.7%를 차지한다. 재개간이 가능한 토지 중 산둥성과 간쑤성에 위치한 면적이 가장 크며, 각각 6.1만 ha와 5.9만 ha이다. 비록 재개간이 가능한 토지의 면적이 겨우 경지 예비자원의 4.5%를 차지하지만, 공사비용이 상대적으로 낮고, 개발가치가 비교적 높은 편이다.

2009년 농업부는 액체연료 발전에 이용할 수 있는 황무지자원에 대해 현縣급을 단위로 하여 전문적인 조사를 벌였다. 에너지 개발에 적합한 황무지

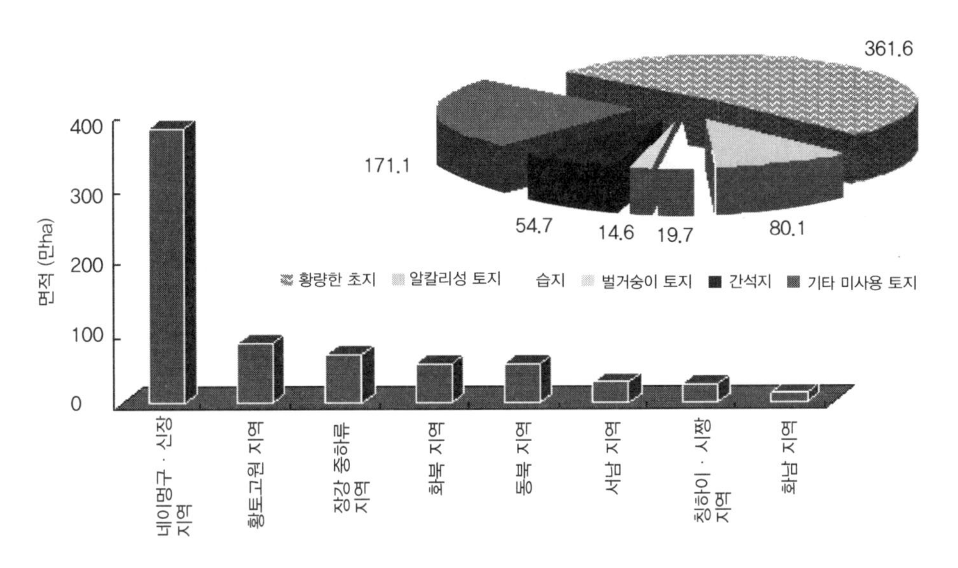

그림 4-3 중국의 개간 가능한 토지의 유형, 면적오른쪽 위 그림 **및 각 지역별 분포**왼쪽 아래 그림

는 직접 이용할 수 있는 Ⅰ급 토지, 개간 후 이용이 가능한 Ⅱ급 토지, 특정한 공사가 담보되어야 이용이 가능한 Ⅲ급 토지로 구분할 수 있고, 총면적은 2,680만 ha이며, 이용이 가능한 순면적은 1,608만 ha이다개간지수 60%를 적용함. 에너지 개발에 적합한 황무지는 비교적 집중되어 있고, 중점적인 개발 대상지역은 8곳을 들 수 있으며, 그 중 면적이 50만 ha 이상인 지역을 순서대로 나열하면, 네이멍구 동부—동3성 서부 지역, 네이멍구 중부지역, 따비에산大別山과 그 주변지역, 서남 카르스트岩溶지역과 우링武陵 산지이다. 이것은 액체 바이오연료를 대상으로 현급 단위로 실시한 최신의 전문적 조사이고, 그 추정치는 위에서 제기한 국토자원부의 '경지 예비자원'을 포괄할 수 있다. 이 책에서는 후자를 채택하였다. 즉 에너지 생산에 이용할 수 있는 황무지 자원의 면적은 2,680만 ha이다. 국토자원부 자료는 비교적 오래되었고 아주 체계적이며 참고할 가치가 있어 위에서도 비교적 자세하게 소개하였다.

그림 4-4 한계성 토지 가운데 모래땅왼쪽 위 그림, 건조하고 척박한 땅오른쪽 위 그림, '밟힌 토지' 왼쪽 아래 그림와 알칼리성 토지오른쪽 아래 그림

7. 이용 가능함에도 이용하고 있지 않은 토지 중 조림에 적합한 토지의 면적

"이용 가능함에도 이용하고 있지 않은"8,874만 ha의 토지 중 조림에 적합한 토지가 농업에 적합한 토지 면적보다 훨씬 크다. 국가농업국의 보고에 따르면, 조림에 적합한 토지는 경사도가 25° 이하인 '황무지 산과 비탈', 모래 황무지를 가리키며, 면적은 5,704만 ha이고, 251만 ha의 벌채가 끝난 땅과 60만 ha의 불탄 땅을 포함한다. 지역 분포를 보면, 서남지역, 네이멍구—신장지역과 황토고원지역이 각각 24%, 13%와 18%를 차지하며, 모두 합쳐 65%를 차지한다.

국토자원부 토지자원 조사보고의 '황량한 초지'중 '조림에 적합한 토지'의 지역 분포에 대한 묘사를 보면, "조림에 적합한 토지는 주로 서남과 화북華北 두 지역에 분포하고 총 면적은 57%를 차지한다. 그 중 윈난雲南, 쓰촨四川, 시짱西藏, 구이저우貴州, 네이멍구內蒙古, 허베이河北는 모두 조림에 적합한 토지가 많은 성들이다. 서북지역의 신장新疆, 간쑤甘肅, 화동지역의 푸젠福建, 중남지역의 후난湖南, 허난河南, 동북지역의 헤이룽장黑龍江 등지의 산지와 구릉지에도 비교적 큰 면적의 조림에 적합한 토지가 분포한다."고 밝히고 있다. 조림에 적합한 예비 토지 대부분은 토질이 좋지 않은 구릉지와 고도가 높지 않은 산간지역이고, 면적이 크면서 분포가 넓고, 개발 잠재력이 크며, 특히 수자원과 기후 조건이 양호한 서남, 화북과 황토고원지역에 위치한다그림 4-5 참조.

조림에 적합한 예비 토지 가운데 '조림에 적합한 모래 황무지'를 하나의 유형으로 삼은 이유는 건조지역 관목림을 조성할 수 있을 뿐만 아니라 모래바람을 막는 생태보호사업과 연계시킬 수도 있기 때문이다. 왕타오王濤가 자신의 저서 『중국 사막과 사막화中國沙漠與沙漠化』에서 밝힌 이러한 모래땅에 대한 정의는 다음과 같다. "지표는 사구 혹은 모래로 뒤덮여 통상적으로 완전히 혹은 반 정도가 모래언덕 위주로 이루어졌고, 기후는 반건조 혹은 반습윤하며, 바

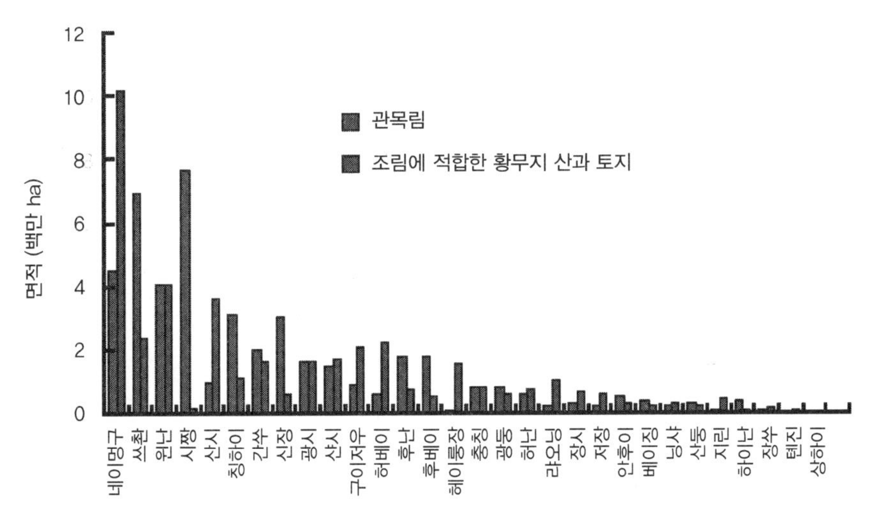

그림 4-5 주요 성자치구, 직할시의 조림에 적합한 황무지 산과 토지 및 관목림 면적

람이 많이 불고 수분이 적고 식생 분포가 비교적 적은 지역이다."이 책에서 제시한 커얼친科爾沁, 마오우쑤毛烏素, 훈산다커渾善達克와 후룬베이얼呼倫貝爾 등 4대 모래땅의 면적은 각각 423만 ha, 321만 ha, 214만 ha와 72만 ha이고, 모두 합치면 1,030만 ha이다.

국가임업국의 1994~1998년 '전국 삼림자원 조사보고'에서 제시한 조림에 적합한 모래 황무지면적은 700.3만 ha인데, 이는 위에서 왕타오가 제시한 1,030만 ha와 비슷한 수준이다. 모래땅의 지역별 분포를 살펴보면, 네이멍구內蒙古에 377.4만 ha, 간쑤甘肅에 119.6만 ha, 샨시陝西에 75.2만 ha, 닝샤寧夏에 44.9만 ha 분포하고, 이 네 지역의 합계는 617만 ha로 전체 조림에 적합한 모래 황무지의 88%를 차지한다.

4대 모래 황무지의 연 강수량은 200~400㎜의 반건조하고 반습윤한 전형적인 초원과 황량한 초원지대이며, 중국에서 생태계가 가장 빈약하면서 생태계 손실이 가장 심하고, 빈곤 현縣이 가장 많이 분포하고 있는 지역으로 중국 동부지역에서 발생하는 황사의 주요 근원지이기도 하다. 연 강수량이 적기 때문에 물의 인위적인 추가 공급이 없는 조건 하에서 교목의 정상적인 성장은 매우 어려운 반면, 관목의 경우, 물 소모량은 적고 건조기후에 내성이 강하며, 고랭지 기후뿐 아니라 알칼리에도 내성이 강하다. 또한 관목은 재생개량능력과 자연회복력이 강하고 바람과 모래 날림을 막아주며, 물과 흙을 보존하면서 영양분과 수분을 함유할 수 있어 건조지역과 반건조지역의 생태 '수호신'이다.

8. 현재 전체 임지林地 중 에너지 임지의 크기

현재 임지 가운데 에너지 임지는 주로 연료림, 유지원료림과 관목림을 가리킨다. 그러나 전통적 연료림의 개념과는 다르며, 이는 현대 기술과 생산방식으로 생산하는 효율이 높은 현대 에너지 상품이지 일반적인 땔감과 숯이 아니다.

국가임업국의 〈2005: 중국 삼림자원 보고〉에 따르면, 현재 연료림의 면적은 303만 ha로 축적량은 5,627만 ㎥이다. 그 중 천연 연료림은 255만 ha에 축적량은 5,227만 ㎥이고, 인공 연료림은 48만 ha로 축적량은 400만 ㎥이다. 2009년의 제7차 전국 삼림자원 조사보고에서 제기한 천연 연료림의 면적은 145.33만 ha이고, 인공 연료림의 면적은 29.40만 ha로, 그 합계는 175만 ha이다. 유지원료림의 면적은 343만 ha인데, 그 중 황련목黃連木, 문관목文冠木, 오동나무麻風樹, 기름오동나무油桐, 광피수光皮樹 등의 수종으로 조성된 재배지 면적의 합은 135만 ha이며, 약 60만 ha는 유지원료 에너지 숲으로 즉시 전환할 수 있다. 관목림의 면적은 가장 크며, 2005년 보고된 면적은 4,530만 ha이고, 주로 시장, 쓰촨, 네이멍구, 윈난, 칭하이, 신장, 간쑤 등 7개 성에 분포하고, 그 합계는 3,132만 ha로 69%를 차지한다. 제7차 전국 삼림자원 조사보고에서 제시한 면적은 5,365만 ha이고, 이 책에서 채택한 것은 최신 조사결과인 5,365만 ha이다. 관목림은 중국 서부에 집중되어 있어 서부지역 경제발전을 촉진하는 중요한 잠재적 자원이다.

국가임업국의 2009년 자료에 따르면, 2020년까지 조성될 전국 에너지 숲의 총 규모는 1,300만 ha에 이를 것이고, 목재용 에너지 숲은 890만 ha로, 그 중 새롭게 조성되는 숲의 면적은 450만 ha, 기존 숲을 전환한 면적은 60만 ha이다. 이를 통해 연간 5,400만 톤의 건조된 에너지 원료를 공급할 수 있고, 이는 3,000만 톤의 표준석탄과 연간 산출량 670만 톤의 바이오디젤유에 상당한다. 국가임업국 부국장 주례커祝列克는 2006년 11월에 개최된 '임업 바이오매스에너지 논단'에서 에너지 임업자원에 대해 다음과 같이 표현하면서 사람들을 고무시킨 바 있다.

"통계 추정에 따르면, 〈10 · 5 계획〉기간 전국의 연간 수집 가능한 임업 부산물은 약 2억여 톤이다. 일부 기존 임산공업에 이용되는 것을 제외한 대부분을 임업 바이오매스에너지 개발에 이용할 수 있다. 기존 연료림(300여만 ha)과 관목림(4,500여만 ha) 가운데 연간 수집 가능한 목재 연료자원은 약 2억 톤이다. 우리가 조직한 전문가들의 조사예측에 따르면, 현재 수집하여 이용할 수 있는 목재 연료 자원량은 3억여 톤이고, 표준석탄으로 환산하면 2억여 톤이다. 중국에서 현재 나무과에 속하는 유지원료 수종의 총 재배면적은 600만 ha를 초과하였고, 그 과실 생산량은 400만 톤 이상이다. 식용과 공업용으로 이용되는 소량을 제외한 대부분이 황폐한 상태에 놓여 있고, 만약 집약적으로 이용할 수 있다면 바이오연료기름으로 확실히 전환할 수 있다.

특히 중국은 조림에 적합한 5,400여만 ha의 황무지 산과 토지를 보유하고 있으며, 일부 황무지 산과 토지를 이용하여 효율이 높은 전용 에너지 숲으로 개발할 수 있다. 그 외에도 만약 알칼리성 토지, 모래땅, 광산과 유전의 재개간지 등 약 1억 ha의 한계성 토지가 특정한 에너지 숲 개발에 적합하다는 것을 고려하면 중국의 임업 바이오매스에너지 발전의 전망은 매우 밝다."

9. 현재 농지 중 에너지작물을 재배할 수 있는 면적

농지는 주로 식량 생산에 이용되는 것 외에도 면화를 생산하여 직물을 만드는데도 이용되고, 공업용 전분과 주정酒精을 생산하는데도 이용되고 있으나, 전문적인 에너지 상품 생산은 완전히 새로운 기능이다. 현재 농지 중 에너지작물을 재배할 수 있는 면적은 얼마나 될까? 우리는 이 질문에 답하기 위해 비식량작물을 재배하는 저질 농지만을 이용할 수 있고, 현재 작물의 용도를 바꾸고 작물의 재배구조를 조정함으로써 작물의 생산량과 농민소득을 증가시킬 수 있다는 제약요건을 설정하였다.

국토자원부의 비교적 오래된 자료에는, "1996년 10월 현재 중국의 13,004만 ha의 경지 가운데 생산성이 낮은 경지의 면적은 5,024만 ha로 전체 경지 면적의 41%이다."2000년라고 기록되어 있다. 2009년 발표한 자료에서는 전국 경지를 15등급으로 나누었고, 하위 3개 등급에 속하는 비식량작물을 재배하는 농지의 면적은 2,091만 ha라고 추정하였다.

이처럼 토지의 생산성이 낮은 이유는, 첫째 모래땅, 진흙땅, 알칼리성 토지, 척박한 토지, 한지旱田, 습지 등 자연조건이 열악하고, 둘째 생산량이 적고 불안정하여 농민들이 비료와 노동력 투입을 꺼려 조방적으로 관리하기 때문이다. 생산성이 낮은 농지를 개선하는 방법은 사토를 줄이거나 알칼리성을 약화시키는 등 토지를 개량해야 한다. 또한 그 농지에 적합한 재배구조로 전환해야 한다. 가장 중요한 것은 그 경제성과 농민의 재배 의욕과 종자 개량의 적극성을 높이는 것이다. 현재 재배하는 서류, 수수, 돼지감자 등에 대한 관리가 조방적이고, 생산량이 적은데다 경제성과 농민의 의욕도 낮다. 만약 이러한 작물을 에너지 용도로 전환하게 되면, 수요를 늘려 가격을 높이고, 농민으로 하여금 노동력과 비료의 투입을 늘리도록 함으로써 생산량을 증가시키고 소득을 높일 뿐만 아니라, 토양의 비옥도를 높이는 하나의 선순환을 형성할 수 있고, 수천 년 간 이어온 '낮은 생산성'의 굴레에서 벗어날 수 있다.

서류와 사탕수수 등 작물의 현재 용도는 주로 술 주조, 전분과 사료 생산이다. 에너지 생산의 용도를 늘리면 분명히 술 주조와 전분 제조를 놓고 원료 쟁탈전을 벌일 것이고, 이는 가격 상승으로 이어져 농민의 재배 의욕을 높일 것이다. 이는 사료 공급에도 영향을 미치지 않을까? 서류와 사탕수수를 가공하여 에탄올을 만들 때 그 안에 포함된 전분과 당류만을 이용하고, 당을 추출한 후에 남는 단백질과 지방, 또 다량의 섬유질과 반섬유질, 광물질 등의 부산물로 고품질의 사료를 만들 수 있다. 에너지 상품이 증가함에 따라 서류와 사탕수수, 돼지감자의 총 생산량이 큰 폭으로 증가하고, 사료의 공급도 감소하는 것이 아니라 분명히 증가할 것이다. 비식량작물을 재배하는 저질 농지를 이용하여 에너지작물을 생산하면 이로운 점이 한두 가지가 아니다.

그러면 얼마나 많은 저질 농지를 에너지작물 재배에 이용할 수 있을까? 이는 에너지작물과 현재 재배 작물의 수익성 비교와 정부의 정책 방향에 따라

결정되어야 할 것이다. 본 장에서 채택한 기준은 13~15등급의 농지면적이며, 그 면적은 2,000만 ha이다.

10. 한계성 토지자원의 종합

위의 정리를 통해, '이용 가능함에도 이용하고 있지 않은'8,874만 ha의 토지 가운데 조림에 적합한 면적은 5,704만 ha이고 농업에 적합한 면적은 2,787만 ha인 것으로 나타났다. 현재 임지 가운데 에너지 숲의 면적은 5,883만 ha이고 비식량작물을 재배하는 저질 농지의 면적은 2,000만 ha인 것으로 나타났다. 이 4가지 유형의 합계는 16,374만 ha이고, 현재 경지면적 13,004만 ha, 2007년 말 기준 보다도 4,200만 ha 큰 면적이다 그림 4-6과 표 4-9 참조. 이 얼마나 거대한 토지자원인가!

조사된 토지를 개발 잠재력이 있는 한계성 토지와 이미 이용되고 있는 한계성 토지로 양분할 경우 각각 51.9%와 48.1%를 차지하고, 농업에 적합한 한계성 토지와 조림에 적합한 한계성 토지는 3대 7로 나뉘며, 각각 29.2%와 70.8%이다. 지역적 분포를 살펴보면, 북부와 서부에 많이 분포하고, 동부와 남부에는 적게 분포한다. 이러한 한계성 토지자원의 구조는 중국 바이오매스 산업과 상품 발전의 전략적 중점 지역과 지역적 안배에 있어 중요한 영향을 미칠 것이다.

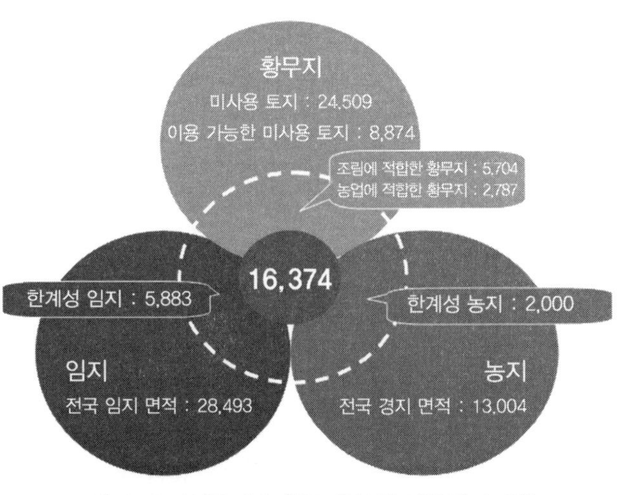

그림 4-6 바이오매스 원료 생산에 이용될 수 있는 한계성 황무지, 임지와 농지 자원 단위: 만 ha

경지 부족과 예비 자원의 극심한 부족은 중국인들에게 아주 깊은 인상을 남겼으며, 이는 농지 이용에서 있어, 특히 식량 재배에 있어 더욱 부각된다. 만약 내성이 아주 강한 농림 에너지작물을 염두해 둘 경우 상황은 크게 달라진다. 에너지작물 생산을 목표로 하는 '한계성 토지'개념은 우리가 약 1.6억 ha에 달하는 토지 '노다지 광산'을 발견하고 이를 정리하는데 도움이 된다. 관념은 사람들의 객관적 세계에 대한 시각과 사유방식을 변화시킬 수 있다. 현재 우리 눈앞에 놓인 현실이 바로 그것이다. 즉 중국은 풍부한 에너지용 한계성 토지자원을 보유하고 있다!

표 4-9 중국의 바이오매스 원료 생산에 이용될 수 있는 한계성 토지자원

단위: 만 ha(ha)

폐기물 종류	면 적	비중(%)	2차 유형	면 적	비중(%)
A. 개발 잠재력이 있는 한계성 토지(8,491/51.9%)					
농업에 적합한 예비 토지	2,787	17.0	개간에 적합한 토지	2,680	16.4
			간석지	107	0.6
조림에 적합한 예비 토지	5,704	34.9	황무지 산과 비탈	5,004	30.6
			모래 황무지	700	4.3
B. 이미 이용되고 있는 한계성 토지(7,883/48.1%)					
한계성 농지	2,000	12.2	-	2,000	12.2
한계성 임지	5,883	35.9	연료림	175	1.0
			유지원료림	343	2.1
			관목림	5,365	32.8

중국 산지에는 풍부한 임업 부산물, 가공 부산물, 도시 폐목재, 에너지숲 등 바이오매스 원료자원이 산재한다.

중국 바이오매스 원료자원(Ⅱ) 5

제 3 부 중국 바이오매스 원료식물

- 당류 원료 삼형제감자사탕수수, 사탕수수, 돼지감자
- 전분의 왕고구마, 카사바
- 유지 가족
- 섬유소 원료식물

제 4 부 중국 바이오매스 원료자원에 대한 종합 및 평가

- 토지와 식물자원의 종합 정리
- 바이오매스 원료자원의 현황 종합
- 성장 잠재력 예측 : 2030 년
- 원료자원과 에너지 상품의 연계
- 중국 바이오매스 원료자원의 종합 평가

제3부 중국 바이오매스 원료식물

바이오매스 원료식물에 있어 국내외에서 비교적 많이 사용되고 모두에게 익숙한 것이 '에너지식물'이다. 그러나 이 용어는 그 의미를 완전히 포괄하고 있지 않다. 왜냐하면 바이오에너지뿐만 아니라 생물에서 만들어지는 상품도 있기 때문이다. 따라서 '바이오매스 원료식물'이라 부르는 것이 더 적절하고 과학적이다. '원료식물'이라 약칭하기도 하며, 일반적으로 다음과 같은 특성을 갖춰야 한다.

- 저항성이 강하고 조건이 불리한 한계성 토지에 적응할 수 있어야 한다.
- 생산성이 높고 양질의 원료 가공품질을 갖추어야 한다.
- 넓은 지역에서 적응력을 가져야 한다.
- 획득 가능성이 높고 지속적인 공급이 가능해야 한다.
- 경제적으로 타당성이 있어야 한다.
- 시장 공급측면에서 전통 농산물과 잘 조화를 이루어야 하고, 식량, 유지작물, 당류와 경쟁관계에 있어서는 안 된다.

원료식물은 다양성과 아주 강한 지역성을 가지고, 다른 조건의 생태계와 지역에 각기 다른 유리한 원료식물이 존재한다. 바이오매스산업 발전 초기 미국의 옥수수 에탄올, 브라질의 사탕수수 에탄올, 유럽의 유채 바이오디젤은 모두 현지 조달이 유리한 식량작물에 기초한 바이오에너지이다. 2세대 바이오에너지의 원료식물로 비식량작물에 기초한 섬유소식물을 눈여겨보고 있다. 예를 들어, 미국의 버드나무기장과 참억새, 유럽의 관목버드나무, 다년생이면서 다양성을 지닌 잡초와 관목 식생, 오동, 호두나무 따위와 같은 기름을 짤 수 있는 다년생 목본 식물 등이 있다. 3세대 원료식물로는 미조류 등 하등식물을 꼽을 수 있다. 아래에서는 당류, 전분, 유지 및 섬유소 등 4대 주요 바이오매스 원료식물을 소개하겠다.

1. 당류 원료 삼형제감자사탕수수, 사탕수수, 돼지감자

당류 원료식물은 일종의 포도당, 과당 따위의 단당류와 이당류를 직접 공급하는 원료식물이고, 전분 다당류와 비교할 때 가공과정에서 전분 물분해공정이 필요 없다. 당은 주로 당류식물의 속칭 '사탕수수 속대'라 불리는 줄기부분에 저장되어 있고, 감자사탕수수와 사탕수수가 대표적이다. 땅속 뿌리부분에도 저장되며, 사탕무와 돼지감자가 대표적이다.

감자사탕수수甘蔗

감자사탕수수는 광합성 전환율이 매우 높은 에너지식물이며, 그 주요 성분은 자당, 포도당과 과당fructose이고, 에탄올 생산에 이상적인 식물이다. 2007년 중국 감자사탕수수 재배면적은 158.6만 ha이고, 총 생산량은 11,295만 톤, 단위생산량은 71톤/ha이다. 농업부의 감자사탕수수 중점실험실과 광둥중넝알코올유한공사의 실험결과 13.0톤의 신선감자사탕수수로 1톤의 에탄올을 생산할 수 있는 것으로 나타났고, 이는 1ha에서 5톤의 에탄올을 생산한다고 볼 수 있다. 국가 '863'과 '948'계획의 지원 하에서 단위생산량이 105~120톤/ha인 당과 에너지 생산을 모두 고려한 신품종을 육종하였고, 이미 국가 혹은 성정부의 심의를 거친 상태이다. 미국은 1ha당 생산량이 271톤인 에너지 생산용 감자사탕수수 품종 IA3132 육종에 성공한 바 있다.

감자사탕수수는 주로 광시 · 윈난 · 광둥 · 하이난과 푸젠 등 남방 9개성에 분포한다. 광시, 윈난과 레이저우 반도雷州半島, 잔장(湛江)가 감자사탕수수 재배면적이 가장 넓은 3개 지역이고, 그 생산량을 모두 합치면 전국 총 생산량의 85%를 차지한다. 현재 감자사탕수수는 여전히 당 생산용으로 주로 이용된다. 아직까지 에너지 생산에 대규모로 이용되는 것은 불가능하지만 국내외 당류 가격변동 시 이를 조절하는 역할을 할 수 있다. 광시지역 감자사탕수수 생산량은 전국 총 생산량의 60% 이상을 차지하고, 거의 17년 간 당류 가격은 톤당 1,652

위안과 4,314위안 사이에서 오르락내리락을 반복하였다. 2007~2008년 생산주기10월~익년 4월에 따른 감자사탕수수의 생산량은 2005~2006년의 4,353만 톤에서 7,688만 톤까지 증가하여 톤당 가격이 3,000위안 이하로 하락하였으며, 이로 인해 사탕수수 재배농가와 제당기업이 매우 큰 타격을 입었다. 이럴 때 '당과 에탄올 공동 생산'을 통해 수급을 조절할 수 있다.

중국은 감자사탕수수 재배에 적합한 70만~80만 ha의 토지를 더 보유하고 있으며, 현재 생산수준에 비추어 볼 때 연간 5,000만 톤의 감자사탕수수를 추가로 생산할 수 있고, 현재 제당규모에 영향을 미치지 않는다는 전제 하에서 약 400만 톤의 연료용 에탄올 생산능력을 갖추게 된다. 제당과정에서 발생하는 폐당밀도 에탄올 생산원료로 쓸 수 있다.

사탕수수

사탕수수는 일종의 당류 바이오매스원료이며, 광합성 효율이 높은 C4식물로 알곡을 이용하는 수수의 변종이다. 또한 성장이 빠르고 생산성이 높으며 저항성이 강하다는 특징을 갖고 있다. 가뭄, 홍수, 척박함, 알칼리성에 어느 정도의 내성을 갖고 있기 때문에 '낙타작물'로 불리기도 하며, 헤이룽장에서 하이난다오까지, 동쪽 해안에서 타리무塔里木분지에 이르기까지 어디에서나 잘 자라고, 특히 북방의 알칼리성 토지와 사막 등 저질 토지에서도 재배가 가능하다. 사탕수수 줄기의 높이는 4~5m로 ha당 생줄기 생산량은 45~70톤이며, 액즙이 풍부하고 당 함량은 17~21%로 감자사탕수수에 필적한다. 사탕수수는 종자 사용량이 적고 생산성이 높으며 파종 후 관리가 비교적 간단하면서 생산비용도 북방의 옥수수와 남방의 감자사탕수수에 비해 훨씬 낮다. 남방에서 사탕수수 재배에 필요한 물의 양은 감자사탕수수의 1/3수준이고 생육기간도 4~6개월이기 때문에 1년에 2모작이 가능하고 하이난다오에서는 1년 3모작도 가능하다.

중국이 사탕수수를 들여온 것은 이미 20여년이 되었으며, 현재 이미

'M-31E'와 '타이쓰泰斯', '에탄올 사탕수수 계열 1~5호'교잡종 등 우량품종에 대해서는 자체 특허권을 보유하고 있다. 왕멍제王孟杰의 자료표 5-1 참조에 따르면, '에탄올 사탕수수 계열 1~5호'사탕수수의 속대 생산량은 일반적으로 60~80톤/ha이고, 당도20℃에서 Brix 비중 측정기를 이용해 측정한 100g의 순자당용액 중에 함유된 자당의 질량(g)는 일반적으로 약 18이고, ha당 별도로 3.5~5.5톤의 알곡을 생산한다. ha당 사탕수수에서 전환된 에탄올의 양은 4~6톤이고, 토양에 함유된 염분이 0.10~0.60%인 낮은 수준 혹은 중간 수준의 알칼리성 토양에서도 비교적 많은 생산량을 얻을 수 있다. 인도의 경우 ha당 생산되는 사탕수수를 이용해 5,700~6,500리터의 에탄올을 생산함으로써 감자사탕수수4,000~4,500리터보다도 30% 높은 수준을 기록하고 있다는 보도가 있다. 미국도 이미 ha당 생산되는 사탕수수로 6,106리터의 에탄올을 생산했다는 실험결과를 발표한 바 있다Knowles, Don, 1984.

표 5-1 사탕수수 시험재배

지역	표양층 염분 함유량(%)	생속대 생산량 (톤/ha)	당도	건조 알곡 생산량(kg/ha)
후허하오터	–	75	–	6.0
헤이룽장	–	90	–	6.0
신장	–	105	–	3.8
장쑤 북부	0.35	75	18	4.5~5.3
허베이 황허	0.32	87	17	3.2
산둥 루베이(魯北)	0.57	81	18	4.5
	0.47	95	18	4.5
3개 시험재배지	0.30	116	18	4.5

돼지감자

돼지감자의 학명은 Helianthus tuberosus Linn이고, 국화감자, 서양생강, 도깨비생강 등으로 불리기도 하며, 국화과 해바라기속인 다년생 뿌리식물로 함유된 다당菊糖이 풍부하고 건조 후 당의 함량은 감자사탕수수에 비해 30% 더 많으며 당도는 자당에 비해 1배 높다. 돼지감자는 저항성이 아주 강하여 가뭄, 모래바람, 병충해에 대한 저항력이 높기 때문에 알칼리성 토지, 모래땅, 해안 간석지에서도 재배가 가능하고, −40~−30℃의 동토층 내에서도 안전하게 월동할 수 있다. 돼지감자는 재배관리가 간단하고 생산비가 적게 들 뿐 아니라 땅 위에 있는 부분을 수확한 후에도 땅속에 남아있는 뿌리가 저절로 빠르게 번식하기 때문에 다시 파종을 할 필요가 없다. 돼지감자의 생태 환경적 기능은 매우 뛰어나다. 자료에 따르면, 경사도가 약 20° 인 황토경사지에서 유실되는 빗물의 88.4%와 유실되는 토양의 97.4%를 줄일 수 있다고 한다. 1999년 네이멍구의 모래땅 160ha에 돼지감자를 시험재배하였고, 2001년에는 커얼신科爾沁의 모래땅 26여 ha에 시험재배하였으며, 해안 간석지에서의 돼지감자 재배도 모두 성공적이었다그림 5-1 참조.

헤이룽장 서부지역 모래땅에서 생산된 돼지감자 뿌리줄기의 ha당 생산량은 30~45톤이고, 발해만 간석지에서는 75~150톤그 중 땅 위에 있는 부분은 40~60톤이고 땅속에 있는 뿌리줄기부분은 45~90톤이다에 달했고, 이눌린inulin 생산량은 9~18톤이다. 2003년 산둥 라이저우만萊州灣의 33ha 간석지 시범지역에서 해수를 이용해 관개하여 ha당 건조 전 중량 60톤, 건조 후 중량 15톤을 생산하였고, 모래땅에서의 생산량도 비슷한 수준에 달했다.

중국의 1,000여만 ha의 모래땅과 200여만 ha의 연해 간석지 모두가 에너지용 돼지감자를 대규모로 생산할 수 있는 훌륭한 기지가 될 수 있다. 이눌린 효소분해를 이용하여 단당류, 과당으로 전환할 수 있고, 더 나아가 높은 부가가치의 만니톨Mannitol과 석신산succinic acid 등을 생산할 수 있다. 이미 개발에 성공한 윈난톈위앤회사는 물론 주하이珠海, 난닝南寧, 장먼江門, 장자강張家港 등지 회사의 생산능력은 연간 2만 톤 이상이다. 현재 에너지용 돼지감자 개발은 아직 초기단계에 있으며 앞으로 발전 잠재력이 매우 크다. 헤이룽장성은 2005년 서부지역의 알칼리성 토양으로 사막화되고 퇴화되고 있는 '삼화초원三和草原'에 토지 관리와 바이오매스에너지를 결합시킨 돼지감자 생산기지를 세우기 시작하였으며, 이미 66.7ha에 달하는 종자생산기지가 들어섰다.

그림 5-1 해안가 알칼리성 토지의 사탕수수왼쪽 그림와 모래땅의 돼지감자오른쪽 그림

2. 전분의 왕고구마, 카사바

피자식물의 씨앗은 배, 배젖과 씨껍질 등 3부분으로 이루어져 있다. 그 중 배젖의 분량이 가장 크고, 전분과 지방 등 영양분을 함유하고 있으며 배아 발아에 이용된다. 전분은 수백 개 혹은 수천 개의 단당이 수분이 빠지고 응결하여 형성된 일종의 다당이며, 사람들이 즐겨먹는 쌀과 밀가루 등이 바로 이러한 전분다당이다. 벼과 곡물작물과 달리 서류는 전분을 땅속의 알뿌리에 저장하고 결실 준비에 이용한다. 그러나 결실을 맺기도 전에 사람들이 크고 튼실한 알뿌리를 캐내어 먹어버린다. 알뿌리는 영양기관이기 때문에 씨앗보다 생

장발육 기간이 더 길고 저장한 전분의 양이 훨씬 많아서 농작물 가운데 전분의 왕이라 칭하기에 충분하다. 전분을 원료로 술을 담근 역사는 매우 오래되었으며, "신농은 밭을 갈고 도자기를 만들었고, 도자기에는 술을 담았다."란 표현도 있다. 염제炎帝가 재배법을 가르쳐준 오곡 가운데 술을 담글 때 사용된 원료는 주로 서류와 수수였다는 얘기도 전해진다.

고구마

고구마는 홍서紅薯, 백서白薯, 번서番薯, 산우山芋, 홍우紅芋라고 불리기도 하며, 원산지는 중남미이고 16세기경 중국에 전해졌다. 고구마는 생산량이 많고 작황이 안정적이며 척박한 땅에서도 잘 자라고 적응력이 매우 강한 뿌리줄기작물로 세계 7대 주요 농작물이다. 중국은 세계 최대 고구마 생산국이며, 매년 총재배면적은 1,000만 ha로 세계 고구마 재배면적의 절반 이상을 차지하고, 연간 생산량은 1.5억 톤으로 세계 총생산량의 3/4 이상을 차지한다. 신선고구마의 평균 단위생산량은 20~25톤/ha, 전분 함량은 약 20%이고, 말린 고구마의 전분 함량은 64~68%에 달한다.

표 5-2 2007년 주요 성의 고구마 재배면적과 생산량

성	재배면적 (만 ha)	단수 (톤/ha)	총생산량 (만 톤)	성	재배면적 (만 ha)	단수 (톤/ha)	총생산량 (만 톤)
허베이	25	22	550	장시	15	22	330
장쑤	16	30	480	후베이	18	21	378
안후이	40	25	1,000	후난	25	21	525
산둥	45	28	1,260	광둥	30	24	720
허난	55	23	1,265	광시	25	18	450
저장	11	28	308	충칭	50	20	1,000
푸젠	22	25	550	쓰촨	90	20	1,800

고구마는 건조하고 척박한 땅에서도 잘 자라고, 단위당 전분 산출량이 옥수수의 5배 이상 많다. 고구마는 뿌리줄기작물로 발육단계에 상관없이 왕성하게 자라며, 발아부터 개화에 이르는 영양생장기가 길고, 전분을 중심으로 한 경제적 산출계수는 70~85%로 옥수수 등 곡물보다 높다. 또한 뿌리가 발달하여 땅속 깊숙이 파고들고, 수분 함량이 높아 아주 강한 수분 자동조절기능을 가지고 있으며, 가뭄에 대한 저항력이 강하기 때문에 '강철 작물'이라 불리기도 한다. 서류는 주로 사료, 전분 가공 혹은 술 주조에 이용된다. 쓰촨 안웨安岳에서 육종되고 있는 연료용 에탄올 생산을 위한 전문 품종의 경우, ha당 신선고구마의 생산량은 5.56톤이고 전분 함량은 24.4%이다. ha당 전분 생산량은 1.35톤이고, 성 내외로 보급된 면적이 1만여 ha에 달한다2004년 기준. 청두아커얼 바이오에너지공사는 쑤이닝遂寧에 연간 생산량 3만~5만 톤의 고구마 에탄올 생산라인을 도입하였다. 그림 5-2의 오른쪽 그림은 허베이의 고구마 산지이다.

카사바

카사바는 세계 3대 서류작물 중 하나이며, 대극大戟과 대극속Manihot esculanta Crantz에 속한다. 광합성작용시스템을 보면 C3와 C4유형의 식물 사이에 해당하고, 주로 연중 평균 기온이 20° 이상인 남아열대나 열대지역에서 자란다. 카사바는 광합성 효율이 높고 내성과 적응력이 강하며 척박한 토지에서도 잘 자라고 남방의 구릉지와 낮은 산간지역 등 관개시설이 없는 곳에서도 생산 잠재력이 있는 에너지식물이다. 전국 카사바 재배면적은 약 50만 ha이고 주로 화난華南지역의 중부와 남부에 분포한다. 재배에 적합한 지역의 면적은 약 22만 ㎢이고, 품종개량을 통해 재배지역을 연평균 기온 16~18℃의 중아열대지역까지 확대할 수 있으며, 재배면적을 300만 ha까지 넓힐 수 있다. 그림 5-2의 왼쪽 그림은 광시의 카사바 산지이다.

카사바의 생산량 증대 잠재력은 매우 크다. 현재 ha당 생산되는 신선카사바의 양은 약 15톤이며, 신품종과 선진 재배기술을 보급할 경우 카사바의 단위 생산량은 45~75톤/ha에 달하고, 생산성을 더 높일 경우 90톤 이상까지도 가능하다. 현재 대부분 신선카사바의 전분 함량은 약 28%이고, 품종개량을 할 경우 30~32%까지 높일 수 있으며, 전분 함량을 1%포인트 높일 때마다 단위면적당 광합성 효율을 6~7% 높일 수 있다. 일반적으로 약 7톤의 신선카사바로 1톤의 에탄올을 생산하며, ha당 생산할 수 있는 에탄올은 4~6톤이고, 생산성이 더 높을 경우 10톤 이상에 달한다.

신선카사바의 생산량은 ha당 30톤이고 톤당 수매가격이 400위안이라고 할 때, 농민은 ha당 판매소득 1.2만 위안을 획득하고, 거기서 약 3,500위안의 생산비를 빼면 순소득은 8,500위안이 된다. 이에 반해 감자사탕옥수수의 경지 관리비용은 높은 편이며, ha당 순소득은 약 3,000위안이다. 남방지역에는 카사바로 전분과 식용 주정을 만드는 전통을 가지고 있고, 카사바 줄기는 고형연료 가공에 좋은 원료가 된다.

그림 5-2 광시의 카사바 산지왼쪽 그림와 허베이의 고구마 산지오른쪽 그림
출처: 청쉬程序, 왼쪽 그림, 류칭창劉慶昌, 오른쪽 그림

3. 유지 가족

벼과의 곡물작물 씨앗의 배젖은 전분 위주이고, 십자화과, 콩과인 유채, 대두, 땅콩 등의 배젖의 경우는 거의 40%의 지방이 함유되어 있으며, 저장된 에너지는 당류보다 훨씬 크다.

유지작물

유채기름의 단쇄지방산은 함량이 높고, 화학적 구성이 보통 디젤유와 매우 흡사하다. 19세기 후기에는 내연기관과 초기의 자동차 연료로 사용되었고, 독일의 바이오디젤유 표준은 바로 에루스산low erucic acid 유채기름을 원료로 한 바이오디젤유로 지정되었다. 최근 유럽에서는 유채기름을 원료로 한 바이오디젤유를 대대적으로 발전시키고 있으며, 그 결과 2001년 93만 톤에서 2007년 571만 톤으로 증가하였다. 미국은 대두를 많이 생산하는 국가로서 주로 대두유를 바이오디젤유 원료로 사용한다. 2001~2007년 유채기름의 국제시장가격은 400달러에서 1,400달러로 상승하였다. 대두유는 300달러에서 1,200달러로 증가하였으며, 물론 바이오디젤유 생산 증가가 가격 상승요인으로 작용한 것은 사실이다.

2007~2008년 중국 식용유 소비량은 2,388만 톤에 달했으며, 이는 세계 총 소비량의 1/5을 차지하는 양이다. 중국의 3대 유지작물은 유채 · 대두와 땅콩인데, 2007년 유채 파종면적은 564만 ha이고 총 생산량은 1,057만 톤이며, 대두 파종면적은 875만 ha이고 총 생산량은 1,273만 톤이었다. 유채는 재배 가능한 지역 범위가 넓고 생장기간이 짧으며 토질을 개선시켜 주고 윤작이 가능한데다, 규모화와 기계화 수준이 높고 찌꺼기, 속대와 껍질 모두 질 좋은 사료와 가공원료이다. 2007~2008년 중국 국내 식물성 식용유의 생산량은 약 727만 톤으로 총 소비량의 1/3을 차지하고, 나머지는 수입에 의존한다. 국산 식물성 식용유 가운데 유채기름 생산량은 약 374만 톤으로 50%

이상을 차지하고 식용을 위주로 한다. 중국에서 유지작물 생산 증가분은 주로 식용유의 자급률을 높이는데 사용되는 반면 에너지로 사용되기는 어렵다. 또한 유채기름, 대두유의 가격과 바이오디젤유 가격이 역전되는 현상이 나타난다. 이 외에도 중국의 면화 생산량은 750만 톤이고 부산물인 면화씨기름은 약 200만 톤이 생산된다. 비록 면화씨기름을 식용으로 쓰는 경우는 적지만 바이오디젤유의 원료로 사용할 경우 그 가격은 여전히 높은 편이다.

목본유木本油 원료식물

중국에서는 이미 목본유 원료식물을 151과 697속 1,554종이나 밝혀냈으며, 그 중 154개종 씨앗의 기름 함유량은 40% 이상이고, 개발할 가치가 있는 것이 30여종이고, 재배면적은 342.9만 ha이다. 동백나무, 유동油桐, 호두나무 등 몇 가지 수종자원 외에도 현재 에너지개발에 이용되고 있는 수종에는 옻나무과의 황련목, 무환자과의 기름모과나무, 대극과의 자트로파, 산수유과의 말채나무, 기름오동, 오구목 등표 5-3 참조이 있다. 통계에 따르면, 이 6가지 수종으로 이미 조성된 숲의 면적은 약 135만 ha인데, 그 중 60만 ha는 정비를 통해 목본유 원료림으로 조성할 수 있고, 이 숲에서 나는 기름은 ha당 약 1.5톤이다. 목본유 원료를 생산하는데 주된 제약요인은 분산되어 있고 채집이 어려우며, 규모화 생산을 하려면 비교적 긴 시간이 지나야 비로소 생산력을 갖출 수 있다는 것이다. 어느 정도의 생산력을 갖춘 후에는 원료비용이 낮아진다.

표 5-3 중국의 주요 목본유 원료 수종

수종	주요 분포지역	기름 함유율 (%)	씨앗 생산량 (kg/ha)	면적 (만 ha)	최초 수확 가능시기(년)	수확 가능 연한 (년)
자트로파	서남지역 모든 성, 하이난, 푸젠	30~60	3,000 ~7,500	2.10	3~5	30~50
황련목	허베이, 허난, 산시(山西), 샨시(陝西), 광저우, 광시, 서남지역 모든 성	35~40	1,500 ~9,000	8.70	4~8	50~80
기름 모과나무	닝샤, 간쑤, 네이멍구, 샨시(陝西), 동북지역 모든 성	30~40	3,000 ~9,000	0.50	4~6	30~80
말채마무	창장유역부터 서남 각지 석회암지역까지	30~36	4,500 ~10,500	0.45	3~6	40~50
오구목	창장과 주장유역, 저장, 후베이, 쓰촨	35~50	2,250 ~7,500	4.80	3~8	20~50
기름오동	샨시(陝西), 간쑤, 윈난, 구이저우, 쓰촨, 광저우, 광시, 저장 등 15개 성	40~50	3,000 ~12,000	118.80	3~5	20~50
합계				135.35		

주: 면적은 각 지역의 통계상 보고된 수치이고, 자료출처는 국가임업국임.

대극과의 자트로파$_{\text{Jatropho curas L.}}$는 현재 보급 속도가 가장 빠른 목본유 원료식물의 하나로 관목 혹은 소교목이라고도 부르며, 또 부용수 혹은 마풍수라고도 부른다. 원산지는 남미로 나무의 높이는 3~5m이고 꺾꽂이법으로 번식한다. 생존율이 높은데다 생장속도가 빠르고 심은 그 해에 바로 열매를 맺으며 5년 내에 성과기에 접어들고 수확 연한은 40년에 달한다. 자트로파는 건조기후에 대한 내성이 강하고, 구릉지와 산간지역에서도 재배가 가능하며, 비로 인한 토양 유실을 막고 생태환경을 개선하는 기능을 한다. 자트로파 열매의 연간 수확량은 ha당 5~8톤이고, 이를 이용해 바이오디젤유 1.5~2톤을 생산할 수 있다. 열매의 기름 함유 비율은 50~55%이고, 그 중 올레산$_{\text{oleic acid}}$ 41.6%, 리놀레산$_{\text{linoleic acid}}$ 33.8%, 팔미트산$_{\text{palmitic}}$

acid 13.3%, 스테아르산stearic acid 8.8%, 그리고 리놀렌산linolenic acid 등이 함유되어 있다. 자트로파 기름은 SO_2배출량이 적고, 16세단가cetane number가 높으며, 저온에서 시동성능이 좋다. 또한 윤활성이 강하고, 안전성이 높기 때문에 고품질의 바이오디젤유로 정제할 수 있다.

1995년 록펠러기금회와 독일 정부의 지원 하에 브라질, 네팔, 짐바브웨, 인도에서 자트로파를 신생에너지작물로 재배하기 시작했다. 중국의 윈난, 구이저우, 쓰촨, 광시 등지에는 반야생과 인공 재배한 자트로파나무가 자란다. 현재 쓰촨성의 재배면적은 이미 1.73만 ha에 달하고, 열매 산출량은 17만 톤, 기름 생산량은 6만 톤이다. 2008년 7월까지 윈난성의 자트로파 숲의 조림 누계면적은 이미 6.5만 ha에 달하고, 자원 총 면적은 8.3만 ha이며, 4개 현縣에 146ha의 우량품종 육종기지를 건설하였다. 윈난성에는 자트로파 재배에 적합한 고온건조, 온난하고 건조한 하곡河谷지역의 조림에 알맞은 황무지 산과 땅 67만여 ha가 존재하고, 국가 발전 및 개혁위원회에서 바이오매스사업의 일환인 고급기술 산업화 시범사업에 포함시킨 윈난 자트로파 바이오에너지원료 고효율 생산기지에는 이미 26.7ha의 종묘육종기지, 2만 ha의 원료재배기지가 갖춰졌으며, 연간 생산량 10만 톤의 바이오디젤유 가공공장 건설을 이미 착수하였다. 2008년 6월 국가 발전 및 개혁위원회의 중국석유천연기집단공사약칭 중석유(中石油)는 난충南充에, 중국해양석유총공사약칭 중해유(中海油)는 하이난海南에, 중국석유화공고분유한공사약칭 중석화(中石化)는 구이저우貴州에 각각 6만 톤, 6만 톤, 5만 톤의 자트로파를 원료로 하는 바이오디젤유 산업화 시범사업을 비준하였다. 자트로파는 현재 전 세계적으로 재배면적이 가장 넓은 목본유 원료식물이다그림 5-3 참조.

옻나무과의 황련수Pistacia Chinensis Bunge는 건조한 기후와 척박한 토양에서도 자생력이 강해 토지에 대한 요구조건이 까다롭지 않다. 또한 뿌리로 파고드는 힘과 발아력이 강하고, 생장기간이 긴 편이며, 열매의 기름 함유 비율은 56.7%이다.

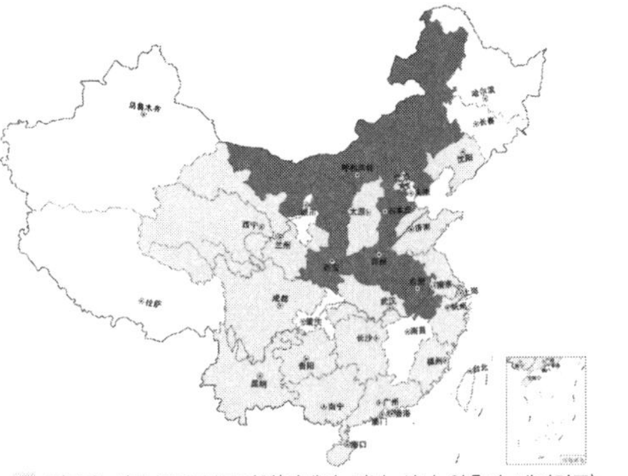

그림 5-3 구릉지에서 자라는 자트로파왼쪽 그림**와 중국의 목본유 원료식물 주요 분포도**오른쪽 그림
출처: 왕타오王濤, 2005.

화베이, 화중, 화난지역 23개 성에 분포하고, 해발 700미터 이하의 산간 지역과 구릉지에 분산되어 분포하며, 대규모의 단순림 혹은 혼합림으로도 존재한다. 허베이, 허난, 샨시陝西, 타이항산太行山, 친링秦嶺 남쪽 언덕은 물론 허난, 후난, 후베이의 서부 산간지역과 산둥의 중부 타이산泰山 및 화중과 화둥의 낮은 산의 구릉지에 비교적 집중적으로 분포한다. 그 중에서도 허베이3.3만 ha, 허난2만 ha, 안후이4만 ha, 샨시陝西2만 ha의 자원량이 가장 많다.

쿠쿠이나무는 활엽상록수이고 광시성 산간지역에 주로 분포한다. 쿠쿠이나무는 토양 적응력이 강한데다, 가뭄과 홍수는 물론 병충해에 대한 저항력도 강하고, 토양 유실을 막고 수분 보유능력이 있어 생태환경 개선에도 도움이 된다. 열매의 기름 함유 비율은 64%에 이르고, 인공재배의 경우 ha당 산출량이 22.5~30톤인데, 생산 가능한 바이오디젤유는 약 7.5톤이며, 주요 기술지표는 EU의 유채 바이오디젤유의 기준에 도달하고, 특히 −10° C 디젤유의 기준에 도달할 수 있다. 보통 6년차에 열매를 수확하며, 무성조기번식 실험이 이미 성공을 거두어 3~4년차에도 열매를 맺게 되었다.

미조류

미조류는 단세포의 자양自養성 하등식물로 보트리오콕커스 브라우니从粒藻, Botryococcus braunii, 보트리오클라디아 렙토포다葡萄藻, Botryocladia leptopoda 등이 대표적이고, 그 종류가 매우 다양하다. 미조류는 환경 적응력이 매우 강하고, 온대지역에서부터 열대지역 연못, 호수 및 임시 수역에 이르기까지 넓게 분포하고 있고, 반염수鹽水의 환경에서도 대량으로 번식할 수 있다. 미조류의 태양에너지 전환효율은 약 3.5%로 일반식물보다 높고, ha당 연간 생산량은 50~80톤에 이른다. 보트리오클라디아 렙토포다가 직접 생산한 탄화수소는 건조 중량의 75%에 이르고, 화학성분은 디젤유와 거의 비슷하다. 그림 5-4는 미조류 양식장 사진이다.

1978년 미국 에너지부 국가재생가능에너지실험실은 미국 서부지역과 하와이에서 3,000여 가지 미조류를 채집 · 분류하였고, 그 중 300여 가지의 유지 함량이 높은 미조류를 선별하였는데 대다수가 녹조와 규조硅藻이다. 유전자조작기술을 적용하면 기름 함량은 40%~60%까지 높일 수 있다. 1,000㎡ 면적의 중국식 미조류 양식장에서 1년간의 실험을 거친 결과, 미조류 평균 생산량은 ㎡당 50g이고, 2008년부터 공업화 시범사업을 진행하고 있다. 미국 캘리포니아주 사파이어Sapphire 신에너지회사의 보고2008년에 따르면, 해조류, 햇빛, 이산화탄소와 식수로 사용 불가능한 물을 이용하여 '환경보호원유'를 생산하는데 성공하였으며, 비용은 현재 경질원유드럼 당 130달러와 비슷하고,

그림 5-4 규모화 미조류 양식장
출처: 민언저閔恩澤 PPT.

기존 석유 정유소에서 정제할 수 있다고 한다출처: SupeSite/X-Space 포탈 커뮤니티, 2008. 5. 30. 고등식물과 비교할 때, 단세포 조류의 유전자 조작은 아주 간단하고, 양식 과정에서 다량의 이산화탄소를 흡수할 수도 있다.

중국과학원 산하의 관련 기관은 미조류 우량품종 육종과 자원 DB 구축 방면에서 많은 과제를 수행하여, 뚜렷한 성과를 거두었다. 중국해양대학, 칭화대학, 중석화, 중해유 등은 이미 이에 대한 연구를 시작하였다. 중국은 개간이 가능한 약 350만 ha의 해안 간석지와 대규모 내륙 수역을 보유하고 있으며, 이를 이용한 미조류 발전 잠재력은 매우 크다.

4. 섬유소 원료식물

식물체 전체가 보배이며, 구성성분 중 절반 이상을 차지하며 함유량이 가장 많은 것이 섬유소반섬유소를 포함하며, 아래에서도 마찬가지임이다. 최근 섬유소는 주로 고체연료로 사용되고 있으며, 일단 기술적으로 혁신을 가져오게 되면 액체연료 생산에도 이용될 수 있다. 농작물의 속대, 임업의 부산물에서 섬유소 원료를 얻는 방법 외에도 자연계에는 초목, 관목과 교목과 같은 많은 섬유소 원료식물이 있다.

초목 에너지식물

한계성 토지에서 재배되는 다양한 다년생 초목 식생은 섬유소를 획득하는데 있어 중요한 공급원이다. 국가마다 지역마다 각기 우수한 초목 에너지식물을 보유하고 있으며, 버드나무기장switchgrass, 참억새miscanthus, 육지꽃버들salox viminalis 등이 대표적이다. 버드나무기장은 미주대륙 어디에서나 볼 수 있는 야생식물로서 주로 토양의 수분 유지와 유실 방지를 목적으로 재배되거나 소의 사료로 이용되기도도 한다. 또한 적응력이 강하고 척박한 토양에서도 잘 견디며 생산량이 많다. 잎과 줄기가 굵고 단단하며 높이는 3m에 이르고 생장기는 20년이다. 다년생식물이기 때문에 토양 속 탄소 축적에 도움이 되면서 관리가 용이하고, 생산비용이 낮으며, ha당 연간 생산량은 건초를 기준으로 30톤 이상이다. 생산성이 높은 경우 45톤에 달하며, 10톤의 에탄올을 생산할 수 있다. 미국정부는 이 식물을 새로운 에너지작물로 연구 · 개발할 계획이며, 현재 버드나무기장 에탄올 생산비는 1갈론gallon당 2.7달러이고, 유전자조작을 통해 에탄올 생산비를 1갈론당 약 1달러까지 낮출 것이다. 중국은 여러 해 전에 버드나무기장을 들여왔지만 여전히 시험재배 중이다.

미국 일리노이주에서 참억새를 시험재배 한 결과, 버드나무기장보다 생산성이 더 높은 것으로 나타났으며, 관개와 비료가 없는 시험장에서 재배된 참억새 건초의 ha당 평균 산출량은 약 32톤13,000톤/에이커이고, 에너지 생산량은 표준석탄을 기준으로 17.5톤인데 반해, 버드나무기장의 건초 산출량은 약 12톤이고, 에너지 생산량은 표준석탄 기준으로 6.7톤이다. 즉 참억새의 생산량이 버드나무기장의 약 2.6배이다그림 5-5 참조.

그림 5-5 미국 일리노이주의 참억새/버드나무기장왼쪽 그림과 독일의 참억새오른쪽 그림
출처: 프랭크Frank G. Dohleman, 왼쪽 그림, 청쉬程序, 2006, 오른쪽 그림.

관목 에너지식물

관목은 건조 기후와 척박한 토양에 잘 견디며, 건기를 대비해 수분을 축적하고, 토양을 고정시킴으로써 빗물에 의한 유실을 줄이고, 바람을 막아 모래가 날리는 것을 방지할 뿐만 아니라 사료와 퇴비 등 다양한 용도로 사용된다. 이러한 관목은 중국 서북지역의 생태 '수호신'인 동시에 질 좋은 에너지식물 중의 하나로 건조 중량 kg당 발열량은 16,736kJ로써 원탄原炭과 거의 비슷하다. 중국 서북지역 관목 에너지식물 가운데 땅 위에 나와 있는 부분의 연간 ha당 생산량은 8~20톤이고, 연간 생산되는 발열량은 표준석탄 6~14톤에 상당하며, 관련 지표는 표 5-4를 참조하기 바란다.

3~5년 가꾼 관목림은 곧 숲을 이루고 생태적 효과를 낼 수 있다. '밑등을 잘라 수목의 생장력을 높여주는 것平茬復壯'은 관목림 재배의 가장 큰 특징이다. 즉 다 자란 관목은 반드시 3~4년에 한 번씩 가지를 잘라주어 생장을 촉진해야 하며, 그 후에 나온 가지는 양질의 에너지 원료가 된다. 만약 관목림이 규모화, 산업화를 이루게 되면 생태계 보호, 에너지 생산과 농민 소득증대에 도움이 될 것이다. 8장에서 이에 대한 더 구체적인 소개를 할 것이다.

중국 관목림 면적은 5,365만 ha이고 주로 북방에 위치한 성을 위주로 분포하고 있다. 최근 몇 년간 조성된 관목림의 면적은 60만 ha 이상이고, 초지와 농지 주변은 물론 도로변에 방호림 형태로 관목 에너지원료를 생산하는 것이 적합하며, 이미 나름의 규모와 특색을 갖춘 닝탸오柠条, Korshinsk Peashrub, 자주버들, 갈매나무, 진달래 등 관목림기지를 형성하였다. 2003년 조사결과에 따르면, 관목림 총 면적이 3.3만 ha 이상인 현의 수는 163개이고, 2만 ha 이상의 규모로 집중 분포하는 관목림은 73곳이다. 추산에 따르면, 중국 서부지역에 관목을 재배할 수 있는 토지의 면적은 6,000만 ha 이상이고, 이미 조성된 3,642만 ha의 관목림을 합칠 경우 관목림의 총 면적은 1억 ha에 이른다. 서부지역에 이미 형성되었거나 앞으로 조성 예정인 1억 ha의 관목림 가운데 60%가 에너지 숲으로 이용가능하고, ha당 연간 산출량이 3톤이라고 할 때 연간 1.8억 톤까지 생산할 수 있고, 이는 표준석탄 1.2억 톤에 상당한다.

표 5-4 중국 주요 관목 에너지식물과 에너지 생산지표

수종	생산량 (톤/ha)	발열량 (kJ/kg)	생산력(1) [MJ/(ha · 년)]	생산력(2) [표준석탄 톤/(ha · 년)]
닝티아오 (Caragana korshinskii)	8.0(4년생)	19,722(5년생 가지와 줄기)	3,945	1.35
좀골담초 (Caragana microphylla)	7.935(4년생)	19,781(4년생 가지와 줄기) 20,200(5년생 가지와 줄기)	39,241	1.34
산살구	10.696(4년생)	19,727(2년생 가지) 19,907(3년생 가지)	53,231	1.82
사막보리수나무	13.3(3년생) 21.33(4년생)	20,601	110,174	3.76
갈매나무	4.7~4.99(3년생) 5.21~7.61(4년생) 10.53~10.74(5년생)	20,441	43,478	1.48
다지정류 (branchy tamarisk)	7.5(3년 재배 후 가지치기) 10~15(가지치기 않은 2년생) 15~20(가지치기 않은 3년생) 20이상(가지치기 않은 4년생)	17,623	102,802	3.51
C.klementzii A. Los.	22.5~30.0(5년생)	16,760	87,990	3.00
오리나무	22(4년생, 지상부분) 25(5년생, 지상부분) 13.53(3년생, 전부)	17,598 ~18,017	87,990 ~99,094	3.00 ~3.38
흑싸리나무	80~100(2년생)	19,274 ~22,207	770,960 ~888,280	26.31 ~30.32

주: 생산력(2)는 생산력(1)을 환산한 것임.

교목 에너지식물

민간의 땔감 수요를 충족시키고 천연림을 보호하는 차원에서 1960년대부터 연료림을 전문적으로 조성하기 시작하였고, 중국은 세계에서 연료림 면적이 가장 큰 국가이기도 하다. 연료림을 조성하는데 있어 생장이 빠르고 적응력과 내성이 강하며 발열량이 높은 수종을 요하는 동시에 뛰어난 생태적 기능

을 기대하게 된다. 수종에는 떡갈나무, 모밀잣밤나무, 적참나무*Lithocarpus glabra*, 아카시아나무 등 키 작은 활엽수가 있고, 버드나무, 유칼립투스, 실거리나무아과*Cassia siamea*, 마미송, 상수리나무 등 속성 교목도 있다. 목본 에너지 숲의 수종은 현지 자연적 특성에 잘 맞아야 한다. 예를 들어, 저장성은 여러 시험 재배장에서 싸리나무, 유칼립투스, 마미송, 상수리나무, 대만풍나무 등 10종의 우수한 연료림 수종을 선별하였고, 22개 유형의 숲 가운데 싸리나무, 유칼립투스 등 9개 단일종의 숲과 마미송, 싸리나무의 교목과 관목으로 이루어진 복층림 등 6개 우수한 혼합유형의 숲을 선별하기도 하였다. 국가임업국 자료에 따르면, 현재 중국이 보유한 연료림의 면적은 175만 ha이다. 염료림은 주로 에너지로 이용되고, 땔감 취득계수가 높으며 남방지역의 경우 7.5톤/ha에 이르고, 북방지역의 경우 3.8톤/ha에 이른다.

제4부 중국 바이오매스 원료자원에 대한 종합 및 평가

위의 3부에 걸쳐 각각 농업과 임업의 유기질 폐기물, 한계성 토지 및 에너지식물의 바이오매스 원료자원에 대한 자료를 수집 · 분석 · 정리하였고, 각각 원료자원의 구성과 수량을 제시하였다. 제4부에서는 한계성 토지와 에너지식물을 종합적으로 정리하고, 2030년의 생산 증가량을 예측하고 원료와 상품을 연계시켜 정리할 것이며, 마지막으로 중국 바이오매스 원료자원을 총괄적으로 정리하고 종합적인 평가를 내릴 것이다.

5. 토지와 식물자원의 종합 정리

유기질 폐기물을 원료로 하여 직접 상품으로 전환할 수 있지만, 원료식물은 토지와 서로 결합될 때만이 비로소 에너지로서의 잠재력을 발휘할 수 있다. 예를 들어 사탕수수는 재배가 가능한 염기성 토지, 식량작물에 부적합한 생산성이 낮은 농지와 서로 결합되고, 에너지 숲은 조림에 적합한 황무지와 결합될 때만이 그 에너지 잠재력을 알 수 있다. 또한 각각의 원료식물이 전환될 수 있는 상품의 종류도 다르다. 이에 따라 원료식물과 에너지상품을 구분하여 종합 정리할 필요가 있다.

아래에서는 중국의 주요 원료식물의 분포와 산출량(표 5-5 참조), 각 원료식물과 그에 상응하는 토지 유형의 조합(농업에 적합한 한계성 토지—사탕수수/서류의 조합, 임업에 적합한 황무지산과 비탈—에너지숲의 조합, 임업에 적합한 모래황무지—에너지 관목림의 조합, 연료림 토지/관목림 토지/유지원료림 토지—연료림/관목림/유지원료림의 조합)이 갖는 에너지 잠재력(표 5-6 참조)을 각각 제시하였다. 이처럼 연계시켜 정리한 결과, 에너지 잠재력은 다음과 같다. 즉 16,374만 ha의 한계성 토지에서 재배된 에너지식물의 에너지 생산 잠재력은 표준석탄 기준으로 54,974만 톤이고, 그 중 농업 한계성 토지의 에너지 생산량은 22,140

만 톤으로 전체의 40.3%를 차지하며, 임업 한계성 토지의 에너지 생산량은 32,834만 톤으로 59.7%를 차지하였다.

표 5-5 중국 주요 에너지식물의 분포와 단위 생산량

원료식물	주요분포지	원료 산출량(톤/ha)	주요 상품 생산량(톤/ha)	에너지 생산량(톤/ha)
사탕수수	북방과 전국	60~80(줄기) 3~5(알곡)	4~6(에탄올)	4~6
고구마	전국	15~20(보통)	2~3(에탄올)	2~3
카사바	서남, 화남	20~30(보통) 45~75(높은 수준)	4~6(에탄올) 10(에탄올)	4~6 10
감자사탕수수	서남, 화남	60~70	4~6(에탄올)	4~6
목본유원료	전국	4.0(알곡)	1.5(유지)	1.8
에너지숲	전국	6.5	6.5(고형연료)	3.3
관목림	서북과 전국	4.0	4.0(고형연료)	2.6

주: 연료용 에탄올의 낮은 수준 발열량 29,734kJ/kg을 기준으로 할 때, 1톤의 에탄올의 발열은 표준석탄 1톤에 가깝다. 표에서 에너지 생산량은 표준석탄을 기준으로 하였다.

표 5-6 중국 한계성 토지와 그에 상응하는 원료식물자원 및 에너지 생산량

한계성 토지 유형	면적(만 ha)	적합한 원료식물 및 면적 비율	에너지 단위 생산량 [톤(표준석탄)/ha]	에너지 생산 잠재력		주요 상품
				만 톤(표준석탄)	%	
1. 농업에 적합한예비지	2,787	사탕수수 35%	고구마: 2~3 기타: 4~6	22,140	40.3	연료용 에탄올(바이오디젤유 포함하지 않음)
		고구마 15% (北)				
2. 현 한계성 농지	2,000	카사바 35% (南)				
3. 임업에 적합한 예비지						
황무지 산과 비탈	5,004	에너지숲 60%	3.3	9,908	18.0	고형연료
		유지원료림 20%	1.8	1,801	3.3	바이오디젤유
		에너지작물 20%	3~5	4,003	7.3	연료용 에탄올
모래땅	700	건조에 강한 관목	2.6	1,820	3.3	고형연료
4. 현 한계성 임지						
연료림	175	연료림	4.2	735	1.3	고형연료
유지원료림	343	유지원료림	1.8	617	1.1	바이오디젤유
관목림	5,365	관목림	2.6	13,950	25.4	고형연료
합계	16,374			54,974	100.0	

주: 적합한 에너지 원료식물의 비중은 추정치이고, 단위 생산량의 파라미터는 표 5-5에서 인용한 것이고, 에너지 생산 잠재력은 중간 값을 취했다.

6. 바이오매스 원료자원의 현황 종합

한계성 토지와 원료식물을 연계시킨 자원에 유기질 폐기물자원을 추가하면 중국 바이오매스자원 전체를 파악할 수 있다. 표 5-7에서 보듯이, 2007년 바이오매스자원을 이용한 연간 에너지 생산량은 표준석탄 기준으로 9.32억 톤이며, 그 중 유기질 폐기물의 연간 에너지 생산량은 3.83억 톤, 한계성 토지의 연간 에너지 생산량은 5.49억 톤으로 각각 41.2%와 58.9%를 차지한다. 에너지 생산 잠재력이 큰 5대 원료를 순서에 따라 나열하면, 농업에 적합한 예비지표준석탄 기준 2.21억 톤, 23.7%, 작물 속대2.13억 톤, 22.9%, 임업에 적합한 예비지1.75억 톤, 18.7%, 현 관목림1.40억 톤, 15.0%과 가축 분뇨0.77억 톤, 8.3%이며, 5개 항목이 전체 에너지 생산 잠재력에서 차지하는 비중은 88.7%이다. 9.32억 톤의 에너지 생산량 가운데 54.9%는 농업으로부터 오고, 41.8%는 임업으로부터 온다. 유기질 폐기물에서 생산되는 에너지 가운데 75.7%는 농업으로부터 오고, 한계성 토지에서 생산되는 에너지 가운데 60%는 임업으로부터 온다.

표 5-7 중국 바이오매스 원료자원 종합2007년 산출량 기준

유기질 폐기물의 종류	식물 중량(억 톤)	표준석탄으로 환산(억 톤)	자원 총량에서 차지하는 비중(%)
1. 작물 속대	4.22	2.13	22.9
2. 가축 분뇨	6.19	0.77	8.3
3. 임업 부산물	0.70	0.40	4.3
4. 채집한 땔감	0.38	0.22	2.4
5. 공업 폐기물	-	0.28	3.0
6. 도시 유기질 쓰레기	0.16	0.03	0.3
합계	11.65	3.83	41.2
한계성 토지 유형	**면적(만 ha)**	**표준석탄으로 환산(억 톤)**	**자원 총량에서 차지하는 비중 (%)**
1. 농업에 적합한 예비지 2. 현 한계 농지	2,787 2,000	2.21	23.7
3. 임업에 적합한 예비지	5,704	1.75	18.7
4. 현 연료림	175	0.07	0.8
5. 현 유지원료림	343	0.06	0.6
6. 현 관목림	5,365	1.40	15.0
합계	16,374	5.49	58.8

7. 성장 잠재력 예측: 2030년

농업과 임업이 발전함에 따라 바이오매스원료의 생산도 그에 상응하여 증가할 것이다. 미국의 〈연간 10억 톤을 공급하는 기술의 타당성 연구보고〉와 에드워드 스미츠Edward Smeets의 글로벌 바이오매스원료에 대한 예측에서도 자원 증가 잠재력에 대한 기술요인계수를 매우 높게 설정하였다. 중국 바이오매스 원료자원 증가 잠재력에 대한 추정에 있어 우리는 미국과 에드워드 스미츠가 사용한 '시나리오 설계법'을 차용하는 대신 '성장 예측 재구성법'을 사용하였다. 즉 국가의 권위 있는 기관이 실시한 중국 농림업 발전에 있어 그 수요와 생산량에 대해 예측한 지표2030년를 이용해 관련 바이오매스원료의 증가를 역추적하는 것이다. 수요와 생산량 예측은 본래 기술 등 종합적인 요소의 영향을 받기 때문에 이 방법이 중국 실정에 더 적합하다. 아래에서는 작물 속대, 가축 분뇨와 에너지작물의 생산량 등 3가지 항목의 증가량에 대해서만 예측하였는데, 나머지 항목의 예측은 그 난이도가 매우 높기 때문이다.

작물 속대 생산량의 증가는 주로 작물 생산량의 증가에 의해 결정되며, 2000년 중국 국가 발전 및 개혁위원회에서 편집하여 출간한 〈21세기 초 중국 농업발전 전략〉 에서는 2030년 벼, 밀, 옥수수 및 기타 곡물은 물론 식량의 총 생산량과 수요량의 예측치를 제시하였다. '알곡과 짚혹은 속대의 비율'에 근거해 도출한 전체 곡물 짚과 속대의 생산량은 7.99억 톤으로 2007년에 비해 38% 증가하였고, 표준석탄으로 환산하면 4.27억 톤으로 47.5%의 증가율을 보였으며, 새로이 증가한 에너지 생산량은 표준석탄 1.37억 톤에 상당한다표 5-8 참조.

표 5-8 바이오매스 원료자원인 작물 짚과 속대의 2007년과 2030년 생산량

곡물	연도	생산량 (만 톤)	알곡과 짚 비율	짚과 속대의 양 (만 톤)	표준석탄 환산 계수	표준석탄 환산량 (만 톤)	표준석탄 증가율 (%)
벼	2007년 2030년	18,603 20,273	1:0.623	11,590 12,630	0.429	4,972 7,869	58.3
밀	2007년 2030년	10,930 16,460	1:1.366	14,930 22,484	0.5	7,465 11,242	50.6
옥수수	2007년 2030년	15,230 21,096	1:2.0	30,460 42,192	0.529	16,113 22,320	38.5
기타 곡물	2007년 2030년	869 2,624	1:1	869 2,624	0.50	435 1,312	201.6
곡물 합계	2007년 2030년	45,632 60,453		57,849 79,930		28,985 42,743	47.5

주: 2007년 곡물 생산량은 『중국농업연감 2008』에서 인용하였고, 2030년 곡물 생산량 예측은 뤼페이제(呂飛杰, 2000)의 논문에서 인용하였다.

가축 분뇨 산출 증가량은 돼지고기, 쇠고기와 양고기의 2030년 수요 예측치를 통해 추정할 수 있다. 돼지고기, 쇠고기와 양고기의 2030년 수요 예측치는 각각 6,655만 톤, 2,026만 톤과 2,198만 톤으로 2007년에 비해 각각 55.2%, 103.4%와 51.8% 증가할 것으로 나타났다. 이러한 추정에 따라 가축 분뇨의 실물 가용량은 2007년 8.84억 톤에서 2030년 14.01억 톤으로 증가하는 것으로 나타났다. 에너지 생산량은 표준석탄 기준으로 0.77억 톤에서 1.22억 톤으로 증가함으로써 새로이 증가한 에너지 생산량은 0.45억 톤이다.

이 외에도 사탕수수 줄기와 서류의 현 생산량이 각각 ha당 60톤과 16톤이다. 우량품종을 사용하고 비료 투입량을 늘려 재배관리를 강화할 경우 현 생산수준을 50% 제고하는 것은 문제없다. 즉 에너지작물의 연간 생산량을 표준석탄 기준으로 1.13억 톤에서 1.70억 톤까지 증가시킬 수 있다.

이상 짚과 속대, 가축 분뇨와 에너지작물 등 3가지 항목의 2030년 생산량 증가 예측치에 근거하면, 에너지 생산량은 표준석탄 기준으로 각각 1.37억 톤, 0.45억 톤과 0.57억 톤 증가함으로써 새로이 증가한 에너지 생산량은 2.39억 톤에 이른다. 즉 2007년 연간 에너지 생산 잠재력은 표준석탄 기준으로 9.32억 톤에서 11.71톤으로 증가할 것이다. 그림 5-6은 현 자원 생산 잠

재력과 2030년 자원 생산 잠재력의 예측치를 종합한 것이다.

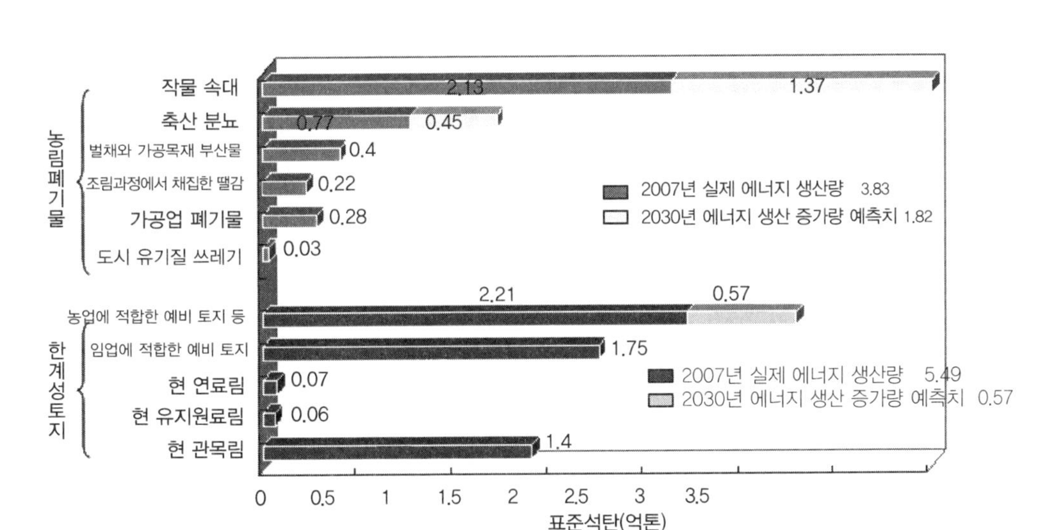

그림 5-6 중국 바이오매스 원료자원의 2007년 현황과 2030년 증가량 예측치

8. 원료자원과 에너지 상품의 연계

각종 바이오매스원료는 각기 다른 상품 가공에 적합하다. 당류와 전분류 원료는 에탄올과 같은 액체연료와 그에 파생된 화공제품 생산에 적합하고, 유지류 원료는 바이오디젤유와 그에 파생된 화공제품 생산에 적합하다. 또한 가축 분뇨, 가공업과 도시에서 배출된 유기질 폐수와 폐기물은 메탄가스계열의 상품 생산에 적합하고, 작물 짚과 속대, 임업 부산물 등 나무 재질의 섬유소 원료는 고형연료와 직접혹은 혼합 연소를 통한 발전發電에 적합하며, 기술혁신 후에는 액체연료 등 다양한 상품 생산도 가능하다. 따라서 작물 짚과 속대를 두 가지 용도로 나누어 간단한 기술처리를 할 수 있다. 즉 절반은 액체연료 생산에 이용하고, 나머지 절반은 고체연료 생산에 이용하는 것이다.

원료와 상품의 조합을 통해 생산 가능한 표준석탄 기준의 11.71억 톤 상당의 에너지 가운데 39.8%, 즉 표준석탄 4.66억 톤에 상당하는 에너지를 생산할 수 있는 바이오매스원료는 액체연료를 생산하여 석유를 대체하는데 적합하다. 또 전체의 47.1%인 표준석탄 5.59억 톤에 상당하는 에너지를 생산할 수 있는 바이오매스원료는 고체연료를 생산하여 석탄을 대체하는데 적합하고, 나머지 13.1%인 표준석탄 1.53억 톤에 상당하는 에너지를 생산할 수 있는 바이오매스원료는 기체연료를 생산하여 천연가스를 대체하는데 적합하다. 그 중 다소 고려해야 할 것은 작물 짚과 속대의 절반은 섬유소 에탄올로 전환하는데 이용하고, 나머지 절반은 고형연료로 이용하는 것이며, 이는 2040년을 전후하여 비로소 실현될 수 있을 것이라 예측된다. 원료와 상품의 연계는 그림 5-7을 통해 구체적으로 살펴볼 수 있다.

그림 5-7 중국 바이오매스 원료자원과 상품의 연계 후 화석에너지에 대한 대체능력

9. 중국 바이오매스 원료자원의 종합 평가

이상 관련 자료의 분석과 정리는 중국 바이오매스 원료자원에 대한 다음과 같은 이해에 도움이 되었다.

첫째, 중국 바이오매스 원료자원은 매우 풍부하며, 현재 연간 에너지 생산 잠재력은 표준석탄 기준으로 9.32억 톤이다. 예측 결과, 2030년에는 11.71억 톤까지 증가시킬 수 있을 것으로 보이며, 이는 2007년 전국 에너지 총 소비량의 44%에 상당하는 양이다. 바이오매스 원료자원은 지속가능한 녹색 에너지의 노다지 광산이고, 국가의 귀중한 자원이자 재산이다.

둘째, 에너지 생산량에 근거하면, 중국 바이오매스 원료의 48.3%는 농업과 임업의 폐기물5.65억 톤의 표준석탄에 상당함에서 오고, 51.7%는 한계성 토지에서 생산되는 에너지식물6.06억 톤의 표준석탄에 상당함에서 오며, 이처럼 크게 두 부류로 나눠진다. 또한 66.7%는 농업에서 오고, 33.3%는 임업에서 온다. 즉 농업이 2/3을 차지하고 임업이 1/3을 차지한다.

셋째, 농업과 임업의 폐기물 이용은 자원을 재활용하는 것이고, 한계성 토지 이용은 토지자원 이용을 확대하는 것이다. 이 두 가지 모두 새로이 개발한 자원이고, 상품은 새로이 개발한 상품이다. 원료나 시장을 놓고 전통산업과 서로 경쟁하는 것이 아니라, 오히려 오늘날 가장 필요한 청정에너지를 제공할 수 있고, 온실가스 배출을 줄일 수 있을 뿐만 아니라 농촌 경제발전을 촉진할 수 있다.

넷째, 각종 바이오매스원료는 각기 다른 상품을 생산하는데 적합하다는 원칙에 근거할 때, 중국 바이오매스원료는 표준석탄 4.59억 톤에 상당하는 석유, 표준석탄 5.59억 톤에 상당하는 석탄과 표준석탄 1.53억 톤에 상당하는 천연가스를 대체할 수 있고, 연간 약 20억 톤의 이산화탄소 배출을 감축할 수 있다. 이는 엄청난 공헌이 아닐 수 없다.

다섯째, 중국은 국토면적이 넓고 자연조건이 복잡하며, 매우 다양한 바이오매스원료가 분산되어 분포하기 때문에 지역과 원료의 특성에 근거한 원료와 상품의 다양화 발전전략을 수립하는 것이 유리하다. 액체・고체와 기체 연료를 동시에 발전시키고, 바이오연료와 바이오매스를 기초한 상품을 함께 생산하는 방침을 세워, 전국적으로 중소형 가공공장 위주의 분산형 바이오매스 산업을 배치하고 네트워크를 형성할 필요가 있다.

중국 황화이하이黃淮海평원 등 식량 주산지에서 매년 1억 톤 이상의 짚과 속대가 노지에서 연소됨에 따라 심각한 환경오염을 유발한다. 만약 이를 발전發電에 이용할 경우 싼샤三峽발전소 2개에 상당하는 발전發電능력을 갖출 수 있다.

6

'짚과 속대 자원'과 10개 선동神東탄전

- 뒤늦은 희소식
- 경영이념의 성공
- 가까운 곳에 반드시 좋은 자원이 있다
- 짚과 속대의 전쟁은 이미 시작되었다
- 개념이 바로 생산력
- 짚과 속대 산업의 의미와 전략
- 짚과 속대 에너지산업의 선택 사항과 기술 구비
- 현재 짚과 속대의 직접 연소를 통한 발전發電에 반대할 수 없다
- 작은 알갱이를 소형 보일러와 연계시킨다
- 소형 녹색발전으로 소형 화력발전을 대체한다

하늘이 나를 이 땅에 보낸 것은 쓸모가 있었음인데,
재물이야 흩어졌다 다시 돌아오기도 하는 것이니.

이백李白

5장의 중국 바이오매스 원료자원을 종합하여 정리하는 가운데 5대 에너지 생산 원료를 제시하였으며, 그 중 작물 짚과 속대는 2위를 차지하였고, 현재 에너지 생산 잠재력은 표준석탄 기준으로 2.13억 톤으로 전체 바이오매스 원료자원에서 23%를 차지한다. 2030년에는 3.5억 톤까지 증가할 것으로 예상되며, 이는 전체 자원의 30%를 차지한다. 현재 중국의 석탄광산 가운데 규모가 가장 큰 것은 선둥탄전이며, 연간 원탄 생산량은 약 5,000만 톤으로 표준석탄 3,500만 톤에 상당하고, 이는 짚과 속대를 이용한 연간 에너지 생산량의 1/10에 지나지 않는다.

석탄은 온실가스를 배출하는 주범인데 반해 짚과 속대는 청정에너지인 동시에 재생이 가능하다. 만약 선둥탄전에서 앞으로 50년간 석탄 채굴이 가능하다고 할 때, '짚과 속대 광산'에서는 채굴이 영구적일뿐만 아니라 "채굴하면 할수록 더 많아진다."고 할 수 있다. 마치 "하늘이 나를 이 땅에 보낸 것은 쓸모가 있었음인데, 재물이야 흩어졌다 다시 돌아오기도 하는 것이니."라고 했던 이백의 말과 같다. 본 장에서는 바로 '짚과 속대 자원'에 관한 이야기를 할 것이며, 짚과 속대 자원을 이용한 고형연료에 중점을 두었다.

1. 뒤늦은 희소식

필자가 바이오매스에너지에 관심을 갖기 시작한 것은 스웨덴 고형연료에 흥미를 갖게 된 이후부터다. 그들은 수목의 마른 가지, 저질 목재, 작물의 짚과 속대, 나무껍질, 톱밥 등 폐기물 혹은 부산물의 유기질 고형물을 수집하여 분쇄한 후 압축하여 크고 작은 덩어리형태로 만들었다. 이처럼 물리적 상태를 조금 변화시켜 깔끔하고 깨끗하게 만들자 상품으로 거듭났고 운반이 편리해졌으며, 발열효과도 고급 청정연료의 2~3배까지 높일 수 있었다. 고형연료는 전문용어이며, 만약 알갱이형태로 성형이 되면 펠릿pellets이라고 부르고, 만약 커다란 덩어리로 성형이 되면 '조개탄briquettes'이라 한다. 스웨덴, 독일, 이탈리아 등 많은 유럽국가에서 조개탄 이용은 매우 보편화되어 있으며, 가정의 벽난로에 사용할 수도 있고, 해당 지역 온수 공급과 전기 발전에 특히 많이 사용되고 있는데, 중국 도시에서 볼 수 있는 중국식 조개탄과 알탄처럼 시장 어디에서나 구입이 가능하다. 그러나 알탄에 비해 훨씬 깨끗하고 편리하며, 포장도 상당히 정교하고 보기 좋게 되어 있다. 중국은 고형연료의 가공기술과 설비가 상당한 수준에 도달해 있으며 투자비용도 저렴하다. 또한 수익 창출이 빠르고, 중소형 가공공장을 설립할 수 있으며, 농민의 참여도 역시 높아 고형연료는 중국 실정에 특히 잘 맞다.

당시에 필자는 베이징의 모 회사가 이러한 펠릿와 농가용 취사도구를 연구개발했음을 알게 되었고, 2005년 초 베이징에서 열린 과학기술 성과물 전시회에 참석한 중앙정부 지도자들을 상대로 필자와 또 한 명의 원사가 이 성과물에 대해 소개함으로써 많은 지도자들의 관심을 끌었다. 당시 허난농업대학은 밀짚과 옥수수 속대를 원료로 열가공을 거쳐 덩어리로 압축함으로써 보일러연료를 대체하였고, 지린 등지에도 성형기계를 생산하고 고형연료를 가공하는 공장이 있었다. 이는 모두 가장 초기의 공장들이다.

농업부 계획설계연구원은 2007년 북경 외곽에 위치한 다싱현大興縣에 연간

1.2만 톤의 짚과 속대를 투입하여 1만 톤의 펠릿를 생산할 수 있는 산업화 시범기지를 건설하였고, 고체연료 성형기는 자체적으로 설계하였다. 2009년 4월까지 누계 생산량은 고형연료 1만여 톤이고, 시범기지에는 150호의 응용시범농가가 참여하며, 펠릿는 근처 하우스 채소 재배 농가에 판매되어 난방에 사용된다. 또한 이 연구원은 EU의 표준을 참조하여 중국 바이오매스 고형연료의 표준체계를 제시하였다.

고형연료는 중국에서 어느 정도 발전은 보이고 있지만, 그 길이 매우 더디고 어려워 보인다. 필자가 아는 바로는 현재 전국적으로 사용되고 있는 바이오매스 압축성형설비는 거의 1,000대에 달하지만 연간 펠릿 생산량은 30만 톤에도 미치지 못한다. 성형설비의 생산성이 낮고, 에너지 소모가 많은데다, 부품이 쉽게 마모되어 교환율도 높다. 또한 통합생산라인이 적은데, 소규모 회사는 역량이 부족한 반면, 대규모 회사는 이 사업에 뛰어들 의사가 없다. 게다가 정부는 제대로 된 지원을 펴지 못함으로써 계속해서 연구개발과 시범단계에 머물러 있는 실정이다. 도대체 기술과 설비의 문제인가, 정책 환경의 문제인가? 아니면 다른 문제가 존재하는 것인가? 2009년 봄, 국가임업국의 한 처장處長이 지린의 모 고형연료회사 사장을 데려왔다. 그의 설명을 듣고 나서 필자의 이런 의문점들이 풀렸으며, 뒤늦은 희소식도 하나 듣게 되었다.

2. 경영이념의 성공

지린후이난홍르신에너지공사吉林輝南宏日新能源公司, 이하 '홍르공사'라 약칭 사장 홍하오洪浩는 처음에 길림 서부지역에서 염기성 토지의 바이오 개량산업에 종사하였으며, 2006년 백두산에 방치된 나뭇가지에 관심을 갖게 되었다. 여기저기 흩어져 있는 나뭇가지는 산불의 중요한 화근인 동시에 이용 가능한 자재였던 것이다. 홍하오는 뜻하지 않게 이 사업에 뛰어들게 된다. 그러나 이 원료를 어떻게 수집하고 운반할 것인가? 또한 국내에는 성형기계와 전문 보일러설비가 없었고, 외국제품은 굉장히 비쌌다. 외국 성형원료의 원료는 단일한 반면 중국 원료는 그 종류가 많고 복잡했다. 국내에는 적용할 상품 기준도 없었다. 직면한 문제들이 많긴 했지만 그 중에서도 가장 큰 문제는 시장을 개척하는 것이었다. 과연 어디에 시장이 있단 말인가? 이 홍르공사는 창업과정에서 수많은 어려움과 아픔을 맛봐야 했다.

2년여의 힘든 탐색과정을 거쳐 홍르공사는 마침내 성형기계와 전문 보일러의 자체 연구개발에 성공하였고, 더 중요한 것은 시장을 개척하고 마케팅 전략을 세웠다는 것이다. 이들은 조사연구과정에서 녹색산업과 환경보호는 아주 숭고한 사회이념임에도 불구하고 소비자들은 상품의 편리성을 더 중시한다는 것을 알게 되었다. 수천수만 가구를 상대로 고형연료를 판촉 하는 것은 매우 어려운 일이다. 대신 도시의 난방을 담당하는 업체에서 사용하는 석탄을 펠릿으로 교체할 경우 판매가 집중되고 규모를 이루어 운영도 비교적 용이해질 수 있다. 이렇게 되면 난방업체가 열로 전환한 상품을 가지고 수천수만 가구와 대면할 수 있게 된다. 창춘長春시는 거의 반년에 걸쳐 난방을 공급함으로, 이는 큰 시장임에 틀림없다.

그러나 사람들은 이미 몇 십 년에 걸쳐 석탄보일러를 이용해 난방을 공급받았고 그에 익숙해져 있다. 보일러는 정형화된 상품이고, 안정적 석탄 공급망이 갖춰진 상황에서, 만약 고형연료로 바꾸고 보일러를 개조해야 할 경우 누구도 이 수고스러움을 감당하려 하지 않을 것이다. 홍르공사는 아예 전 과정에 걸쳐 서비스를 제공하기로 하는 대담한 계획을 세웠다. 즉 펠릿 생산에서부터 보일러를 이용한 난방 공급까지 모든 과정을 책임졌으며, 최종상품은 펠릿이 아니라 '에너지'가 되는 것이다. 2008~2009년도 난방 공급시기가 시작되기 전 마침내 8만여 m²의 난방 공급서비스를 원하는 몇몇 고객과 연결이 되었으며, 그 중 규모가 가장 큰 것은 장춘시의 4성급 호텔인 쿠알라룸푸르 호텔吉隆坡大酒店이었고, 난방 공급면적은 4.2만 m²였다. 2009년 7월 3일 필자를 비롯한 일행의 시찰은 바로 이 호텔 지하의 난방 보일러실에서부터 시작되었다.

그림 6-1의 왼쪽 위의 사진은 쿠알라룸푸르 호텔이고, 왼쪽 아래의 사진은 지하실의 난방설비이며, 그 좌우 양쪽에 위치한 것은 2톤의 바이오매스를 연료로 하는 보일러이다. 중간의 것은 자동 콘솔console이고, 위쪽에 '홍르 신에너지宏日新能源'표식이 붙은 것은 고형연료를 저장하는 곳이다. 홍르공사와 호텔이 체결한 난방 공급 계약서에는 실내 온도를 20℃로 규정하였는데, 실제로는 21~22℃에 달한다. 쿠알라룸푸르 호텔은 줄곧 석유를 사용해 난방을 공급하였으며, 난방 공급 기간마다 500만 위안을 지불해야 했다. 하지만 고형연료를 사용해 난방을 공급한 이후에는 270만 위안만 지불하면 되었다. 뿐만 아니라 온실가스, 연기와 먼지의 배출량은 석유보일러보다 훨씬 적고, 창춘시 환경보호부문은 이에 대해 매우 높이 평가하였다. 2008~2009년도 난방 공급 기간에 홍르공사는 더 큰 사업을 맡게 되었다. 즉 창춘시 신기술개발구의 톈허푸아오 자동차안전시스템회사天合富奧汽車安全系統公司의 펠릿 난방 공급 개조사업이다.

그림 6-1 홍르공사의 펠릿 생산과 난방 공급 현장2009년

이튿날 필자와 일행은 차를 타고 장춘에서 약 200km 떨어진 후이난현輝南縣에서 현재 운전 중인 펠릿 성형기계를 시찰하였으며, 기계의 출구에서는 따끈따끈한 펠릿이 끊임없이 쏟아져 나왔고그림 6-1의 오른쪽 사진, 또한 원료 야적장과 저장고도 시찰하였다. 이 회사는 2009~2010년도 동계 난방 공급규모를 18만 ㎡로 확대하여 전년도에 비해 2배 이상 증가시켰다. 이 회사의 마케팅 이념과 전략은 성공을 거두었고, 바로 지린을 기점으로 하여 전국 고형연료 난방 공급시장을 개척하였다. 2010~2011년도 동계 난방 공급면적은 80만 ㎡까지 증가할 것으로 보이며, 이는 1년 만에 4배 가까이 증가한 셈이다.

이 공장에서 생산하는 펠릿의 직경은 6~8㎜이고, 길이는 직경의 1~5배이고, 밀도는 1.1~1.4톤/㎥이고, 발열량은 1,799.1만~1,882.8만J/kg이다. 표 6-1에서는 펠릿과 기타 5종 화석연료 및 전력의 발열량과 가격을 비교하였는데, 대체적으로 볼 때 펠릿과 석탄, 천연가스의 가격은 비슷하다. 액체연료등유, 휘발유보다 낮을 뿐만 아니라, 전기보다는 훨씬 낮다. 석탄, 액체연료, 천연가스와 고형연료 등 4가지 보일러의 연기와 먼지 배출농도는 각각 80, 80, 50과 34.7mg/㎥이고, 배출농도는 각각 900, 900, 100과 41.3mg/㎥이며, 이 중 고형연료가 가장 낮은 수치를 기록함으로써 가장 친환경적인 것으로 나타났다.

표 6-1 고형연료와 5종 화석연료 및 전력의 발열량과 난방 공급 가격 비교

품종	연소 발열량	가격	1GJ 생산에 필요한 연료비
천연가스	35,962kJ/㎥	1.95위안/㎥ 54.16위안/GJ	1.02
액체연료180CST	48,088kJ/kg	3,000위안/톤 62.31위안/GJ	1.16
액체연료M100	41,816kJ/kg	3,300위안/톤 78.82위안/GJ	1.48
디젤유0#	50,179kJ/kg	5,780위안/톤 115.04위안/GJ	2.17
석탄	24,253kJ/kg	1,350위안/톤 55.59위안/GJ	1.05
상업용 전기	360kJ/(kW·h)	0.6위안/(kW·h) 166.64위안/GJ	3.14
목재 알갱이	18,817kJ/kg	1,000위안/톤 53.08위안/GJ	1

출처: 홍르공사, 2009.

3. 가까운 곳에 반드시 좋은 자원이 있다

중국농업대학 바이오매스공정기술센터와 스웨덴 농업과학대학의 공동프로젝트인 '광시성 카사바 속대를 발전發電, 냉난방, 펠릿에 활용하는 결합생산기업의 타당성 연구'최종보고에서 필자가 깊이 느낀 바가 있어 〈수서隋書〉의 명언인 "십 보 내에 반드시 향기로운 풀이 있다."를 인용하였다.

작물 짚과 속대를 땔감과 가축의 먹이로 이용하는 것은 누구나 알고 있다. 그러나 카사바의 속대만큼은 불에 잘 타지도 않고 가축도 먹질 않아 농로주변에 방치될 뿐 특별한 용도가 없다그림 6-2 참조. 청쉬程序교수는 이것을 이용해 고형연료로 가공할 생각을 하였으며, 세계 성형원료의 발원지이자 국민 1인당 300kg 이상의 펠릿를 점유하고 있는 스웨덴 농업대학과 협력하여 "EU—중국 에너지와 환경 협력계획"프로젝트를 따냈다. 2년간의 연구를 통해 놀라운 결과를 도출했다.

그림 6-2 불에 잘 타지도 않고 소도 먹지 않아 농로주변에 방치된 카사마 속대

연구에 따르면 카사바 속대에는 인P, 칼륨K, 칼슘Ca 함량이 높은 반면 규소Si의 함량이 낮기 때문에 카사바 속대는 기타 바이오매스원료와 다른 특성을 가지고 있었던 것이다. 회분의 함량은 옥수수의 속대에 비해 적은 대신 회분의 안정성이 대단히 좋고 용해점이 매우 높기 때문에 코크스화되거나 엉킬 위험을 크게 낮출 수 있다. 질소, 칼륨 함량이 높고 재가 많이 남는다는 문제는 연소설비를 개량함으로써 극복할 수 있다.

스웨덴 전문가의 또 다른 놀라운 발견은 실험용 카사바 속대원료를 3가지 처리방식수분 함량 10%, 12%와 14%을 거쳐 압축 성형한 펠릿 모두가 EU 표준의 우수한 등급에 도달했다는 것이며, 에너지 소비도 스웨덴 목재원료에 비해 10~15% 낮았다. 카사바 속대 고형연료는 중소형 보일러에 사용할 수 있고, 전기 발전의 경제적 효율이 가장 좋으며, 특히 바이오발전發電과 펠릿 생산을 결합시킬 수 있다CPP. 연간 마른 카사바 속대의 투입량이 20만 톤인 CPP공장은 매년 16만 톤의 고형 성형원료와 1,000만 kW·h을 생산할 수 있으며, 남는 열은 현지 전분/주정공업에 사용할 수 있다. 생산된 펠릿의 에너지 생산량은 표준석탄 10만 톤에 상당한다.

프로젝트팀의 조사에 따르면, 광시성의 카사바 재배면적은 40만 ha이고, 매년 360만 톤의 카사바 속대가 생산된다. 이를 이용해 표준석탄 200만 톤 분량의 에너지 생산이 가능하다고 할 때 500만 톤의 이산화탄소 배출을 줄일 수 있고, 그 생산액은 10억 위안에 달한다. 이 연구결과는 석탄, 석유와 천연가스 자원이 극히 부족한 광시성에 있어 '희소식'이 아닐 수 없다. 작은 알갱이도 큰일에 쓰일 수 있으며, 최종보고에서 필자는 또 한 가지 느낀 바가 있어 유비가 임종 당시 유선에게 한 말을 인용하였다. "선이 작다고 하여 행하지 않으면 안 된다."

프로젝트 수행에 있어 경제적 측면에서의 연구결과는 다음과 같다. 100MW 발전과 알갱이 생산을 결합한 공장의 총 투자액은 3.8억 위안이고, 세전 한계 수익률은 46.21%에 달해, 5~6년 내에 고정자산 투자금을 회수할 수 있다. 물론 이는 아주 훌륭한 산업화 프로젝트일 경우를 말하며, 아직 '출가를 준비하는 중'이라 적지 않은 '혼담'이 오고갈 것이라고 믿어 의심치 않는다.

4. 짚과 속대의 전쟁은 이미 시작되었다

2004년 초여름 필자는 국가중장기과학기술발전계획 농업전략연구팀을 대표하여 원자바오溫家寶총리에게 연구 성과를 보고하였다. 농작물 짚과 속대의 에너지 이용에 관한 얘기가 나오자 총리는 "노지에서 연소되는 짚과 속대의 문제가 제기된 지 10년이 되었는데 아직까지도 해결되지 않았습니까!"라고 흥분해서 말했다. 그 후 다시 6년이 지났지만 여전히 해결되지 않았다. 지방 지도자들도 서기書記의 책임 하에 '연소 금지 판공실'을 구성하고, '연소 금지령'을 내리고, '연소 금지 감독조'를 파견하는 등 여러 가지 방안을 내놓았지만, 그 효과는 매우 미미했다. 이러한 행태는 왜 이처럼 고치기 힘든 고질병이 되었는가?

泉城"狼烟"呛了近三十航

受农民烧秸秆等因素影响济南空气重度污染 政府紧急下发通知严查

合肥市：禁烧秸秆难在哪儿

涿州为奥运全面禁烧秸秆

「禁烧」巡逻队二十四小时交替巡逻

本报讯（记者 [illegible] 通讯员 [illegible]）河北省涿州市与北京接壤，为确保奥运期间空气质量，该市坚持将秸秆禁烧作为工作中的重中之重，采取一系列措施加强防范。

该市成立了市、乡（镇）、村三级"秸秆禁烧工作领导小组"，制定农作物秸秆禁烧、清运和综合利用工作实施方案，同时成立了禁烧工作督导考核组和重点区域、重点路段禁烧督查组，实行秸秆禁烧行政一把手负责制和市领导包乡镇，乡镇领导包村、村干部包地块的捆绑责任制，层层签订责任状，严格检查，严格奖惩，并将秸秆禁烧工作纳入年终目标考核的重要内容。

该市还充分利用广播、电视、标语等多种宣传形式，在全市范围内广泛宣传焚烧秸秆的危害和秸秆综合利用的好处，提高广大群众秸秆禁烧的法律意识，特别是在重点区域多次出动宣传车，反复宣传，通过与各家各户签订"禁烧"责任书，强化农民的环境意识。各乡镇"禁烧"巡逻队24小时交替巡逻，发现问题及时处理，市督导考核组每天上路检查各乡镇的禁烧情况，对发生秸秆焚烧现象的乡镇给予经济处罚和电视曝光，造成严重不良影响的，追究乡镇主要领导的责任，并在全市通报。

农民日报

FARMERS' DAILY

农业部紧急通知禁止焚烧秸秆

疏堵结合 以疏为主 做好秸秆综合利用工作

五省烧麦秸 呛坏北京

그림 6-3 2008년 5월 짚과 속대 연소 금지에 관한 보도

황화이하이黃淮海평원은 중국의 중요한 식량 주산지이며, 개혁개방 이후 식량 단위생산량과 총 생산량 증가가 가장 빨랐고, 재배방식도 과거의 2년 3작에서 밀, 옥수수의 1년 2작으로 바뀌었다. 따라서 한편으로는 짚과 속대의

생산량이 증가하였고, 다른 한편으로는 철이 바뀌고 윤작을 할 때 기존 작물을 수확한 후 새로운 작물을 파종하기가 더욱 바빠졌다. 농업 관련 속담에 이르기를, "봄철에는 하루를 두고 다투고, 여름철에는 시간을 두고 다툰다."고 하였으며, 반드시 제때에 밭에서 기존 작물의 짚과 속대를 옮기고 빨리 다음 작물을 심어야 한다. 이것이 바로 농민들이 소위 말하는 '삼하대망三夏大忙: 여름철 수확, 여름철 파종, 여름철 관리'이다. 기계화 수준이 높지 않고 노동력이 부족한 상황에서 제때에 밭을 비우기란 여간 큰 문제가 아니다. 뿐만 아니라 농민의 생활수준이 향상됨에 따라 짚과 속대를 땔감이나 퇴비로 이용하는 것에 점차 소홀해졌고, 아예 불을 놓아 태워버리는 것이 가장 손쉬운 방법이 되었다. 이것이 바로 짚과 속대를 연소시키는 행태가 널리 유행하고 고치기 힘든 고질병이 된 원인이다.

'금지'와 '저지'만으로는 불가능하고 반드시 근본적으로 문제를 해결해야 한다. 2008년 7월 국무원 판공청辦公廳은「농작물 짚과 속대 종합적 이용의 조속한 촉진에 관한 의견」문건을 하달하였으며, 예상했던 대로 요지는 '발본색원'식으로 짚과 속대의 노지 연소 문제를 해결한다는 것이었다. 그렇지 않을 경우 어떻게 짚과 속대를 종합적으로 이용한다는 생각을 할 수 있었겠는가! 문건에서 제기한 목표는 "짚과 속대 자원을 종합적으로 이용하고, 짚과 속대 폐기물과 불법적 연소로 인한 자원의 낭비와 환경오염문제를 해결한다. 2015년까지 짚과 속대의 수집시스템 수립에 최선을 다하고, 합리적 수준에서 분포하고 다양하게 이용할 수 있는 짚과 속대의 종합적 이용 산업화구조를 형성하여, 짚과 속대 이용률을 80% 이상으로 높인다."이다. 이어서 2009년 국가 발전 및 개혁위원회와 농업부는 '짚과 속대의 종합적 이용 계획을 편성하는 지도의견에 관한 통지'를 하달하였고, 재정부와 국가세무총국에서는 〈짚과 속대 에너지화 이용 보조금 관리 임시 시행 방법〉을 발표하였다.

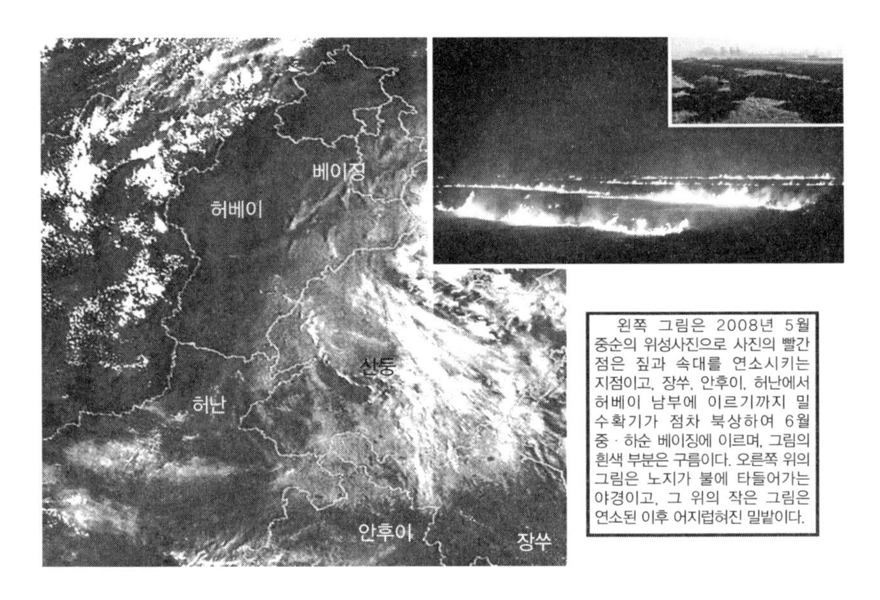

그림 6-4 2008년 밀 수확기에 짚을 태우는 야경과 위성사진, 그 중 빨간 점은 노지 연소 현장

국무원이 하달한 문건의 확실한 이행을 위해 국가 유관 부문 · 위원회와 학회에서는 2008년 6월 북경에서 '2008년 짚과 속대의 종합적 이용을 위한 고위층 포럼'을 개최하였고, 2009년 11월에는 허페이合肥에서 '전국 농산물 짚과 속대의 종합적 이용 현장경험 교류회'를 열었으며, 이어 11월에는 허페이에서 '2009년 제2차 중국 국제 짚과 속대의 종합적 이용 정상 포럼 및 짚과 속대 산업 신상품 신기술 전시 홍보회'가 개최되었다. 전국적 짚과 속대의 종합적 이용 및 노지 연소 퇴치를 위한 한 차례의 결전이 시작된 것이다. 전열을 갖췄지만 과연 어떻게 싸울 것인가? 필자는 회의에 참석하면서 이 문제에 대한 좋은 해결책을 찾지 못했다.

5. 개념이 바로 생산력

2009년 허페이에서 열린 '전국 농산물 짚과 속대의 종합적 이용 현장경험 교류회'에서 필자는 '짚과 속대 산업'에 대한 개념을 제시하였다.

그림 6-5 '전국 농산물 짚과 속대의 종합적 이용 현장경험 교류회' 회의장2009년, 허페이

몇 천 년에 걸쳐 농작물 짚과 속대는 단순히 사람들이 경제적 산물예를 들어 식량, 섬유, 유지, 당류만을 얻고 난 후 남는 부산물로써, 퇴비로 땅에 환원되거나 가축의 먹이로 쓰이고 제지에 사용되거나 땔감으로 쓰이지 않으면 밭에서 연소되는 등 손쉽고 임의적으로 사용되었을 뿐이다. 현재 종합적 이용을 열심히 주창하는 것은 바람직한 일이긴 하지만 이 또한 기존 사고방식의 강화이자 연장일 수 있다. 필자가 제시한 '짚 속대 산업'개념의 의의는 바로 역발상을 통해 이를 중요한 자원으로 설정하여 현대기술을 이용해 이를 개발하고, 선진적 공업차원에서 이를 경영해 새로운 산업을 육성하는 것에 있으며, 그 결과는 완전히 다를 수 있다.

첫째, 짚과 속대는 중요한 자원이지 부산물이 아니다. 본질적으로 짚, 속대는 석탄, 석유와 같으며, 모두가 에너지와 물질의 매개체이고, 하나는 탄수화물이고 다른 하나는 탄화수소이며, 하나는 당이고 다른 하나는 알킬alkyl이다.

짚과 속대의 에너지 밀도는 작지만 이는 청정에너지이면서 재생이 가능하다. 둘째, 짚과 속대는 엄청난 양의 자원이며, 연간 생산량은 10개 선둥神東탄전에 상당할 뿐만 아니라 그 양은 점점 더 많아지고 영구적으로 채취할 수 있다. 셋째, 산업화에 필요한 현대기술과 많은 성공사례가 존재하며, 특히 에너지 용도에 있어 바이오매스 발전發電기술, 열병합발전 기술, 고형연료기술은 물론 현재 과학기술이 도전하고 있는 섬유소 에탄올 생산기술 등을 예로 들 수 있다. 넷째, 짚과 속대를 빨리 그리고 대량으로 소화함으로써 짚과 속대의 노지 연소 문제를 해소할 수 있고, 이산화탄소 배출을 줄이고 농가소득 증대의 효과를 즉시 가져올 수 있다.

짚과 속대를 재생가능한 녹색 '거대 광산'자원에 비유하는 것은 아주 적절하지 않은가?

사물은 항상 그 처한 조건의 변화에 따라 그 자체도 변하기 마련이다. 석탄과 석유는 수 억 년 동안 지하 깊숙이 묻혀있으면서 사람들의 관심을 받지 못했지만 근대 과학기술혁명과 공업혁명은 물론 석탄 채굴기계와 석탄 보일러가 있었기에 비로소 세상의 관심을 끌면서 빛을 보게 되었다. 과거에는 '달 구경'만 할 수 있었지만, 지금은 항공기술이 발달하면서 '달 착륙'이 가능해졌으며, 심지어 일부 국가들은 달에 착륙하여 '보물찾기'를 하려고 계획하고 있고, 그곳의 풍부한 '헬륨—3'자원에 눈독을 들이고 있다. 과거에 짚과 속대의 산출량은 적었고, 땅으로 환원되거나 사료용으로 쓰이거나 연소되었을 뿐이다. 하지만 현재는 산출량이 많을 뿐만 아니라 시대적 수요가 있고 에너지로 전환시키는 현대기술이 지원되기 때문에 당연히 과거와는 다른 시각으로 볼 필요가 있다.

필자가 제시한 '짚과 속대 산업'개념에는 다음의 몇 가지 내용이 고려되었다. 짚과 속대를 재생가능한 녹색 광산자원으로 삼아야지 세분화하여 종합적으로 이용해서는 안 된다. 또한 산업화와 공업화를 통해 개발해야지 소규모 농가처럼 이용해서는 안 된다. 마지막으로 공업화를 기반으로 사고하고 기업화를 통해 경영해야지 예전처럼 열악한 조건에서 어쩔 수 없이 추진해서는 안 된다. 우리는 '공업으로 농업을 지원한다.' 나, '농업 현대화'와 '신농촌 건설'을 외치곤 한다. 그런 의미에서 짚과 속대 산업이 바로 이를 실천할 수 있는 아주 좋은 무대이며, '삼농'에 신흥산업과 새로운 경제성장을 위한 계기를 마련해주는 것이 아닌가?

개념이 바로 생산력이자, 과학기술과 사회발전을 추진하는 강력한 힘이다. 아래의 몇 가지 사례를 살펴보자.

공업이 전성기에 이르렀을 때, 영국의 경제학자 피셔Fisher가 주목한 것은 우뚝 솟은 공장, 장관을 이룬 광산, 굉음을 내는 기계가 아니라 우체국, 터미널, 학교, 은행, 식당, 상점 등 아주 평범한 사회를 구성하는 '세포'였다. 그는 1935년 출판한 『안전과 진보의 충돌』에서 최초로 '3차 산업'개념을 제기했다. 현재 3차 산업은 활기를 띠고 있으며, 국가 경제의 현대화를 나타내는 중요한 지표가 되었다. 당시 피셔는 공업을 발전시키는 동시에 우체국, 터미널, 학교, 은행, 식당과 상점 발전에도 신경을 써야한다고 한 것이 아니라 이론적 측면에서 '3차 산업'개념을 제시했던 것이다.

1960년대 미국 경제학자 라울딩Roulding은 우주선에서 아이디어를 얻었다. 만약 우주에 고립무원의 우주선이 있다고 할 때, 자체 에너지와 물질에만 의지하고 최대한 절약하고 순환해 사용하여 폐기물을 최소화해야만 생존시간을 연장할 수 있다. 이를 위해서는 물질과 에너지 사용을 줄이고reduce 재사용하고reuse 재활용해야recycle 한다. 혹은 자원 이용률을 최대화하고 쓰레기 산출률을 최소화하여 폐기물 회수율을 최대화하고 오염 발생률을 최소화하는 것으로 이해되기도 한다. 라울딩과 그의 추종자들은 단순히 항공전문가들에게 자원을 절약하고 폐기물 배출을 최소화하라고 인식시킨 것이 아니라 이론적 측면에서 '순환경제'개념을 도출한 것이다.

레스터 브라운Lester Brown은 현대 경제발전과 경제발전을 지지하는 생태계 사이의 커다란 모순을 관찰하고 연구하고 나서 "경제는 반드시 생태계에 귀속되어야 한다."는 '생태경제'개념을 제기하였다. 그 자신조차도 "정치지도자와 기업총수들에게 자문을 하는 경제학자를 포함한 많은 사람들이 너무 급진적이라고 느끼는 것 같다."고 말했다. 인류사회가 경제를 발전시키는 동시에 생태계와 자신의 생존환경을 심하게 훼손시킨다는 것을 발견했을 때, 브라운은 단순히 사람들로 하여금 경제를 발전시키는 과정에서 생태계 보호에 주의해야 한다고 환기시킨 것이 아니라 이론적 측면에서 '생태경제'개념을 도출한 것이다.

이론은 추상적이고 승화된 인식이다. 그러나 하나의 세련된 개념은 그것이 지도자와 대중들에 의해 인정을 받고 행동으로 전환된 후에야 비로소 힘을 갖게 되며, 이처럼 물질에서 정신으로, 정신에서 물질로의 전환은 때때로 아주 긴 과정을 거쳐야 한다. 짚과 속대 산업의 개념, 바이오매스산업의 개념도 마찬가지로 이러한 암묵적 법칙에서 벗어날 수 없으며, 하나의 새로운 개념이 성숙되고 검증을 받는 데는 시간이 걸리기 마련이다.

6. 짚과 속대 산업의 의미와 전략

짚과 속대의 의미와 발전전략은 무엇인가? 4장에서 소개한 현재 7억 톤에 달하는 짚과 속대의 5대 용도에서부터 그 분석을 시작해야 한다.

먼저 짚과 속대의 땅으로의 환원부터 살펴보자. 짚과 속대의 땅으로의 환원이 많으면 많을수록 좋다고 생각하는데, 이는 오해이다. 이론적으로 볼 때, 토양의 유기질과 무기질의 전환은 동태적 균형 상태에 놓여있다. 예를 들어, 한랭한 동북지역 초지의 흑토 안에는 축적된 유기질이 많은 반면, 숲이 무성하고 풀이 빽빽한 더운 남방지역의 붉은 토양에는 유기질이 적다. 집약영농을 하기 때문에, 특히 생산성을 높이기 위해 화학비료를 사용하여 농지에 함유된 유기질 양이 필요량을 초과하기 때문에 일부 짚과 속대 등 유기질 투입을 줄인다고 해서 토양의 비옥도를 떨어뜨리지는 않는다. 최근 국제미작연구소IRRI는 '논'의 토양 비옥도에 관한 15년간의 관찰결과를 발표하였으며, 토양의 비옥도를 유지하는 것은 짚의 환원에 따른 것이 아니라 충분한 시비에 따른 것이라고 하였다. 중국도 마찬가지로 수천 년에 걸쳐 짚과 속대 대부분을 땔감과 사료로 사용했지 지력을 유지하기 위해 쓰지는 않았다. 현재 중국의 농지 토양상태를 볼 때, 유기질을 땅에 환원할 필요는 있지만, 그 투입이 많을수록 좋은 것은 아니며, 70~80%의 짚과 속대를 농지에서 가져간다고 해도 토양 비옥도에는 영향을 미치지 않는다. 물론 이때 화학비료의 투입은 어느 정도 확보되어야 한다.

다음으로 짚과 속대의 사료 용도를 살펴보자. 사료용 짚과 속대는 주로 농촌에서 소먹이로 쓰이고, 돼지, 닭 등 기타 비반추 동물은 짚과 속대를 먹지 않는다. 2007년 전국 소 사육두수는 10,595만 두로 86.7%가 농촌지역에 분포하고, 1마리 소가 연간 1.3톤의 짚과 속대를 소비한다고 할 때, 연간 소모되는 짚과 속대의 총량은 1.1억 톤이다. 짚과 속대 사료의 증가는 소 사육업의 발전에 달려있으며, 소 사육업의 발전은 시장 수요 등 많은 요인의 제약을 받으며 점진적으로 이루어지는 과정이기 때문에 잉여 짚과 속대에 대한 소비가 갑자기 증가하여 노지 연소의 고질병이 사라지는 일은 없을 것이다. 공업 용도에 있어서는 주로 밀짚, 제지환경보호 차원에서 많은 소규모 제지공장이 문을 닫음, 면화줄기를 가공한 압축판과 버섯재배 기본재료에 사용되며, 이 세 가지에 투입되는 짚과 속대의 비중은 매우 작다.

표 6-2에서는 농작물 짚과 속대의 5대 용도거름, 사료, 공업원료, 땔감, 폐기와 노지 연소에 관한 4개 자료를 열거하였다. 관련 수치는 거의 비슷하며, 그 중 농촌 땔감 및 폐기와 노지 연소 등 2가지 항목이 전체 짚과 속대 산출량에서 차지하는 비중은 50~60%이고, 실물량은 4.0~4.5억 톤이다.

표 6-2 농작물 짚과 속대 용도에 관한 자료

출처	총량 (억 톤)	연도	각종 용도가 총량에서 차지하는 비중(%)					에너지 이용 가능 비율 (%)
			거름	사료	공업원료	땔감	폐기 및 연소	
농업부	8.2	2009	15	31	4	19	31	50
석유계획원	7.21	2004	15	20.1	2.2	47.1	15.6	62.7
왕펑(王峰)	–	–	15	24	2.3	40	18.7	58.7
스웬춘(石元春)	7.04*	2007	15	20	4	45	16	16

주: *: 벼, 밀, 옥수수, 잡곡, 두류, 서류, 유지, 면화, 감자사탕수수 등 9대 작물의 짚과 속대를 포함한다.

짚과 속대의 현재 용도에서 알 수 있듯이, 짚과 속대 산업은 현대기술의 지원 하에서의 짚과 속대 에너지뿐만 아니라 땅으로의 환원거름, 사료, 공업가공에 관한 신형산업을 의미한다. 그 중 거름, 사료와 공업가공은 전통적 용도에 속하고, 이를 합치면 전체 자원의 40%를 차지한다. 나머지 60%를 차지하는 것이 현대 에너지산업이며, 이는 현재 중국이 하루 빨리 발전시켜야 하는 소위 떠오르는 신흥산업, 혹은 신형산업이고, 농촌 경제발전과 농가 소득증대를 촉진할 수 있는 혜농惠農산업이다. 짚과 속대 산업의 발전전략은 '에너지 위주로 다양하게 이용하는 것'이지만, 현재 전략의 중점은 노지 연소라는 고질병을 없애는 것이다. 짚과 속대 발전發電의 기능은 "먼저 농민들이 짚과 속대를 밭에서 직접 태워버리거나 아무렇게나 폐기하는 문제를 해결"하는데 두어야 한다고 장쑤궈신쓰양바이오매스발전공사江蘇國信泗陽生物質發電公司에서 제기한 것이다.

전국 75%의 짚과 속대는 옥수수, 밀과 벼 등 3대 식량작물에서 오고, 식량 주산지, 즉 짚과 속대의 주산지는 노지 연소의 잦은 발생지이며, 가공이 집중적으로 이루어지는 지역이자 주요 소비시장이기도 하다. 따라서 짚과 속대 산업은 식량 생산과 상호 보완적이고, 서로 떼려야 뗄 수 없는 관계이며, 짚과 속대 산업은 중국이 식량 생산을 증대시키는데 있어 중요한 보조 추진 장치이다.

7. 짚과 속대 에너지산업의 선택 사항과 기술 구비

짚과 속대 에너지산업의 가공기술과 상품의 종류는 매우 다양하며, 어떤 것은 이미 상당히 높은 수준에 올랐고, 어떤 것은 아직 중국식 시범단계에 머물러 있거나 산업화의 준비단계에 있고, 또 어떤 것은 아직도 과학기술적 측면에서 돌파구를 찾고 있다.

바이오매스 발전發電, 열병합발전과 고형연료 생산기술은 스웨덴, 덴마크 등 유럽국가에서 이미 매우 성숙하였고 상업화 수준도 매우 높다. 중국의 궈넝생물질발전집단國能生物質發電集團, 마오우쑤생물질발전공사毛烏素生物發電公司, 후이난훙르신에너지공사輝南宏日新能源公司 등도 아주 선전하고 있고, 현재 산업의 성숙기와 확장기에 놓여 있다. 짚과 속대의 열분해 기화/액화기술은 중국식 시범단계와 산업화 준비단계에 있다.

중국은 최근 20~30년 농촌에서 짚과 속대를 이용한 바이오가스 발전소를 보급하고 있으나, 가스 발열량이 낮고약 1,000㎉ 타르 등의 찌꺼기에 의해 막히며, 안전에 대한 우려와 높은 설비 운전비용 등의 문제로 인해 줄곧 소형 시범단계에 머물러 있다. 이러한 소형 기화발전은 중국의 전력이 부족한 외딴 농촌지역에 적합하고, 전기 공급망을 건설하는 것보다 저렴하고 훨씬 실용적이다. 헤이룽장성 농업개간지역인 얼룽산二龍山농장은 해당 농장에서 생산된 20만 톤의 짚과 속대를 이용해, 짚과 속대를 기화시켜 가스와 전기 공급이 가능한 발전소를 30개나 건설하여 전체 농장의 28개 기업과 8,500가구에 연간 전기 1.6억 kW·h과 가스 4억 m^3를 공급하고 있다.

산둥성 지난濟南시 주변의 짚과 속대 노지 연소문제를 해결하기 위해 산동대학에서는 짚과 속대 수집, 고형연료 압축제조, 바이오매스 열분해 기화장치 및 가스 정화와 발전發電 등의 기술을 개발하였다. 원료 적용범위가 넓은 하향흡수식 고정 베드fixed bed를 이용해 바이오매스를 연속해서 기화시키는 반응로의 기화효율은 78%에 이르고, 가스의 질이 좋은데다 생산도 안정적이다.

바이오가스 정화시스템의 타르 정화효과는 10mg/m³ 이하로, 현재 국내의 50 mg/m³ 기준보다 우수하다.

짚과 속대의 현지 가공과 에너지 전환에 있어 운송비와 에너지 소모를 줄이는 것도 중요한 목표이다. 롼룽성阮榕生교수가 난창南昌대학과 공동 연구개발한 연속 마이크로웨이브 고온 열분해 촉진 기술을 통해 20~30%의 기체, 50~60%의 액체와 15~20%의 고체 물질을 생산할 수 있다. 기체는 주로 수소, 일산화탄소와 메탄으로 가연성이 좋다. 액체는 바이오매스원유로 바이오연료와 기타 화학제품으로 가공할 수 있다. 고체는 유기질비료로 이용할 수 있다. 짚과 속대 1톤당 500~550kg의 바이오매스원유와 100~150kg의 유기질비료를 얻을 수 있다. 여기서 생산되는 모든 기체는 본 시스템에 필요한 에너지로 소모되며, 이 설비는 그 규모가 작아 차에 탑재하여 이동할 수 있다. 현지에서 짚과 속대를 바로 이용할 수 있고 과도하게 분쇄하거나 장거리 운송을 할 필요가 없기 때문에 시스템의 에너지효율이 높고, 바이오매스원유와 유기질 비료의 경제적 수익성도 매우 낙관적이다. 현재 이미 몇 대의 기계를 시험운전하고 있다그림 6-6 참조.

그림 6-6 트럭에 탑재된 연속 마이크로웨이브 고온 열분해 촉진 장비
출처: 롼룽성(阮榕生), 난창대학.

짚과 속대의 메탄가스문제에 관해 살펴보자. 마른 짚과 속대를 이용해 직접 메탄가스를 생산하려면 잘 섞은 후 화학처리를 거쳐 '두 차례 발효법'을 써야 하는데, 아직 시험단계에 있는 실정이다. 청쉬程序교수는 옥수수 수확 전완숙기 전의 속대에는 수용성 당이 13% 함유되어 있지만 수확 후에는 그 비율이 2%까지 떨어지며, 리그닌lignin은 약 1배 증가하고, 섬유소도 확연히 증가하여 메탄가스 발효에 좋지 않다고 밝혔다. 전문가들이 이미 옥수수가 여물고 나서도 줄기가 여전히 청록색을 띠는 품종을 육종하였으며, 옥수수를 수확하는 동시에 청록색 줄기를 청사료로 만들어 저장할 수 있어 메탄가스 생산을 위한 원료로 사용되고 있으며, 식량과 에너지를 모두 문제없이 생산할 수 있게 되었다그림 6-7 참조.

섬유소 에탄올과 피셔트롭쉬Fischer-Tropsch 바이오디젤유 등 2세대 바이오연료 기술의 정복은 짚과 속대의 이용을 더 높은 수준으로 끌어올릴 것이며, 이는 다른 장에서 이미 서술한 바 있다. 짚과 속대는 그 양이 많고 해당 면적이 넓은 바이오매스 기본원료로서 가공하여 에너지로 전환하는 방법과 그 상품의 종류가 매우 다양하며, 기술이 진보함에 따라 그 개발 잠재력이 날로 커질 것이다.

그림 6-7 옥수수를 수확하는 동시에 청록색 줄기를 청사료로 만들어 저장하여 메탄가스 생산에 원료로 사용

8. 현재 짚과 속대의 직접 연소를 통한 발전發電에 반대할 수 없다

짚과 속대의 직접연소발전發電기술은 성숙단계에 있으며, 중국에서는 산업화가 바이오매스 에너지의 빠른 발전을 촉진하고 있다. 2008년 말까지 국가발전 및 개혁위원회에서는 이미 170건의 바이오매스 발전發電에 관한 프로젝트를 비준하였고, 전체 기계설비 용량은 460만 kW이다. 그 중 이미 투자된 프로젝트는 50건이고, 기계설비 용량은 110만 kW이다. 현재 짚과 속대를 이용한 전기 발전에 대한 의구심은 주로 짚과 속대를 전기 발전에 이용할 경우 땅으로의 환원과 지력 유지에 영향을 미칠 수 있다는 것이며, 이에 대해서는 위에서 이미 설명한 바가 있다. 또한 짚과 속대의 수집, 저장, 운송에 있어서 난이도가 높다고 지적하는 사람도 있지만, 궈넝생물질발전공사 등의 기업에서 이미 효과적인 해결방법을 찾아냈다. 세 번째 의구심은 자원 쟁탈과 안정적 공급문제이며, 이는 전적으로 계획적 배치와 엄격한 심사에 달렸으며, 정부의 책임하에 있다. 니웨이더우倪維斗원사는 2010년 5월 과학시보科學時報에서 짚과 속대를 직접 연소시켜 발전發電하게 되면 얻는 것보다 잃는 것이 더 많다는 관점을 보였으며, 필자는 이에 반박하는 글을 발표하였다. 글에서는 현재 중국이 짚과 속대의 직접 연소를 통한 발전發電을 반대할 수 없는 4가지 이유를 제시하였다.

첫째, 현재 중국의 짚과 속대는 부족한 것이 아니라 남아도는 실정이며, 특히 매년 수억 톤이 노지에서 연소된다. 여러 가지 용도를 위해 짚과 속대 자원을 놓고 쟁탈전을 벌이는 것이 아니라 누차 금지했으나 근절되지 않는 노지 연소의 고질병을 고칠 방안을 찾고 있는 중이다. 짚과 속대를 이용해 발전發電하는 것이 바로 다량의 짚과 속대를 빨리 에너지로 전환함으로써 노지 연소를 근절시킬 수 있는 최선이면서 유일한 방법이다. 현재 발전發電용으로 이용되는 짚과 속대의 양은 연간 수백만 톤에 지나지 않으며, 노지 연소량의 1/10에도 미치지 못한다. 현재 필요한 것은 짚과 속대를 이용한 발전을 통해 노지 연소문제를 해소할 역량을 강화하는 것인데, 이를 위한 자발적인 개선을 기대하기는 어렵다.

둘째, 짚과 속대를 이용한 전기 발전소의 원료비용은 전체 비용의 절반 이상을 차지하고, 국가가 기업에 주는 발전發電보조금은 실제로 정부의 이전지출을 기업이 대신해서 농민에게 지급하는 것이다. 모두가 알다시피, 농민이 식량을 재배하여 얻는 소득은 매우 적어 식량 재배에 대한 의욕이 높지 않다. 만약 식량 판매수익으로 재배비용만을 겨우 충당하는 상황에서, 짚과 속대를 톤당 200위안에 팔 수 있다면 이는 적지 않은 현금 부수입으로 정부의 식량 보조금보다 훨씬 많다. 다시 말해, 이를 통해 농가소득을 증대시킬 수 있고 농민의 식량 재배 의욕도 높일 수 있다. 이처럼 농민에게 이익을 가져다주고 식량안보에도 도움이 될 뿐만 아니라 녹색전력을 제공하는 것은 다른 어떤 화석에너지와 비화석에너지도 대신 할 수 없다. 그럼에도 이를 반대할 수 있겠는가?

셋째, 1톤의 짚과 속대의 발열량은 표준석탄 0.5톤에 상당하며, 1톤의 표준석탄으로 3,000㎾·h의 전기를 생산할 수 있다. 그렇다면 매년 1억 톤의 노지에서 연소되는 짚과 속대의 발열량은 1,500억 ㎾·h의 전력으로 전환될 수 있고, 이는 싼샤三峽 발전소의 1배에 상당한다. 중국은 화력발전 위주이고, 전력 부족이 매우 심각한 상황에서 이 거대한 녹색전력 자원의 전환과 개발을 중시하지 않을 이유가 있는가?

넷째, 짚과 속대를 이용한 발전發電과 열병합발전의 열효율은 97%이다. 그러나 물질 순환이용 차원에서 볼 때 질소, 인, 유기질 등 식물과 토양에 필요한 물질을 잃게 된다. 이런 상황에서는 차라리 메탄가스를 생산하는 것이 더 낫고, 섬유소 에탄올을 생산하는 것이 훨씬 유리할 수 있다. 그러나 이러한 기술은 아직 성숙되지 않았으며, 섬유소 에탄올의 경우 앞으로 8~10년 내에 성숙단계에 접어들 것이고, 현재 짚과 속대를 이용한 발전發電만이 노지 연소문제를 해결할 수 있다. 다시 말해, 중국은 이처럼 대량의 짚과 속대를 보유하고 있는데다 앞으로 여러 가지 에너지가 상호 보완적 관계를 맺을 것이고, '여러 종류의 꽃이 만개한 정원'에서 섬유소 에탄올만이 '홀로 피진'않을 것이다. 짚과 속대의 직접연소발전發電은 비록 최선은 아니지만 현재 가장 현실적이고 유용한데 무슨 이유로 이를 반대할 수 있겠는가?

니웨이더우 원사가 제기한 짚과 속대 수집과정에서의 많은 에너지 소비문제에 대해 거론하자면, 그가 사용한 계수가 잘못되었을 뿐만 아니라 궈넝생물질발전공사 등 기업에서 이미 해결한 문제이다. 이와 비교할 때, 화력발전소의 석탄 운송거리는 훨씬 멀고 에너지 소모도 훨씬 많으며, 안전사고문제도 더 심각하다는 것은 모두 알고있는 사실이다.

물론 짚과 속대를 이용한 발전發電에 존재하는 문제들에 신경을 써야 할 필요가 있다. 첫째, 경제적 효율성이 낮아 많은 기업들이 손실을 보거나 겨우 유지하는 실정이다. 이를 해결하기 위해서는 한편으로 기업이 기술수준을 한층 더 제고하고 비용을 낮춰야 하며, 다른 한편으로 정부가 지원역량을 더욱 강화하여 기업의 수익율을 높여야 한다. 둘째, 기계 설비 용량이 30MW 이하인 소형 발전소 위주이고, 짚과 속대 주산지 위주로 분포하는 상황에서 계획적으로 배치시키고 엄격하게 심사・비준하여 짚과 속대 자원을 놓고 쟁탈전을 벌여 가격이 불합리하게 상승하는 것을 막아야 한다. 셋째, 열병합발전, 종합적 이용 방향으로 발전시켜 물질과 에너지의 전환효율을 더욱 높여야 한다. 넷째, 농민 이익을 보호하는데 관심을 쏟아야 하고, 농촌 공업과 서비스업 발전을 도모하여 사회적 효용에 주안점을 두어야 한다다. 마지막으로 가장 중요한 것은 바로 정부 담당부문의 정책결정, 태도와 지원이 관건이라는 것이다.

9. 작은 알갱이를 소형 보일러와 연계시킨다

에너지와 이산화탄소 배출 감축문제에 있어 중국은 두 가지의 난제에 직면해 있다. 하나는 위에서 거론한 바와 같이, 매년 수억 톤의 잉여 짚과 속대가 노지에서 연소되면서 대기오염을 유발한다는 것이다. 다른 하나는 수십만 개의 분산된 중소형 석탄보일러로 청정한 연소를 할 수 없기 때문에 온실가스를 무분별하게 배출하고 있다는 것이다. 만약 일부 짚과 속대를 압축해 펠릿을 생산하여 중소형 보일러의 석탄을 대체할 경우, 소형 보일러와 분산된 배치를 유지하면서 청정연료로 화석연료를 대체함으로써 '일석이조'의 효과를 거둘 수 있다. 이 얼마나 절묘한 대안인가!

짚과 속대를 원료로 하여 고형연료를 생산하는 기술과 설비에는 문제가 없으며, 이러한 고형연료는 고체인데다 밀도가 높고 깨끗하며 저장 · 운반이 편리하여 상품 거래가 용이하고 시장을 형성할 수 있다. 만약 연간 수억 톤의 짚과 속대, 임업 부산물을 수억 톤의 석탄을 소비하는 중소형 보일러와 연계시킨다면 상품 고형연료는 이 양자 간에 유통 될 것이며, 이것이 바로 소규모 시장과 CDM의 소규모 교역인 것이다. '두 개의 소형'이 결합되면 새로운 산업과 새로운 경제 성장점이 나타하게 된다. 그림 6-8은 필자가 허페이 회의 강연에 사용한 자료의 일부분이다.

홍하오洪浩 자료에 따르면, 2008년 세계 고체 바이오매스연료 판매량은 1.8억 톤, 시장규모는 500억 유로이며, 그 중 난방 공급 시장의 점유율은 58%2006년이고, 2010년 이후 연평균 증가 속도는 25%를 넘을 것이다. 중국 난방 공급도 에너지 최종 소비시장 가운데 증가 속도가 가장 빠른 종목 중의 하나이고, 최근 10년간 연평균 증가 속도는 10% 이상이었다. 난방 공급시장 가운데 중앙난방이 아닌 중소형 보일러 대부분이 석탄보일러이고, 그 수는 50만 대를 넘으며, 에너지 소모량은 표준석탄 기준으로 약 6억 톤이다. 규모가 작기 때문에 유황을 걸러내고 먼지를 제거하는 고성능 장비를 부착할수 없으며, 이산화황 SO_2 배출량은 전국 총 배출량의 절반 이상을 차지한다.

그림 6-8 펠릿를 이용해 잉여 짚과 속대를 중소형 석탄보일러와 연계
출처: 좡후이융庄會永, 왼쪽 사진, 중국 쉬안청 홈페이지中國宣城網, 오른쪽 사진.

중국 도시지역 난방 공급면적은 약 65억㎡2006년이고, 그 중 20억㎡는 중앙난방이 아니다. 도시 중앙난방 가운데 호텔, 병원, 학교와 같은 시설은 종종 일정한 실내 온도를 충족시키지 못하기 때문에 어쩔 수 없이 자체적으로 석탄, 석유, 천연가스 혹은 전력을 이용해 난방을 공급해야 한다. 이럴 경우 비용이 많이 든다. 이것이 바로 고형연료가 진입할 수 있는 광활한 시장인 것이다. 이외에도 도시 주변과 농촌 향진鄕鎭지역에도 공급면적이 20만㎡ 이하인 난방 공급시장이 매우 크다.

'전국 농작물 짚과 속대의 종합적 이용 현장경험 교류회'기간 필자는 국가발전 및 개혁위원회에 고형연료와 중소형 보일러의 연계에 관한 건의서를 제출하였다. 건의서가 받아들여져 '작은 알갱이'산업 발전을 촉진시키고, '작은 알갱이'가 잉여 짚과 속대를 대량의 중소형 보일러와 연계시켜, 작은 알갱이가 하나의 거대한 사업이 되어 전국적으로 퍼져나가길 바란다.

10. 소형 녹색발전으로 소형 화력발전을 대체한다

화석에너지 가운데 석탄의 온실가스 배출량이 가장 많고, 특히 소규모 화력발전은 이산화탄소를 배출하는 주범이다. 소형 발전소의 단위 석탄 소모량이 대형 발전소보다 훨씬 많다. 왜냐하면 소규모로 수량이 많고 분산되어 있으며, 기술 · 설비가 낙후하고 자금이 부족하여 연소 뒤 정화가 어렵기 때문이며, 현재 이산화탄소를 가장 많이 배출하는 주범으로 지목된다. 2004년 5월 국가 발전 및 개혁위원회는 문건을 하달하여 석탄을 이용한 소형 발전기 작동을 멈추도록 하였고, 소형 화력발전소는 계속해서 문을 닫고 있다. 2010년 5월 국가에너지국은 '전국 전력 업종의 도태되고 낙후한 에너지 생산에 관한 업무회의'를 개최하였다. 전체 용량 1,000만 kW가 넘은 소형 화력발전소는 폐쇄한다는 계획에 따라, 이미 140여개 발전소의 약 400대 발전기 세트가 정해진 기간 내에 해체되었다. 〈11 · 5 규획〉기간 전국적으로 폐기된 소형 화력발전기의 누적 용량은 7,000만 kW가 넘고, 대형 발전기로 대체함으로써 8,100만 톤의 원탄을 절약할 수 있었고 1.64억 톤의 이산화탄소 배출량을 줄일 수 있었다. 이것은 '대'로 '소'를 교체함을 뜻하는데, 그렇다면 '짚과 속대'로 '석탄'을 대체하거나 '녹색'으로 '검정색'을 대체하는 방안을 실시할 수는 없을까? 소형 화력발전소 부지와 일부 설비도 고쳐서 사용할 수 있다.

산둥성의 사례를 살펴보자. 산둥은 중국의 최대 화력발전 성省이며, 2004년 화력발전량은 1,682억 kW·h이고, 370여 개의 발전소가 운영되고 있지만, 그 중 5만 kW 이상의 발전소는 겨우 31개이다. 2003년 말까지 3,000만 kW의 기계설비 용량 가운데 소형 발전소가 700만 kW 이상을 차지했고, 성 전체에 130여 개의 현혹은 시이 있는데 1개 현혹은 시마다 평균 2~3개의 소형 발전소가 있다. 산둥은 대표적인 농업성이며, 2007년 밀 생산량이 1,996만 톤, 옥수수 생산량은 1,817만 톤이며, 이 두 작물의 짚과 속대 총 생산량은 6,360만 톤으로 표준석탄 3,180만 톤, 혹은 954억 kW·h의 전력에 상당한다. 이는

2007년 산둥성 전체의 화력발전량2,691억 ㎾·h의 35.5%에 상당하고, 소형 발전소를 대체하고도 남는다. 300여 개의 짚과 속대를 원료로 하는 발전소를 건설할 수 있으며 이는 소형 화력발소 발전량의 1배 이상이다. 산둥성 130여 개 현혹은 시과 그 현혹은 시에 존재하는 2~3개의 소형 화력발전소는 농업, 농촌, 농민과 직접적 관계가 없다. 만약 바이오매스 소형 발전소를 건설할 경우 산둥성 농촌의 공업화와 현대화 건설을 전면적으로 추진하게 될 것이며, '삼농'에 복을 가져다 줄 것이다.

본 장에서 짚과 속대의 직접 연소를 통한 발전發電을 소개한 이후 '작은 알갱이와 소형 보일러의 연계'와 '소형 녹색발전소로 소형 화력발전소 대체'의 아이디어도 제시하였다. 만약 기술이 성숙되고, 열분해를 통해 짚과 속대를 기화, 액화시키고 메탄가스 등을 생산하게 되면 그 '작은 것'이 힘을 발휘할 수 있다. 바이오매스를 직접 연소시키는 발전소는 소형이고, 작은 알갱이와 연계시킨 것은 소형 보일러이며, 소형 녹색발전소로 대체한 것은 소형 화력발선소로, 거대한 석탄과 석유의 화공산업 앞에서 이것들은 모두 '이름도 없는 작은 존재'에 불과하다. 그러나 바로 이러한 '작은 존재'들이 에너지 발전의 방향을 좌우하고, 바이오매스 원료의 분산된 특징에 가장 잘 적응하며, 중국의 농민, 농촌과 농업에 가장 실질적인 혜택을 가져다 줄 수 있다.

저명한 경제학자 슈마허E. F. Schumacher는 책을 한 권 썼다. 그 책 이름은 『작은 것이 아름답다Small is Beautiful』이다. 마크 펜Mark J. Penn이 그의 신작 『마이크로 트렌드』에서 말하기를, "만약 당신이 더 깊이 관찰한다면, 당신이 보는 세계는 각종 알려지지 않은 것들, 알 수 없는 힘으로 가득 차 있고, 실제로 내일 큰 변화를 가져오는 것은 바로 이러한 작은 움직임의 힘이다."

농작물 짚과 속대의 수집, 저장과 운반이 어려운 상황에서 궈넝생물질발전공사國能生物發電集團公司는 전 과정의 기계화문제를 이미 성공적으로 해결하였다.

‘작은 불씨’로 시작된 그린발전소 7

- 덴마크에서 전해진 ‘동화童話’
- 오래 된 방식, 참신한 기술
- 농민공에게 행복을 가져다 주는 사업
- 신농촌 건설의 ‘핵심 포인트’
- 병목현상: 짚과 속대의 시기적절한 수집, 운송과 저장
- 전망: 열과 전기의 결합생산과 종합적 이용
- 풍성한 성과를 거두다
- 최초로 바이오매스 발전發電 사업을 이끈 선구자들

산동성 이멍산沂蒙山자락에 사는 한 농부의 아들은 그의 덴마크인 친구와 함께 베이징에서 지난濟南으로 차를 몰았다. 산동성 내로 진입했을 때 길 앞쪽이 연기로 가득하여 무슨 일이 일어났는지 도무지 알 수 없어 어쩔 수 없이 차에서 내렸다. 길가의 농민의 얘기를 듣고서야 앞쪽에서 짚과 속대를 태우고 있음을 비로소 알게 되었다. 그가 이를 확인하기 위해 앞을 향해 얼마간 운전해 나아가자 원래 밀밭이었던 것이 불에 휩싸여 마치 불바다 같았으며, 숨 막힐 정도로 짙은 연기와 열기 때문에 접근하기 어려웠다.

이 나이 많은 덴마크인 친구는 그에게 차에서 내려 보고 싶다고 말했다. 그는 먼저 밭두렁에 섰다가 다시 거기에 쪼그리고 앉아 오랫동안 떠나지 않았다. 이멍산자락 농부의 아들도 다가가 덴마크인 친구 옆에 쪼그리고 앉아 물었다. "어디 불편한가요?"눈가가 빨개진 덴마크인 친구는 안타까움에 두 손을 비비며 말하기를, "장선생, 이렇게 귀중한 밀짚을 왜 그냥 태워버립니까? 덴마크에서는 이러한 농작물 짚과 속대를 이용해 발전發電을 합니다."농부의 아들은 이 말을 듣고 당황하지 않을 수 없었다. 중국 농민은 아직도 매우 가난하면서 왜 이 자산을 이용해 발전發電을 하지 않는가? 그는 속으로 고향사람들과 중국 농민들을 위해 이 일을 하겠노라고 결심했다.

3년이 지나고 밀밭의 '작은 불씨' 가 바이오매스 발전소를 가동시켰고, 농민들의 환영을 받으며 폐기물을 보물로 바꾸는 새로운 산업이 탄생하게 되었다. 이 이멍산자락 농부의 아들이 바로 현재 궈넝생물질발전회사의 이사장 겸 총재인 장따룽蔣大龍이다.

1. 덴마크에서 전해진 '동화童話'

세계 바이오매스의 직접연소를 통한 발전發電기술은 동화의 왕국 덴마크에서 탄생하여 유럽 여러 국가로 전파되었다. 1970년대의 세계 석유위기는 석유를 유일한 에너지원으로 하는 덴마크로 하여금 어쩔 수 없이 에너지 다양화 정책을 펴도록 하였다. 덴마크의 BWE회사는 가장 먼저 짚과 속대 등 바이오매스의 연소 발전發電기술을 연구 · 개발하였고, 1988년 덴마크에서 세계 최초의 짚과 속대를 원료로 하는 바이오 연소 발전소가 세워졌다. 1974년 이래로 덴마크의 GDP는 점차 증가한데 반해 화석에너지 소비량은 증가하지 않았으며, 현재의 연간 석유 소비량은 1973년에 비해 50%가 감소하였고, 이는 짚과 속대를 이용한 발전發電과 무관하지 않다. 안데르센 동화로 잘 알려진 북유럽 아름다운 국가에서 짚과 속대 발전發電이 새로운 '에너지 동화'를 썼던 것이다.

바이오매스 발전發電 및 열병합발전은 이미 유럽 여러 국가의 중요한 발전發電과 난방 공급 방식이 되었고, 상업화가 이루어진 지 벌써 10~20년이 되었으며, 현재 덴마크에는 130여 개의 짚과 속대 발전소가 있다. 스웨덴, 핀란드, 스페인 등 여러 유럽 국가는 BWE회사가 제공한 기술과 설비를 이용해 짚과 속대 발전소를 건설하였고, 짚과 속대 발전發電 기술은 이미 UN에 의해 중점 보급 프로젝트로 지정되었으며, 세계 각국으로 보급되고 있다.

덴마크의 '에너지 동화'를 중국에서 현실화한 것이 국가전력망공사國家電網公司 산하의 궈넝생물질발전공사이다. 이 회사는 국가전력망공사와 룽지전력공사龍基電力公司의 합자를 통해 2005년 7월 7일 설립되었고, 바이오매스 발전發電에 대한 투자, 건설과 운영에 주력하고 있다. 궈넝생물질발전공사는 덴마크로부터 바이오매스 직접연소발전發電기술을 들여와 2006년 12월 1일 중국 산둥성에서 최초의 바이오매스 직접연소발전發電 프로젝트—산현單縣 1×25MW 바이오매스 발전發電사업을 시작하였고그림 7-1 참조, 중국 대용량 바이오매스 직접연소 발전發電의 無에서 有라는 혁신을 이루었다. 이에 대해 원자바오 총리는 다음과 같이 밝혔다. "바이오에너지의 개발과 이용을 장려해야 하고, 국가전력망공사의 사업 진행과 경험에 주목할 필요가 있다."

주: 왼쪽 위의 사진은 2006년 투자하여 건설한 궈넝산둥산현(國能山東單縣) 국가급 시범 바이오매스 발전소, 오른쪽 위의 사진은 산둥가오탕(山東高唐) 농림 바이오매스(면화 줄기, 톱밥) 발전소, 왼쪽 아래의 사진은 헤이룽장왕쿠이(黑龍江望奎) 농림 바이오매스(옥수수 속대, 밀짚) 발전소.

그림 7-1 궈넝생물질발전공사 관할의 바이오매스 발전소

2005년 전국인민대표대회에서 통과된 〈중화인민공화국 재생가능에너지법〉에 정부가 바이오매스 발전發電의 가격, 세금, 전기망과의 연계 등 모든 방면에 있어 우대정책을 펴겠다고 밝힌 바 있다. 2007년 발표한 〈재생가능에너지 중장기 발전계획〉에서는 2020년까지 바이오매스 발전發電 기계 설비 용량을 30,000㎿까지 늘려 바이오매스 에너지 이용량이 전체 에너지 소비량에서 차지하는 비중을 4%까지 확대하겠다는 목표를 제시하였다. 국민경제와 사회발전 "11차 5개년"계획의 바이오매스 발전發電 목표는 기계설비 용량 5,500㎿이다.

2. 오래 된 방식, 참신한 기술

200여만 년 전 원시인류는 나무를 비벼 불을 얻게 됨으로써 음식을 날로 먹는 원시상태에서 벗어났으며, 현대 문명사회로 점차 나아갔다. 약 200년간 화석에너지를 위주로 한 공업혁명을 거치고 난 뒤 인류는 다시 지속가능 발전의 어려움에 직면하게 되었다. 즉 바이오매스에너지 가운데 재생가능에너지는 포스트 공업문명시대 에너지가 될 것이고 환경차원에서도 중요한 선택이 될 것이다.

농업과 임업의 바이오매스 직접연소발전發電은 농림 바이오매스농림업 부산물 등의 바이오매스를 전용 보일러에 직접 연소시켜 고온과 고압의 수증기를 생산하고, 이를 다시 증기 터빈, 발전기를 통과시켜 청정 전기에너지로 전환하는 것으로, 나머지 열은 공업용 혹은 가정용으로 사용할 수 있다. 이 시스템은 주로 농림 바이오매스 연료의 효율이 높은 수집・저장시스템, 연속 원료 운반시스템, 바이오매스 전용 보일러 연소 및 보조기계시스템, 증기 터빈과 발전기시스템, 변전과 배전시스템, 여열 이용시스템 등으로 구성된다. 이는 인류가 다시금 바이오매스에너지를 이용하는 것이며, 가장 오래된 에너지 획득방식과 참신한 현대 공업화기술을 완벽하게 결합시키는 것이다. 바이오매스 직접연소발전發電과정에서 배출되는 이산화탄소, 이산화황과 분진 모두가 화력발전보다 훨씬 적으며, 이는 친환경 에너지 생산방식으로 농림 부산물 소모량이 많고 직접적으로 응용할 수 있으며 규모화와 공업화에도 용이하다.

바이오매스 원료는 에너지 밀도가 낮고 분산되어 분포하고 계절성이 강하고 쉽게 부패하고 저장이 어려우며, 고온에서 연소될 때 코크스화되고 보일러는 부식되기 쉽기 때문에 원료 구매, 운송과 저장은 물론 보일러에 연료를 집어넣고 보일러 내에서 연소시키는 등 전 과정이 보통 화력발전과 다르다. 이 외에도 중국 농촌에서는 농가별로 분산운영하고, 규모가 작고, 조직화와 기계화 수준이 낮고, 짚과 속대 수집의 어려움이 크고, 시장이 성숙되지 않았다.

이것도 선진국과 다른 점이다. 외국에는 바이오매스 직접연소발전發電에 있어 이미 성숙한 기술과 시장이 존재하는 반면, 중국의 경우 하나의 신흥 산업과 기술이다. 최근 4~5년에 걸쳐 중국 현실에 맞는 기술과 설비의 도입, 소화, 흡수와 리모델링 방면에서 전면적인 발전을 이루었다.

2004년 룽지전력집단유한공사龍基電力集團有限公司는 덴마크로부터 바이오매스 직접연소발전發電기술을 도입한 이후, 국내에서 가장 먼저 중국 현실에 맞는 '고온고압 수냉식 진동 불받이' 바이오매스 전용 발전發電보일러를 연구 · 개발하였다. 룽지전력공사는 바이오매스 연료가 연소되는 과정에서 코크스화되고 부식되어 기계장비의 효율성이 낮다는 등의 문제를 해결함으로써 여러 가지 종류의 각각 다른 품질의 바이오매스 연료에 적응할 수 있었고, 전체적 효율, 수명과 운행 안정성 측면에서 많은 혁신을 가져왔다.

덴마크에서 기술을 도입하여 자체적으로 생산한 수냉식 진동 불받이 보일러는 고온고압계수를 사용하였고, 증기압력은 9.2MPa, 온도는 540℃이다. 출력은 130톤/시간과 48톤/시간 두 가지 규격이 있고, 각각 25MW, 30MW와 12MW의 증기 터빈과 발전기 세트가 장착되어 있는 현재 국내에서 가장 성숙한 바이오매스 보일러이다. 이 보일러는 운행이 안정적이고, 효율은 88~92%에 이른다. 지난濟南에서 이 보일러가 생산되면서 중국 바이오매스 발전소의 투자비용은 1.3만 위안/kW에서 0.8만~1만 위안/kW으로 전감되었다. 이 상품은 이미 외국시장으로 팔려나가고 있다.

중국의 기타 보일러 생산기업에는 우시화광보일러공사無錫華光鍋爐集團公司, 베이징궈뎬룽위앤항궈란쿤에너지공정공사北京國電龍源杭鍋藍琨能源工程公司, 화시에너지공업공사華西能源工業集團公司 등이 있다. 이들 또한 자체적으로 연구 · 개발한 바이오매스 전용 보일러가 있으며, 계수는 두 번째 높은 온도 · 두 번째 높은 압력과 중간 온도 · 중간 압력의 두 가지가 있다. 이 보일러들의 출력은 110톤/시간과 75톤/시간 두 가지 규격이 있고, 각각 25MW와 12MW의 증기 터빈과 발전기 세트가 장착되어 있다. 중국제넝투자공사中國節能投資公司와 저장浙江대학이 공동 개발한 바이오매스 발전소 순환 유동 베드fluidized bed 보일러 기술은 중간 온도・중간 압력 계수를 채택하였고, 증기압력은 3.9㎫, 온도는 450℃이며, 출력은 75톤/시간이고, 12㎿의 증기 터빈과 발전기 세트를 장착하였다. 상하이 전기공사上海電氣集團公司의 쓰팡四方 보일러공장에서는 체인 스토브를 이용하고, 소형 화력발전기 세트를 바이오매스 연소가 가능하도록 개조하였으며, 현재는 출력이 75톤/시간이고 계수가 중간 온도 중간 압력인 보일러가 주를 이룬다.

3. 농민공에게 행복을 가져다 주는 사업

세계 금융위기가 발생하자 수많은 농민공이 일자리를 잃고 농촌으로 되돌아갔으며, 이와 동시에 세계 기후변화와 환경보호는 중국의 산업화 발전에 더 큰 과제를 안겨주었다. 2009년 연초 북경에서 열린 '2009년 중국 국제 에너지 절약, 배출량 감소와 신생에너지 과학기술 박람회' 의 정부 전문 부스에서 필자가 후진타오胡錦濤 총서기에게 바이오매스 발전發電사업을 통해 폐기물을 보석으로 바꿀 수 있고, 농민에게 "행복을 가져다주고, 신농촌을 건설하게 한다." 고 설명할 때, 후 총서기는 기쁨의 미소을 보였다. 동시에 바이오매스 발전소의 건설규모, 짚과 속대 자원, 전기 가격에 대한 보조금과 이미 운행되고 있는 발전소의 이윤구조 등의 문제에 대해 자세하게 물었으며, 특히 일부 발전소의 경우 낮은 전기 가격이 정상적인 운영에 영향을 미치는 문제에 대해 구체적인 질문을 하였다. 마지막으로 총서기는 바이오매스 발전發電산업이 창출하는 사회적 효용과 경제적 효용에 대해 칭찬을 아끼지 않았으며, 특히 규모화된 농림부산물 에너지화를 통해 농업 공업화 발전을 기대한다고 보고할 때, 총서기는 큰 소리로 "좋군요!"라고 말했다.

실제로 중국 농촌에서 농민들이 좋은 발전 기회, 가족을 부양할 수 있는 일자리를 얼마나 원하고 있는가! 현재 농촌에서 많은 남편들이 외지로 일을 하러 가고, 부인들은 집에 남아 농사를 짓고 노인과 아이들을 돌보고 있으며, 약 1억에 가까운 농촌 부부가 이러한 '견우와 직녀' 의 생활을 하고 있다. 중국농업대학 '중국 농촌을 지키는 인구 연구' 프로젝트팀은 안후이, 허난, 후난, 장시와 쓰촨 5개 성에서 현지조사를 실시하였다. 그 자료에 따르면 현재 전국적으로 농촌에 남겨진 인구는 8,700만 명이고, 그 안에는 2,000만 명의 아이들, 4,700만 명의 부녀자와 2,000만 명의 노인이 포함되어 있다고 밝혔다. 어떤 농촌에는 부부가 함께 외지로 일하러 나가기도 하며, 이럴 경우 아이를 데려가기도 하고 아이는 고향에 남아 조부모의 보살핌을 받기도 한다. 농촌에 남겨진 노인은 보살핌을 받을 수 없어 일단 병이 나면 돈이 없어 치료를 받지 못하고 돌볼 사람도 없어 큰 문제가 아닐 수 없다. 아이들도 조부모에 의해 길러지기 때문에 부모의 정을 느끼지 못해 심리적 건강이 매우 우려스럽다.

신농촌건설을 위해 박사 현장縣長, 대학생 촌관村官만 필요한 것이 아니라 고향을 떠난 농민공의 참여가 더욱 절실하며, 그들에게 자신들이 고향을 가꾸고 정비할 기회를 주어야 한다. 농민공은 부모, 배우자, 자식을 떠나 도시문명 건설에 투신하고 있음에도 정작 행복한 문명생활을 누리지 못하고 있다. 이는 비록 현재 중국의 도시화 발전을 위해 어쩔 수 없이 겪어야 하는 과정이지만, 도농간의 격차를 줄이고 공동의 부를 실현하는데 적극적인 노력을 기울여야 한다. 사회 전체가 이러한 '견우와 직녀' 를 위하여 고향에서의 일자리 창출에 관심을 가져야 하고, 그들의 부모, 아이들과 가정의 행복에 신경을 써야 한다.

농민들은 자신들에게 건강하고 안정적이며 지속가능한 발전을 가져다줄 사업과 소득을 증대시킬 수 있는 길이 생기길 간절히 바라고 있다. 이러한 요구에 부합하기 위해서는, 첫째로 자금의 유출을 막아야 하고, 둘째로 젊은 인재들이 안심하고 취업할 수 있는 일자리를 확보해야 하며, 셋째로 해당 사업이 순환경제를 발전시키고 친환경적이며 지속가능해야 한다는 것이다. 농림 부산물을 이용한 바이오매스 직접연소발전發電 사업이 아주 좋은 예라 할 수 있다.

25㎿의 바이오매스 발전소를 건설하게 되면 최소 2,000여명의 현지 농

민들을 위한 일자리가 만들어지고, 매년 이들에게 5,000만 위안 이상의 소득을 가져다 준다그림 7-2 참조. 또한 현지 농업기계화 수준을 높일 수 있고, 농림업 폐기물을 처분할 수 있으며, 오염을 줄일 수 있고, 재와 찌꺼기는 땅에 환원하여 순환시킬 수 있다. 발전發電의 전 과정을 계열화시킬 경우 더 많은 농민공들이 현지에서 일자리를 찾을 수 있고, 부부가 함께 생활하며 노인과 아이들을 잘 돌볼 수 있다.

그림 7-2 필자와 짚을 판매하는 농민과의 기념사진왼쪽 사진, **농민이 짚을 현금으로 교환하는 광경**오른쪽 사진.

4. 신농촌 건설의 '핵심 포인트'

사회주의신농촌 건설을 위해서는 생활과 문화 측면의 개선뿐만 아니라 농촌경제를 발전시키고 공업화를 추진해야 하며, 농촌 자체의 성장동력을 키워야 한다. 중국 공산당 중앙위원회의 "공업이 농업을 지원하고, 도시가 농촌 발전을 견인하여, 도시와 농촌을 통합적으로 발전시킨다."는 방침은 '핵심 전략' 이 있어야 비로소 실현할 수 있으며, 바이오매스 발전發電이 바로 이 '핵심 전략' 이라 할 수 있다. 바이오매스 발전發電을 통해 농촌의 농림 바이오매스 자원우위를 산업우위와 경제우위로 전환할 수 있고, 농업구조를 조정하여 농업의 영역을 확대하는데 도움이 되며, 농가소득과 일자리를 증가시켜 농업 기계화는 물론 관련된 산업과 서비스업의 발전을 촉진시킨다.

1×25MW의 바이오매스 발전기 세트 운행을 기준으로 계산할 경우, 매년 투입되는 농작물 짚과 속대 혹은 임업 부산물의 양은 약 25만 톤이고, 톤당 구매가격이 200위안이라고 할 때, 새로이 증가한 농가소득은 5,000여만 위안이다. 연료 구매, 가공, 저장, 운송 등에 참여한 농민 중개인에게 30~50개의 일자리가 제공되고, 농민 작업자를 위해 1,000~2,000개의 일자리가 창출된다. 연료 가공, 저장, 운송 등 전체 연료 공급과정에서 하나의 발전소가 직접 혹은 간접적으로 지불해야 하는 비용의 합계는 7,000만~8,000만 위안이고, 발전소의 연료비용은 거의 전부가 농민과 농민 중개인의 소득으로 전환된다. 또한 농민들에게 일자리가 제공되고 농민들이 '중개인' 역할을 함에 따라 산업 서비스 집단이 육성되었다.

25MW의 바이오매스 발전기 세트 하나당 연간 발전량은 2억 kW · 시간 이상이고, 이는 2008년 싼샤三峡발전소의 하루 발전량에 상당한다. 즉 360개의 25MW 바이오매스 발전기 세트의 발전량은 싼샤 발전소 하나를 더 짓는 것과 마찬가지이며, 발전소 1개당 매년 15만 톤의 이산화탄소 배출량을 줄일 수 있고 1만 톤의 목초재 비료를 생산할 수 있다. 2009년 궈닝생물질발전공사는 이미 건설되어 운행되는 19개의 바이오매스 발전소를 통해 농민들에게 약 10억 위안의 원료 구입비를 지불하였다. 〈12 · 5규획〉기간 중국 바이오매스 발전發電 기계 설비 용량은 5,500MW에 달할 것이고, 그와 함께 현지 농민들에게 100억 위안 이상의 소득을 직접적으로 가져다줄 것이며 18만 개의 취업 기회를 제공할 것이다.

중국 농촌은 분산되어 있고, 특히 외딴 농촌의 경우 아직까지도 전기의 혜택을 누리지 못하고 여전히 연기에 그을리며 땔감을 이용해 생활하고 있으며, 이는 에너지 효율이 낮고 질도 나쁘다. 바이오매스 발전發電을 통해 현지에서 작물 짚과 속대는 물론 나뭇가지 등 임업 부산물을 원료로 사용할 수 있고, 소형화와 분산화 발전發電을 할 수 있으며, 농촌 에너지 소비의 질을 높이고 농촌의 외관을 개선할 수 있다. 바이오매스 발전發電은 전력망에 안정적으로 편입될 수 있고, 전력망과 분리시켜 발전發電할 수도 있으며, 현縣을 단위로 한 바이오매스 발전소를 통해 격오지 빈곤지역의 전기와 난방 공급문제를 해결할 수 있다.

5. 병목현상: 짚과 속대의 시기적절한 수집, 운송과 저장

매년 두 차례에 걸친 농촌의 하곡 수확기와 추곡 수확기 때마다 대량의 짚과 속대는 신속하고 적합한 처리방법을 찾지 못해 밭가나 마당에 방치되어 공간을 점령하게 되고 화재 발생의 소지를 남긴다. 어떤 지역의 농민들은 대규모 면적에 걸쳐 이를 노지에서 불태워버림으로써 자원 낭비와 대기오염을 초래하고, 교통안전을 위협하며 화재 등 기타 사고를 유발하기도 한다. 짚과 속대의 소각문제는 이미 오래전부터 제기되었음에도 불구하고 왜 아직까지 해결되지 못하고 있는가? 원자바오 총리는 회의를 열어 여러 해 동안 금지를 시도했으나 근절되지 않는 짚과 속대의 소각문제에 대한 대응방안을 모색한 바 있다. 필자가 "총리님, 만약에 짚과 속대를 지폐로 바꿀 수만 있다면 농민들이 아까워서라도 불태우지 않을 것입니다."라는 대답으로 당시 원 총리를 웃게 만들었다.

농작물 짚과 속대는 본래 이용이 가능한 바이오매스 자원임에도 불구하고 생산성과 생활수준이 제고됨에 따라 짚과 속대가 많아졌고 이용률은 상대적으로 낮아졌으며, 기존 곡식을 수확하고 새로운 곡식을 파종해야 하는 몹시 바쁜 하곡 수확기와 추곡 수확기에 시간에 쫓기다 보니 어쩔 수 없이 짚과 속대를 불태워버리게 된다. 덴마크에서도 짚과 속대의 소각문제가 대두된 바 있으며, 덴마크의 에너지 담당 부서에 따르면, 과거에 덴마크의 농작물 짚과 속대는 그 일부분만이 땅으로 환원되거나 사료로 이용되었을 뿐 나머지 대부분은 농민 혹은 농장주에 의해 밭에서 소각됨으로써 심각한 오염을 야기하였고 교통안전에도 영향을 주었었지만, 현재는 바이오매스 발전發電 등을 통해 이 문제를 확실히 해결하였다.

그림 7-3 화북지역 밭에서 밀짚을 자동으로 묶음왼쪽 위 사진, 운송을 위한 전문 차량오른쪽 위 사진, 바이오매스 농업용 운반차량왼쪽 아래 사진, 바이오매스를 운반하는 트랙터오른쪽 아래 사진

막고 금지하는 것만이 문제의 해결책이 아니라 제때에 짚과 속대를 밭에서 끄집어내고 그것의 수요처를 찾아주는 것이 관건이다. 짚과 속대를 이용한 발전發電은 앞으로 나아가야 할 길과 그 발전 방향을 찾았지만 짚과 속대의 시기적절한 수집, 운송과 저장이 그 길을 막고 있다. "군인이 전쟁에서 잘 싸우려면, 먼저 병기를 잘 다루어야 한다."라는 말이 있다. 바이오매스 발전發電산업화 과정에서 중국 농촌의 특성에 근거하여 국내 과학기술연구부문과 기업의 수집, 가공, 운송과 처리 등이 연계된 풀세트의 효율이 좋은 기계장비를 연구 · 개발하여 하곡 수확기와 추곡 수확기 두 절기의 기계화를 실현함으로써 짚과 속대의 노지 연소를 막는데 중요한 역할을 하고 있다그림 7-3과 7-4 참조. 기계설비 용량이 25MW인 발전소를 예로 들면, 연료의 수집, 저장, 운송을 위한 기계설비에

1,500만~2,000만 위안을 투입해야 한다. 이러한 기계설비 대부분은 기술을 들여와 국내 실정에 맞게 리모델링하여 생산하였거나 기존의 국내 장비를 업그레이드시킨 것이기 때문에 자동화 수준과 기술 수준이 높고 널리 통용되어, 농기계시장에 새로운 활력을 불어넣을 수 있고, 농촌으로 자금과 인재를 유인하는데도 도움이 된다.

그림 7-4 중국 바이오매스 발전發電 기업조직의 농작물 짚과 속대의 수집과 저장 기계화 기술훈련 장면

6. 전망: 열과 전기의 결합생산과 종합적 이용

현재 중국에서 고체 바이오연료를 이용해 산업화 생산과 상업화 운영을 실현할 수 있는 분야는 직접·연소발전發電이다. 바이오매스 발전소의 열과 전기를 종합적으로 이용할 경우 에너지 이용률이 80% 이상이 된다.

전통적 열과 전기의 결합생산 외에도 바이오매스를 이용해 발전發電을 하는 동시에 그 과정에서 생산되는 여열remaining heat을 온실에 공급하거나 고형연료나 연료용 에틸알코올을 생산하는 등 종합적 활용을 위한 사업에 충분히 이용할 수 있다. 바이오매스 열과 전기의 결합생산은 유럽에서 매우 보편적이고,

스웨덴의 열과 전기의 결합생산 열효율은 97%에 달한다. 바이오매스 직접연소발전發電은 바이오매스의 종합적 이용에 있어 먼저 연통에서 배출되는 이산화탄소를 이산화탄소비료로 바꾸어 온실의 채소 재배나 조류藻類 생산에 이용할 수 있고, 플라스틱을 분해하는 원료 생산에도 사용할 수 있다. 그 뿐만 아니라 연소 후 남는 칼륨 등의 원소가 많이 함유된 재와 찌꺼기를 이용해 칼륨비료와 여러 가지 복합비료를 생산해 농업 생산에 이용할 수 있고, 토양의 균형적인 원소 유지에도 도움이 된다그림 7-5 참조.

그림 7-5 바이오매스 발전소의 재와 찌꺼기를 원료로 하여 가공한 바이오매스 복합비료와 칼륨비료

종합적 이용의 또 다른 방안은 섬유소 에틸알코올 생산과 결합시키는 것이다. 즉 먼저 짚과 속대 안의 섬유소와 반섬유소를 물로 분해하여 연료용 에틸알코올을 생산하고, 더 이상 이용하기 어려운 나머지 리그닌lignin을 연소시켜 발전發電에 이용하고, 여열은 섬유소 에틸알코올을 뽑아내는데 다시 사용하고, 찌꺼기는 비료 생산에 이용한다. 현재 바이오매스 직접연소발전發電 산업의 용두기업龍頭企業인 궈넝생물질발전유한공사는 이 두 가지 기술을 결합시킨 시범사업을 진행 중이다. 궈넝공사는 이미 스웨덴에서 중국 상황을 고려한 소규모 실험을 진행하였고, '섬유소 에틸알코올–바이오매스 열과 전기 결합생산–온실작물 재배' 의 순환모델의 경제성과 타당성에 대해 연구하였다.

바이오매스 직접연소발전發電은 메탄가스 혹은 기체연료 사업과도 연계시킬 수 있다. 메탄가스 등의 바이오가스는 디젤유를 대신해 바이오매스 보일러에 점화하고 연소를 돕는데 이용될 수 있다. 이는 바이오매스 연료의 종류가 많고, 수분 함량이 각기 다르며, 발열량이 불안정한 상황에서 보일러를 안정적으로 운행하는데 도움이 된다. 메탄가스 등 바이오가스 사업은 발전기와 전력망에 더 이상 투자를 할 필요가 없으며, 발전發電을 담당하는 기업이 메탄가스 공급업체에 그에 상응하는 합리적 비용을 지급한다. 이것 역시 열병합발전을 시도해 볼만한 이유이다.

짚과 속대 등 농림 부산물과 미래의 에너지 숲을 이용한 바이오매스 발전發電은 그것을 한 번에 소각시켜 버리는 것이 아니라 그 안의 유용한 것을 최대한 뽑아 쓰는 계단식의 이용방안이며, 이는 왕성한 생명력을 가지고 있다. 앞으로 바이오매스 발전發電의 발전 방향은 바로 여러 기술 노선을 정합 · 협력발전시킴으로써 '에너지 숲–바이오 발전發電–바이오디젤유', '에너지 숲–연료용 에틸알코올–바이오 발전發電', '농림 부산물–연료용 에틸알코올–바이오 발전發電–바이오 비료' 등 여러 가지 폐쇄순환식 산업화 발전모델을 효과적으로 추진하는 것이다.

7. 풍성한 성과를 거두다

2004년부터 국가 발전 및 개혁위원회는 산둥성 산현單縣, 허베이성 진주晉州와 장쑤성 루둥如東 등 세 지역의 국가급 짚과 속대 발전 시범사업을 심사 · 비준하여 바이오매스 직접연소발전發電 시범사업을 시작하였다. 2006년 〈중화인민공화국 재생가능에너지법〉을 시행한 이후 바이오매스 직접연소발전發電 산업은 중국에서 빠른 발전을 보였고, 2006년 말 국가 발전 및 개혁 위원회와 각 성의 발전 및 개혁 위원회가 심사 · 비준한 바이오매스 규모화 직접연소발전發電 사업은 이미 약 50건에 달했고 기계설비 총 용량은 1,500MW을 초과하였다. 그 중 2006년 비준한 것은 38건이고, 7건은 통합 발전發電망과 연계되었다. 불완전한 통계이긴 하지만, 2007년 말까지 중국이 비준한 바이오매스 직접연소발전發電 사업은 약 100건이고 기계 설비 용량은 2,500MW 이상이며, 전체 발전發電시스템에 편입된 사업의 기계설비 총 용량은 400MW 이상이었다. 바이오매스 발전發電 사업은 주로 산둥, 장쑤, 허난, 허베이, 헤이룽장, 지린, 랴오닝, 신장, 네이멍구 등지에 분포되어 있다. 연료는 주로 밀짚, 옥수수 속대, 볏짚과 겨, 면화 줄기, 임업 간벌thinning과 가공 부산물이다.

궈넝산현國能單縣 바이오매스 발전소는 중국에서 가장 먼저 건설된 바이오매스 발전소이자, 국가 발전 및 개혁위원회에서 비준한 국가급 시범사업이고, 궈넝생물질발전공사가 투자하여 건설한 것이다. 2007~2009년 3년간 발전량의 누계는 6.64145억 kW·h2007년 발전량은 2.27859억 kW·h, 2008년 발전량은 2.11244억 kW·시간, 2009년 발전량은 2.25042억 kW·h간이다이고, 3년간 매년 운행시간이 7,000시간을 초과하였으며, 그 중 2007년 발전發電 시간은 8,200시간 이상으로, 30MW 부하를 최대한 사용한 시간은 7,500시간 이상에 달한다. 매년 소모되는 농림 부산물은 약 25만 톤이고, 현지 농민의 소득을 5,000만~6,000만 위안 증대시켰다. 2007년 9월 UN이 지정한 DOE 조사기구는 궈넝산현바이오매스 발전發電 CDM 사업에 대한 현장조사를 실시하였고, 70일간의 조사에서 궈넝산현의 해당 사업을 통해 4만 톤가공, 운송 과정에서의 연료 소모 등 일체의 영향 요인을 제외한 순 배출 감축량의 이산화탄소 배출량을 감축하였음을 확인하였으며, 1년 전체 이산화탄소 배출 감축량은 18만 톤에 달한다.

궈넝생물질발전공사는 바이오매스 직접연소발전發電에 대한 투자, 건설과 운영을 전문적으로 하는 회사로서 2009년 8월까지 정부로부터 비준을 받은 바이오매스 발전發電 사업은 모두 46건으로, 그 중 이미 건설이 끝난 사업은 20건이고, 현재 건설이 진행 중인 사업은 10건이다. 기계설비 총 용량은 420MW에 달하고, 연간 발전량이 약 30억 kW·h이라고 할 때, 2008년 중국의 연간 화력발전 용량의 약 1/926을 차지한다. 중국에너지절약투자공사中國節能投資公司, 국가전력집단國電集團, 중화전력中華電力 등 기타 바이오매스 발전 투자기업들도 자체적인 시범사업을 진행하기 시작하였다.

궈넝생물질발전공사는 〈11 · 5 규획〉 국가 과학기술 지원계획 중점 사업인 '촌진村鎭 농림 부산물 직접연소발전 기술개발과 시범', 국가과학기술부의 '863' 사업인 '바이오매스 원료 고체화 성형 핵심기술연구', 국가 전력망 중점 과학기술 혁신 과제인 '바이오매스 직접연소발전 연료 수집, 저장, 운송 관련 설비의 개발과 설계' 등을 연이어 담당하였다. 국내 관련 과학기술과 업무 담당부문과의 연계와 협력을 위해 국가임업국에너지반, 국가농업기계화과학연구원, 화베이전력대학, 중국과학원식물연구소, 국가농업부농기계보급총국國家農業部農機推廣總站 등의 기관과 바이오 발전發電 기술 · 설비, 바이오매스 에너지 종합 개발 이용, 연료 검측, 과학 연구 · 개발 등의 영역에서 협력하였으며, '생물질발전發電세트설비 국가공정실험실', '국가전력망공사 생물질연료와 연소기술실험실', '국가임업국 임목생물질발전發電 시범항목판공실', '궈넝 · 중과원 식물의 생물질 발전發電 연구센터國能 · 中科院植物所生物質能發電研究中心', '국능 · 중국농기원 생물질 공정연구중심國能 · 中國農機院生物質能工程研究中心' 등을 연이어 조직함으로써 중국 바이오매스 에너지 개발과 이용의 핵심기술 연구 · 개발 능력을 향상시킬 수 있는 기술 혁신의 장을 마련하였다.

중국에서 바이오매스 발전發電의 성공적 도입은 중국의 농업 생산이 비록 분산되었지만 시장경제 조건 하에서 적합한 바이오매스 원료의 수집시스템을 마련함으로써 규모화 발전發電을 위해 원료 공급을 보장할 수 있음을 증명하였다. 농업 현縣을 중심으로 하고 주변 몇 개의 현을 추가하여 농림 부산물 바이오매스 공업화, 규모화를 추진하는 것은 매우 현실성이 있다. 현재 바이오매스 발전發電 기술과 설비시스템은 이미 완전 국산화가 되었고, 이미 자체 연구 · 개발 능력과 혁신 능력을 갖추었다. 덴마크에서 전해진 바이오매스 발전發電 '동화'는 중국 대지에 이미 자리를 잡았다.

8. 최초로 바이오매스 발전發電 사업을 이끈 선구자들

바이오매스 발전發電은 실제로 바이오매스와 발전發電 두 업종이 결합된 것으로 '소규모 발전소, 대규모 연료' 로 인식된다. 국내 관련 업계가 발전發電에 대해 익숙하지 않으면 적어도 이미 성숙한 단계에 있는 석탄발전發電 사업을 참고할 수 있었지만, 바이오매스의 공업화 응용산업은 초기 걸음마부터 시작해야 했다. 사람들은 "돌을 더듬어 강을 건넌다."라고 말하지만, 바이오매스 발전은 중국에서 더듬을 돌조차 없었다. 다음은 최초로 바이오매스 발전發電 사업을 이끈 선구자들의 이야기를 소개한다.

다시는 당신들의 화학분석 의뢰를 받지 않겠다.

최초의 바이오매스 발전發電 사업 투자자는 바이오매스 연료를 화학분석해 줄 기관을 찾지 못했으며, 연료의 검측기준도 없어 샘플을 스페인으로 보내 화학분석을 의뢰할 수밖에 없었다. 당시 산둥성의 모 전력과학연구원에 석탄 분석기기를 이용해 바이오매스 연료 화학분석을 의뢰해 진행할 때, 기기와 설비의 심각한 고장 및 사고를 초래함에 따라 다시는 바이오매스 연료 화학분석 의뢰를 받지 않겠다고 하였다. 그 후 룽지전력집단은 외국의 연료 화학분석 매뉴얼을 번역하여 과학기술 연구와 검측을 담당하는 국내 기관을 수소문했으며, 결국 중국석탄감독검험센터中國煤炭監督檢驗中心에 이 작업을 의뢰하였다.

짚과 속대를 전기로 전환시키는 '사기꾼'

바이오매스 발전은 외국에서 이미 일반인에게는 잘 알려졌지만, 2005년 중국에서는 대부분의 사람들에게는 생소한 것이었다. 한 사업 담당자가 어느 현縣에서 사업 설명회를 할 때 짚과 속대를 전기로 전환시킨다고 하니까 주민들이 '사기꾼' 으로 오인하여 경찰에 신고하는 웃지 못할 일도 벌어졌다.

CDM인가 CDMA인가?

궈넝생물질발전집단은 사업보고회의에서 최초로 바이오매스 발전發電의 CDMclean development mechanism, 청정 발전 메커니즘 사업을 소개했을 때, 뜻밖에 CDMA 핸드폰 사업으로 오인을 받았다.

짚과 속대를 놓고 퇴비, 사료, 땔감과 경쟁하지 않는다.

궈넝생물질발전유한공사는 중국 최초이면서 규모가 가장 큰 바이오매스 직접연소발전發電에 대한 투자, 건설과 운영을 전문으로 하는 회사이고, 중국 바이오매스 직접연소발전發電 영역의 산업화를 이룬 '선구자' 이다. 선례가 없으면 참고할 대상도 없다. 사업 분포 차원에서 짚과 속대 자원의 이용 가능한 양이 사업 타당성을 판단하는 전제조건이라고 할 때, 바이오매스 발전發電에 이용되는 연료는 모두가 품질이 낮고 종류가 다양한 부산물이며, 짚과 속대를 놓고 퇴비, 사료, 땔감 및 기타 공업가공품과 원료 확보를 위해 경쟁하지 않겠다는 원칙을 견지하고 있다. 사업의 실질적 추진에 있어 사람들이 걱정하는 "식량과 경지를 놓고 경쟁하고, 가축과 사료를 놓고 경쟁하는"문제는 존재하지 않을 뿐만 아니라 "짚과 속대를 현금화"함으로써 소득을 증대시키고 농민의 식량 재배 의욕을 높이는데도 도움이 된다.

"만약 연료가 부족하면 당신의 다리를 내놓아야 할 것이오!"

산현單縣 바이오매스 발전發電 사업의 초기 타당성 심의에서는 초본식물인 밀짚을 연료로 선정하였다. 이 지역은 면화 주산지인 동시에 '전국 평원 녹화 선진현' 이기 때문에 면화 줄기와 임업 부산물이 많았다. 따라서 연료 공급 담당자는 황색 초본연료를 회색 목본연료로 바꿀 것을 건의하였다. 심의회에서 이에 반대하는 사람이 "만약 연료가 부족하면 당신의 다리를 내놓아야 할 것이오!"라고 말했다. 이 연료 공급 담당자의 주장이 확고했기에 회사에서도 이에 높은 관심을 보였다. 결국 회사는 연료 교체방안을 수락하였다. 결과가 증명하듯이, 당시 연료 교체는 정확한 판단이었다. "사실을 굳게 믿고, 과학을 견지하고, 진리를 굳건히 지킨다."는 말은 중국 바이오매스 발전 산업이 험난한 길을 뚫고 걸어올 수 있었던 중요한 열쇠이다.

대금 지급을 절대 미루지 않는다.

수많은 농민들을 상대하면서 가장 중요한 것은 그들의 신임을 얻는 것이며, 그럴 때만이 비로소 그들의 지지를 받을 수 있다. 궈넝생물질발전집단이 발전소를 자체적으로 운영한 이래로 연료를 판매하는 농민들에게 대금 지급을 절대 미루지 않겠다고 약속하였으며, 실제로 그동안 대금 지급을 미룬 적이 없고, 2009년 10억 위안의 수매 대금 전부가 현금 혹은 은행을 통해 지급되었다.

신세대 부모님

수년간 바이오매스 발전發電 사업에 종사해온 '바이오매스 발전 기사'는 일이 바빠 항상 부모님과의 전화통화가 매우 짧다. 70세가 넘은 부모님도 아들이 하는 일이 농민들에게 도움이 되는 '대업大業' 임을 알고 있기에 이 노부부는 돋보기까지 쓰고 핸드폰으로 문자 보내는 법을 배웠다. 문자 중 대부분이 "전심전력을 다해 열심히 일해라! 우리 둘은 모두 잘 있다. 걱정하지 마라!"란 내용이다.

명절에 '짚과 속대' 동냥을 하다.

바이오매스 혼합연료 발전發電 사업의 연료 실험에 몇 톤의 연료 실험 샘플이 필요한데 며칠 후면 춘절이라 농촌에서 일손 구하기가 매우 어려웠다. 이 사업을 맡은 매니저가 어쩔 수 없이 직접 마을을 돌며 짚과 속대를 구매하였다. 한 마을 아주머니께서 안타까운 마음에 "불쌍하기도 해라, 명절에도 나와 일을 하다니!"라고 말씀하셨다.

"불가사이한 일 중독자"

바이오매스 발전發電에 종사하는 사람들은 농업과 농촌에 대한 애정으로 가득 찬 사람들이고, 열정을 가지고 고집스럽게 앞만 보고 달려온 사람들이다. 바이오매스 발전發電의 창업단계에 많은 종사자들이 여행용 가방과 갈아입을 옷가지를 언제나 사무실에 비치하고 있었다. 임무가 막중하다 보니 장기간 출장에 휴식이 절대적으로 부족해 체력이 바닥나고, 감기, 고열에도 의료진의 도움을 받지 못했으며, 심지어 링거를 맞다가도 출장을 가야만 하는 경우가 매우 많았다. 함께 협력하는 외국 전문가들의 말을 빌리면, "당신들은 불가사이한 일 중독자들이다!"

많은 사람들이 기존의 좋은 직장을 그만두고 이 험난한 창업의 길에 뛰어들어 몇 년간은 고군분투하였고, 많은 사람들이 부모의 병세가 위중하고 아이가 아파도 바이오매스 발전 사업을 위해 쉬지 않고 바쁘게 뛰어다녔다. 또한 많은 사람들이 밤낮을 가리지 않고 흰 머리카락이 머리를 다 덮을 정도로 젊음과 열정을 중국 바이오매스 발전發電 사업에 다 쏟아 부었다. 많은 종사자들이 근면성실하게 업무에 임하면서 불평하지 않았으며, 모두가 의지가 강하고 심지가 굳었다. 첫 번째 발전 시범사업이 성공적으로 전체 전력시스템에 편입되었다는 소식을 들었을 때 이들은 큰 소리로 감격의 울음을 터뜨리고 말았다. 이들은 전국 각지에서 모여든 정말 존경스러운 바이오매스 발전의 선구자들이며, 또한 이들은 아름다운 꿈을 위해, 대의를 위해 그 이외의 것들을 과감히 포기하면서 웅장하고 아름다운 중국 바이오매스 발전發電 선구자의 노래를 써내려갔고, 웅장하고 아름다운 바이오매스 발전發電의 서사시를 적어내려갔다.

바이오매스 에너지 산업의 미래가 더욱 밝길 바란다!

마오우쑤毛烏素 사막화 토지에 인공으로 재배한 3년생 자주버들 Salix psammophila 밑동을 잘라준 이후 2년째 되는 해 생장이 더 왕성해졌다.

4대 사막화 토지와 '쓰커우西口로의 이주'
—녹화綠化와 발전發電을 통한 일거양득

8

- 한 장의 사진과 「정부사업보고」
- 하나의 제안서와 한 편의 글
- 승화: 사막 정비와 에너지 생산기지 건설을 통한 일거양득
- 중국의 잠재력을 가진 땅
- 실천의 전선에서 전해진 승전보
- 21세기 버전의 '쓰커우西口로의 이주'
- 리징루는 무슨 생각을 하고 있는가?
- 성공한 남성 배후의 여성
- 첸쉐썬 선생의 사상적 지도하에서

**전통적 사고의 틀을 깨기만 하면 사막지대에
새로운 형태의 농업을 발전시킬 수 있는 유리한 조건들을
찾아낼 수 있으며, 이를 통해 발전을 위한 새로운 길로 나아갈 수 있다.**

첸쉐썬錢學森, 1984

중국의 전체 바이오매스 원료자원 중에 한계성 토지에서 재배되는 에너지 식물이 절반을 차지한다. 한계성 토지 중에서 조건이 가장 열악한 것이 바로 북방에 위치한 4대 사막화 토지이며, 만약 4대 사막화 토지를 이용할 수만 있다면 기타 한계성 토지는 더 이상 말할 필요도 없다.

2000년 이후 필자는 서부지역을 연이어 여섯 차례 시찰하였으며, 그 과정에서 뭔가를 찾은 느낌이다. 처음에는 본인도 확실히 알 수 없었지만, 나중에 점차 명확해졌다. 원래는 반건조와 건조 생태계에서 식물군락의 내성과 저항성의 극한, 특히 연평균 강수량과의 관계를 알아보려 하였다. 이 과정의 전반기에는 사막화 방지와 경작지를 삼림으로 환원하는 문제에 몰두해 있었고, 제시한 방안들이 항상 임업부문의 의도와는 잘 맞지 않았다. 후반기에는 바이오매스 에너지와 결부시켜 줄곧 모래가 바람에 날리는 것을 막는 동시에 바이오매스 에너지 원료도 생산함으로써 두 마리의 토끼를 모두 잡을 수 있는 방안을 모색하는데 주력하였다. 과학기술을 통해 논증하는 것과 실제로 타당한지의 여부는 전혀 다른 얘기다. 그렇다면 실제로 실현가능성이 있는가? 필자는 운이 아주 좋아 결국 꿈을 이루었다. 10년간 사막화 토지와 인연을 맺은 결과 마침내 그 '결실'을 보게 된 것이다.

본 장의 전반부에서는 필자의 여섯 차례에 걸친 '서부 시찰'중 건조 생태계와 '4대 사막화 토지'에 대한 느낌과 인식을 정리하였고, 후반부에서는 21세기

버전의 '쓰커우西口, 산시성 숴저우시(朔州市) 유위현(右玉縣) 서북부에 위치함 이주'이야기를 소개하였으며, '첸쉐썬錢學森선생의 사상적 지도하에서'란 소제로 마무리를 지었다.

1. 한 장의 사진과 「정부사업보고」

"차 좀 세워요!"나도 모르게 소리쳤다.

"왜요? 어디 불편하세요?"버스에서 나와 같은 줄에 앉았던 단장이 놀라서 내게 물었다.

"죄송합니다. 사진 좀 찍고 싶어서요."

2000년 8월 필자는 전국인민정치협상회의에서 조직한 '서북 시찰단'에 참여하였는데, 이 시찰단은 20여 명으로 구성되었고, 단장은 후난성 성장을 지닌 청방주程邦柱선생이 맡았다. 8월 25일 아침 시찰단을 태운 차는 닝샤 중웨이中衛시에서 서쪽으로 향했고, 사포터우沙坡頭를 지나 오래지 않아 간쑤 징타이현景泰縣에 도착하였다. 필자의 과학연구 인생은 야생의 과학적 고찰에서부터 시작되었으며, 차를 타고 사방팔방 돌아다니며 자연경관의 변화를 관찰하고, 과학적 가치가 있는 지점을 우연히 마주치면 바로 차를 세우고 차에서 내려 기록을 하거나 그림을 그리고 사진을 찍는 버릇이 생겼다. 그렇지 않으면 "떠난 버스가 다시 돌아오지 않는 것처럼"정막 후회막급이다. 이것이 바로 필자가 시찰단의 차를 갑자기 세운 이유이다.

이번 중웨이시부터 징타이현까지 줄곧 텅거리騰格里사막 남쪽 가장자리에 놓인 포包頭—난蘭州선 철도를 따라갔다. 차창 밖의 풍광은 매우 단조로웠고, 끊임없이 펼쳐진 낮은 사구지대였다. 그러나 도로가 철로와 가까워질 때는 무성한 사생沙生식생을 볼 수 있었으며, 마치 철로 양측에 녹색 비단 띠를 두른 것 같았다. 필자는 이러한 경관이 형성되는 현상에 주목하기 시작하였고, 옆에 앉은 닝샤후이족回族자치구 임업국의 전 국장에게 이에 대해 물었다.

"철로 양측의 식생이 저렇게 좋은데, 혹시 물을 준 적이 있나요?"

"아니요."

"오랜 시간이 흘러야 저런 식생이 형성이 되겠죠?"

"대략 4~5년 걸립니다."

"어떤 방법을 썼습니까?"

"모래를 고정시키고 길을 보호하기 위한 것이며, 철로 양측 1천 미터 떨어진 곳에 철조망을 세워 양이 뜯어먹는 걸 막았습니다. 사람들도 들어와 땔감을 해가지 못합니다."

방법은 이렇게 간단한데, 뜻밖에 효과는 이처럼 매우 컸다.

"이 일대 연평균 강수량이 얼마나 되죠?"

"약 200㎜입니다."이 숫자는 필자를 놀라게 했다.

버스가 간탕진甘塘鎭에 진입했을 때, 차창 밖 멀리 드넓은 사막화 토지가 펼쳐졌고, 가까운 곳에는 식생이 무성했으며, 중간에 철조망이 희미하게 보였다. 이 얼마나 멋진 한 폭의 그림인가! 이러한 광경에 나는 기쁨을 주체하지 못해 차를 멈추라고 외쳤다.

단장은 모두에게 차에서 내려 휴식을 취하라고 했고, 필자는 뜻대로 과학적 가치가 매우 큰 광경을 사진에 담았다.

다음해 2월 관례에 따라 주룽지朱鎔基총리는 중난하이中南海에서 회의를 열어 각계각층의 「정부사업보고」초안에 대한 의견을 수렴하였다. 이 해 필자는 과학기술계 대표로 참석하여 총리 맞은편에 앉았으며, 그 거리가 4~5미터에 지나지 않았다. 필자가 발언을 할 때 미리 확대시켜 준비해온 이 사진을 총리에게 보여주었다. 필자가 발표한 의견은 "사막화 정비에 있어 우리는 '인위적 사업'을 지나치게 강조하는 반면 자연계의 '자생 기능'은 물론 생태계의 '자체적 복원능력'은 무시합니다. 그 결과 공은 많이 들였음에도 그에 따른 성과는 미미한 수준입니다."이었다. 총리가 "이 사진은 어디에서 찍었습니까?"라

그림 8–1 닝샤 옌츠현鹽池縣 리우양보柳楊堡 사막 정비 시험 시범지구

주: 왼쪽 사진의 가까이 보이는 것은 철로 북쪽의 '녹색 비단띠' 였고, 멀리 보이는 것은 드넓은 사막화 토지였고, 그 사이에는 철조망이 있었다. 오른쪽 사진은 닝샤 옌츠현 리우양보사막 정비 시험 시범지구의 사막쑥 군락이다.

고 물었다. 필자가 대답하고 나서 그는 큰 소리로 물었다. "신화사新華社에서 온 기자 있습니까? 당신들도 거기 가서 사진을 몇 장 더 찍어 오시오."2001년 총리는 양회兩會의 「정부사업보고」에서 천연림 보호, 경작지를 산림 혹은 초원으로 환원, 사막화 방지와 정비, 초원 보호를 거론할 때, "이러한 중요한 사업을 진행하는 과정에서 생태계의 자체적 복원능력을 발휘하도록 하는 것에 주의해야 한다."란 내용을 덧붙였다. 전국인민정치협상회의의 과학기술협회소조 토론회에서 사막 정비 전문가, 전 간쑤성 부성장 리우수劉恕는 의아해 말했다. "총리님 보고에서 어떻게 이처럼 전문적인 용어가 출현하였을까요?"필자가 그 배경을 말했더니 그는 회심의 미소를 지었다.

같은 해 6월 필자는 또 한 차례 닝샤와 간쑤성을 시찰할 기회가 있었다. 닝샤후이족자치구 임업국이 1997년 옌츠현鹽池縣 리우양보柳楊堡에 조성한 1,197ha 면적의 사막 정비 시험 시범지구를 시찰하였으며, 이곳에 비행기를 이용해 파종을 하였고 목축을 금지하고 봉쇄시켜 재배하는 방법을 택했으며, 4년만에 식생 복개율 70% 이상의 사막쑥黑沙蒿, Artemisia ordosica Krasch군락을 형성하였고, 더불어 사는 고두자苦豆子, Sophora alopecuroides L.,' 백초白草, Pennisetum centrasiaticum Tzvel.,' 사막 밀싹沙生冰草, Agropyron desertorum(Fisch.)Schult.,' 낙타쑥骡驼蒿, Peganum nigellastrum Bunge 등도 있었다. 필자는 또 다시 기쁨을 감추지 못하고 이를 사진에 담았다 그림 8-1 참조. 이번 시찰을 통해 필자의 "생태계는 아주 강한 자체적 복원능력을 가지고 있다."란 관점은 더욱 확고해졌다.

2. 하나의 제안서와 한 편의 글

다음 해인 2002년 봄 중국 사막화 방지와 정비문제에 대해 필자는 내용이 비슷한 한편의 글과 전국인민정치협상회의 제안서를 발표하고 제출하였다. 논문의 제목은 「사막 정비와 경작지 환원에 대한 오해에서 벗어나자」이고, 2002년 2월 15일자 과학일보에 실렸다.

중국의 대규모 사막 정비는 1970년대 말 3북서북, 화북과 동북방호림 사업부터 시작되었고, 1990년대 전면적으로 추진되었다. 2000년 17개 성혹은 직할시에서 '경작지를 삼림으로 환원'하는 사업이 시작되었다. 30년간의 사막 정비를 통해 어느 정도의 성과를 거두긴 했지만, 정부 당국의 기본적 결론은 "부분적으로 개선되었지만 전체적으로 악화되었다."와 "정비보다 훼손이 더 빨리 진행되었다."였다. 1950~1970년대 사막화 토지는 연평균 1,560㎢의 넓이로 진행되었고, 1970년대 중반부터 1980년대 중반까지는 연평균 2,100㎢의 넓이로 진행되었다. 1990년대 전반기 5년 동안 사막화 토지의 넓이는 연평균 2,460㎢씩 확대되었고, 1990년대 후반기 5년 동안 연평균 3,436㎢씩 확대되었으며, 내몽고자치구만 하더라도 사막화 토지의 넓이가 1.56만 ㎢ 증가하였다. 정비를 하면 할수록 사막화 토지의 넓이가 더 확대되는 이유는 무엇일까?

근본적으로 살펴보자. 중국의 165만 ㎢의 사막과 사막화 토지 가운데 지질과정을 거쳐 형성된 비중은 78%이고, 인위적 활동으로 인해 형성된 비중은 22%이다. 전자는 비교적 안정적으로 이루어지고 인력으로 막기 어려우며, 후자는 급속하게 이루어지고 인력으로 막을 수 있다. 물론 사막을 정비할 때 두 가지 유형의 사막화 토지를 동일시해서는 안 되며, 마땅히 인위적 활동으로 초래된 사막화 토지에 중점을 두어야 한다. 결자해지의 지혜가 필요하다. 인위적 활동에 의해 형성된 사막화 토지에 대한 정비는 당연히 인간이 개입하지 않는 것에서부터 시작해야 한다. 즉 무차별적 개간, 무제한적 방목, 마구잡이식 땔감 마련을 억제해야 하고 광범위한 파종에 적은 수확, 조방식 경영을 극복하는 근본적 방안에서부터 시작해야 한다. 「회남자淮南子 · 정신훈精神訓」에서도 말했듯이, "끓는 물을 떠내었다가 이를 다시 부어 끓는 것을 멈추려하면 멈출 수 없으며, 그 근본을 알고 불을 제거해야 한다."라는 것이다. 안타깝게도 예전의 사막 정비는 "끓는 물을 다시 부어 끓는 것을 멈추려는"사업에 치중하였다.

황사의 모래먼지는 주로 바람의 힘으로 지표면의 모래가 날려 공중으로 운반된 것이지 지표면에서 굴러 이동하는 것이 아니다. 3북 방호림지대는 지면에 근접한 선상에서만 방호할 수 있을 뿐 모래가 공중으로 운반되는 것을 막을 수는 없다. 마치 만리장성이 고대 적군의 공격을 막을 수는 있지만 현대 비행기와 공습부대를 막을 수 없는 것과 같다. 다시 말해, 베이징과 동부지역 황사의 모래먼지는 멀리 떨어진 지역에서 공중으로 운반되어오는 것 외에도 주로 4대 사막화 토지와 허시회랑河西走廊에서 '이는'것이다그림 8-2의 오른쪽 사진 참조. 타 지역에서 공중으로 날아온 모래는 여전히 인력으로 막을 수 없는 반면, 4대 사막화 토지의 지표면에서 '이는'모래는 방지와 정비의 중점대상이다. 세상을 놀라게 했던 2000년 베이징을 강타한 황사 발생 이후 내린 조치는, 4대 사막화 토지에서의 무차별적 개간 · 무제한적 방목 · 마구잡이식 땔감 마련을 억제하고, 광범위한 파종에 적은 수확, 조방식 경영을 극복한 것이 아니었다. 오히려 거액의 돈을 들여 "문제의 핵심을 파악하지 못하고", '베이징과 톈진 주변 방사림지구'를 조성하였는데, 이는 마치 '방호림'이 바람을 막고 모래를 고정시키는 유일한 방안인 듯 보였다.

'3북방호림'의 방어선이 지나는 지역은 주로 연평균 강수량이 500㎜ 이하의 건조한 초원, 황량한 초원과 황무지지대이다. 이곳들은 본래 건조지역에 자생하는 식물과 사생 잡초와 관목의 자생지임에도 '방호림'으로 교목을 심었으니, 인공으로 물을 주지 않으면 이것들이 어떻게 생장할 수 있겠는가? 서북지역에 조성한 '경작지를 삼림으로 환원한 곳'도 마찬가지이다. 건조기후에 강하다고 하는 곡물도 생장하기 어려운 땅에 수목이 어떻게 살 수 있겠는가?

서부지역 시찰 중에 3북방호림에 관한 보고서를 간쑤甘肅에서 하나 얻었다. 보고서에는 다음과 같은 내용이 있었다. "허시회랑에는 1,200㎞의 3북방호림이 조성되어있으며, 물 부족과 지하수 수위의 하강으로 인해 대부분이 고사했다. 민친현民勤縣의 조림면적은 8.7만 ha인데, 그중 2만 ha만이 남았다. 3북방호림의 3기 공사의 완공률이 매우 낮은 가운데, 4기 공사도 곧 시작될 것이다. 어느 임업장의 경우 수목 재배량이 많으면 많을수록 손해가 그만큼 크다. 농민들은 자금, 노동력, 묘목을 투입하지만 수익을 얻기가 힘들며, 눈앞의 이익과 의욕이 문제이다."이 보고서는 문제를 아주 정확하게 지적하고 있다. 그러나 주목을 받지 못하는 상황에서 무슨 소용이 있단 말인가?

베이징에 "육교의 기능은 겉으로만 그럴 듯하고 아무런 쓸모가 없다天橋的把式, 花拳繡腿."란 속담이 있다.

과학의 기본 이론을 무시하고, "중요한 것을 무시하고 부수적인 것을 쫓고", "끓는 물을 다시 부어 끓는 것을 멈추려는 것"이 "부분적으로 개선은 되겠지만 결국 전체적으로 악화되고", "정비보다 훼손이 더 빨리 진행되는"주요 원인이다. 도대체 왜 그런가? 이는 정부 담당부문의 이익추구와 '근무평정 사업'중시 등의 이유 때문이고, 정책결정 과정에서 과학적 접근과 민주적 절차가 부재하기 때문이기도 하다. 만약 비교적 객관적 원인을 찾는다면, 무차별적 개간, 무제한적 방목, 마구잡이식 땔감 마련을 억제해야 하고 광범위한 파종에 적은 수확, 조방식 경영을 극복하는 것이 말이야 쉽지 실천에 옮기는 것은 어렵기 때문이며, 특히 관련 사업은 근무평정 배점이 매우 낮아 '어리석은 관리'만이 이를 실천에 옮긴다. 국가에서 투자하고 근무평정에도 확실히 적용되는 '정비사업'이라고 한다면 누가 이를 마다하겠는가?

많은 푸념을 늘어놓았는데, 필자의 제안서와 글의 핵심내용은 "겉으로만 그럴듯한", '근무평정 사업'을 하지 말고, 생태계의 자체적 복원능력에 주목하고 "문제를 발본색원"하는 근본적 정비에 힘쓰고, 중국 북방 4대 사막화 토지의 정비와 개발을 중시해야 한다는 것이다.

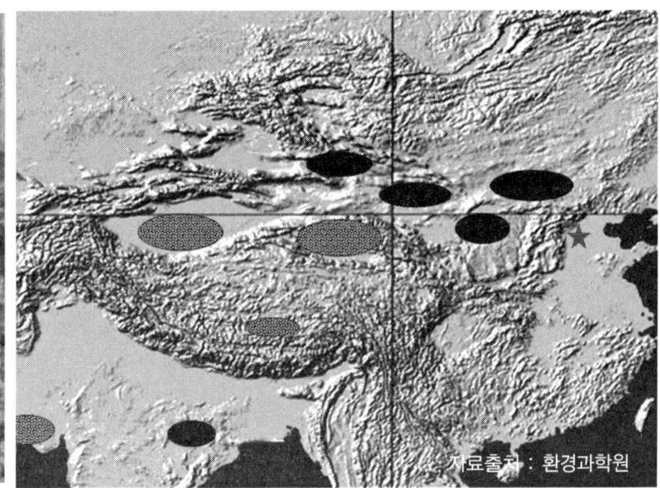

그림 8-2 2000년 허시회랑河西走廊에서 찍은 사진왼쪽 사진,
중국 내 황사의 발원지 원격 탐지 영상오른쪽 사진

3. 승화: 사막 정비와 에너지 생산기지 건설을 통한 일거양득

사막 정비와 생태계 조성에 또 하나의 오해가 있다. 개발을 말하면 생태계가 반드시 파괴된다고 보고, 생태계 조성을 말하면 개발 이용과는 거리가 멀다고 보며, 생태계 조성과 경제발전을 상호 대립적 관계로 본다. 사막 정비와 경제발전을 결합시킬 수는 없을까? 이는 일종의 탐색이다.

서부지역 시찰 과정에서 필자는 생태계의 자체적 복원능력을 인식하였다. 연평균 강수량 200㎜ 이상인 건조, 반건조지역에 인위적 조치와 생태계의 자체적 복원능력을 결합시키면 복개율 50% 이상의 건조기후에서 자생하는 식물과 사생 관목 식생이 나타날 수 있음을 알게 되었다. 그리고 이러한 식생을 바이오매스 에너지 생산에 이용할 수 없을까를 궁리하였다. 2007년 가을 필자가 다시 닝샤 링우현靈武縣 바이지탄白芨灘 임업장과 옌츠현鹽池縣을 시찰할 때, 이 질문에 대한 해답을 찾을 수 있었다. 이 날이 9월 24일이다.

이곳은 마오우쑤毛烏素 사막화 토지의 가장 서쪽 가장자리이며, 연평균 강수량은 200㎜에 지나지 않고, 4대 사막화 토지 중에서 자연조건이 가장 열악한 지역이다. 만약 이곳에서 이 문제를 해결할 수만 있다면, 기타 사막화 토지에서도 큰 문제가 되지 않을 것이다. 우리를 맞은 사람은 바이지탄 임업장의 책임자로 전국 사막 정비의 영웅 왕유더王有德였고, 그는 50세가 넘은 서북지역 출신이다. 1985년 임업장의 책임자가 된 이래로 그는 임업장 직원들을 이끌고 먼저 밀짚, 볏짚, 갈대 등을 이용한 격자형 모래막이grass pane sandfence를 설치하고, 거기에 자주버들Salix psammophila, 영조Caragana Korshinskii Kom, 화봉Hedysarum scoparium 등 사생 관목을 심어 3만 ha에 걸쳐 모래를 고정시켰으며, 4만 ha에 걸쳐 모래의 유동을 막았다. 그는 우리에게 올해 갓 설치한 격자형 모래막이를 보여주었는데, 이를 보고 필자와 일행 모두가 놀라지 않을 수 없었다. 마치 끝없이 펼쳐진 모래밭에 그물을 펼쳐놓은 것 같았고, 그리고 마치 대지 위에 잘 짜인 매우 아름다운 양탄자를 깔아놓은 듯 보였다그림 8-3의 오른쪽 위의 사진. 이는 필자로 하여금 건륭乾隆황제가 지은 〈경직시耕織詩〉를 떠올리게 했다.

> 베를 짜는 아낙네는 한밤중이 되도록 시간 가는 줄 모르고(織女工夫午夜多, 幕裝容易看絲羅) 베는 쉽사리 나올 줄 모르네. 희미해져가는 등불 아래, 베틀북을 쉼 없이 놀리네.(銀燈照處方成寸, 已自順環擲萬梭)

그리고 나서 왕유더는 우리에게 2년생, 3년생과 3년 이상 된 사생 식생을 보여주었으며, 모두 아주 잘 자랐고, 식생 복개율은 40~50%, 혹은 60~70% 되는 것도 있었으며, 흩날리던 모래도 점차 안정되었다. 연평균 강수량이 200㎜밖에 되지 않는 이곳에서 격자형 모래막이는 마치 막 태어난 갓난아이의 모유수유와도 같고, 1~2년생 아기가 걸음마를 시작한 후에는 모래막이가 영양분으로 부식되어 땅속으로 투입된다. "꽃은 땅으로 떨어져 뿌리의 영양분이 되어 남은 꽃을 보호한다化作春泥更護化."

그날 오후 우리는 바이지탄 임업장에서 차를 타고 동쪽으로 약 2시간 거리에 있는 옌츠현에 도착하였다. 이곳의 자연 식생 상태는 훨씬 양호했다. 왜냐하면 이곳 연평균 강수량은 약 250㎜이기 때문이다. 이 때 태양은 이미 서쪽으로 기울었고, 차는 일본이 원조하여 조성한 사막 정비사업지구에 들어섰다. 이곳은 2006년 1월부터 조성되기 시작한 자주버들—영조Caragana Korshinskii Kom—화봉Hedysarum scoparium 사생 관목 군락으로, 2년이면 놀랄 정도로 무성하게 자란다. 특히 석양이 그 위에 황금색을 덧칠하면 정말 멋지다!그림 8-4의 왼쪽 위의 사진

이튿날 옌츠현의 16만 ha의 줄파종한 영조Caragana Korshinskii Kom 사막 정비 사업지구를 시찰하였다. 이곳은 현지에서 '경질硬質 사막'이라 부르는데, 바이지탄 사막화 토지의 모래 입자보다 더 작고, 연평균 강수량도 50㎜ 많기 때문에 '격자형 모래막이'수호신이 없

그림 8-3 닝샤 바이지탄 임업장의 연평균 강수량 200㎜이하의 조건에서 격자형 모래막이를 이용한 모래 고정

어도 잘 자란다. 이곳은 '밑동 잘라주기'를 이미 시작하였고, 그에 따른 부산물도 생산하여 광주리 등의 원료 혹은 고형사료를 만드는데 이용하였다. 물론 바이오매스 에너지의 원료로도 이용할 수 있다.

그림 8-4 일본이 원조하여 조성한 자주버들 사막 정비 사업지구왼쪽 사진, 닝샤 옌츠현 240만무畝의 줄파종한 영조Caragana Korshinskii Kom 사막 정비 사업지구오른쪽 사진

이번 시찰을 통해 4대 사막화 토지의 생태계 조성과 바이오매스 에너지 생산기지 건설을 병행함으로써 일거양득의 효과를 가져올 수 있다는 생각을 하게 되었다. 2008년 여름, 필자는 국가임업국에 '우리나라 4대 사막화 토지의 생태—에너지 기지 건설에 대한 건의'란 제목의 제안서를 제출하였다. 제안서의 내용 가운데 약 20년간의 사막 정비에 있어서의 교훈, 4대 사막화 토지의 전략적 의미와 유리한 조건, 바이오매스 에너지 생산 잠재력 추정 및 생태—에너지 기지 건설을 위한 10가지 건의사항 등이 포함되었다.

4. 중국의 잠재력을 가진 땅

중국의 북방지역에는 165만 ㎢의 사막과 사막화 토지가 존재하며, 전체 국토면적의 17%를 차지한다. 타커라마간塔克拉瑪干 등 8대 사막과 마오우쑤毛烏

素, 훈산다커渾善達克, 커얼신科爾沁, 후룬베이얼呼倫貝爾 등 4대 사막화 토지가 포함된다그림 8-5와 표 8-1 참조.

지리적으로 4대 사막화 토지는 중국 북방의 반습윤 계절풍지역에서 서부 건조기후지역까지 걸쳐 있는 삼림초원, 전형적 초원과 사막초원지대이며, 연평균 강수량은 500㎜에서 200㎜로 점차 감소한다. 이는 중국 북방 동부지에서 서부지역으로 이어지는 생태 장막과도 같다그림 8-5와 표 8-1 참조. 이 지역은 기후, 식생, 토양과 수문水文 등 자연조건의 변화가 심하고, 사막화 토지가 집중되어 있고, 생태계가 취약하고 환경이 민감하며, 봄철 북경과 동부지역에서 볼 수 있는 황사의 발원지이기도 하다. 사회경제적 조건에 있어, 이 지역에서는 농업과 목축업을 병행하고 있지만, 생산성이 낮고 경제적으로 낙후하다. 또한 여러 민족이 함께 거주하고 있고, 인구 대비 자원이 매우 부족하다. 4대 사막화 토지 정비를 통해 중국 동·서부지역에 녹색의 생태 장막은 물론 경제, 사회와 민족이 화합하여 발전하는 번영의 '회랑'을 만들 수 있다.

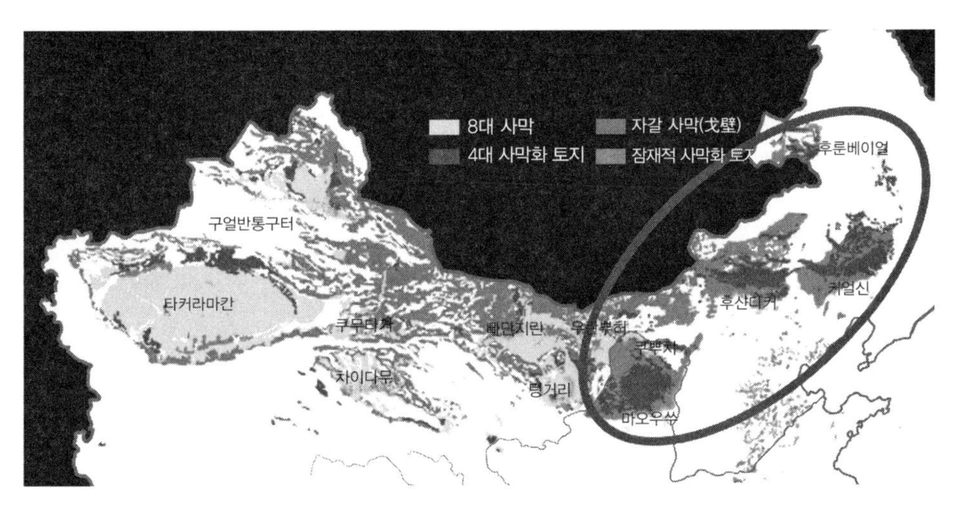

그림 8-5 중국 8대 사막과 4대 사막화 토지의 분포도
출처: 국가임업국.

이 지대의 연계성 특징도 사막 정비와 발전發電에 있어 많은 위치프리미엄을 가져다주었다. 첫째, 이 지대는 연평균 강수량이 200~500㎜인 초원지대

에 위치하고, 그 사막화의 가역성은 서부의 건조 사막지대보다 훨씬 유리하다. 둘째, 이 지대는 상당히 풍부한 잠재적 토지와 태양광자원을 보유하고 있으며, 그 자원의 1인당 평균 점유량은 동부지역에 비해 훨씬 많다. 셋째, 이 지대는 동부의 경제발전지역과 가깝고, 교통이 편리하여 왕래가 잦고, 선진기술 · 자금 · 인재와 관리자원 획득에 유리하며, 상품이 동부지역 시장으로 진출하는데도 유리하다예를 들어, '이리(伊利)'와 '멍니우(蒙牛)'의 유제품, '어얼둬쓰(鄂爾多斯)'의 의류 등. 넷째, 이곳은 빈곤현縣과 향鄕이 집중되어 있을 뿐만 아니라 수도와 동부지역의 생태 장막 등의 요인으로 인해 중앙의 특별한 관심과 지원을 얻어내기 쉽다.

표 8-1 중국 4대 사막화 토지의 기본 현황

내 용	마오우쑤	훈산다커	커얼신	후룬베이얼
면적(만 ㎢)	3.21	2.14	4.23	0.75
주요 분포 행정구역	네이멍구, 샨시(陝西), 닝샤의 14개 현(市)	네이멍구의 시린거레이멍(錫林格勒盟), 자오우다멍(昭烏達盟)	네이멍구의 통랴오(通遼), 츠펑(赤峰), 싱안멍(興安盟)	네이멍구의 하이라얼시(海拉爾市)
해 발(m)	1,200~1,600	900~1,100	120~800	
연평균 기온(℃)	6~9	0~3	3~7	0~2
≥10℃ 누적기온(℃)	2,500~3,500	2,000~2,600	2,200~3,200	1,800~2,000
무상 기간(일)	130~160	100~110	90~140	100~110
연간 강수량(㎜)	250~420	350~400	350~500	350
연간 증발량(㎜)	1,800~2,500	2,000~2,700	1,500~2,500	-
수문과 지하수	연간 지표면 유수량 140억 ㎥, 40% 이용 가능	하천과 호수 형성, 지하수자원 풍부	지표수와 지하수자원 풍부, 연평균 124억 ㎥	-
토 양	종개토(棕钙土, brown calcic soil), 염지화(salinization)와 사막화 토양	밤색토(栗钙土,chestnut soil),종개토(棕钙土, brown calcic soil), 풍사토(风沙土, aeolian sandy soil)	2004밤색토(栗钙土, chestnut soil),풍사토(风沙土, aeolian sandy soil), 흑색토(黑钙土, chernozem)	밤색토(栗钙土, chestnut soil), 풍사토(风沙土, aeolian sandy soil), 흑색토(黑钙土, chernozem)
식 생	사막화 초원의 사막화 토지 식생, 사주 목초지	반건조 초원, 나무가 듬성듬성한 초원	사막화 토지의 나무가 듬성듬성한 초원	젠마오(针茅, Stipa capillata Linn)—양초(羊草, Leymus chinensis Tzvel)초원
사막화 현황	-	-	고정, 반고정과 유동 사구가 각각 15%, 24%와 24% 차지함	고정 사구는 5,665㎢, 반고정 사구는 1,515㎢

4대 사막화 토지에 사막 정비와 바이오매스 에너지 생산기지 건설을 함께 실현할 수 있다면, 복개율이 비교적 높은 식생을 조성할 수 있을 뿐만 아니라 생태계를 보호한다는 전제 하에서 공업화 생산을 위한 수요를 충족시킬 수 있는 바이오매스 원료를 지속적으로 공급할 수 있다. 이는 매우 어려운 일임에 틀림없다. 그러나 조물주가 이미 우리 모르게 이에 대한 대안을 마련해 두었다. 즉 건조지역 혹은 사막에서 생장하는 사생 관목에게 '밑동 자르기'를 통해 생장을 촉진하고 말라죽는 것을 피하도록 하는 성질을 주었다. 그렇다면 과연 얼마만큼의 바이오매스를 생산할 수 있는가? 공업화 개발의 가치가 있는가?

물론 건조지역과 반건조지역에서 바이오매스 생산량을 결정짓는 주요한 요소는 토양이 아니라 강수량이며, 강수량이 많을수록 바이오매스 생산량도 많다. 많은 측정 자료에 따르면, 4대 사막화 토지 1ha에서 강수량 1㎜당 연간 건조 중량 기준으로 10kg의 바이오매스를 생산할 수 있다리바오궈(李保國), 2009. 즉 연평균 강수량이 350㎜인 사막화 토지에서 1ha당 약 3.5톤의 바이오매스를 생산한다. 이 수치는 이 책의 5장 인웨이룬尹偉倫이 제시한 바이오매스 생산량 2~5톤/ha, 미국에서 보도한 강수량이 450㎜인 지역에서 재배한 버드나무기장Versatile switch grass의 건조 중량 기준으로 연간 1ha당 바이오매스 생산량은 6톤이고, 수분 생산력은 1.3kg/㎥이란 자료쉬머(Schmer MR), 2008와 상호 검증이 가능하다.

4대 사막화 토지의 면적은 10.33만 ㎢이고, 그 중 고정, 반고정 사구 및 사구와 사구 사이의 농지가 약 2/3를 차지한다. 리바오궈李保國교수는 연평균 강수량을 근거로 하여 마오우쑤毛烏素, 훈산다커渾善達克, 커얼신科爾沁과 후룬베이얼呼倫貝爾 등 4대 사막화 토지의 연평균 바이오매스 생산량건조 중량을 산출하였으며, 각각 1,075만 톤, 803만 톤, 1,798만 톤과 263만 톤이고 합계는 3,939만 톤이다표 8-2 참조. 관목은 발열량이 매우 좋은 에너지식물이며, 건조 중량을 기준으로 1kg당 발열량은 1,673.6만 J줄 이상으로 원탄과 비슷한 수준이다. 1kg의 열량이 1,673.6만 J 혹은 0.57kg 표준석탄이라고 할 때, 연간 2,245만 톤의 표준석탄을 생산하는 것과 마찬가지이고, 5,613만 톤의 이산화탄소 배출을 감축할 수 있다.

표 8-2 중국 4대 사막화 토지의 연간 바이오매스 생산량(건조 중량 기준)

구 분	마오우쑤		훈산다커		커얼신		후룬베이얼
	Min	Max	Min	Max	Min	Max	
면적(만 ㎢)	3.21		2.14		4.23		0.75
연간 강수량(㎜)	250	420	350	400	350	500	350
바이오매스 생산량(백만 톤)	8.025	13.482	7.490	8.560	14.805	21.150	2.625
평균(백만 톤)	10.754		8.025		17.978		2.625

주: 1ha에서 강수량 1㎜당 연간 생산량 10㎏을 기준으로 하였고, Min과 Max은 강수량 최소치와 최대치를 기준으로 하였다.
출처: 리바오궈李保國, 2009.

4대 사막화 토지에는 바이오매스 에너지 원료 생산기지를 건설할 수 있을 뿐만 아니라 중국 풍력에너지와 태양광에너지의 보고가 될 수도 있다. 조건이 갖춰진 지역에서는 바이오매스에너지, 풍력에너지와 태양광에너지의 종합개발기지를 조성할 수 있다. 신흥 재생가능에너지산업이 선도하게 되면, 이전의 모래가 흩날리던 사막화 토지는 신생에너지를 개발하는 황금지대로 바뀔 수 있고, 국가급 빈곤현縣과 향鄕의 빈곤 탈출문제도 더 이상 걱정할 필요가 없게 된다. 4대 사막화 토지는 짐과 부담이 될 수 있지만, 또 한편으로 '보물단지聚寶盆'와 '황금알을 낳는 거위搖錢樹'가 될 수도 있다. 그러나 "전통적 사고의 틀을 깨는 것"첸쉐썬(錢學森), 1984과 현대 과학기술을 응용할 수 있는지 여부가 관건이다.

이처럼 마음껏 상상의 나래를 펼 수 있고, 또한 그럴싸하게 들리지만, 과연 이를 현실화시킬 수 있을까? 분명히 있다! 이미 첫 번째 성공사례가 나타났다. 실천의 전선에서 과연 어떤 일이 벌어졌는지 살펴보자.

5. 실천의 전선에서 전해진 승전보

마오쩌둥의 명언에 따르면, "혁명을 하려면 두 개의 '대'에 의지해야 하는데, 바로 펜대와 총대이다."라고 하였으며, "총대 안에 출정권이 있다"고도 말했다. 필자의 여섯 차례에 걸친 서부지역 시찰 및 발표한 글과 제안서는 '펜대'에 불과하다. 2009년 봄, 국가임업국의 한 처장이 필자에게 리징루李京陸란 산시山西사람을 소개해주었다. 그는 사막화 토지에서 바이오매스에너지란 '총대'를 다루는 사람이며, 그가 실천의 전선에 투입된 시기와 2004년 필자가 바이오매스에너지 영역에 발을 들여놓은 시기가 거의 비슷하다. 이 산시성 출신의 사내는 의지가 강하고 매우 활동적이며, 자기 뜻이 분명하고 입담이 좋았다. '바이오매스 결전'을 위한 실천의 전선에서 겪은 그의 경험담을 들으니, 필자는 그를 이제야 비로소 알게 된 것이 못내 아쉬웠다.

리징루는 부동산사업을 통해 많은 돈을 벌었으나 나이 50세, 즉 '지천명'에 이르러서야 비로소 "내가 돈을 쓰면 얼마나 쓰겠는가, 자식들에게 조금 물려주고 나서 이 돈을 어디에 써야 하나?"라는 깨달음과 의문을 갖게 되었다. 그래서 사회에 환원할 수 있는 의미 있는 일을 하고 싶었고, "스스로 후회되지 않는 일"을 해서 "나이 70세에 이르러 지난 20년을 회고할 때 스스로 자랑스러운 일을 하였다."고 느끼고 싶었다. 그는 사업가이지만 이해타산에 밝은 사업가의 기질은 찾아볼 수 없었고, 인생에 도통하고 금전문제에서 초탈하였으며, 마음에 품은 뜻이 원대하고 평상심을 잃지 않았다.

그에 따르면, 누군가의 조언을 듣고 사막 정비를 하기 위해 네이멍구로 갔다고 한다. 2004년 쿠부치庫布其사막에 3만여 그루의 백양나무를 심었고, 처음에는 문제가 없었으나 그 다음 해 그 중 몇 그루밖에 남지 않았다. 수백만 위안이 모래밭에 뿌려져 소리도 없이 사라진 것이다. 그러나 그는 위축되지 않았고 여전히 투지가불타고 있었다.

리징루와 함께 '전투'에 참전한 전우 쉬젠화許健華는 시를 통해 이때 상황을 묘사했다.

가을이 깊어 드넓은 사막은 고요하고, 밤이 깊어 은하수는 차기만 한데,
변경의 말소리에 귀를 기울이니, 뜻밖에 중원에서 화답하는 소리를 듣네.
시비를 논하지 않고, 만두와 국을 배불리 먹으며,
한 백년 인생 짧다고 하지만, 나무가 사는 10년은 한없이 길기만 하구나.
구름 사이를 날아가는 기러기를 보며, 사막에 뽕나무를 심는다.
마음에 근심을 덜어낼수록 몸은 더욱 건강해진다네.
(10월 하순 식목을 시작하고 나서 아침 일찍부터 저녁 늦게까지 노동으로 심신은 피곤하지만 정신적으로 희열을 느낀다. 2006년 10월 26일.)

그림 8-6 리징루오른쪽, 필자와 쉬젠화왼쪽가 그들의 바이오매스 원료 수집소에서 찍은 기념사진

식수에 실패한 이후, 리징루는 1960년대 사막 정비로 이름을 떨친 모범 근로자 바오르레이다이寶日勒岱를 방문하였으며, 그가 고안해낸 초지 울타리enclosed grassland를 이용해 자주버들을 심어 사막을 정비하는 방식은 오늘날까지도 전해져 오고 있다. 리징루도 사막화 토지에 생존율이 높은 자주버들을 심었다. 그러나 그는 자주버들 재배 성공을 단지 첫 걸음을 내디뎠을 뿐 사막에 산업화를 이루지 못하면 더 이상 확대할 수도 없고 유지할 수도 없다고 생각했다. 리징루는 닝샤 중웨이中衛시에서 수십만 무畝의 사막 정비를 하며 연간 25만 톤

의 종이를 생산하는 메이리美利제지업을 운영하는 리우충시劉崇禧를 방문했고, 제지업을 통해 수십만 톤의 자주버들 산업화에 성공한 둥다네이멍구집단東達內蒙古集團의 이사장 자오융량趙永亮을 방문했고, 사막 감초 가공업과 사막 관광업을 발전시킨 유명인사 왕원뱌오王文彪를 방문했고, 인위전殷玉珍, 왕궈샹王果香 등 사막 정비 고수들도 방문하였다. 자주버들을 땔감으로 이용하겠다는 생각을 줄곧 해오다가 2005년 8월 우연한 기회에 그는 자주버들을 이용해 발전發電을 하겠다는 생각을 하게 되었다.

사막화 토지에 물이 있고, 물이 있으면 자주버들이 자랄 수 있다. 다 자란 자주버들은 '밑동 자르기'를 해주어야 하고, 그 과정에서 나오는 가지를 이용해 발전發電을 할 수 있다. 발전發電을 하게 되면 자본을 끌어올 수 있고, 사막의 산업화는 마치 눈덩이처럼 구르면 구를수록 커진다. 사막 정비, 녹색발전發電, 주민을 부유케 하는 것, 이산화탄소 배출량 감축과 이산화탄소 교역을 연계시켜 실시해야 한다. 그는 흥분하여 다음과 같이 말했다. "저는 사막 정비와 녹색발전發電을 병행하는 방법을 찾았고, 과거의 '수혈을 통한 사막 정비'를 '조혈을 통한 사막 정비'로 전환하는 방법을 찾았으며, 사막화 토지에 자주버들을 심어 금덩이로 키울 수 있는 방법을 찾았습니다."

2005년 8월 마오우쑤사막의 중심에 위치한 우션치烏審旗에 '네이멍구마오우쑤생물질발전공사內蒙古毛烏素生物質發電公司'를 설립하여, 먼저 자금 6,000만 위안을 투입하였고, 밑동 자르기를 요하는 자주버들을 길러 약 20만 톤의 부산물을 얻었다. 2007년 5월 국가개발은행의 지원 하에서 3.5억 위안을 투자하여 2×12MW의 발전기 세트를 갖춘 발전소를 건설하고, 4만 ha의 사생 관목 에너지숲을 조성하였다. 리징루의 '자주버들 발전發電'과 '사막에 전기가 들어온 것'은 마치 상서로운 구름이 어얼둬쓰鄂爾多斯를 비롯해 많은 사막지역의 상공을 통해 전해지는 것과 같았다.

리징루가 2008년도 전국 사막산업 10대 선진인물로 선정되었을 때, 1960년대 사막의 영웅 바오르레이따이는 그를 자신의 사막 정비기지로 초대하여 그를 위해 직접 만든 옷을 입혀주었고, 몽고민족 풍습에 따라 그에게 술을 따라 주었다. 그의 전우 쉬젠화는 그의 50세 생일에 다음과 같은 글을 남겼다. "천하의 힘든 일을 마다하지 않고 세상에서 유유자적하지 않는 노인"그림 8-7 참조·

그림 8-7 각 세대를 대표하는 두 사막 정비 영웅

6. 21세기 버전의 '쓰커우西口로의 이주'

2009년 6월 필자를 비롯한 일행은 리징루의 사막 정비와 바이오매스에너지 공동 기지를 방문하였다. 바로 바이오매스에너지 '총대'를 다루는 사람의 '진지'를 시찰한 것이다. 비행기가 어얼둬쓰鄂爾多斯시 공항에 착륙했을 때 큰 규모는 아니지만 멋지게 신축된 공항을 보고 놀라지 않을 수 없었다. "산이 높지는 않지만, 신선이 있으면 영험하다."하지 않았는가! 어얼둬쓰는 작은 도시이지만 유명한 선화집단神話集團이 있으니 이러한 작은 공항 하나쯤 짓는 것은 문제도 아니다. 차를 타고 2시간 남짓 이동하여 '네이멍구마오우쑤생물질발전공사'가 위치한 곳에 도착했다. 회사의 입주면적은 넓지 않았지만 잘 정돈되어 있고 깨끗했으며 소박함이 묻어났다. 리징루의 사무실은 약 20㎡에 지나지 않았

고, 널찍한 '사장님용 책상'과 호화로운 가구도 없었고, 창 가까이 침상을 놓고 사무실 겸 숙소로 이용하고 있었다. 이러한 소박함은 사장의 성격과도 흡사했다. 우리는 자주버들 재배 현장을 둘러보고, 유목민인 우란다러의 집을 방문하였으며, 원료 수집소와 2×12㎿의 발전기 세트가 들어선 바이오매스 발전소를 참관하였다. 마침 한 대의 포크레인이 발전기의 컨베이어 벨트에 원료를 올려놓고 있었다. 모든 것이 일사불란하게 이루어졌다.

그림 8-8 자주버들 재배와 밑동 자르기

몇 년간의 성공적 운영을 통해 이미 2만 ha의 사막화 토지를 정비하였고, 발전소에서는 1.8㎾·h의 발전發電을 하고 있다. 이미 원료 25만 톤을 소모하였으며, 현지 농민과 유목민들은 7,000여만 위안의 현금 수입과 7,000여 개의 일자리를 얻었고, 20만 톤의 이산화탄소 배출량도 감축시켰다. 이것이 바로 리징루가 평소에 말하던 사막 정비, 녹색발전發電, 주민을 부유케 하는 것, 이산화탄소 배출량 감축을 한 기업에서 책임지는 것이다. 또한 회사는 장기임대 형식으로 사업지역 내의 약 200개 농가, 유목가구와 자주버들을 공동으로 재배함으로써 130여 개의 바이오매스 원료 구매 지점을 없앴다. 농가와 유목가구의 생산과 생활방식도 바뀌었으며, 양의 방목은 줄고, 대신 자주버들 재

그림 8-9 구입, 분쇄, 운송, 발전의 일체화 과정

주: 왼쪽 위의 사진은 밑동이 잘린 자주버들 가지의 구입 지점, 오른쪽 위의 사진은 구입한 원료를 현장에서 분쇄하는 장면, 오른쪽 아래의 사진은 분쇄된 원료를 운반하는 차량, 왼쪽 아래 사진은 발전소. 굴뚝에서 배출되는 것은 수증기 위주의 '하얀 연기'이며, 석탄을 이용한 화력발전소의 굴뚝에서 뿜어져 나오는 분진에 이산화탄소가 섞인 '검은 연기'가 아니다.

배와 생태계 보호는 늘었다.

저녁에 이 회사 핵심 관리층 인사들과 좌담을 나눌 때, 필자는 느낀 점을 이렇게 표현하였다. "여러분은 어얼둬쓰란 이 검은 왕국국가석탄기지에 '녹색 폭탄'을 터트렸으며, 이곳은 '녹색과 흑색'의 경쟁의 장입니다."필자는 리징루에게 다음과 같은 농담을 했다. "당신이 바로 21세기의 '차오즈융喬致庸'입니다."그가 이해하지 못하는 듯해서 다시 보충설명을 해주었다. "과거 진상晉商, 산서(山西) 상인은 내몽고로 '이주'하는 전통이 있었으며, 건륭乾隆황제 시기의 차오즈융이 대표적인 인물입니다. 그는 바오터우包頭에서 차와 가죽 장사를 하여 돈을 벌어 산시山西로 되돌아와 '차오가 대저택喬家大院'을 지었습니다. 21세기의 리징루는 자주버들을 이용해 사막을 정비하고 '녹색발전發電'을 실현하였습니다. 이것이 바로 '강산은 시대에 따라 인재를 배출하고, 각 영역에서 수백 년 동안 독보적 위치를 차지한다'는 말이죠!"

리징루의 마음속에 진상晉商은 근면하고 고생을 두려워하지 않고 사려 깊으며 투철한 직업정신을 가진 것으로 인식하고 있으며, 그도 이러한 정신으로 사막 산업화를 추진하고자 했다. 과거 명대와 청대 500년간 산시山西 사람들은 '서구 이주'를 통해 성공한 이후 항상 고향으로 되돌아와 '차오가 대저택', '왕가 대저택'등 대저택을 지었다. 그러나 그는 네이멍구에 와서 사막 정비와 발전發電을 추진한 이후 산시로 되돌아가 '리가 대저택'을 짓지 않고 조상을 대신해 빚을 갚을 계획이다. 그는 후허하오터呼和浩特시에 165만 ㎡에 달하는 '후허자디呼和佳地'부동산사업을 추진하였으며, 10년간 50억 위안을 투자할 계획이고, 모든 이윤을 사막 정비와 발전發電을 위해 사용할 것이다. 따라서 "당신이 집을 하나 구입하면, 나는 그만큼의 사막을 녹화시키겠다."란 슬로건을 만들어 영업부 로비에 걸어놓았다. 그들은 후허하오터시의 2007년도 분양 주택 판매 1위를 차지한 바 있다. 또한 그들은 '후허자디'에 상당히 호화로운 '멍진회관蒙晉會館'을 짓고는 매우 기뻐하였다.

그림 8-10 후허하오터시呼和浩特에 지어진 멍진회관蒙晉會館

21세기 버전의 '서구 이주'는 한편으로 경지에 이르렀음을 알 수 있고, 다른 한편으로는 기상를 느낄 수 있다.

7. 리징루는 무슨 생각을 하고 있는가?

지금 리징루는 무슨 생각을 하고 있는가? 2009년 여름 그는 자신이 쓴 글과 그의 부인이 집필한 『징루의 이야기京陸的故事』원고를 내게 보내왔다. 다음은 그 중 필자가 발췌한 내용들이다.

자주버들을 이용한 발전發電사업에 대한 애정

"모든 바이오매스 에너지 기업 가운데, 그의 회사가 유일하게 사막 정비를 병행하는 사업, 유일하게 사막 정비를 대규모로 확대할 수 있는 사업, 유일하게 상품의 시장 판매를 고려할 필요가 없는 사업을 추진하고 있다."

"바이오매스 발전發電은 중국에서 비록 시작단계에 있지만, 우리가 중기 목표를 세울 때는 시범사업을 통해 시스템을 확대하고, 자본 투입을 유인하여 산업화를 촉진하며, 국가와 기업 각 방면의 역량을 결집해야만 네이멍구는 물론 전국적 사막 정비사업 발전의 길로 나아갈 수 있고, 사막화 토지에 상상하지 못한 왕성한 생명력을 불어넣을 수 있다고 생각한다."

"우리가 태우고 남은 재가 복합칼륨비료의 좋은 원료가 되고, 굴뚝에서 뿜어져 나오는 이산화탄소도 어얼둬쓰 지역 조류藻類의 일종인 스피룰리나Spirulina 생산기지에 질 좋고 값싼 원료를 제공한다. 이는 이산화탄소를 흡수하고 이산화탄소 배출량을 줄이고 이산화탄소를 포집할 수 있는 '3탄 경제'이다."

"우리는 30년의 시간을 들여 중국 4대 사막화 토지 중 정비가 가능한 곳을 모두 정비하고, 연간 210억 kW·h을 발전發電하고, 2,500만 톤의 이산화탄소 배출량을 감축하고, 농민과 유목민의 소득을 증대시키고, 40만 개의 일자리 창출을 기대한다."

자본 유치를 매우 중시함

"바이오매스에너지 생산을 계기로 사막은 자본의 투자처가 될 것이고, 사막으로 인한 해로움이 사막으로 인한 이로움으로 화려하게 탈바꿈할 것이며, 바이오매스에너지도 드넓은 사막으로 인해 더욱 발전하게 될 것이다."

"자주버들을 이용한 발전發電이 대규모 투자업자들의 더 많은 관심을 끌게 하는 것은 자주버들을 이용해 사막을 정비하고 발전發電하는 과정에서 배출되는 물과 연기가 깨끗하고, 타고 남은 재도 활용이 가능하다는 것이다."

정책적 지원에 대한 기대

"국가의 위상 측면에서 보면, 국가는 사막 정비라는 대대적인 사업에서 빠지고 기업이 시장의 법칙에 따라 사업을 이끌고 있다. 이는 사막 정비란 대규모 사업의 시스템적 혁명이다. 그러나 지원적 측면에서 보면, 국가의 역량이 더 크고, 정책적 지원이 더 많아야 하는 것이 당연하다."

"국가의 세금우대정책 목록에 사생 관목의 밑동 자르기를 통해 얻는 부산물은 포함되지 않았고, 국가 에너지숲에 대한 지원정책도 목록에 포함되지 않았다. 기업이 임대료와 관리비를 지불하고 사막을 정비하는데도 불구하고 삼림 소유권林權을 갖지 못한다. 융자의 경로 등 방면에서 실질적 정책지원이 있길 바란다."

산업화 '과열'에 대한 우려

"사막화 토지에서 바이오매스의 산출량은 한정되어 있으며, 반드시 생태계 유지를 첫째 원칙으로 하여 이용해야 한다. 일단 기업들이 원료를 놓고 경쟁하게 되면, 신생에너지와 사막 정비는 바로 생태계 파괴의 주범으로 돌변할 수 있다. 시장이 달궈지면 시장 선점을 놓고 치열한 경쟁을 유발할 수 있고, 이는 '신생에너지가 사막을 정비하고, 사막 정비가 신생에너지를 발전시킨다.'는 취지에 심각한 타격을 줄 수 있다."

"사생 관목의 재배에서부터 자원화 이용에 이르기까지 7~10년이 걸린다. 만약 이 규칙에 따라 계획을 세워 철저하게 관리하지 않고 사막이 2차, 3차에 걸쳐 점거되면, 이후 자본이 사막에 투입될 가능성은 매우 작아진다. 따라서 사막 산업화 과열을 반드시 막아야 한다."

'3탄 경제'란 신작

리징루는 과감하면서도 합리적인 발상을 할 뿐만 아니라 이를 대담하면서도 적절하게 실천에 옮긴다. 고작 1년이 지난 2010년 여름 그는 '3탄 경제'란 신작을 내게 선보였다. 그는 먼저 발전소에서 배출되는 이산화탄소와 여열을 부근의 조류藻類의 일종인 스피룰리나 양식장으로 보내 조류 생산량을 배로 늘렸다. 식품의 질을 인증받기 위해, 그는 샘플을 국가 품질검사부문에 보내 품질합격증을 발급 받은 후, 이 양식장과 MOU를 체결하였다. 곧이어 자신의 발

그림 8-11
마오우쑤 발전소 옆의 조류 하우스 양식장
출처: 리바오궈 李保國, 2010.

전소 옆에 면적이 각각 600㎡, 즉 약 1무畝 크기인 두개의 하우스 시험장을 지어 생산 관련 수치자료를 얻었다. 8월 말에 양식을 시작하여 1주 후에 스피룰리나를 수확하기 시작하였으며, 그 효과가 매우 좋다.

모든 것이 계획대로 빠르게 추진되었다. 그의 소개에 따르면, 시장조사와 판로 개척은 거의 끝났고, 사회경제적 수익성도 매우 낙관적이라고 한다. 내년 봄까지 이러한 하우스 양식장 500개를 지을 계획이며, 사막화 토지에 가용 공간은 충분하다고 하였다. 그러나 그가 중시하는 건 그의 초심, 즉 사막 정비이다. 그가 말하기를, 자주버들을 재배함으로써 이산화탄소를 흡수하고, 자주버들을 이용해 발전發電함으로써 이산화탄소 배출량을 줄이고, 발전發電 과정에서 배출되는 이산화탄소를 포집하여 조류 양식에 이용함으로써 자본은 끊임없이 사막으로 유입될 수 있고, 눈덩이처럼 점점 커지게 된다. 그는 현재 10억 위안의 자금을 모아 '4대 사막화 토지'에 그의 사막화 토지 '3탄'모델을 '복제'하려 한다. 사실, 그의 실천은 이미 사막 정비를 지구 기후변화에 대응하는 국가 전략과도 유효적절하게 연계되었다. 그의 이산화탄소를 포집해 조류 양식에 이용하는 방법은 이미 오바마가 제기한 CCScarbon capture and sequestration 가운데 높은 수준의 방식이다. 그는 자신의 아이디어와 실천을 통해 세계 선진대열에 들어섰으며, 우리로 하여금 그의 신작의 성공을 기대하게 한다.

8. 성공한 남성 배후의 여성

사람들은 성공한 남성 배후에는 반드시 그를 내조하는 여성이 있다고 말한다. 리징루의 부인은 그를 내조한 당사자일 뿐만 아니라 그 자신이 바로 성공한 여성인 판메이쯔范玫子이다. 판메이즈는 '후허자디呼和佳地'부동산회사의 이사장이고, 그녀가 바로 부동산회사에서 4억 위안을 조달하여 4대 사막화 토지에 바이오매스 발전發電과 사막 정비를 시도한 리징루의 2차 사막 정비사업을 지원한 장본인이다.

다음은 그녀가 집필한 『징루의 이야기京陸的故事』원고에서 발췌한 아름다운 구절이다.

> 어느 날 징루는 내게 네이멍구로 가겠다고 했고, 의복과 장신구가 아주 화려한 그곳에 나도 가고 싶다고 말했다.
> 그가 사막에 가야 한다고 했을 때, 신기루가 있는 그곳에 나도 가고 싶다고 말했다.
> 그가 사막을 정비해야 한다고 했을 때, 나도 바닷물을 담수로 만들겠다고 웃으면서 말했다.
> 며칠 후 그는 정말로 떠났고, 돌아와서는 미친 사람처럼 밤새는 줄 모르고 네이멍구에서 보고 들은 것을 쏟아 놓았다.
> 나도 직접 가고 싶었다.
> 쿠부치(庫布其) 사막의 차디찬 바람을 맞으며, 나는 아주 높은 모래언덕에 서서 끝도 없이 기복을 이루는 냉담하고 준엄하고 광활하고 심원하고 웅장한 바다와 같은 사막을 바라봤으며, 나는 그 사막에 감동하지 않을 수 없었다! 친구에게 전화를 걸어 한번 와보라고, 모두 오라고 40분간을 쉬지 않고 떠들었다. 이곳의 풍경은 더없이 아름답다! 이곳 대지는 가능성이 다분했다! 우리는 그해 새해를 이곳 사막에서 보냈다.
> 올해는 나와 징루의 결혼 30주년이다. 지난 30년간 걸어온 길을 되돌아보니, 애정이 한

없이 깊었던 날도 있었고, 다툰 날도 있었고, 맑은 날이 있었는가 하면 흐린 날도 있었다.
그 중 가장 돌이켜 볼만한 것은 징루와 사막으로 간 바로 그때의 추억이다.
『징루의 이야기』는 내가 그에게 주는 53번째 생일 선물이다.

9. 첸쉐선 선생의 사상적 지도하에서

사막 산업화는 첸쉐썬錢學森선생이 1980년대 제기한 것이다.

첸선생은 1984년 '농업형 지식 집약산업—농업, 임업, 초지산업, 바다산업과 사막산업 육성'및 '제6차 산업혁명과 과학기술'등 두 편의 글을 연이어 발표하였다. 그는 인류의 사회생산력 발전 과정에서 나타난 다섯 차례에 걸친 산업혁명에 대한 심도 있는 분석에 근거해 제6차 산업혁명은 '농업형 지식 집약산업'에서 일어날 것이라고 보았다. 즉 '농업형 지식 집약산업'은 태양광에너지는 물론 광합성작용을 하는 지식 집약형 식물 생산업을 기초로 하는 것이며, 사막 산업화는 바로 이러한 배경 하에서 제기된 것이다. 첸선생은 "서북 사막지역에는 충분한 태양광에너지 자원이 있고, 유일무이한 오염되지 않은 천연 녹색환경이 있다. 전통적 사고의 틀을 깨기만 하면 사막지대에 새로운 형태의 농업을 발전시킬 수 있는 유리한 조건들을 찾아낼 수 있으며, 이를 통해 발전을 위한 새로운 길로 나아갈 수 있다."고 보았다.

필자의 여섯 차례에 걸친 서부지역 시찰, 4대 사막화 토지에 생태 복원과 에너지 생산을 위한 공동 기지 건설을 통한 일거양득의 모색 및 리징루의 '쓰커우西口로의 이주'모두가 첸선생의 사막 산업화 사상에 대한 일종의 체현이자 실천이다. 첸선생의 사막 산업화 사상에 따라 생태 복원과 경제 발전이 상충한다는 관념적 굴레에서 벗어나 생태와 경제를 연계시켰고, 사막 산업화의 첫 걸음을 내디뎠다. 그 다음으로 추진해야 할 두 번째 단계는 식물성 생산과 공업성 열병합발전을 통합하여 태양광 고효율 에너지 흐름 시스템의 신형 산업을 형성하는 것이다. 세 번째 단계는 바이오매스에 대한 심층 개발을 통해 태양광에너지와 광합성작용을 통해 이루어진 고효율 물질 흐름 시스템의 신형 산업을 형성하는 것이다. 첸선생의 '지식 집약산업'사상에 따라, 현재 우리가 사막지역의 식물성 생산과정에 응용하는 것은 여전히 아주 전통적이고 일반적 기술에 지나지 않으며, 바이오기술 등 현대 기술을 아직까지 적용하지 못하고 있으며, '기술 집약'은 더 말할 것도 없다. 우리는 첸선생의 사상적 지도하에 신형 사막산업을 일으키는 동시에 미래의 제6차 산업혁명에 역량을 집중시켜야 한다.

2008년 연초, 후진타오胡錦濤주석은 첸선생을 접견할 때 다음과 같이 말했다. "얼마 전 네이멍구 어얼둬쓰를 시찰할 때, 사막 산업발전이 아주 빨라 사생식물가공업이 발달하고, 생태계가 복원되고 있으며, 주민의 생활수준도 크게 향상된 것을 보았습니다. 선생의 사막산업 이론이 현실로 바뀌고 있습니다."

톈진天津과 빈하이濱海 염화 토양에 재배한 사탕수수의 생장이 아주 좋으며, 중국에서 그 발전 잠재력이 매우 크다.

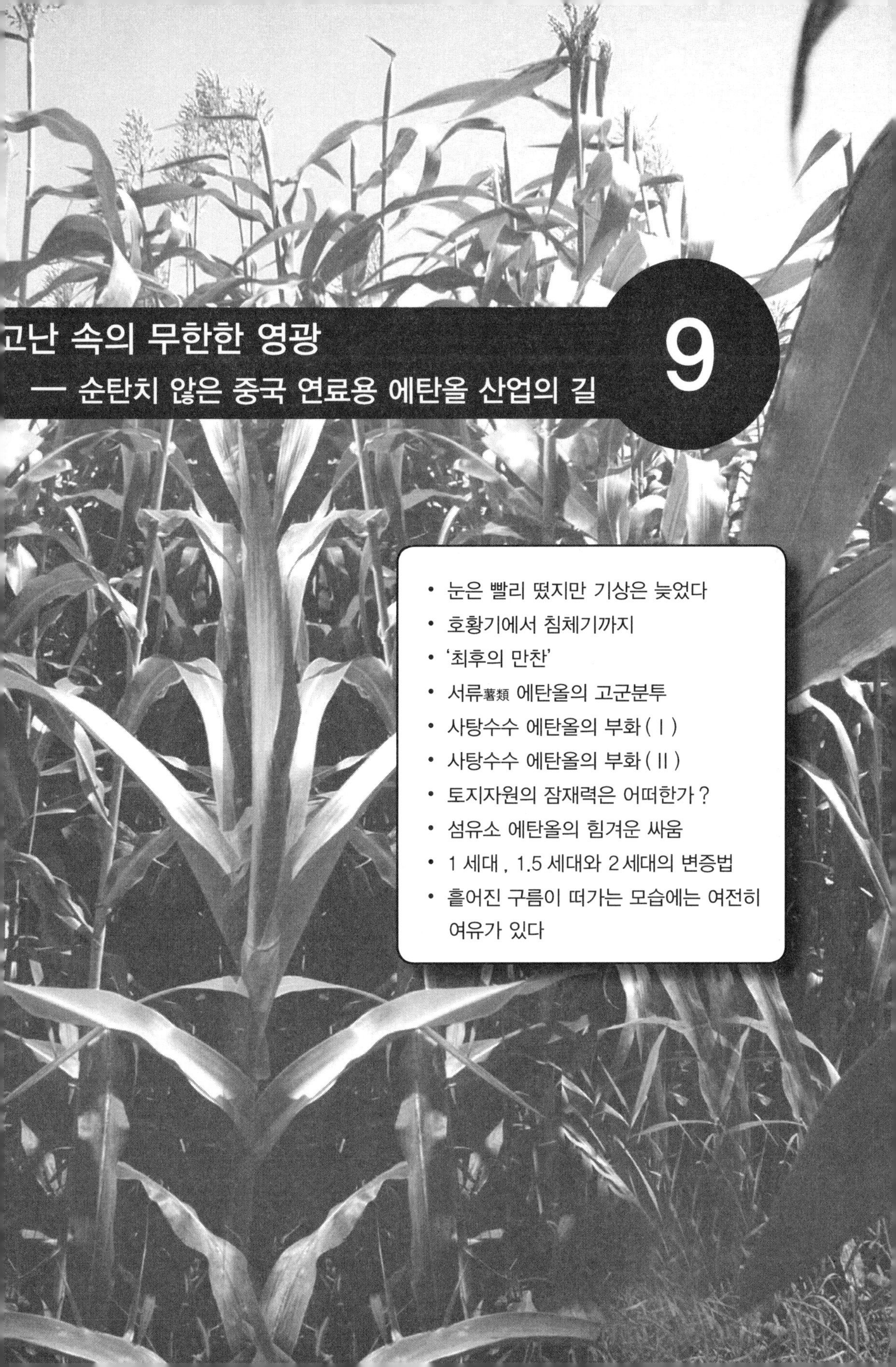

9 고난 속의 무한한 영광
— 순탄치 않은 중국 연료용 에탄올 산업의 길

급히 내달리는 만 마리의 말이 거칠 것 없이
전쟁에 임하니 일만 년은 너무 길고 하루면 족하다.

마오쩌둥

현대 바이오매스 에너지 발전에 있어 에탄올ethyl alcohol은 상징적 상품이며, 그 발전 기세, 규모와 영향 모두가 가장 크다. 왜냐하면 그것이 대체하는 것이 바로 오늘날 가장 중요하면서도 가장 민감한 석유이기 때문이다. 19세기와 20세기 초반 공업화를 지탱했던 주요 에너지는 석탄이었고, 20세기 중반은 석유가 지배적이었다. 현재 선진국의 에너지 소비구조에서 석탄은 이미 30%까지 감소하였고, 석유가 절반 이상을 차지한다. 석유 수요가 급증하면서 자원 쟁탈전이 날로 심해지고, 석유위기와 석유전쟁이 끊임없이 발생하고 있으며, 21세기 화석에너지를 대체한 주체가 석유이다.

1973년 발생한 1차 석유파동 이후, 미국, EU와 브라질 등 많은 국가들이 줄곧 석유를 대체할 수 있는 방법을 모색하고 있으며, 석유에서 추출한 등유kerosene, 석탄에서 추출한 메틸알코올과 메틸에테르, 천연가스, 전기자동차, 수소자동차 등을 통한 대체를 시도하였다. 다량의 대체 실험을 진행한 바 있고, 각각 다른 대체 연료를 이용해 달리는 수만 대의 자동차를 출시하기도 했으며, 최종적으로 선택한 대체 연료가 바로 에탄올이다.

새로이 생겨난 모든 사물은 자체 발전과 개선의 과정을 겪으며, 사람들은 그에 대한 인식과정을 겪는다. 연료용 에탄올도 예외는 아니며, 채 10년도 되지 않아 회의적인 분위기에서 세계적으로 수백만 톤의 생산량에서 약 6,000만 톤으로 크게 증가하였다. 21세기에 들어, 미국과 브라질이 선도한 바이오 연료 에탄올은 고속발전의 길로 접어들었고, 중국, EU, 인도, 일본 등의 순위로 그 뒤를 따랐다. 뒤따르는 국가들 중에서 중국이 가장 빨리 시작하였고 동작도 가장 빨라 3위의 자리를 차지하였다. 그러나 각국의 연료용 에탄올 전선에서 “급히 내달리는 만 마리의 말이 거칠 것 없이 전쟁에 임하는”그 순간 중국은 갑자기 걸음을 멈추었다. 이 어찌된 일인가? 본 장에서는 순탄치 않은 중국 연료용 에탄올 산업의 길에 대해 소개하였다.

1. 눈은 빨리 떴지만 기상은 늦었다

2005년 국무원 에너지 지도그룹의 조직 아래 30여 명으로 구성된 전문가 자문팀을 두었고, 필자도 운 좋게 그에 포함되었다. 2005년 9월 열린 1차 회의에서 석탄, 석유, 천연가스, 수력발전, 원자력발전 등 각 분야 최고의 전문가, 연구원 원장들이 모였으며, 모두 기세등등하고 위풍당당한 에너지계의 ‘대부’였다. 필자는 유일하게 재생가능에너지를 대표하고 있었고, 농업 전선에서 온 ‘외지인’이었으며, 마치 영웅호걸들 회합에 끼여 있는 일개 군졸, 큰 잔치에서의 밑반찬 한 접시와 같았다.

사람이 지위가 낮고 보잘 것 없으면, 말할 때 ‘목소리’는 크고 봐야 한다. 발언을 하기 위해 필자는 몇 장의 PPT자료다른 사람들은 준비할 필요도 없는를 만들었다. 그 중에는 미국, 브라질, EU, 일본과 중국의 연료용 에탄올 발전 현황과 추세를 나타내는 도표가 있었고, 이를 보고 전문가 자문팀 구성원들과 국가 에너지 지도자그룹이 연료용 에탄올 발전에 주목하기를 바랬다. 과학기술에 종사하는 사람은 일반적으로 수치와 곡선의 설득력을 전적으로 믿는 경향이 있다. 그러나 권력과 이익 앞에서 이는 매우 무기력해진다. 4년이 지난 지금 돌이켜보면 이 도표는 정말로 아무도 거들떠보지 않는 ‘에피타이저appetizer’에 불과했으며, 〈11 · 5 규획〉기간 연료용 에탄올의 상황은 좋았다기보다 아주 형편없었다. 비록 아무도 거들떠보지 않았지만 스스로 부끄러워하지 않고 모두에게 이 ‘에

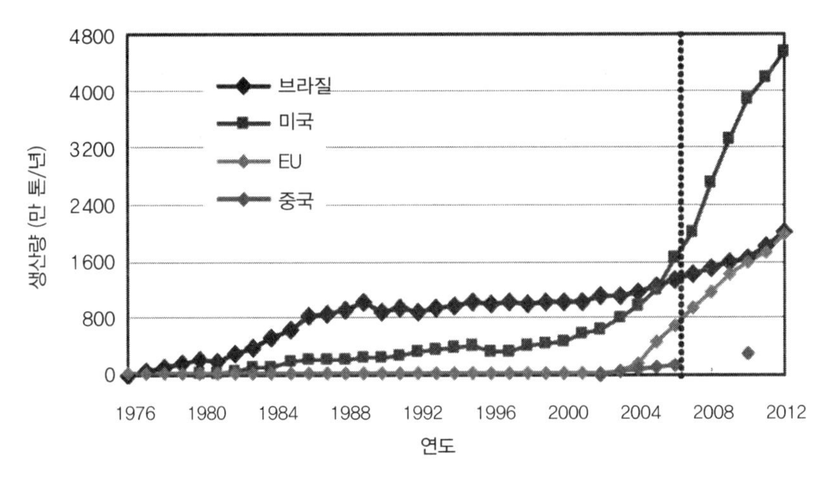

그림 9-1 브라질, 미국, EU와 중국의 연료용 에탄올 발전 현황과 추세
주: 이 도표는 2006년에 그렸고, 점선 이후의 수치는 당시의 예측치이다.

피타이저'를 선보였다그림 9-1 참조.

만약 현재 중국 총리가 식량안보문제를 걱정하고 있다면, 전임 총리는 식량 풍작과 재고 식량의 누적 때문에 골치가 아팠다고 할 수 있다. 1990년대 중반, 중국은 몇 년간 연이어 식량증산을 이루었고, 1996년 식량 총생산량은 5억 톤 수준에 달했다. 주룽지朱鎔基 총리는 정부사업보고에서 "중국은 식량의 기본적 자급을 실현하였고 풍년으로 남아돌게 되었다."라고 말했다. 이는 중국의 몇 천 년에 걸친 식량 부족의 역사에 종지부를 찍었음을 의미한다. 이 시기에 신문지상에서도 '식량 판매의 어려움'이란 보도를 많이 볼 수 있었으며, 지린, 허난 등 대량의 식량을 생산하는 성에서는 식량 풍작을 부담스러워했고, 식량 재고가 총리의 걱정거리가 되었다. 식량 재고의 부담을 덜기 위해 총리는 '경작지의 삼림으로의 환원'을 적극 추진하였으며, 이를 실천하는 농민에게는 식량을 아낌없이 보조해 주었고, "원한다면 언제까지라도 보조하겠다."고 하였다. 필자의 기억에 따르면, 2000년 주룽지 총리가 과학원과 공정원工程院 원사院士회의 보고에서 "미국은 옥수수를 이용해 연료용 에탄올을 생산한다는데, 우리는 식량 재고가 이렇게 많은 상황에서 묵은 식량을 이용해 에탄올을 생산하게 되면 일거양득이 아니겠습니까?"라고 말했었다. 보아하니, '경작지의 삼림으로의 환원'에 이어 총리가 묵은 재고 식량을 소모할 수 있는 또 다른 방안을 찾아낸 것 같아 당시 필자는 매우 기뻤다.

그림 9-2 중국이 2001년과 2003년 연이어 건설한 4개의 바이오연료 에탄올 생산 공장

필자의 의견으로는 연료용 에탄올이 전 세계적으로 빠르게 발전하기 시작한 신호탄은 1999년 8월 클린턴이 서명한 〈바이오 상품과 바이오에너지 개발촉진〉 대통령령이라고 생각한다. 미국과 브라질에 이어 중국도 2001년 일찌감치 스타트를 끊었으며, EU, 인도, 일본 등 국가들보다 동작이 훨씬 빨랐다. 스타트 속도도 느리지 않았고, 한번에 4개의 묵은 식량을 이용한 에탄올 생산 사업을 비준하였으며, 생산량도 금방 100만 톤을 초과하여 세계 3위를 기록했다. 4개의 연료용 에탄올 공장은 중국 현대 바이오매스에너지 산업 발전을 알리는 이정표와 증거물이 되었다그림 9-2 참조.

국가 에너지 지도 그룹 전문가 자문팀 회의에서 필자의 발언 의도는 〈11 · 5 규획〉기간 연료용 에탄올 발전을 촉진하자는 것이었다. 결과적으로

2006~2009년 4년간 미국은 1,650만 톤에서 3,156만 톤으로 증가하여 순증가량은 1,560만 톤이고, 브라질은 1,434만 톤에서 1,980만 톤으로 증가하여 순증가량은 546만 톤이며, EU는 119만 톤에서 313만 톤으로 증가하여 순증가량은 194만 톤인데 반면, 중국의 경우 130만 톤에서 162만 톤으로 증가하여 순증가량은 32만 톤에 그침으로써 제자리걸음을 걷고 있었다. 2009년 생산량을 기준으로 할 때 중국의 생산량은 미국의 2%, 브라질의 12%에 지나지 않는다.

이에 따라 중국 연료용 에탄올 산업의 발전을 "눈은 빨리 떴지만 기상은 늦었다."라고 표현하는 것이 매우 적절하다.

2. 호황기에서 침체기까지

〈10 · 5 계획〉시기 연료용 에탄올 발전이 그처럼 빨랐던 이유는 무엇인가? 그는 〈10 · 5 계획〉의 10대 중점 사업 중의 하나로 포함되었기 때문이다. 2001년 국가 발전 및 개혁위원회에서 4개의 연료용 에탄올 생산 시범사업을 비준하고 46.5억 위안을 투자함으로써 연간 102만 톤의 생산력을 갖추었다. 그 중 안후이펑위안安徽豊原의 생산력은 32만 톤, 지린연료에탄올공사吉林燃料乙醇公司와 허난톈관집단河南天冠集團은 각각 30만 톤이고, 헤이룽장화룬공사黑龍江華潤公司는 10만 톤이다. 국가 발전 및 개혁위원회는 4개의 공장을 연이어 건립하여 가동시켰으며, 먼저 이 4개 성과 랴오닝성에 한정하여 E10 에탄올 휘발유를 상용화하였다. 곧이어 허베이, 산둥, 장쑤, 후베이의 27개 지地급 시에 판매함으로써 2006년 판매된 연료용 에탄올은 152만 톤이고, 에탄올 휘발유는 1,544만 톤에 달했다.

연료용 에탄올을 생산하고 에탄올 휘발유를 판매하기 위해 국무원에서 '변형 연료용 에탄올'과 '자동차용 에탄올 휘발유'의 국가 표준을 공포하였고, 〈변형 연료용 에탄올과 자동차용 에탄올 휘발유 〈10 · 5 계획〉발전 전문 사업계획

〉을 비준하고 시행하였으며, 연료용 에탄올 산업의 상품 소비세를 면제하고 부가가치세를 '선 징수 후 환급'하는 등 세금우대정책을 수립하였다. 유통단계에서 정부가 가격을 정하고 에탄올 생산업자가 90호 휘발유 출고가격의 91.11%로 석유공사에 연료용 에탄올을 판매하였다. 구체적으로 살펴보면, 연료용 에탄올 생산, 에탄올 휘발유 배합, 판매 과정에서 발생하는 손실 등을 재정을 통해 정액定額 보조하였고, 각종 에탄올 휘발유 소매가격은 보통 휘발유 가격 변화에 따라 조정하는 등 지원정책을 실시하였다. 2006년 8월 국가 발전 및 개혁위원회, 농업부, 임업국이 공동으로 '전국 바이오매스에너지 개발 이용 사업 회의'를 개최하였고, 11월 재정부, 국가 발전 및 개발위원회 등 5개 부문이 〈바이오에너지와 바이오 화학공업 발전과 재정 세무 지원정책에 관한 실시의견〉을 발표했다. 〈11 · 5 규획〉시기 연료용 에탄올은 순풍에 돛 단 듯이 힘차게 전진하였다. 중국에서 정부가 어떤 일을 하겠다고 결심만 하면 언제나 막힘없이 추진되었다.

안타깝게도 이러한 호시절은 오래가지 않았으며, 한 차례의 '한파'가 상황을 급전환시켰다. 그 전환점은 2006년 가을 연료용 에탄올이 식량안보에 영향을 줄 수 있다구체적 내용은 3장 참조는 잘못된 보고로부터 시작되었으며, 국가 발전 및 개혁위원회와 재정부는 공동으로 〈바이오 연료용 에탄올 사업 건설 관리 강화, 산업의 건강한 발전 촉진에 관한 통지〉발전개발공업(發改工業)[2006]2842호, 이하 〈통지〉로 약칭를 하달하였다. 〈통지〉에서는 다음과 같이 밝히고 있다. "전 세계적으로 연료용 에탄올 수요가 계속해서 증가함으로써 중국 에탄올 공급 긴장을 가져왔고, 그에 따라 가격이 상승하였다. 최근 각 지역에서 연료용 바이오에탄올 산업 발전을 적극 추진하고 있고, 연료용 에탄올 관련 사업의 열기가 전례없이 고조되었으며, 일부 지역에서는 산업 과열 양상과 발전 추세가 나타나고 있다."당시 정부의 상황판단은 정확하였으나, 안타깝게도 적극성을 유지한다는 전제하에서 조정이 이루어진 것이 아니라 총괄적 계획, 엄격한 시장진입 등 4가지 조치로 연료용 에탄올 산업을 봉쇄함으로써 그 열기가 완전히 식어

버렸다. 지난 4년간의 현실이 바로 그처럼 엄격하게 제한한 결과가 아니겠는가? 국가 발전 및 개혁위원회와 재정부는 정부 핵심 부문으로서 〈통지〉를 통해 전국적으로 지시를 내렸다. "각급 발전개혁부문과 재정부문은 〈통지〉의 정신에 따라 현지 실정을 고려하여 바이오에너지 발전 사업을 열심히 추진해야 한다." 이로써 연료용 에탄올은 전국적 범위에서 혹한기에 접어들게 되었고, 〈10 · 5 계획〉의 영광은 다시 오지 않았다. 〈통지〉에서 독려한 〈10 · 5 계획〉시기 '비식량 에탄올'200만 톤 증산 목표도 그 중 1/10만 달성되었다.

3. '최후의 만찬'

2009년 10월 하순 베이징의 날씨는 이상기후의 영향으로 30℃까지 올라갔으며, 곧 갑작스런 냉기류가 몰려와 눈발이 흩날리기도 했다. 이는 마치 연료용 에탄올의 처지를 날씨가 그대로 반영하는 듯 했다.

2006년 겨울 연료용 에탄올에 한파가 몰아닥치기 시작할 때, 열성적인 분들이 급하게 '최후의 만찬'을 마련하였다. 바로 2007년 6월 9일 중국공정원과 노보자임스사novozymes, 諾維信公司가 베이징 댜오위타이釣魚臺에서 개최한 '중국 바이오 연료용 에탄올 산업화 발전 전략 포럼'이 그것이다. 비록 한파가 이미 찾아왔지만, 회의에서는 여전히 열기가 충만했다. 왜냐하면 모두가 '비식량 에탄올'에 대해 큰 기대를 하고 있었기 때문이다.

국가에너지 지도그룹 판공실國家能源領導小組辦公室 쉬덴밍 부주임은 강연 중에 그가 바이오매스 에너지를 위해 지은 시를 흥분된 목소리로 낭송하였다.

그림 9–3 2007년 6월 9일 베이징 댜오위타이에서 열린 '중국 바이오 연료용 에탄올 산업화 발전 전략 포럼'

주: 왼쪽 위의 사진은 회의장이고, 오른쪽 위의 사진은 쉬뎬밍(徐殿明) 부주임이 자신의 시를 낭송하고 있는 장면이고, 왼쪽 아래 사진은 중량집단(中粮集團, COFCO) 총재 위쉬보(于旭波)가 그들의 연료용 에탄올 〈11 · 5 규획〉 발전계획에 대해 열변하고 있는 장면이고, 오른쪽 아래 사진은 필자와 중국공정원 에너지학부 주임 황지리(黃其勵)원사, 노보자임스 총재 스틴 리스가드(Steen Riisgaard)가 강연을 듣고 있는 모습.

황토 땅위에 에너지 식물이 자라 환경을 보호하고 녹색순환하며,
고체는 석탄을 대체하여 발전에 이용하면 깨끗하고 오염도 적다네.
액체는 석유를 대신하여 교통수단에 신생에너지로 사용하고,
메탄가스는 응용하면 좋은 점이 많으니 농촌 아낙네들이 좋아하는구나.

국가 발전 및 개혁위원회 공업사工業司 슝비린熊必琳 부사장副司長은 중국 연료용 에탄올 발전 현황과 〈11 · 5 규획〉의 전반에 걸쳐 소개하였고, 필자의 강연 주제는 '중국 마이오매스에너지 발전 현황과 전망'이었다. 중량집단 총재 위쉬보는 보고에서 〈11 · 5 규획〉기간 연료용 에탄올 발전을 위한 그들의 웅대한 계획을 소개하였으며그림 9–4 참조, "2010년 전후하여 중량집단은 연간 310만 톤의 생산규모옥수수 34%, 카사바(cassava) 26%, 감자 고구마와 사탕수수 40%를 갖춰 국가 바이오매스 에너지의 전략적 시행에 있어 집행주체가 될 것이다."라고 밝혔다. 옆에 앉은

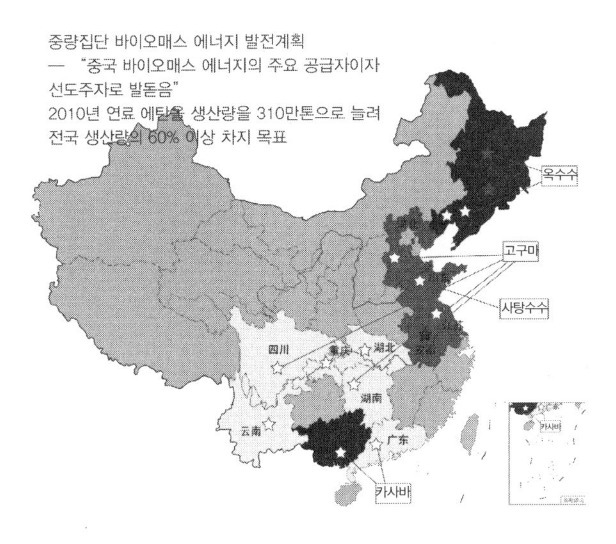

그림 9-4 중량집단의 〈11 · 5 규획〉 기간 연료용 에탄올 발전을 위한 웅대한 계획

노보자임스 총재 스틴 리스가드는 중국 연료용 에탄올 발전 전망이 낙관적이고 믿음이 간다고 내게 말했다.

물론 쉬뎬밍 부주임과 슝비링 부사장은 보고에서 국무원이 식량을 원료로 한 연료용 에탄올 사업을 엄격하게 통제하고 더 이상 승인하지 않을 것이며, 비식량을 이용한 생산만을 허용할 것이란 방침을 전했다. 회의 참석자들은 이러한 국무원의 방침을 지지하였고, 필자도 보고에서 중국은 ‘식량으로 시험, 비식량으로 발전’의 길로 나가야 한다는 말로 개괄하였다. 중량집단은 〈11 · 5 규획〉에서 비식량 에탄올 비중을 66%까지 높이겠다고 밝혔다. 하지만 〈11 · 5 규획〉기간 단지 연간 생산량 20만 톤의 비식량 에탄올 사업만을 추진하였으며, ‘비식량 에탄올’방침은 ‘흰소리’에 불과했다. 그렇다 할지라도 우리 모두는 즐거운 분위기에서 맛있는 ‘최후의 만찬’을 즐겼다. 나중에 중량집단에서 에탄올 사업 최고 책임자 웨궈쥔岳國君을 만나 이 얘기를 꺼내자 그는 난처한 듯 다음과 같이 말했다. “우리가 연료용 에탄올 생산을 원하지 않는 것이 아니라 위에서 승인을 하지 않는데 어떡합니까?”그의 말은 사실이다.

4. 서류薯類 에탄올의 고군분투

왜 서류를 보고 양질의 비식량 에너지 작물이라고 하는가? 그것은 서류가 저항성이 강하고 풍부한 전분이 함유되었다는 점 외에도 그 전분은 영양분이 모여 있는 덩이뿌리에서 형성됨으로써 그 형성과정에서 곡물의 알곡보다 에너지 소비가 적고 생산량이 많기 때문이다. 일반적인 상황에서 1ha에서 생산되는 옥수수의 전분으로 연료용 에탄올 2.25톤을 생산할 수 있는 반면, 1ha에서 생산되는 카사바의 전분으로 옥수수의 3배에 달하는 6.75톤의 연료용 에탄올을 생산할 수 있다.

중국은 세계 최대의 서류 생산국이며, 연간 파종면적은 약 1,000만 ha이고, 총 생산량은 1.5억 톤으로 세계 총 생산량의 3/4를 차지한다. 서류는 일반적으로 관개시설이 갖춰지지 않은 저질 농지에서 재배되고, 주로 술 주조, 전분 생산 혹은 사료 생산에 이용되며, 조방적 재배관리가 가능하고, 단위생산량이 매우 적다. 서류의 에너지 용도를 모색하고 그 경제적 가치를 높이게 되면, 농민은 분명히 노동력과 비료 투입을 늘릴 것이고, 이에 따라 단위생산량을 늘리는 것은 문제가 되지 않는다. 즉 재배면적을 늘리지 않고 재배 종자를 바꾸지 않는다는 전제 하에서 약 2,000만 톤의 연료용 에탄올을 증산할 수 있고, 그 잠재력이 크다는 것을 쉽게 짐작할 수 있다.

2005년 바이오매스 에너지는 국내에서 여전히 유행하는 단어였으며, 필자의 "녹색 다칭大慶, 중국의 가장 큰 유전이 위치한 지역을 심는다."란 표현법의 영향력은 매우 컸다. 당시 네이멍구, 신장, 산둥, 광시, 하이난 등은 모두 연료용 에탄올 발전 계획을 세웠고, 좋은 사업 기회라고 생각한 일부 민영기업의 의욕은 매우 높았다. 2006년 연초 중국공정원은 광시좡족壯族자치구와 '바이오매스에너지 발전'을 위한 MOU에 서명하였고, 필자와 두샹완杜祥琬 부원장 일행은 난닝南寧시 교외의 전분 생산 공장과 양선알코올유한공사楊森酒精有限公司의 10만 톤 생산규모의 카사바 에탄올 공장, 친저우欽州의 연간 생산량 15만 톤 규모의 신텐더新

그림 9-5 2008년 1월 광시 신텐더 연료용에탄올 공사廣西新天德燃料乙醇公司, 왼쪽 사진과 중량생물질에너지공사오른쪽 사진를 시찰하는 모습

天德 카사바 연료용 에탄올 공장 등을 시찰하였고, 연료용 에탄올 발전에 대해 모두가 기대하는 바가 컸고 확신에 찼다.

광시지역은 바이오매스 자원이 풍부학고, 감자사탕수수, 카사바와 이를 가공한 당류, 전분과 주정을 대량 생산한다. 당시 추정에 따르면, 기존 50만 톤의 연료용 에탄올과 식용 주정을 기초로 생산성과 규모를 조금 확대했으면 〈11 · 5 규획〉기간 광시지역에서 100만 톤 이상의 연료용 에탄올을 생산할 수 있었다. 양선알코올유한공사를 참관할 때, 이 회사 이사장은 내게 "다른 것은 문제될 것이 없습니다. 정부가 시장에 뛰어들기만 하면 생산한 에탄올을 내다파는 것은 문제없습니다."라고 말했다. 불행하게도 그의 말이 맞았다. 시장에 진입하지 못하고 생산한 에탄올을 선뜻 구매하는 사람이 없어 얼마 전까지 이들 민영기업의 '활활 타오르던 불꽃'은 하나둘씩 꺼지기 시작하여 신텐더만이 남아 어렵게 유지하며 큰 국영기업에 의해 합병 · 인수되기를 기다리고 있다. 그러나 전망이 밝지만은 않다.

〈11 · 5 규획〉의 엄동설한에 하늘에서 노닐던 유일한 비식량 에탄올의 외로운 기러기가 있었으니 바로 광시 허푸合浦에 자리한 중량생물질에너지공사中粮生物質能源公司이다. 중량생물질에너지공사는 4만 ha의 카사바 원료기지를 건설하였고, 1.6만 ha의 한계성 토지를 개발하였고, 2009년 20만 톤의 카사바 에탄올을 생산하였다. 이는 중국에서 첫 번째로 성공한 비식량 에탄올 사업이다. 3년 후인 2009년 겨울이 되서야 국가 발전 및 개혁위원회는 비로소 두 번째 비식량 에탄올 사업인 중하이유신에너지투자공사中海油新能源投資公司의 연간 생산량 15만 톤의 '광시 카사바 연료용 에탄올廣西木薯燃料乙醇'사업을 승인하였다. 이 대형 석유회사는 사업을 승인받기 전에 이미 3년간 카사바 생산 기지 건설을 위한 준비를 해왔으며, 동시에 생산량이 많고 전분 함량이 높은 카사바 품종과 '효율성이 높은 자본 절약형'재배기술을 보급함은 물론 35만 ha의 황폐한 경사지와 황무지를 개간하여 카사바를 재배하였다. 종합적 이용 측면에서는 연료용 에탄올 생산과정에서 만들어지는 6,000톤의 이산화탄소와 별도로 구매한 6,800톤의 프로필렌옥시드Propylene oxide를 원료로 한 연간 1만 톤2기에는 5만 톤 생산의 분해 가능한 플라스틱 사업, 연료용 에탄올 생산과정에서 만들어지는 생화학적 산소요구량COD이 높은 유기질 폐수를 이용한 연간 생산량 3,267만 m^3의 메탄가스 사업과 오수처리장에서 만들어지는 활성화 흙탕물을 이용한 바이오 유기질 비료 생산 사업 등을 포함한다.

고구마를 이용한 술 주조는 옛날부터 있어 왔고, 고구마 연료용 에탄올은 최근에 생산되기 시작하였다. 충칭重慶시는 연간 2,000만여 톤의 고구마를 생산하며, 고구마 연료용 에탄올 발전계획을 가지고 있다. 충칭세계석유화학공사重慶環球石化公司는 이미 연간 생산량 20만 톤의 고구마 에탄올 생산라인을 건설하였고, 충칭투다투자공사重慶通達投資公司, 충칭창룽집단重慶長龍集團 등도 연이어 몇 개의 고구마 에탄올 생산 공장 건설에 투자하였다.

서류 에탄올의 산업화가 시작되었지만, 서류 품종과 재배기술은 여전히 매우 낙후한 상태이며, 효율적인 수집, 저장, 운송과 시장 관리시스템이 갖추어지지 않아서 에탄올 산업화 가공을 위한 원료 생산과 공급을 충족시킬 수 없다. '첫번째 공정'이 전체 생산라인에 지장을 주는 현상이 비일비재하고, 공업 부문 인사들의 사기 진작에도 큰 영향을 준다. 따라서 반드시 농업과 공업이 어우러진 풀full생산라인의 기술과 관리시스템을 대대적으로 구축할 필요가 있다.

5. 사탕수수 에탄올의 부화(Ⅰ)

비식량 에너지 작물로서 사탕수수는 매우 탁월하다. 저항성이 아주 강하고, 남방과 북방에서 모두 생장이 가능하며, 열악한 조건에서도 재배가 가능하다. 또한 생산량이 많고, 속대의 당 함량은 감자사탕수수와 견줄만하며, 알곡은 기타 용도로 사용이 가능하고, 가공과정에서 전분을 당으로 전환하는 공정이 필요 없는 등의 많은 장점을 가지고 있다. 미국, 인도 등은 조기에 사탕수수 실험을 진행하였고, 중국도 종자를 들여 온지 20여년이 지난 현재 자체 지적재산권이 있는 우량품종을 보유하고 있다. 사탕수수는 이렇게 좋은 조건을 갖췄음에도 불구하고 왜 지금까지 산업화 생산을 하고 있지 않는가? 공업화 발효기술이 여전히 낮은 수준에 있기 때문이다. 사탕수수의 생산량은 넘쳐나는데 전통적 지하 저장식으로 발효하는 것은 마치 우마차로 대포를 끄는 것과 같으며, 감자사탕수수의 액체 발효기술도 사탕수수에는 적합하지 않다.

바이오 화공 전문가 리스중李十中교수는 2004년 영국 옥스포드 대학에서 학위를 마치고 돌아온 이후 줄곧 사탕수수 공업화 발효기술에 관심을 가졌다. 그가 주목한 것은 인도의 사탕수수 액체 즙으로 발효한 에탄올의 전환율이 이론값의 90%이고, 2006년 연간 1만 톤의 에탄올을 생산하는 시범설비를 이미 갖췄다는 것이다. 또 미국의 사탕수수 액즙으로 발효한 에탄올의 전환율은 이론값의 85%이고, 2008년 플로리다주에 연간 생산량 1만 톤의 사탕수수 에탄올 공장을 세웠다. 중국도 1일 생산량 48톤, 전환율 95%의 에탄올을 생산할 수 있는 액체 발효 공장을 세웠다. 그는 미국, 인도와 중국은 1년에 1모작만을 실시함으로써 사탕수수 액즙을 짜는 기간이 짧고 액즙은 농축을 한 다음 보관해야 하며, 액즙을 짜는 설비 투자규모가 크고 에너지 소비도 많을 뿐만 아니라속대 1톤의 액즙을 짜는데 약 21kW·h의 전력이 소비된다, 폐수 처리 난이도가 높아 현재 국내에서 채택하고 있는 '술 구덩이를 파는'식의 고체 발효는 공업화 생산을 추진하기가 매우 어렵다고 보았다.

리스중은 고체 발효기술을 이용하면 액즙을 짜는 공정을 생략할 수 있어 시간, 물, 에너지, 투자금을 절약할 수 있고, 설비도 간단하고 조작도 용이할 뿐 아니라 폐수와 찌꺼기 처리도 편리하여 공업화 생산을 실현하기 쉬워진다고 보았다. 실험실에서의 간단한 실험에 기초하여 2006년 겨울 네이멍구 우위안현五原縣에서 5㎥ 크기의 항아리를 이용한 사전 실험을 실시하고, 그 가운데서 선정된 생산성이 높은 에탄올 균종 TSH-Sc-1과 사면 회전식 고체 발효 단지를 이용해 성공을 거두었다. 실험의 주요 결과는 다음과 같다. 13%~15%의 발효 가능한 당이 함유된 사탕수수 속대를 원료로 14~15톤의 사탕수수 속대를 이용해 순도 99.5%의 연료용 에탄올 1톤을 생산할 수 있게 되었고, 발효 시간은 24시간옥수수 에탄올 발효 시간보다 절반 정도 짧다이며, 에탄올 추출률은 이론값의 94%옥수

그림 9–6 127㎥ 크기의 발효 탱크를 현장까지 옮겨 들어 올리는 장면왼쪽 위 사진, 설치 후의 발효 작업장오른쪽 위 사진과 두 번째 규모 확대 사업의 발효 탱크왼쪽 아래 사진
출처: 리스중李十中.

수 에탄올의 91.5%까지 높일 수 있고, 전 공정을 기계화 생산할 수 있고 자동화 제어가 가능하다. 기술지표는 세계에서 앞선 수준이며, 리스중은 이를 ASSF 방식의 고체 발효기술이라고 불렀다.

사전 실험의 규모 확대가 시급한 과제였다. 그래서 그는 100만여 위안의 과학기술연구비를 투입하여 규모를 25배 확대한 127㎥ 크기의 고체 발효 탱크를 제작하였다. 탱크를 제작한 이후 수소문을 해보았지만 적합한 투자 협력자를 찾지 못해 이 대규모 발효 탱크는 1년여 동안 방치되어 있어야 했다. 정말 안타까운 일이 아닐 수 없다. 2009년 겨울 마침내 네이멍구터훙공사內蒙古特弘公司와 공동으로 규모 확대 실험을 진행한다는 계약을 체결하였다. 이 해 북방의 혹독한 추위로 인해 영하 20℃ 이하에서 이 설비를 장착하고 실험을 진행해야 했다. 이 거대한 설비를 현장으로 옮길 때 4대의 거중기를 동원해야 했다그림 9-6의 왼쪽 위의 사진 참조.

리스중은 규모 확대 실험에 대해 확신을 가졌지만 필자는 그 성공을 위해 남몰래 기도했다. 왜냐하면 10개월간의 임신을 거쳐 분만을 기다리는 것처럼 사탕수수 에탄올 공업화 생산에 있어 막힌 물꼬를 트는 관건이기 때문이다. 같은 해 겨울 네이멍구는 유난히 추웠는데, 필자가 선전深圳에서 회의에 참석하고 있던 시간인 12월 22일 저녁 혹한의 날씨인 네이멍구에서 규모 확대 실험이 성공했다는 기쁜 소식을 전화로 알려왔다.

규모 확대 실험을 통해 5㎥ 크기의 탱크를 이용한 사전 실험 결과를 재확인하였고, 주요 기술의 수치는 다음과 같다. 고체 발효 시간은 36시간보다 짧고, 에탄올 추출률은 90%보다 높으며, 표면적 에너지 투입과 산출 비율은 1: 3.0이다표 9-1 참조. 찌꺼기로 석탄을 대체하여 증기를 생산하고 공기를 가열할 경우 에너지 투입과 산출 비율은 1: 21.8이 될 것이고, 이는 상당히 높은 에너지 투입과 산출 비율이다표 9-1 참조. 5㎥ 크기의 발효 탱크를 이용한 사전 실험의 에탄올 생산비는 3,440위안/톤이고, 규모 확대 실험의 생산비는 10%~20% 낮출 수 있다.

표 9-1 ASSF 방식으로 순도 99.5%의 사탕수수 에탄올 1톤을 생산할 때의 에너지 비용과 산출

에너지 투입		에너지 산출	
항 목	에너지(MW)	항 목	에너지(MW)
에탄올 생산 시 전기 소모량	828(230kW·h)	찌꺼기 알갱이 연료 1.25톤*	18,508
찌꺼기 압착과 성형 시 전기 소모량	514.8(143kW·h)	연료용 에탄올 1톤	29,295
4.52톤의 증기	11,922		
50톤의 공기 가열	2,467.5		
투입 총량	15,732.3	산출 총량	47,803

주: *: 절대 건조량.

이 실험의 2차 규모 확대 사업은 빠르게 진행되고 있고, 고체 발효 탱크의 직경은 3.6m, 길이는 55m이고, 부피는 550㎥로 원래의 탱크보다 4배 이상 확대시킨 것이며, 정말로 거대한 규모이다그림 9-6 왼쪽 아래 사진 참조. 규모가 확대되었을 뿐만 아니라 지속적인 발효가 가능하다. 즉 한 쪽으로는 사탕수수 속대가 들어가고, 다른 한 쪽으로는 에탄올이 나오며, 매일 8톤의 연료용 에탄올이 생산된다. 이는 2011년 연초 본 저서 집필에 아주 큰 희소식이 아닐 수 없었다.

6. 사탕수수 에탄올의 부화(II)

사탕수수 에탄올은 자원의 종합적·순환적 이용에 있어 남다른 우위를 보이는 것으로 알려져 있다.

식물체 성분에는 당류, 전분, 단백질, 지방, 반섬유소, 섬유소, 리그닌LIGNIN 등이 있다. 에탄올 발효 과정에서 그 중 당류와 전분만을 이용할 뿐 기타 성분은 찌꺼기와 폐수에 잔류한다. 2007년 미국은 2,000만 톤의 옥수수 에탄올을 생산한 동시에 찌꺼기를 가공하여 단백질 26% 이상, 지방 10% 이상이

함유된 1,190만 톤의 고품질 사료 DDGs옥수수 주정박를 생산하여 1,272만 톤의 옥수수 사료를 대체할 수 있었다. 이를 국내 낙농업에 공급하였을 뿐만 아니라 유럽, 아시아와 중동지역으로 대량 수출하기도 하였다. 다시 말해, 3톤의 옥수수로 1톤의 에탄올을 생산한 동시에 0.6톤의 옥수수에 상당하는 양질의 사료 DDGs도 생산하였다.

사탕수수 속대 발효 이후에 남는 찌꺼기에는 다량의 영양분이 남아있을 뿐만 아니라 효모 잔여물이 첨가되었고, 향긋한 냄새가 난다. 또 소와 양의 입맛에 맞고, 소화가 잘 되어 발효시킨 양질의 옥수수 청사료와도 비견할 만하다. 45톤의 사탕수수 속대로 1톤의 에탄올을 생산하는 동시에 2.6톤의 찌꺼기를 얻을 수 있으며, 이는 2.6톤의 옥수수 청사료의 영양 가치에 해당한다. 그 중 절반만으로도 소 1두 혹은 양 10마리를 사육할 수 있으며, 소와 양의 분뇨로는 메탄가스와 유기질 비료를 생산하고, 나머지 절반은 증기보일러의 연료로 사용할 수 있다. 1톤의 에탄올을 생산하는데 사용되는 속대에는 2.1톤의 물이 함유되어 있으며, 이를 회수하여 생산가공에 필요한 물로 이용할 수 있기 때문에 고체 발효 방식은 물 소모가 없고 오수를 배출하지도 않는다. 이 외에도 1ha당 사탕수수에서 얻을 수 있는 알곡은 약 2,250㎏이기 때문에, 식량뿐만 아니라 사료로도 이용할 수 있다. 만약 섬유소 에탄올 기술이 획기적으로 발전할 경우 찌꺼기를 이용해 섬유소 에탄올 5,625㎏을 생산함으로써 1ha당 사탕수수 에탄올 생산 능력을 6.7톤에서 12.3톤으로 증대시킬 수 있다.

이 외에도 사탕수수 에탄올 생산은 알뜰하고 종합적이며 순환적 이용이 가능하다. 리스중은 계산을 통해 연간 생산량 1만 톤인 사탕수수 에탄올 공장의 '고효율 저탄소 농업과 공업의 산업 사슬'모델을 제기하였다. 즉 토지 2,000ha/에탄올 1만 톤/소 6,000두/메탄가스 280만 표준 ㎥/유기질 비료 6만 톤/농민 소득증대 950만 위안/농촌 일자리 4,750개와 가공업 일자리 100개이다그림 9-7과 표 9-2 참조 바람.

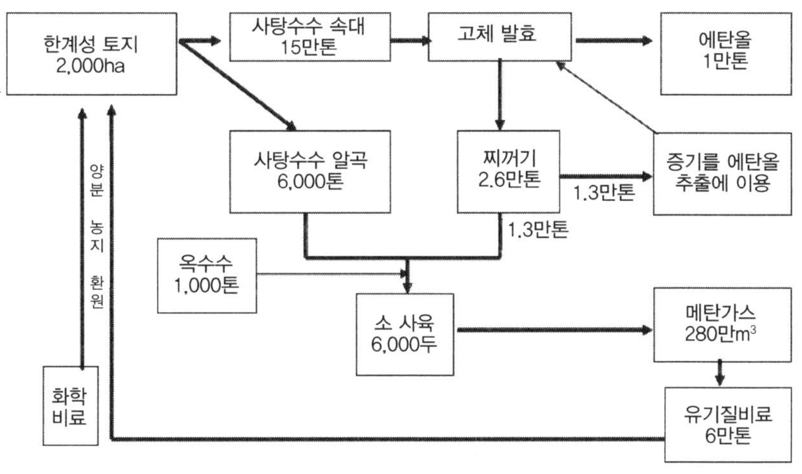

그림 9-7 연간 생산량 1만 톤의 사탕수수 에탄올의 '고효율 저탄소 농업과 공업의 산업 사슬' 흐름도

표 9-2 네이멍구자치구 우위안현 사탕수수, 해바라기, 옥수수 재배 농가의 수익성 비교

원료작물		평균 단수 (kg/ha)	가격 (위안/kg)	수입 (위안/ha)	재배 비용 (위안/ha)	순수익 (위안/ha)
사탕수수	알곡	3,000	1.5	4,500	5,100	14,400
	속대	25,000	0.2	15,000		
해바라기		6,000	2.5	15,000	5,400	9,600
옥수수(비옥한 토지)		10,500	1.5	15,750	6,000	9,750

7. 토지자원의 잠재력은 어떠한가?

중국에서 비식량 에탄올 생산에 필요한 원료작물을 재배하는데 이용할 수 있는 토지의 규모는 얼마인가? 아래의 두 가지 수치로 나누어볼 수 있다.

하나는 필자가 '중국공정원 재생가능에너지 자문'사업에 참여했을 때 제기한 것이다. 즉 "이용 가능하지만 아직까지 이용하고 있지 않은"농경지로 적합한 황무지 840만 ha와 2,000만 ha의 비식량작물 재배에 적합하고 생산성이 낮은 농지로 이루어진 2,840만 ha의 한계성 토지로 4장에서 상세하게 소개한 바 있다.

다른 하나는 농업부에서 최근 액체 바이오 연료 발전에 이용 가능한 황무지 자원에 대해 전문적으로 조사한 보고서이다. 이 보고서에서는 에너지 작물 재배에 적합한 황무지를 직접 이용 가능한 Ⅰ등급 토지, 개량 이후 이용 가능한 Ⅱ등급 토지, 대대적인 개간을 실시해야 비로소 이용이 가능한 Ⅲ등급 토지 등 3가지로 분류하였으며, 총면적은 2,680만 ha이다. 개간지수 60%를 기준으로 할 때, 순면적은 1,608만 ha이다. 에너지 작물 재배에 적합한 황무지는 비교적 집중되어 있으며, 중점 개발 대상 지역은 8곳이고그림 9-8 참조, 그중 면적이 50만 ha 이상인 지역부터 순서대로 나열하면 네이멍구 동부와 동북 3성 서부지역, 네이멍구 중부지역, 다비에산大別山과 그 주변 지역, 서남 옌룽산岩溶山지역과 우링산武陵山지역이다. 이는 그 가치가 매우 큰 최신 전문 연구 결과이다.

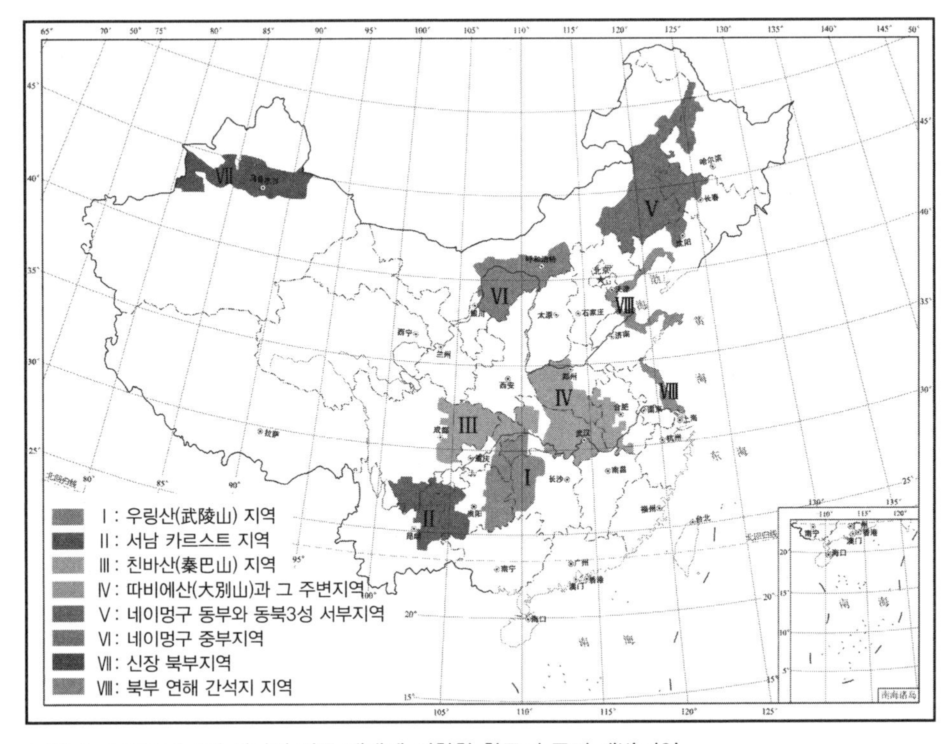

그림 9-8 중국의 8개 에너지 작물 재배에 적합한 황무지 중점 개발지역

표 9-3 에너지 작물 재배에 적합한 황무지의 등급, 면적과 에너지 생산 잠재력

황무지 등 급	황무지 면적 (만 ha)	개간 가능 순면적 (만 ha)	액체 바이오 연료 생산능력	
			단위면적 생산능력* (톤/ha)	총생산량 (만 톤)
I 등급	433.33	260.00	3.5	910
II 등급	873.33	524.00	3.0	1,572
III 등급	1,373.33	824.00	2.5	2,060
합계	2,679.99	1,608.00		4,542

주: *: 커우젠핑(寇建平, 2009)에서 인용했고, 약간 수정하였다. 개간지수는 일괄적으로 60%로 하였다.

이 외에도 웨이웨이魏偉 등도 연료용 에탄올 생산에 이용 가능한 한계성 토지 면적이 약 7,400만 ha에 달한다고 제기하였으며, 이는 연료용 에탄올 생산 잠재력이 매우 큼을 나타내는 연구결과이다.

농업부와 필자가 제기한 수치가 매우 비슷한 것은 사실이지만, 농업부 자료에서 제시한 것은 모두 조사를 거쳐 밝혀낸 한계성 토지인 반면, 필자가 제시한 자료 중의 한계성 토지는 국토자원부의 "이용 가능하지만 아직까지 이용하고 있지 않은"농경지로 적합한 황무지로 그 면적이 훨씬 작다. 따라서 농업부에서 전문적으로 조사한 자료의 활용 가치가 더 크다고 본다. 그러나 필자가 제시한 한계성 토지의 총면적 가운데 2,000만 ha의 비식량작물 재배에 적합하고 생산성이 낮은 농지그 중 현 서류 재배면적 1,000만 ha를 포함도 포함한다. 만약 2,680만 ha의 한계성 황무지가 존재하고, 거기에 약 2,000만 ha의 한계성 농지가 포함될 경우, 중국에서 액체 바이오 연료 발전에 이용할 수 있는 토지의 총면적은 4,000만 ha 이상에 달한다.

한계성 농지의 이용으로 인해 '농지를 놓고 경쟁하는'구도가 나타나는 것은 아닐까? 결코 그렇지 않다.

중국 농지의 질은 전체적으로 낮은 수준이고, 생산성이 낮은 농지는 약 1/3을 차지하며, 여기에는 서류, 수수, 사탕무Beta vulgaris, 돼지감자 등 척박한 땅에서도 잘 자라는 비식량 작물대부분 우수한 에너지 작물 재배만이 가능하다. 또 비료와 노동력 투입이 적으며, 조방적 관리가 가능하고, 수익성이 매우 낮다. 이

러한 저효율의 경영 상태는 수천 년 동안이나 유지되어 왔다. 만약 강력한 자극제가 투여되어 지속적인 시장 수요를 창출하고 고부가가치 상품에 강력한 흡인력을 부가할 경우, 이처럼 에너지 생산에 이용되고 생산성이 낮은 작물의 단위생산량과 상품화 수준을 큰 폭으로 끌어올릴 수 있을 것이고, 농민의 노동력, 비료, 기술 투입 의욕을 높일 수 있으며, 토지의 질도 개선시킴으로써 일종의 선순환을 이룰 것이다. 이 생산성이 낮은 토지 위의 침체된 국면에 활기를 불어넣는 것이 무슨 잘못이란 말인가?

다시 말해, 수천 년 동안 농민은 토지에 재배하는 특정한 농작물의 종류와 특정한 재배법을 지금껏 고집해온 것이 아니라 농가와 시장의 수요에 따라 계속해서 변화시켰다. 이는 아주 보편적인 것이며, 농업에서는 이를 '재배구조의 조정'이라 부른다. 더군다나 식량 재배 농지는 건드리지 않고 작물 종류를 새로이 바꾸지도 않는 상황에서 단지 에너지 용도만을 추가함으로써 생산 의욕을 높이고 생산량을 늘리면서 농민 소득을 증진시키는 것뿐이다. 그렇다면 원래의 용도와 원료를 놓고 경쟁하는 것은 아닌가? 농민의 재배 의욕과 작물의 단위생산량을 높이게 되면 원료를 놓고 경쟁하는 문제는 없을 것이며, 더욱이 시장경제하에서 '보이지 않는 손'이 자원배분을 조정할 것이다.

만약 농업부의 조사보고서에서 제기한 액체 바이오 연료 발전에 이용 가능한 에너지 작물을 재배할 수 있는 황무지의 순면적 1,608만 ha에, 현재 서류 · 수수 등의 비식량 작물을 재배하고 있는 생산성이 낮은 농지 1,000만 ha를 더할 경우, 연간 1억 톤 이상의 연료용 에탄올을 생산할 수 있다. 그렇다면 이 2,600만여 ha의 한계성 토지는 연간 1억 톤의 생산력을 가진 영구적 채굴이 가능한 녹색유전이 아니고 무엇이란 말인가? 매년 농민들에게 수천억 위안의 새로운 소득을 가져다줄 수 있는 '보석함'이 아니고 무엇이란 말인가?

8. 섬유소 에탄올의 힘겨운 싸움

미국의 연료용 에탄올 생산규모가 연간 수백만 톤에서 천만 톤으로 확대될 무렵, 옥수수를 원료로 사용함으로써 나타나는 단점들을 점차 발견하게 된다. 즉 옥수수 전통 시장의 수급불균형이 나타나 가격이 상승함에 따라 원료비가 지속적으로 상승하고, 원료 공급지가 한정되어 있어 지속적인 공급이 불가능하다는 등의 문제점이 나타났다. 섬유소는 이러한 많은 모순들을 한꺼번에 해결해 줄 수 있기 때문에 연료용 에탄올 발전에 있어 '구원투수'가 되어 발전 방향을 제시할 수 있었다. 그러나 섬유소의 원자구조는 복잡하고 안정적이며, 가수분해에 타고난 내성을 갖고 있다. 마치 귀중한 보물은 찾기 힘든 깊은 산속 신비의 동굴 속에 숨겨져 있는 것과 같다. 현재 전 세계적으로 '보물의 비밀'을 찾기 위해 기술적 난관을 극복하려 애쓰고 있다.

20세기 초에 사용된 것은 농축 산concentrated acid 가수분해법이었고, 70년대에는 선진적 효소 가수분해법을 발견했으나 가수분해 효소가 매우 비쌌다. 문헌에 따르면, 1999~2005년 섬유소 효소 비용이 30배 정도 낮아졌지만, 섬유소 에탄올 1갈론gallon당 효소 비용은 여전히 0.3달러였고, 그 이하로 낮추는 것은 점점 더 어렵게 되었다. 2007년 미국은 3.85억 달러를 투자하여 6개 섬유소 에탄올 시범 생산공장을 지원하였다. 또한 3.75억 달러를 투자하여 위스콘신주, 테네시주와 캘리포니아주에 3개의 국가연구센터를 설립하였다. 부시는 2006년 국정자문과정에서 6년의 시간을 들여 섬유소 에탄올의 상업화 생산을 이루겠다고 약속했고, 2007년에는 〈에너지 자주와 안전법안〉에 2010년 섬유소 에탄올 30만 톤을 생산하고 2022년 6,300만 톤을 생산하겠다는 원대한 목표를 제시하였다. 오바마 정부는 섬유소 위주의 선진 바이오 연료에 대한 지원역량을 더욱 확대하였고, 2009년에만 20여억 달러를 연구 · 개발에 투입하였다. 그러나 상황이 결코 이상적이지는 않았으며, 2010년 7월 미국 환경국은 2011년 섬유소 에탄올의 생산지표를 82만 톤에서 2.1만~8.4만 톤으로 낮추겠다고 선언하였다. 이를 통해 그 난이도가 매우 높음을 알 수 있다.

캐나다 로젠logen회사는 섬유소 효모를 전문으로 생산하는 회사로 2004년 말 오타와에 세계에서 최초로 연간 3,000톤을 생산하는 섬유소 에탄올 사전 실험 공장을 세웠고, 1리터 에탄올의 생산비는 0.6~0.7달러로 매우 높았다. 유럽의 스웨덴, 덴마크, 필란드, 오스트리아, 프랑스, 이탈리아 등 국가들도 섬유소 에탄올 비용의 관문을 넘으려 애쓰고 있다. 이들 국가는 섬유소 에탄올 생산비를 낮추고 상업화를 실현하는 것은 단지 시간문제일 뿐이라는 공통된 의견을 갖고 있다.

중국 〈10 · 5 계획〉기간, 과학기술부 '863'사업에 산 가수분해법으로 섬유소 에탄올을 생산하는 시범사업을 배정하였다. 〈11 · 5 규획〉기간, 국가 과학기술 지원계획에 칭화대학青華大學 등이 책임지고 있는 '바이오매스를 고효율 분해한 미생물의 선별과 배양 기술 연구'사업을 포함시켰다. 또한 국내 최초로 리그닌lignin 섬유소 예비 처리, 섬유소 효소 연구 제조, 섬유소 가수분해, 오탄당pentose의 공동물질대사co-metabolism, 당糖 관련 사업의 효모 배양에서부터 에탄올 발효와 에탄올을 분리 · 순화하는 새로운 가공공정 연구에 이르기까지 이 사업에서 개발한 다량의 효모 생산과 효소 가수분해 발효가 동시에 이루어지는 SMEHF 가공공정을 통해 섬유소 에탄올 생산비를 크게 낮출 수 있게 되었다. 다롄공업대학大連工業大學은 속대로 만든 연료용 에탄올의 액화 예비 처리 가공공정을 연구 · 개발하였고, 이는 에너지 소모가 적고, 오염이 없으며, 섬유소 가수분해에도 도움이 된다.

중국의 연료용 에탄올 생산 기업들도 섬유소 에탄올 과학기술의 난관을 극복하는데 적극적으로 참여하였다. 중량자오둥연료용에탄올공사中粮肇東燃料乙醇公司와 덴마크 회사인 노보자임스가 연간 생산량 300톤 규모의 실험 설비를 공동으로 설치하였고, 안후이평위안집단安徽豊原集團은 고체 발효 섬유소 효소법을 이용하여 연간 생산량 300톤 규모의 실험설비를 마련하였다. 허난톈관집단河南天冠集團은 천 톤급 섬유소 에탄올 실험장비를 설치하였고, 산둥룽리과학기술유한공사山東龍力科技有限公司는 키실리톨xylitol과 섬유소 에탄올을 결합생산할 수 있는 방법을 도입하여 연간 생산량 1만 톤의 섬유소 에탄올 생산설비를 설치하였다. 이러한 사전 실험 장비는 아직 실험단계에 있으며, 많은 기술적 문제가 실험을 통해 해결되어야 한다.

섬유소 에탄올 생산기술 혁신을 위해 전 세계가 각고의 노력을 하고 있으며, 성공의 서광이 점점 밝아오고 있다. 비교적 낙관적인 추정에 따르면, 2015년을 전후하여 미국에서 섬유소 에탄올의 상업화 생산을 개시할 수 있을 것이라고 내다봤지만, 최근 계획대로 진행되고 있지 않은 것으로 보인다. 위에서 중국의 섬유소 에탄올 방면에서의 사업들을 살펴보았다. 그러나 이처럼 난이도가 매우 높은 세계적 문제에 직면하여 중국이 투입할 수 있는 역량은 아주 미미하며, 미국과 유럽 등의 국가들과 비교하기 어렵다.

9. 1세대, 1.5세대와 2세대의 변증법

위에서 옥수수와 감자사탕수수로 대표되는 식량 에탄올, 서류와 사탕수수로 대표되는 비식량 에탄올과 섬유소 에탄올을 살펴보았으며, 이를 각각 1세대 에탄올, 1.5세대 에탄올과 2세대 에탄올이라고 부르기도 한다. 그리고 미조류微藻類를 제3세대 바이오 연료로 삼을 것이다. 섬유소 에탄올은 많은 장점을 가지고 있으며, 바이오 에탄올이 크게 발전할 수 있는 기대를 한 몸에 받고 있다. 그러나 대규모 생산과 석유 대체를 실현하기 위해서는 아주 긴 시간이 필요하다. 여기에 1세대, 1.5세대와 2세대 에탄올을 어떻게 다루어야 하는지 등의 문제도 대두된다.

미국의 자동차용 연료 수요와 수입에 대한 부담, 옥수수 에탄올 생산을 큰 폭으로 확대하는 것에 대한 부담이 매우 크기 때문에 섬유소 에탄올에 대한 기대가 가장 크다. 그러나 선진1.5세대, 2세대 바이오 연료 생산량이 옥수수 에탄올을 초과했을 때도 여전히 옥수수 에탄올 4,500만 톤의 생산 수준을 유지하였다. 왜냐하면, 이는 점진적 과정이고, 옥수수 산지 농민들의 이익을 고려해야 하기 때문이다. 따라서 '1세대'를 안정시키고 '2세대'의 위상을 높이고 '3세대'를 적극적으로 준비하는 전략을 채택하였다. 브라질의 경우 감자사탕수수 에탄올 생산비가 낮고, 재배를 확대하는데 필요한 토지자원이 충분하며, 당糖 생산과 에탄올 생산은 상호 보완이 가능하다. 더군다나 감자사탕수수 에탄올은 이미 브라질 농민들에게 큰 이익을 가져다주었고, 완전한 생산, 가공과 판매 서비스체계를 구축하였고, 국가 제일의 지주산업이 된 상황에서 미국과 같이 섬유소 에너지에 몰두할 필요가 있겠는가? 유럽은 이미 바이오매스 난방 공급과 발전發電, 열병합발전, 고형연료, 산업 메탄가스, 바이오디젤, 연료용 에탄올 등 바이오매스 에너지의 다원화 발전시스템을 구축하였으며, 마찬가지로 섬유소 에탄올을 중요시하겠지만, 미국처럼 그렇게 급박하진 않을 것이다. 국가 상황과 발전단계에 따라 1세대와 2세대 에탄올을 대하는 태도와 그 절박함의 수준도 다르다. 구체적 사물은 구체적 분석이 필요하며, 개념화와 단순화로는 복잡한 경제문제와 사회문제를 처리할 수 없다.

중국은 식량 재고가 증가하는 상황에서 묵은 식량 에탄올을 발전시켰고, 식량 공급이 다시 부족해지자 즉시 비식량 에탄올 발전을 제기하였다. 이는 세계에서 선도적이라고 할 수 있다. 몇 년이 지났음에도 원래의 식량 에탄올은 여전히 답보상태이고, 비식량 에탄올도 발전하지 못하였으며, 이 좋은 개념이 제대로 실현되지 못해 안타까울 뿐이다. 최근 정부 정책결정자들이 섬유소 에탄올에 대해 관심을 갖고는 있지만 현재까지도 이 방면에 있어 심각하게 고려한 바가 없으며, 1세대, 1.5세대와 2세대 연료용 에탄올 정책에 대해서도 결단을 내리지 못하고 주저하고 있다. 사실, 문제는 아주 명확하다. 즉 식량 에탄올 생산은 지속될 수 없다이미 개시된 식량 에탄올 사업도 가능한 한 빨리 비식량 에탄올로 전환해야 한다. 섬유소 에탄올이 좋기는 하지만 앞으로 10년 안에 상업화 생산을 실현하기는 어려우며, 그에 의지하여 2020년 1,000만 톤의 연료용 에탄올을 생산하겠다는 목표는 더 말할 필요도 없으며, 유일한 선택은 1.5세대에 의지하는 것이다.

중국은 사탕수수와 서류 등 비식량 에탄올을 발전시킴으로써 농민이 이들 비주류 작물과 수천만 ha의 한계성 토지에 대한 경작과 개발에 대한 의욕을 불어넣어 줄 수 있고, 농민 소득과 일자리를 증가시킬 수 있다. 그 뿐만 아니라 기술이 성숙하고 설비의 국산화를 이룸으로써 생산력을 빠르게 제고할 수 있으며, 이는 2020년 1,000만 톤의 연료용 에탄올 생산 목표를 달성하는데도 도움이 된다. 따라서 비식량 에탄올은 중국 상황에 특히 적합하다. 비록 이후에 섬유소 에탄올이 상업화되고, 이는 주로 속대자원이 풍부한 식량 주산지에서 이루어지겠지만, 서류와 사탕수수를 주요 작물로 하는 생산성이 낮은 농지와 개간한 황무지에서 1.5세대 에탄올은 계속해서 큰 발전을 이어갈 것이다.

세계가 2세대 에탄올에 집중하고 있을 때, 중국은 에탄올의 '세대차'로써 2세대 에탄올이 실현하기 어려운 산업화의 시간을 대신했고, '측면 돌파'방식으로 1.5세대를 먼저 점령하였다. 이로써 중국 농촌경제 발전을 견인하고 농민 소득을 증대시킬 수 있었기 때문에, 당연히 1.5세대 에탄올에 역점을 둘 수밖에 없다. 그러나 장기적 안목과 전략에서 봤을 때, 중국은 2세대와 3세대 연료용 에탄올 개발에 힘쓸 필요가 있으며, 연료용 에탄올을 다원화해야만 석유 대체에서 나타나는 커다란 공백을 메울 수 있다.

변증법의 중요한 원칙 중의 하나는 "모든 것이 실제에서 출발한다."는 것이다.

10. 흩어진 구름이 떠가는 모습에는 여전히 여유가 있다

연료용 에탄올은 바이오매스 에너지 가운데 특수하면서도 중요한 위치를 차지하고 있으며, 겪은 고난 또한 가장 많고, 마치 일정한 고난을 겪지 않으면 참된 경지에 이르기 어려운 것과 같다.

미국의 옥수수 에탄올은 때때로 에너지 효율이 마이너스이고, 이산화탄소 배출량이 늘어나기도 한다. 또한 때때로 식량 가격이 큰 폭으로 상승하는가 하면, 8억의 기아에 허덕이는 사람들과 식량을 놓고 경쟁하기도 한다. 마치 '요괴'처럼 정말 변화무쌍하다. 그러나 국가의 전체적 이익을 위해 미국 정부는 한편으로 다수의 의견을 무시하고 조금도 주저함 없이 추진하였고, 또 한편으로 2세대인 섬유소 에탄올 연구 · 개발을 서둘러 추진하는가 하면, 2020년을 전후하여 섬유소 에탄올 생산량이 옥수수 에탄올을 초과할 것이란 목표를 제시하기도 하였다.

미국 재생가능 연료협회에서 최근 발표한 「2009년 연료용 에탄올 공업의 미국 경제에 대한 공헌」 보고서에 따르면, 비록 금융위기의 영향을 받긴 했지만, 3,180만 톤의 생산 목표를 달성하였다. 금융위기 중에 12개 공장이 생산을 중단했지만, 11개 공장이 새로이 건설되었다. 2009년 연료용 에탄올의 이산화탄소 배출 감축량은 3,374.5만 톤이었고, 수입 석유는 3.64억 드럼석유 수입량의 5%을 차지함 감소하였다, 이에 따라 석유 구입자금 213억 달러를 절약함으로써 전국 소비자의 지출액 160억 달러가 감소하였고, 40만 개의 일자리를 창출하였다. 같은 해 국가 재정 보조금과 연구개발비로 70억 달러가 투입되어 193억 달러의 소득을 가져왔고, 213억 달러의 석유 구입자금을 절약함으로써 아주 큰 경제적 효과를 보였다. "세찬 바람이 불어야 억센 풀을 알 수 있다."라는 말이 있듯이, 세계 식량위기와 금융위기의 시련을 연이어 겪은 연료용 에탄올은 미국에서 그 입지가 더욱 안정되었고 더 빠른 발전을 보였다. 연료용 에탄올은 브라질에서 훨씬 빠르게 발전하였고, 그 기세가 범상치 않았으며, 더 이상 말이 필요

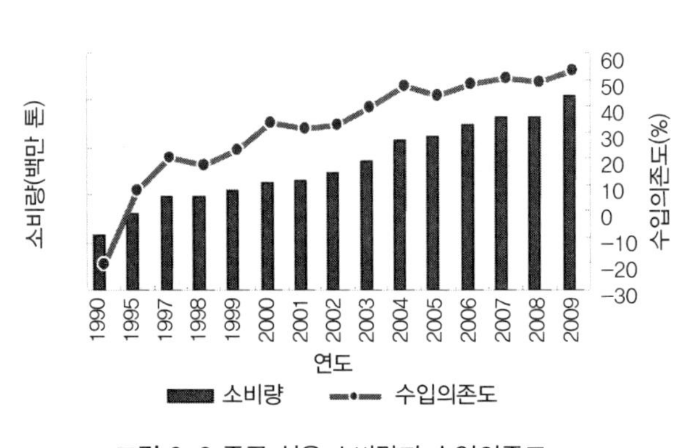

그림 9-9 중국 석유 소비량과 수입의존도

가 없을 정도였다.

중국은 한편으로 석유자원이 매우 부족하고 매장량과 생산량의 비율이 11.4까지 감소하였으며 수입의존도는 53.7%까지 상승하였다. 하지만 다른 한편으로는 소비가 급증하고 있고 그 추세도 매우 빠르다그림 9-9 참조. 최근 20년 자동차 연료는 연평균 12.7% 증가하였고, 자동차 생산량 증가율은 60%에 달했으며, 1995년 114만 대에서 2009년 1,364만 대로 증가하였다. 자원 부족량과 수요 증가 사이에 점점 벌어지는 간극을 어떻게 메울 것인가. 만약 중국이 국외로 진출해 자원을 매입하거나 개발하는 방안을 택한다면 이는 1960~1970년대 미국의 석유정책과 매우 흡사하다. '문제'들이 잇달아 터지고 걸프지역에서 입지를 다지기 어렵게 되자 미국은 1990년대 태도를 바꾸어 바이오 연료를 발전시켜 화석 운송 연료를 대체함으로써 에너지 자주와 안전의 길로 나아가기 위한 전략의 전환을 시작하였다.

중국이 이후에 직면하게 될 '문제'들이 미국보다 적을 것이라고 장담하기 어렵고, 중국도 머지않아 에너지 자주와 안전, 에너지 전환과 발전으로 바이오 연료를 중심으로 한 대체의 길로 나아가야 할 것이라고 본다. 이는 주관 없이 미국을 좇아가는 것이 아니라 미국의 경험을 참고하는 것일 뿐이며, 조만간 중국의 에너지 전환을 자주적으로 추진하게 될 것이다.

연료용 에탄올은 미국에서는 주로 학계로부터 의심을 받지만, 중국에서는 주로 에너지 주관부문으로부터 시련을 당하기 일쑤다. 그들은 연료용 에탄올의 성공적 발전을 이끈 바가 있지만, 2006년의 〈통지〉를 통해 바이오매스 에너지 발전을 봉쇄하기도 하였으며, 2008년 풍력에너지와 태양광 에너지는 적극 지원한 반면 바이오매스 에너지는 억제함으로써 〈11 · 5 규획〉의 연료용 에탄올 생산지표가 물거품이 되도록 했다. 이는 "성공 역시 샤오허 덕택이고, 실패 또한 샤오허 탓이다成也蕭何, 敗也蕭何."라고 할 수 있다. 만약 에너지 주관부문이 좀 더 냉정하고 객관적이라면 석유에서 추출한 등유kerosene, 석탄에서 추출한 메틸알코올, 전기자동차 등의 대체 물질에 대한 환상을 없애고, 연료용 에탄올에 대한 여러 가지 오해와 편견을 없애 버리면서, 바이오 연료를 위주로 한 대체의 길을 밝힐 수 있을 것이다.

앞으로 30~50년간 자동차 연료 수요의 지속적인 증가 추세는 바뀌지 않을 것이고, 석유자원의 점진적 고갈도 부정할 수 없는 사실이다. 또한 석유 가격이 요동치는 가운데 지속적인 상승 추세도 변하지 않을 것이고, 복잡하고 다변화하는 국제 정세와 석유 연료를 외국에 의존할 때의 커다란 리스크도 쉽게 변하지 않을 것이며, 자동차 화석 연료를 대체하는데 있어 액체 바이오 연료의 주도적 위치도 변하지 않을 것이다. 따라서 중국의 연료용 에탄올을 냉대하는 상황은 머지않아 바뀔 것이고, 조만간 본토 '녹색 유전'개발의 길로 다시 되돌아올 것이다.

1950년대 말과 1960년대 초에 중국은 '대약진'의 실패, 중국과 소련의 관계 악화와 '3년 고난의 시기'등 많은 어려움을 겪었다. 시는 마음에서 우러나온다고 했던가. 마오쩌둥은 1961년 루산廬山 선인동굴仙人洞 사진에 〈칠색七色〉이란 시를 적었다. 이 장에서는 현재 중국 연료용 에탄올이 처한 상황을 이 시로 대신할까 한다.

> 짙어지는 어둠속에 우뚝 솟은 소나무를 바라보고,
> 흩어진 구름이 떠가는 모습에 여전히 여유가 있도다.
> 자연은 선인동굴을 만들고,
> 더없이 아름다운 풍경은 험준한 산봉우리에 있구나.

베이징 더칭위안德青源 양계장은 매일 닭 분뇨 212톤을 처리하여 1.9만㎥의 메탄가스를 생산하고, 발전능력은 1.6㎿으로 2009년 4월부터 전력망을 통해 안정적으로 전기를 공급하기 시작하였다.

10 부식물을 에너지로 전환하는 신비 — 바이오가스의 오늘과 내일

- 초기 메탄가스는 등유의 대체품
- 중국 생태농업의 핵심단계
- 메탄가스의 형성과 에너지의 특징
- 농가 메탄가스 탱크의 역할과 한계성
- 메탄가스의 5 대 전통 원료자원
- 발전 가능성이 무한한 산업 메탄가스
- 새로운 자원: 전용 에너지 작물
- 메탄가스와 온실가스의 배출 감축

'바이오가스'는 바이오매스 원료가 열화학반응을 거쳐 만들어지는 가연성 기체와 바이오매스 원료가 혐기성anaerobe 발효를 거쳐 생산되는 메탄가스와 수소 등을 포함하며, 본 장에서 다루는 것은 메탄가스이다. 메탄가스는 현대 바이오 에너지 가운데 가장 먼저 개발되어 이용되었고, 이미 약 100년의 역사를 가지고 있다. 메탄가스는 일종의 메탄methane, 이산화탄소, 황화수소 등의 혼합기체이며, 그 중 에너지를 축적하는데 효과적인 성분은 메탄이다. 일반적으로 메탄가스 중 메탄의 함량은 50~65%이고, 만약 이것을 약 97%까지 정제하면 천연가스와 별반 차이가 없다. 소위 말하는 메탄가스 공정은 유기질 폐기물을 혐기성 미생물로 발효시켜 이를 분해하여 메탄가스를 생산하고 이를 가공하는 기술과 가공시스템을 가리킨다. 대형 메탄가스 공정을 거쳐 메탄가스를 규모화 생산하고, 다시 정제를 거치면 가정용과 자동차용 천연가스의 기준에 도달하여 '바이오 천연가스'가 되며, 이는 오늘날 산업 메탄가스 발전의 핵심이다.

1. 초기 메탄가스는 등유의 대체품

20세기 초 서방국가들이 석유에서 추출한 등유kerosene가 중국으로 들어오기 시작했다. 등유를 이용한 램프는 중국인들이 조상 대대로 사용하던 유채 기름 등과 촛불보다 밝고 깨끗하고 안전하여 일시에 사람들의 환영을 받았다. 그러나 등유의 가격이 매우 비싸 일반 백성들이 사용할 수 없게 되자 등유의 대체품으로 메탄가스가 큰 호응을 얻게 된다.

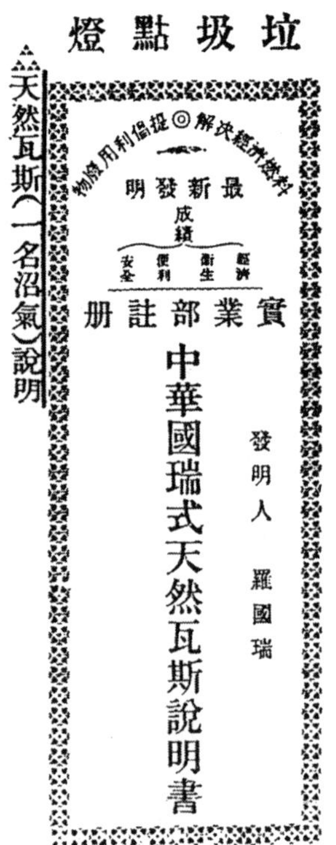

그림 10-1 메탄가스 램프-1930년

1920년대 말 대만 출신의 뤄궈루이羅國瑞선생

이 중국 최초의 수압 부레식 메탄가스 탱크를 발명하였고, 이는 이후 '중국 궈루이 메탄가스 발생기China Guo Rui Gas Vessel'라고 이름 지어졌다. 이는 가족이 6인인 가정의 조명과 취사용 에너지 수요를 매일 같이 충족시킬 수 있었다. 1930년 '국립궈루이조명공사國立國瑞照明公司'또는 '중화궈루이가스총행(中華國瑞瓦斯總行)'이라 칭함가 상해에 세워졌으며, 메탄가스 발효 조명 특허를 획득하였다. 당시의 메탄가스 공정은 '수압식 가스창고水壓式瓦斯庫'라고 불렸는데, 장방형과 통형 두 종류가 있었고, 용적은 보통 6㎥로, 철재, 목재와 콘크리트가 주요 자재로 사용되었으며, 주로 사용된 원료는 인분과 가축 분뇨이다.

1957년부터 중국정부는 '여러 가지 경로를 통한 새로운 에너지 모색'을 적극 주창해왔으며, 농가 소형 메탄가스 탱크는 다시금 주목을 받게 되었고, 1993년 말 전국적으로 농가 메탄가스 탱크의 수량은 528만 개에 달했다. 당시 메탄가스는 주로 일부 전기가 공급되지 않는 지역 농가의 조명에 사용되었고, 일반 농가에서는 땔감과 취사용 석탄을 대체하였다. 1950년대 말과 1960년대 초 석유가 심각할 정도로 부족한 시기, 어떤 지방에서는 메탄가스

그림 10-2 20세기 60년대 중국 쓰촨성 농가의 메탄가스를 연료로 하는 트랙터

로 트랙터용 디젤을 대체하기도 하였다그림 10-2 참조. 이후 기술, 경제성과 정책 등의 이유로 인해 농가용 메탄가스 탱크는 한편으로 끊임없이 새롭게 건설되었고, 다른 한편으로는 계속해서 폐기처분됨으로써 전체 수량 700만개 이하에서 증감을 반복했다. 메탄가스 발효를 위해서는 연중 기온이 높아야 하기 때문에 대부분 쓰촨四川 등 남쪽지역에 위치한 성省에 집중되었다. 이러한 상황은 1990년대 들어 비로소 근본적인 전환이 이루어졌다.

2. 중국 생태농업의 핵심단계

1980년대 초 뉴라운드 농업 현대화 토론 과정에서 식견이 탁월한 인사들은 중국 농업의 주어진 조건하에서 선진국을 모방한 높은 수준의 화석 에너지 투입 모델석유 농업 적용이 맞지 않다는 것을 인식하게 되었다. 이에 따라 중국 전통농업의 정수 — 물질 에너지의 순환과 다차원적 이용을 더욱 확대 발전시켜야 한다고 제기하였다. 근면하고 지혜로운 중국 농민과 농업 기술자들은 메탄가스 공정을 단순히 에너지 획득의 수단으로 삼는 것에 만족하지 않고 메탄가스 생산과정에서 배출되는 폐액과 찌꺼기를 종합적으로 이용할 수 있는 실험을 폭넓게 전개하였다. 그 결과 이것들을 이용한 재생성 사료, 비료, 버섯 배양 원료는 물론 생장 조절 물질, 균 억제 2차 대사물질Secondary metabolites 등 바이오 활성물질을 발견하였다. 또한 농촌 위생조건을 개선하고, 축사에서 배출되는 폐기물을 집중적으로 처리하여 오염을 줄이는 등의 측면에서 예상치도 못했던 효과를 볼 수 있었다. 메탄가스 발효공정은 농촌의 다원적 경영을 크게 촉진시켰고, 각종 생태농업모델의 핵심단계가 되었다.

메탄가스 발효가 생태농업의 핵심단계가 될 수 있었던 것은 중국 생태농업의 핵심은 물질과 에너지의 순환과 다차원적 이용이고, 여기에 기초하여 일련의 생태원칙에 부합하는 생산활동을 파생시켰으며, 더 나아가 유기농 과일

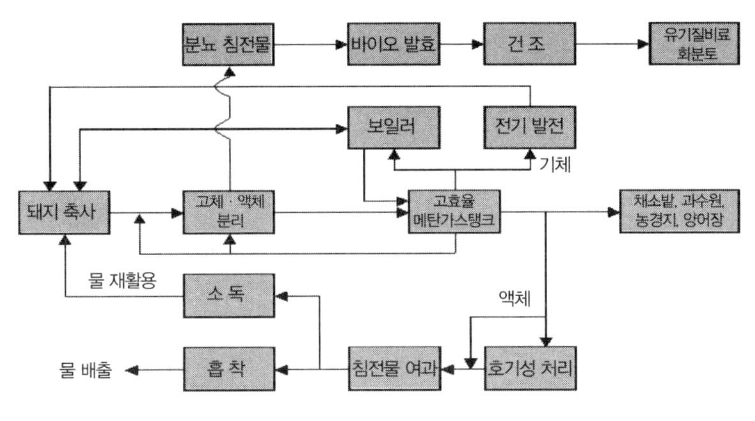

그림 10-3 모某 생태농업시스템의 흐름도

과 채소 재배업, 재생가능에너지 산업, 우수한 유기질비료 산업, 재생 단백질 사료 산업과 사료 첨가제 산업 등 일련의 생태형 산업을 형성하고 견인하였기 때문이다.

위의 그림에서는 가축 분뇨 원료를 예로 하여 메탄가스 발효가 물질과 에너지의 순환과 충분한 이용을 어떻게 촉진하는가를 설명하고 있다 그림 10-3 참조· 가축 분뇨에는 다량의 소화되지 않은 에너지와 양분이 포함되어 있다. 만약 이를 알맞게 처리하지 않고 아무렇게나 쌓아 두거나 작은 농지에 과다하게 뿌리게 되면, 귀중한 자원을 낭비하게 될 뿐만 아니라 질소, 인 등의 양분이 지표수나 지하수에 유입되어 부영양화 오염을 초래하고 인체 건강에 유해한 질산염 농도가 기준치를 초과하게 된다. 또한 온실효과가 이산화탄소보다 20여배 큰 메탄을 배출하기도 한다. 축산 분뇨는 악취가 나고, 파리와 모기를 유인하며, 농촌의 위생환경에 치명적인 영향을 준다.

가축 분뇨는 유기질 상태의 에너지 곡물 전체 에너지의 20~30%를 차지함 와 양분 예를 들어, 돼지 분뇨 중에 잔류한 리신(lysine), 일종의 아미노산은 사료에 함유된 전체 리신의 40%를 차지하고, 피트산(phytic acid)은 사료 전체 인의 70%~90%를 차지함 을 함유하고, 미생물 활동과 번식의 물질 기반이 된다. 메탄가스를 생산하는 혐기성 발효 미생물 가수분해와 산분해(acidolysis) 균과 메탄을 생산하는 박테리아를 총

칭함의 작용 하에서 대부분이 구조가 비교적 간단하고 쉽게 이용할 수 있는 물질 형태로 분해되고 전환된다. 이에 메탄, 수소와 이산화탄소 등이 함유된 메탄가스와 다량의 유기질 활성화 상태의 질소, 인, 칼륨 등 양분이 함유된 찌꺼기와 폐액이 포함된다그림 10-3 참조.

메탄가스 발효 후에 남는 찌꺼기 중 30~40%는 유기질이고, 그 중 조단백질은 8%, 질소, 인, 갈륨 성분은 각각 1.5%, 0.5%와 0.8%이다. 이것은 비료효과가 빠르고 토양을 개량할 수 있으며 작물의 품질을 개선할 수 있고 농약 사용량을 줄일 수 있는 양질의 비료이다. 또한 잡균이 포함되어 있지 않아 이상적인 버섯 배양 원료가 될 수 있다. 따라서 찌꺼기는 유기질 비료 혹은 영양토 제조에 적합하다. 농업 유기질 폐기물의 메탄가스 이용은 물질 순환을 가속화하였고, 화학에너지의 이용 효율을 제고시킴으로써 전체 농업 생산시스템의 효율과 수익의 개선을 가져왔다.

1980년대 중국 생태농업의 시범지역 범위와 규모가 확대됨에 따라 농가 메탄가스 탱크는 일부 지역에서 전국으로 확대되기 시작하였고, 수량도 계속해서 증가하였다. 농가 메탄가스 탱크 전체 수량의 장기간 정체 국면을 실질적으로 벗어난 것은 1990년대 초 북방과 남방에서 연이어 출현한 '사위일체四位一體'와 '돼지—메탄가스—과수'두 종류의 생태농업모델에 의해서이며, 이 두 모델의 출현으로 인해 농가 메탄가스는 기온과 지리적 위치의 한계와 경제적 측면에서 비교적 낮은 투입과 산출 비율의 제약을 마침내 극복하였고, 메탄가스의 폭넓은 이용에 있어서의 장애를 극복할 수 있었다. 뿐만 아니라 21세기 초 중앙재정을 통한 메탄가스 생산 농가에 대

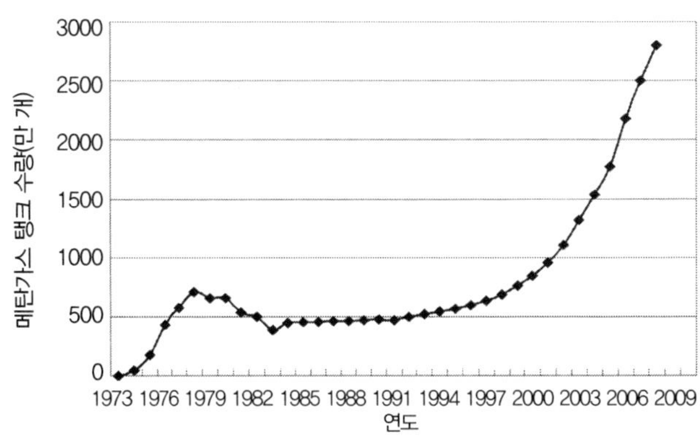

그림 10-4 1973년 이후 중국 농가 메탄가스 탱크 수량의 증가추세

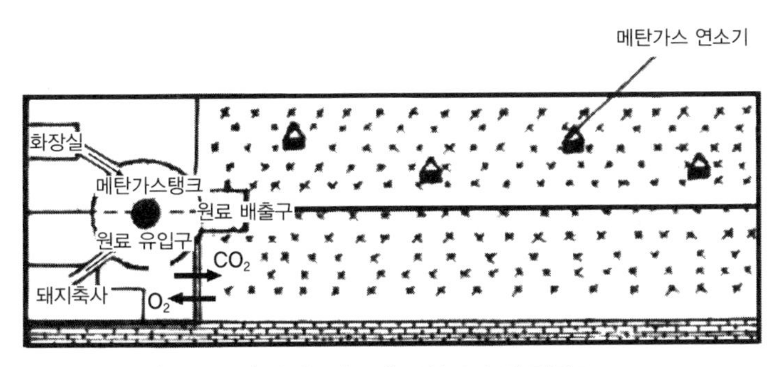

그림 10-5 '사위일체' 생태농업모델 구성 요소의 평면도

한 보조금을 확대하기 시작하였고, 2007년에는 농가 메탄가스 탱크의 총수량이 거의 3,000만 개에 달했다그림 10-4 참조.

소위 말하는 '사위일체'의 생태농업모델은 1980년대 말부터 1990년대 초에 이르기까지 중국 북방지역 농민과 과학기술자들이 고안한 간이 일광온실이며, 온실 내에서는 채소를 재배하고, 돼지 축사와 화장실을 절묘하게 결합시킴으로써그림 10-5 참조, 겨울과 봄에는 열을 가하지 않아도 오이, 셀러리 등 추위에 강한 채소를 재배할 수 있고, 오랫동안 극복하지 못했던 돼지, 소, 양의 겨울과 봄철 '체중 감소'문제를 해결할 수 있게 되었고, 현지에서 메탄가스 원료의 공급원을 확대할 수 있게 되었다. 어떤 경우에는 생산한 메탄가스를 이용해 온실의 온도를 높이고 이산화탄소로 시비를 하기도 하였다.

거의 동시에 '사위일체'와 유사한 '돼지—메탄가스—과수'모델이 남방지역에서 나타났다. 장시江西성 간조赣州지역에서 '6개 1'정원경제모델을 개발하였다. 즉 가구마다 1개의 메탄가스 탱크를 만들고, 연간 1인당 평균 2마리의 돼지를 출하하고, 1인당 평균 1무畝의 경사지 과수원네이블 오렌지(navel orange), 유자, 감귤을 경영하고, 1개의 양어장을 경영하고, 1동의 온실에서 반계절성 채소를 재배하고, 한 무리의 가금류를 기른다. 자원을 더 효율적으로 이용하고, 경종업과 축산업을 병행함으로써 상호보완적 효과를 가져오고, 산 위의 초목은 보호를 받을 수 있고, 한 농가당 연간 순소득은 약 1만 위안에 달했다. 간난赣南도 '중국 네이블 오렌지의 고장'이 되었다.

그림 10-6 나무와 풀을 연료로 사용함으로써 생태환경을 악화시킨다
출처: 베이징청년보北京青年報 2009년 12월 7일.

메탄가스 이용은 여러 방면에서 생태적, 환경적 수익을 창출할 수 있다. 먼저 삼림, 초목 등 식생자원 보호에 도움이 된다. 중국의 넓은 산지와 구릉지 농촌의 생활에너지는 주로 나무와 풀에 의존하기 때문에 과도한 벌채와 토양 유실을 초래한다그림 10-6 참조. 통계에 따르면, 전 세계의 나무와 풀을 주요 연료로 사용하고 있는 인구 가운데 중국이 약 절반을 차지한다. 한 농가의 메탄가스 탱크로 1년에 2~3톤의 나무땔감을 절약할 수 있으며, 이는 0.5~1무畝의 중유령림中幼齡林에 해당한다. 그 외에도 중국 농촌 생활용 에너지 가운데 속대와 나무땔감은 각각 40%와 30%를 차지하고, 매년 매우 낮은 열효율10% 이하로 1.8억 톤의 '표준석탄'에 상당하는 에너지를 얻을 수 있는 약 4억 톤의 속대를 불태우고 있다. 동시에 500만 톤의 질소, 인, 칼륨 등 영양물질을 낭비하고 있다.

중국과학원 사막연구소 주전다朱震達 등의 연구에 따르면, "인류 활동은 토지 사막화의 주요 원인이다."중국 북방지역 사막화를 초래하는 5가지 인위적 요인 가운데 과도한 벌채가 1위로 32.7%를 차지한다. 과거 광시좡족壯族자치구의 농촌 나무 벌채문제가 심각했으며, 평균 삼림 복개율은 줄곧 22%에 지나지 않았고, 목재자원의 소모량은 생장량을 초과하였다. 1985년부터 공청현恭城縣을 필두로 하여 농가 메탄가스를 대대적으로 발전시켰으며, 이에 메탄가스 농가 보급률은 90%에 달했다. 이러한 경험은 자치구 전체로 빠르게 확대되었고, 전국에서 농촌 메탄가스 탱크가 가장 많은 성이 되었다. 2001년 성 전체 평균 삼림 복개율은 41%까지 상승하였다.

3. 메탄가스의 형성과 에너지의 특징

메탄가스는 유기물이 일정한 조건하에서 조건적$_{facultative}$ 호기성$_{aerobic}$혹은 혐기성$_{anaerobe}$미생물과 혐기성 미생물의 공동 작용을 거쳐 만들어진다. 전형적인 메탄가스 성분 가운데 메탄$_{CH_4}$은 50%~65%, 이산화탄소$_{CO_2}$는 25%~30%, 질소$_{N_2}$는 약 2%, 황화수소$_{H_2S}$는 0.2%~1%, 수소$_{H_2}$는 1%~2%, 일산화탄소$_{CO}$와 산소$_{O_2}$는 각각 약 0.5%씩을 차지한다. 바이오매스 원료가 분해되어 메탄가스가 되기 위해서는 가수분해, 산분해, 초산화와 메탄 생성 등 4개 단계를 거쳐야 하고$_{그림\ 21-7\ 참조}$, 그 주요 성분—탄수화물$_{가수분해\ 이후}$의 화학반응식은 다음과 같다.

정제를 거치지 않아 메탄의 함량이 비교적 낮은 상황에서 높은 수준의 발열량은 약 30MW/m³이고, 낮은 수준의 발열량의 경우 약 26MW/m³이다. 만약 메탄 함량을 97%까지 높이면 그 발열량은 31.5MW/m³에 달하고, 천연가스와 비슷해진다.

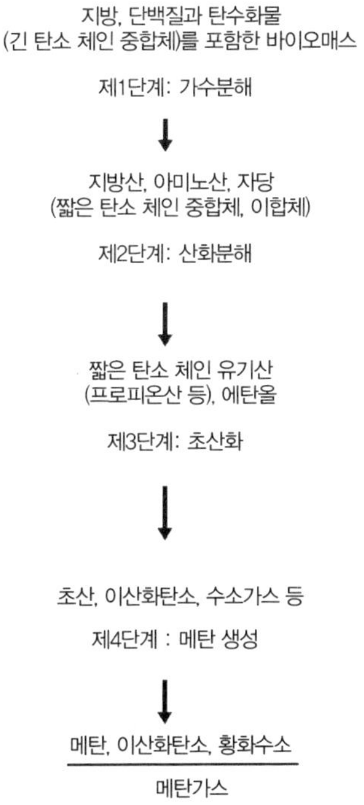

메탄가스 정제기술에는 주로 5가지가 있다. 즉 고압 수분 흡착법, 변압 흡착법, 막 분리법, 용제 흡수법과 냉동 분리법이며, 가장 보편적으로 사용되는 것은 고압 수분 흡착법이다. 만약 농가 생활용으로만 사용하거나 전문적으로 설계한 메탄가스 발전기의 경우 정제할 필요가 없으며, 황화수소는 따로 제거하면 되고, 황화수소의 생물 제거법은 이미 매우 성숙한 수준이다. 정제 이후의 메탄가스는 20MPa의 공기 압력하에서 압축하여 통$_{CNG}$에 주입하여 천연가스 충전소로 운반하거나 천연가스 수송관에 직접 연결할 수 있다.

지방, 단백질과 탄수화물
(긴 탄소 체인 중합체)를 포함한 바이오매스

제1단계: 가수분해

↓

지방산, 아미노산, 자당
(짧은 탄소 체인 중합체, 이합체)

제2단계: 산화분해

↓

짧은 탄소 체인 유기산
(프로피온산 등), 에탄올

제3단계: 초산화

↓

초산, 이산화탄소, 수소가스 등

제4단계 : 메탄 생성

↓

메탄, 이산화탄소, 황화수소

메탄가스

그림 10-7 바이오매스가 메탄가스로 전환되는 미생물 화학 과정

바이오매스에서 생산되는 메탄가스의 양은 그 원료에 따라 다르고 비교적 큰 차이가 난다. 일반적으로 볼 때, 단백질과 유지질lipoid 함유량이 많은 원료는 메탄가스 생산성이 높다. 가장 보편적으로 사용되는 4가지 원료인 돼지 분뇨, 소 분뇨, 인분과 볏짚의 탄수화물 함량은 각각 0.4%, 0.3%, 0.4%와 0.6%이고, 이에 상응하는 이론상의 메탄가스 생산량은 원료 1kg당 0.3m^3, 0.2m^3, 0.3m^3과 0.25m^3이다. 그러나 볏짚 등 작물의 속대, 특히 이미 건조된 속대는 메탄가스 원료로 직접 사용하기에 적합하지 않으며, 사전 처리하고 소량의 가축 분뇨를 섞는 방법을 이용해야 한다.

메탄가스 발효는 미생물 발효과정이고, 온도와 매우 밀접한 관계가 있다. 일반적으로 상온 >10℃, 중온28~35℃과 고온48~60℃ 발효로 나뉜다. 각각의 미생물균의 구성이 다르다. 상온 조건하에서는 불안정하고, 가스 생산도 불안정하며, 전환율이 낮은 편이다. 중온 발효를 통한 가스 생산은 안정적이고, 전환율도 비교적 높지만 온도가 낮은 계절에는 보온이 필요하다. 고온 발효의 경우 유기물 분해가 빠르고, 가스 생산량이 많아 고농도의 유기질 폐수처리에 적합하며, 더 많은 보온이 필요하다.

4. 농가 메탄가스 탱크의 역할과 한계성

고도로 분산되어 거주하고, 교통이 불편하고, 보유한 자금이 부족해 상품에너지를 구매할 수 없는 대다수 중국 농가에게 있어 매일 취사하고 물을 끓이고 난방하는데 필요한 땔감은 매우 중요하다. "일상생활에 필요한 7가지 물건이 있으니開門七件事, 바로 땔감, 쌀, 기름, 소금, 간장, 식초와 차이다柴米油鹽醬醋茶". 그 중 땔감柴을 가장 앞에 놓았다. 이에 따라 오늘날 석탄과 전력 공급능력이 눈에 띄게 제고되었음에도 불구하고, 국가는 여전히 농촌 메탄가스 에너지를 중요한 위치에 놓고, 상품에너지, 메탄가스에너지, 태양광에너지, 소수력발전, 풍력에너지 등이 적용되는 농촌 생활용 에너지의 '여러 가지 에너지의 상호 보완'방침을 강조하고 있다.

최근 몇 년간 국가에서 메탄가스 사업에 대한 투자를 대폭 증가함으로써 전국적으로 농촌 메탄가스 생산설비 건설이 빠르게 진행되고 있고 효과도 좋은 편이다. 2009년까지 전국적으로 메탄가스를 사용하는 농가는 이미 3,050만 호에 달한다. 2003~2009년간 중앙 누계 투자액은 190억 위안이고, 메탄가스 생산설비를 신축하는 1,406만 호 농가, 축산단지와 농가 공동 메탄가스 사업 1.3만 곳, 중 · 대형 목축장 메탄가스 사업 1,776곳, 향촌 메탄가스 서비스망 6.36만 개를 지원하였다. 메탄가스 정제 이후 연간 생산하는 비료찌꺼기, 폐액의 양은 약 3.85억 톤이고, 대체된 나무땔감은 1.1억 무畝 삼림의 연간 축적량에 상당하고, 매년 농민에게 150억 위안의 소득 증대와 지출 감소의 효과를 직접적으로 가져다준다.

추정에 따르면, 현재 사용 중인 3,050만 호 농가의 소형 메탄가스 탱크와 목축장 메탄가스 공정의 연간 메탄가스 생산량은 122억 m^3이고, 이는 70억 m^3의 천연가스메탄가스에 함유된 메탄이 60%라고 할 때, 천연가스에 함유된 메탄은 97%로 환산함에 상당한다. 농가용 메탄가스는 중국 농촌의 분산된 주거형태에 적합하고, 적은 투입으로 생활 에너지 소비의 질이 확실히 개선된다. 최근 농업부문에서 서부지역에 중점적으로 추진한 농민 '생태정원사업生態家園工程'계획은 큰 성공을 거두었다. 관련 부문은 이미 계획을 수립하였으며, 2015년까지 전국 농가용 메탄가스 탱크의 수량을 6,000만 개까지 늘리기로 하였다.

그림 10-8 자가 메탄가스 탱크를 시공하는 농민

그러나 농가용 소형 메탄가스 탱크는 본래 그 구조와 가공의 '선천적'조건에서 한계를 가지고 있기 때문에 메탄가스 탱크의 수명이 짧고, 폐기 처분율이 높고, 저온에서 가스 공급이 불안정하다는 등의 단점이 존재하고, 상당 수량의 메탄가스 탱크의 건설자재와 설비가 허술하고, 단순히 경험에 의존해 시공하는그림 10-8 참조 등의 문제점이 존재한다. 2008년 전국 농가용 메탄가스 탱크의 연평균 가스 생산량은 398m³에 지나지 않으며, 매일 평균 1m³의 메탄가스 탱크의 가스 생산량은 겨우 0.11m³으로 정상 수준의 1/5에도 미치지 못한다. 또한 메탄가스 생산은 기후, 원료와 관리 등 요인의 영향을 크게 받고, 공급 불안정과 고장 등의 문제가 심하기 때문에 농민도 도시가스와 같은 사회화된 집중 공급방식을 원한다.

5. 메탄가스의 5대 전통 원료자원

메탄가스의 전통 원료에는 5가지가 있다. 가축 분뇨, 농작물 부산물, 매립유기질 쓰레기, 도시 생활오수와 진창 및 공업 유기질 폐수와 찌꺼기 등이다. 그림 10-9에서 보는 바와 같이, 최근 EU와 미국 등 메탄가스 산업화를 이룬 국가에서 2가지 새로운 원료가 나타났다. 하나는 토양 유실을 막으려는 목적으로 휴경지 혹은 삼림으로 환원한 경작지에 재배한 메탄가스 원료작물이고, 다른 하나는 전문적으로 육종하여 전체를 싱싱한 상태로 저장하는 에너지 작물이다. 전용 옥수수와 사탕무, 참억새, 호밀풀Lolium perenne L.과 수단초Sorghum sudanense(Piper) Stapf. 등 다년생 혹은 1년생 목초가 포함된다. 독일의 5가지 전통 원료자원과 2가지 새로운 자원 가운데 자원량이 가장 많은 것은 전용 에너지 작물이고, 그 다음이 가축 분뇨이다.

중국 공업과 도시 오수의 연간 총 배출량은 557억 톤2007년이고, COD화학적 산소 요구량 함유량 추정치는 약 2,000만 톤에 달하고, 메탄가스 연간 생산량은 110억 m³이다. 돼지, 소, 닭의 사육장에서 연간 배출되는 분뇨의 양은 30.87억 톤건조 이전의 중량 이상이고, COD 함량은 7,000만 톤 이상이며, 이

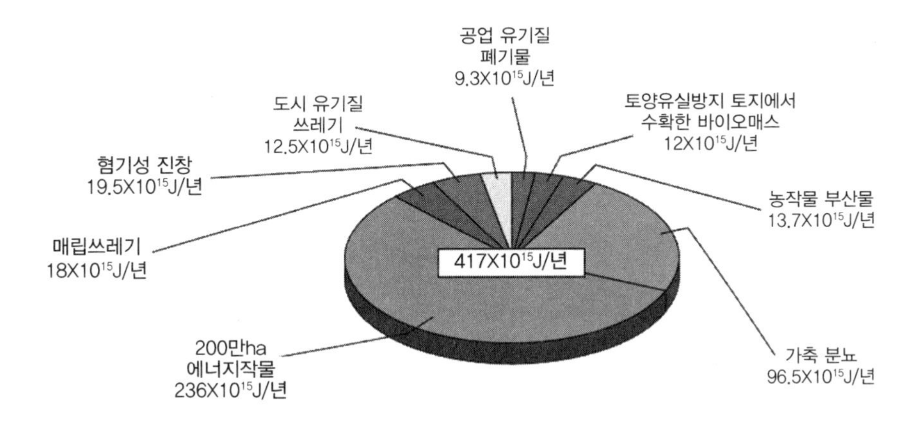

그림 10-9 독일 5종 전통 메탄가스 자원과 2종 새로운 자원
출처: Hartmann/Kaltsschmitt, 2002.

는 전국 공업과 생활 오수의 COD 총 함량의 3배가 넘는다.

도시 쓰레기$_{\text{MSW}}$ 매립량은 1.2억 톤$_{\text{2000년, 건조 중량}}$이고, 연간 생산 가능 매립가스$_{\text{LFG, 메탄 함량 55\%}}$는 약 90억 m^3이고, 메탄 함량 97%인 천연가스로 환산할 경우 약 50억 m^3이다. 2020년에는 도시 쓰레기의 연간 매립량은 4억 톤에 달할 것으로 내다보고 있으며, 이 전체를 이용할 경우 연간 생산되는 기체 연료$_{\text{천연가스 대체}}$의 잠재력은 160억 m^3이다.

전국 가축 사육장의 오수, 공업 유기질 폐수와 도시 오수 등 3가지 오수에서 배출되는 COD의 양은 1억 톤이 넘고, 2020년에는 약 2억 톤까지 증가할 것이다. 만약 거기에 함유된 바이오 에너지를 모두 개발하여 이용할 경우 매년 최소한 830억 m^3의 메탄가스$_{\text{700억 } m^3\text{의 메탄으로 환산}}$를 생산할 수 있다. 거기에 쓰레기 매립가스를 더하면 1,500억 m^3이고, 이를 다시 860억 m^3의 메탄으로 환산하면 약 900억 m^3의 천연가스를 대체할 수 있다. 이는 2008년 중국 천연가스의 실제 소비량보다도 200억 m^3 가량 많은 양이다. 이는 커다란 잠재력의 일부일 뿐이다.

중국도 일부 한계성 토지를 이용하여 전용 에너지 목초와 에너지 작물을 재배할 수 있으며, 0.133억 ha$_{\text{2억 무}}$와 1ha당 2.25톤$_{\text{1무당 0.15톤 수확}}$의 바이오매스건조 중량를 수확한다고 할 때, 연간 최소한 3,000만 톤을 재배할 수 있고, 거기에 1,000만 톤의 농작물 속대를 이용하여 메탄가스를 생산할 경우 연간 80억~100억 m³의 메탄가스를 생산할 수 있다.

6. 발전 가능성이 무한한 산업 메탄가스

먼저 2009년 말 중국의 여러 도시에서 발생한 '가스 대란'부터 이야기하자. 그 해 1~10월 천연가스 생산량은 688억 m³이었고, 동기 대비 8% 증가하였다. 11월에 접어든 후 일부 지역은 예년보다 앞서 가스 사용 절정기에 접어들었고, 천연가스 수요량이 큰 폭으로 증가하였다. 우한武漢, 충칭重慶, 시안西安, 난징南京, 항저우杭州 등지에 공급 부족현상이 연이어 나타났다그림 10-10은 화북지역의 가스 부족 보도. 천연가스 수급 불균형을 단기간에 근본적으로 해결하기 어렵다고 보고, 국가 발전 및 개혁위원회는 긴급통지를 하달하여 각 지역에 주민 생활용 가스 확보를 최우선에 놓으라고 요구하였다. 만약 가스 공급 부족현상이 나타날 경우 우선순위에 따라 기타 업종과 공공설비 등 영역의 가스 이용을 축소하도록 하였다.

'가스 대란'은 천연가스 수송능력과 비축 가스의 양 부족 등 여러 가지 원인으로 초래된 결과이지만, 가스 공급량 부족은 이미 부정할 수 없는 사실이다. 실제로, 에너지 전문가가 이러한 상황이 조만간 발생할 것이고, 점점 더 심각해질 것이라고 이미 예견한 바 있다. 2005년 중국 주민도시주민의 천연가스 소비량은 79억 m³으로 전국 천연가스 총 소비량의 20%에도 미치지 못했고, 2008년에는 40%에도 미치지 못했다. 전국 연간 1인당 평균 천연가스 소비량은 6m³에 지나지 않으며, 세계 평균치403m³보다도 훨씬 낮은 수준이고, 대량의 천연가스를 화학비료합성 암모니아와 발전發電 등 공업 용도를 위해 반드시 확보해야 하는 상황이다. 2009년 '전국 천연가스 시대의 도시 기체연료발전논단全

國天然氣時代的都市燃氣發展論壇'의 소식에 따르면, 현재 천연가스 소비가 빠르게 증가하는 시기이고, 2008년 공급량이 약 800억 m^3이고, 2010년에는 1,100억 m^3에 이를 것이고 약 200억 m^3가 부족할 것이라고 내다보았다. 〈중국 지속가능한 발전의 천연오일가스 자원 전략 연구中國可持續發展油氣資源戰略研究〉의 예측이 따르면, 2020년 천연가스의 연간 수요량은 2,500억 m^3에 이를 것이고 900억 m^3가 부족할 것이라고 내다보았다. 여기서 지적해야 할 것은 이러한 예측에 8억 농촌 인구가 사용하는 천연가스를 포함하지 않은 상태에서 도출되었다는 것이다.

자원이 부족하다 보니 최근 중국은 투르크메니스탄과 카자흐스탄 등 중앙아시아 국가로부터 천연가스 수입을 큰 폭으로 늘리고 있으며, 호주와 말레이시아 등의 국가로부터 액화 천연가스LNG를 수입하고 있다. 2007년 수입량은 38.7억 m^3으로 2006년에 비해 287% 증가하였다. 첨단 기술로 이루어진 냉동 선박그림 10-10 참조을 이용해 해운으로 대량의 액화 천연가스를 수입하기 위해서는 연해지역에 LNG 전용 부두를 많이 건설해야 한다. 카타르 등의 국가에서 액화 석유가스LPG를 수입하고, 동남부 연해지역의 가스통당 판매가격은 이미 20~30위안에서 100위안 이상으로 상승하였다.

이러한 배경 하에서 메탄가스가 점점 더 심화되는 중국의 천연가스 공급 부족현상을 해소하는데 적극적인 공헌을 할 수 있을까? 그 대답은 긍정적이

그림 10-10 천연가스 부족현상이 심한 상황왼쪽 사진, **수입 증가**오른쪽 사진
출처: 왼쪽 사진은 베이징청년보北京青年報, 2009년 11월 5일.

다. 바로 농가 메탄가스를 계속해서 발전시키는 동시에 새로운 재생가능에너지 산업, 즉 메탄가스 산업을 대대적으로 발전시켜 다양한 소비자들에게 규모화 생산한 상품 메탄가스, 특히 정제한 메탄가스를 공급하는 것이다.

소위 말하는 산업 메탄가스는 공업화 모델을 이용해 규모화 생산하고 정제시킨 메탄가스를 가리키며, 만약 천연가스와 액화 가스 수송관 혹은 가스통으로 운송하게 되면 산업 메탄가스의 완전한 산업사슬이 형성된다. '산업 메탄가스'의 특징은 다음과 같다. 메탄가스가 발생하는 규모가 크고혐기성 소화기 개별 용적은 500m³보다 큼, 생산설비 운행속도가 빠르고 안정적이며개별 공장 1일 폐액 혹은 찌꺼기 처리량은 500톤 이상임, 용적당 가스 생산율이 높다4~10m³/(m³ · 일). 정제를 거친 메탄가스는 압축가스방식으로 자동차용 휘발유와 디젤을 직접 대체할 수 있고, 천연가스 수송망을 통해 일부 천연가스를 대체할 수도 있다. 이는 생산방식, 품질과 운영방식 측면에서 농가 메탄가스와 완전하게 다른 일종의 공업화와 상품화된 메탄가스이다.

'산업 메탄가스'개념은 중국농업대학 바이오매스공정센터生物質工程中心 청쉬程序교수, 광시좡족자치구 고등농업직업학원 정헝슈鄭恒受연구원, 광시비자웨이생물공정공사廣西必佳微生物工程公司 이사장 량진광梁近光이 장기간에 걸쳐 유기질 폐액을 처리하는 과정에서 형성되었으며 2006년 제기한 것이다. 2008~2010년 광둥농간삼화주정창廣東農墾三和酒精廠과 광시우밍안난뎬분주정창廣西武鳴安寧澱粉酒精廠은 고농도 유기질 폐액 메탄가스 발효방식을 이용하여 각각 1일 3만 m³의 메탄가스 생산규모를 갖추었다.

중국에는 일찍이 술 주조 이후 남는 폐액을 이용해 메탄가스를 규모화 생산하여 주민들에게 공급한 사례가 있다. 허난河南성의 난양주정총창南陽酒精總廠은 연간 5만 톤의 주정을 생산하고, 매월 2,700톤의 술지게미와 폐액을 배출하고, 1964년부터 술지게미와 주정 폐액을 이용하여 메탄가스를 시험적으로 생산하기 시작하였다. 1967년과 1986년을 전후하여 2,000m³ 크기와 5,000m³ 크기의 혐기성 소화조를 각각 2개씩 건설하여 1일 4만 m³의 메탄가스를 생산하고, 공장이 소재한 난양南陽시 2만여 가구에 가정용 메탄가스를 공급하는 것 외에도 공장 직원식당, 보일러에 석탄의 대체연료로 사용하고 있다.

청정에너지를 발전시키고 천연가스의 수입 의존도를 줄인다는 배경하에서 EU 국가들은 산업 메탄가스'바이오 천연가스'혹은 '바이오 메탄'이라 칭함의 기능과 이용에 있어 예전의 '환경보호—에너지형'에서 '천연가스 대체형'으로 전환하고 있으며, 천연가스를 대체한 자동차용 연료와 그것을 이용한 난방 공급 및 발전發電, 열병합발전, CHP이 더욱 보편화되고 있고, 규모화와 상품화 수준이 점점 높아지고 있다. 그 대표적인 현상으로 대형 메탄가스 연합체의 출현을 들 수 있다. 이러한 연합체의 핵심은 용적이 각각 1,000㎥ 이상인 몇 개의 개별 혐기성 발효탱크와 그 다음 단계의 발효탱크로 구성된 모듈이고, 이러한 몇 개의 모듈 외에도 일정한 면적의 농지, 가축 사육장, 원료 저장탱크, CHP 발전소 혹은 메탄가스 정제 처리장은 물론 유기질 비료공장으로 구성된다.그림 10-11 참조. 메탄가스는 독일에서 최초로 송전시스템에 편입시켜 발전發電하는데 주로 사용되었고, 규모는 일반적으로 10~30㎿이다. 또한 현재 바이오 천연가스를 자동차 연료로 이미

그림 10-11 대형 메탄가스 발전發電 공정시스템 모형도
출처: 독일 NAWARO BioEnergie AG.

사용하고 있다. 스웨덴에서는 메탄가스가 주로 자동차용 천연가스를 대체하는 데 사용되고 있고 천연가스 수송망에 편입되었다. 대용량 혐기성 발효탱크는 기술과 설비에 있어 전통 중·대형 메탄가스 공정을 한층 업그레이드시켰다.

신세대 메탄가스 공정의 업그레이드 기술 내용은 다음과 같다. 첫째, 밀봉형이면서 질이 우수한 내벽에 가열관을 설치한 강철재 혐기성 반응 탱크가 철근과 콘크리트로 만든 전통적 혐기성 반응 탱크와 그 내부에 설치한 연속 반죽 장치를 대신하였고, 이는 가스 생산율을 높이는데 적합한 신기술이다. 둘째, 생산한 메탄가스를 현장에서 정제하고 발전發電해야 하기 때문에 혐기성 반응 탱크와 소규모 가스 저장백주머니이 결합된 모델이 나타나 설치비용이 비싼 전통적 대형 가스 저장탱크를 대신하였다. 셋째, 메탄가스 산업화와 상업화 응용에 핵심단계인 정제기술과 설비가 개발되어 메탄가스 중의 메탄 함량을 약 97%까지 끌어올렸고, 더 이상 황화수소H_2S등과 같은 불순물을 첨가하지 않아도 되고, 이산화탄소 함량도 매우 낮아 천연가스와 같은 발열량과 상품화의 요구 수준에 도달하였다. 넷째, 다량의 질 좋은 유기질과 식물성 양분이 함유

그림 10-12 지하에 구덩이를 파고 지상까지 쌓아 덮어 놓은 싱싱한 상태의 바이오매스 저장고
출처: 독일 NAWARO BioEnergie AG.

된 찌꺼기와 폐액을 충분히 이용하여 부가가치가 높은 상품 비료를 생산함으로써 순환농업을 실현할 수 있을 뿐만 아니라 다량의 폐액을 정화처리하기 위해 들어가는 적지 않은 비용도 줄일 수 있다. 또한 찌꺼기와 폐액이 직접 농지에 투입됨으로써 초래할 수 있는 토양과 수계의 부영양화문제도 막을 수 있다. 다섯째, 메탄가스 공정과 기술 서비스의 고도 사회화로 인해 전문적으로 대형 메탄가스 공정을 도급받기 위해 구성된 '일괄 수주 공정'형 국제 그룹사가 나타나 메탄가스 정제설비 기업, 메탄가스 발전기 세트 기업 등 전문적인 연관 회사들과 연합함으로써 상응하는 기술자문, 공정 설계, 건설 도급에서부터 판매 이후의 유지 · 보수를 위한 체계적인 서비스에 이르기까지 담당한다.

메탄가스를 제조하는 원료에 있어 더 이상 전통적 5대 원료에만 의존하지 않고, 전문적으로 배양한 메탄가스 에너지 작물을 이용할 뿐만 아니라 수확 이후 바로 싱싱한 상태로 저장하여 사용하기도 한다그림 10-12 참조.

7. 새로운 자원: 전용 에너지 작물

메탄가스의 전통 원료는 사람과 가축의 분뇨이며, 특히 소형 농가용 메탄가스 탱크에는 농작물 속대 등 기타 원료를 직접 이용할 수 없다. 속대를 이용해 직접 메탄가스를 생산하려면 혐기성 반응 탱크에 들어가기 전에 비교적 복잡한 사전 처리와 미생물 이식 공정을 거쳐야 한다. 더욱이 속대섬유소에탄올은 오늘날 국내외 과학자들과 기업가들의 관심이 집중된 분야이다. 이론적으로 봤을 때, 속대로 에탄올을 만드는 전제조건은 대단히 많은 사전 처리를 해야 한다는 것이다. 만약 강산 혹은 염기 처리, 수증기 처리, 고압 파열 처리 등의 방법을 사용할 경우 이용 가능한 섬유소를 분해가 어려운 리그닌lignin과 반섬유소에서 분리해낼 수 있다. 이를 위해서는 상당한 양의 에너지가 투입되어야 한다. 이처럼 에너지 소모가 많은 사전 처리가 필요한 이유는 농작물 속대의 생장과정에서 당분, 펙틴$_{pectin}$과 같은 다량의 가용성이면서 쉽게 분해되는 탄수화물이 분해가 쉽지 않거나 심지어 분해할 수 없는 반섬유소나 리그닌으로 전환될 뿐만 아니라 섬유소를 둘러싼 결정체를 형성함으로써 이용가치를 크게 저하시키기 때문이다.

섬유소 에탄올 생산방법과 다른 점은 에너지 작물 전체를 싱싱한 상태로 저장한 후에 메탄가스를 생산한다는 것이며, 이것이 바로 속대 안의 대부분 탄수화물이 불가용성 물질로 전환되기 전에 유산 발효$_{싱싱한\ 상태로\ 저장}$를 통해 가용성 유산을 형성하는 것이다. 4개의 탄소 분자를 가진 유산은 2개의 탄소 분자를 가진 에탄올로 아주 쉽게 전환되며, 다시 1개의 탄소 분자를 가진 메탄으로 전환된다. 이 외에도 유산은 본래 부패 억제성이 있기 때문에 싱싱한 상태로 저장한 원료는 쌓아서 보관하기도 아주 편리하고 1년 내내 사용할 수 있다. 이는 메탄가스의 공업화 생산에 중요한 의의를 가진다. 그림 10-13은 옥수수밭과 목초지 옆에 건설된 메탄가스 공정이다.

옥수수, 사탕무, 사탕수수와 목초 등 전용 에너지 작물의 출현으로 EU 국가들은 메탄가스를 규모화 생산하는데 있어 원료 부족의 어려움에서 벗어날 수 있게 되었다. 식량, 유지작물과 사료작물을 윤작하는 방법 외에도 휴경지와 초지를 충분히 이용함으로써 매우 커다란 자원의 잠재력을 갖게 되었다. EU 에너지 전문가의 낙관적 예측에 따르면, 2020년까지 바이오 메탄가스가 천연가스 전체 수입량, 즉 연간 러시아에서 수입하고 있는 약 5,000억 m³를 대체할 수 있을 것이다. 장기적으로 봤을 때, 산업 메탄가스의 잠재력은 더욱 낙관적이다.

그림 10-13 옥수수밭과 초지 옆에 세워진 메탄가스 공정
출처: 독일 NAWARO BioEnergie AG.

오스트리아 자연자원과 응용생명과학대학의 T. Amon교수 등의 연구에 따르면, EU 25개 국가의 현재 농경지 면적은 9,300만 ha이다. 식용작물, 사료와 바이오에너지 생산에 필요한 토지 배분을 고려한 지속 가능한 윤작시스템하에서 에너지 작물 재배면적은 총면적의 20%를 차지한다. 따라서 메탄 산출률을 고려한 연간 ha당 생산량이 6,500㎥이라고 할 때, 연간 생산 가능한 메탄의 양은 1,209억 ㎥이며, 이는 1.04억 톤의 석유를 대체할 수 있는 양이다.

8. 메탄가스와 온실가스의 배출 감축

최근 몇 년간 온실가스 배출 감축을 놓고 전 세계가 떠들썩하다. 석탄과 석유 등의 화석연료를 대량으로 연소시키는 것은 식물이 흡수한 대기 중의 이산화탄소, 즉 수억년의 지질작용으로 인해 땅속 깊이 매장되었던 화석 형태의 이산화탄소를 단 몇 백년 내에 대기 중으로 집중해서 방출하는 것이며, 이에 따라 대혼란을 면하기 어렵다.

메탄가스 연소로 인한 온실가스 배출량은 석탄과 석유보다 훨씬 적다. 메탄가스는 748g/kg의 이산화탄소와 0.023g/kg의 메탄을 배출하고, 석탄의 경우 2,280g/kg의 이산화탄소와 2.92g/kg의 메탄을 배출한다. 따라서 바이오 연료 응용을 확대하는 것, 특히 메탄가스 사용을 늘리는 것은 '저탄소 경제'를 실현하는 효과적인 수단이다.

중국의 3,050만 농가가 메탄가스와 사육장 메탄가스 공정을 이용함으로써 연간 4,500여만 톤의 이산화탄소 배출을 줄일 수 있다. 1990~2005년의 15년간 중국 농가의 메탄가스 생산 누계치는 0.98억 톤의 표준석탄에 상당하고, 이는 2.4억 톤의 이산화탄소를 감축한 셈이다. 농가 메탄가스와 규모화 메탄가스 공정 발전계획에 따르면, 2020년 메탄가스 연간 생산량은 약 600억 ㎥에 이를 것이고, 이로 인해 매년 4.4억 톤의 이산화탄소를 감축하게 될 것이다.

바이오매스산업의 원료와 상품은 마치 각양각색의 꽃들로 비단에 수를 놓은 듯한 화원과도 같다. 하지만 품종과 색상이 일정한 규칙에 따라 조화를 이루려면 상호간의 관계를 잘 형성해야 한다.

중국 바이오매스산업 발전에 있어서의 10 대 관계

11

- 바이오매스 에너지와 기타 에너지의 관계
- 에너지의 환경 기능과 '삼농三農' 기능의 관계
- 자원 결핍과 풍요의 관계
- 연료용 에탄올의 1.5 세대와 2 세대의 관계
- 고체 바이오연료의 다양화와 집중의 관계
- 농가용 메탄가스와 산업 메탄가스의 관계
- 에너지 상품과 비에너지 상품의 관계
- 가공 생산과 원료 생산의 관계
- 국유기업과 민간기업의 관계
- 국내와 국외의 관계

맺음말 : 바이오매스와의 최후 결전

실재로 존재하고 주관적인 상상으로
만들어 낸 것이 아닌 모든 운동형식의 발전과정에서
모두가 동질적이지 않다.
우리의 연구활동에서 이 점을 반드시 유념해야 하고,
이 점으로부터 출발해야만 한다.

이 책은 모두 12장 전망 부분을 제외하고 11장으로 구성되어 있고, 앞의 5장에서는 중국의 에너지문제와 '삼농三農'문제 및 바이오매스산업과 이러한 문제 해결과의 관계를 서술하였다. 그리고 2장에 걸쳐 중국의 바이오매스 원료자원을 소개하였다. 뒤의 5장에서는 사례, 수필 등의 형식으로 고체, 액체와 기체 바이오매스 에너지 상품이 중국에서 잉태되고 걸음마를 시작하게 된 전후 상황을 서술하였다. 마지막으로 무엇을 쓸 것인가? 마땅히 발전 전략, 로드맵, 방침 혹은 정책 등을 써야 하지만, 그러면 '그럴싸해 보일지는'몰라도 이는 아무런 의미가 없다. 이러한 '탁상공론'에 독자들은 물론, 정책결정자들도 전혀 관심이 없고 거들떠보지도 않는다. 그럴 바에는 오히려 주요 현안이라고 할 수 있는 앞에서 제기한 문제들을 정리한 중국 바이오매스산업 발전을 위한 10대 관계를 다루는 것이 더 낫다고 생각한다.

소위 '관계'란 복잡한 사물이 발전하는 객관적 법칙에 따라 제기한 '게임법칙'이다. 원시사회의 가족제도가 노예사회와 봉건사회로 진입하면서 인간의 사회적 속성은 점점 더 부각되었고, 인간과 인간, 인간과 자연 사이의 관계규범이 필요해졌다. '천인합일天人合一', '천지군친사天地君親師', '삼강오상三綱五常', '예의겸치禮義兼耻'등 모두가 이러한 관계를 합리적으로 조정하기 위한 것이고, 노자 · 장자학설과 공자의 도가 말하는 것의 대부분이 이러한 '관계학'규범으로써, 어떻게 하면 규범을 통해 일을 성사시킬 수 있을까에 대해 말하고 있다. 만약 이러한 관계와 규범이 깨지게 되면 “예절이 붕괴되고 즐거움은 사라지며”, “천하가 혼란해진다.”고 하겠다.

인간과 자연, 인간과 인간 사이의 관계는 조화롭게 진화하는 거대한 시스템이고, 하나의 새로운 요소가 진입할 경우 융화되는 과정이 필요하고 규칙을 점차 정립하게 된다. 화석에너지의 진입도 이와 마찬가지였다. 재생가능에너지와 바이오매스에너지의 진입도 이와 같이 해당 영역에서에서 ‘관계’를 합리적으로 조정함으로써 ‘게임 법칙’을 수립해야 한다. 이것이 잘 이루어지게 되면, 새로운 사물이 거대한 시스템 안에서 순조롭게 융화되고 훨씬 효과적으로 사회진보를 이끌 수 있다. 만약 100여년 전 화석에너지가 인류사회에 진입할 때 온실가스 배출 감축의 ‘게임 법칙’을 제정했더라면, 지구 기후변화도 지금처럼 이렇게 심각한 상태에 이르지는 않았을 것이며, 당시 이러한 인식능력이 부족했던 것이 안타까울 따름이다.

신중국이 성립된 후 오래지 않아 실시된 1차 5개년 계획이 종료되었을 때 경제 건설의 경험을 총정리하기 위해 마오쩌둥은 두 달여 동안 중앙 34개 부처의 상황보고를 듣고 나서 1957년 유명한 〈10대 관계론論十代關係〉을 총화하여 제기하였다. 즉 신중국 건설 과정에서 중공업, 경공업과 농업의 관계, 경제 건설과 국방의 관계, 중앙과 지방의 관계, 당과 비非당과의 관계, 한족과 소수민족의 관계 등을 잘 다루어야 한다고 보았다. 그는 모순의 특수성을 매우 중시하였고, 세부적 모순은 구체적으로 분석해야 한다고 강조하였다. 또한 “실재로 존재하고 주관적인 상상으로 만들어 낸 것이 아닌 모든 운동형식의 발전과정에서 모두가 동질적이지 않다. 우리의 연구활동에서 이 점을 반드시 유념해야 하고, 이 점으로부터 출발해야만 한다『모순론(矛盾論)』, 1937.”고 강조하였다.

새로이 부각되고 있는 현대 바이오매스에너지산업은 중국에서 이미 약 10년간의 발전을 이루었다. 본 장에서는 마오쩌둥의 〈10대 관계론〉을 본보기로 삼아 중국 바이오매스산업 발전에 있어 잘 형성해야 할 10대 관계를 정리함으로써 마무리하고자 한다.

1. 바이오매스 에너지와 기타 에너지의 관계

공업화시대에는 화석에너지가 독보적인 위치에 있었고, 후기 공업화사회에서는 에너지 다원화시대로 접어들었다. 즉 화석에너지, 원자력에너지, 각종 재생가능에너지 및 수소에너지 등의 다원화시대가 열린 것이다. 화석에너지와 청정에너지는 대체관계에 있으며, 그 관계가 아주 명확하다. 각 청정에너지의 경우 자원의 보유 실태와 기술의 성숙도, 경제성장과 시장 경쟁력, 생태계와 사회적 효용 등 요소들의 종합적 조건하에서 상호 경쟁하기도 하고 에너지 대체를 위해 공동으로 대처하는 관계이다.

청정에너지 가운데 전통 수력발전과 원자력발전은 기술 성숙도와 공업화 수준이 높고 효과가 빠르게 나타나 그 발전이 비교적 순조로우며, 오늘날 에너지 수요에 대응하기 위한 우선 고려 대상임에 틀림없다. 그러나 중국의 수력발전 자원은 서남부지역에 집중되어 있고, 이미 개발 수준이 높은 편이며, 심도 있는 개발의 난이도가 높아질 뿐만 아니라 비용과 생태계에 대한 영향이 점점 더 커지고 있다. 원자력발전 원료는 재생이 불가능하여 주로 외국에 의존하고 있는 실정이다. 따라서 이 두 에너지는 중기적 중점 발전 대상은 될 수 있어도 오래 가지는 못할 것이다. 수력발전을 제외한 재생가능에너지 자원은 풍부할 뿐만 아니라 넓게 분포하고 청결하면서도 안전하고 현지화되고 지속가능하며, 농민에게 부를 가져다주고 에너지 자주를 이룰 수 있기 때문에 국가 에너지발전의 장기적 중점 전략 대상임에 틀림없다. 수력발전, 원자력발전과 수력발전을 제외한 재생가능에너지 사이의 관계를 잘 형성하게 되면 중국이 청정에너지를 심층적이고 과학적으로 안배하는데 도움이 된다.

중국의 수력발전을 제외한 재생가능에너지 가운데 풍력에너지와 태양광에너지는 서북지역 등 자원이 집중된 지역과 도시 건물의 난방 공급에 이용할 수 있고, 국가의 발전發電과 난방 공급을 위한 보조적 역할을 할 수 있다. 바이오매스 원료의 자원량은 가장 많고, 동부와 남부의 지역적 입지가 유리하다.

원료와 상품이 다양하고, 특히 액체연료와 산업 메탄가스는 화석 운송 연료와 천연가스를 대체할 수 있으며, 기술이 성숙됨과 동시에 설비도 국산화되었다. 또한 리스크가 작고, 농민의 소득증대, 농촌 공업화와 도시화를 촉진할 수 있으며, 사회적 효용이 대단히 크다. 이 모든 것이 기타 청정에너지가 구비하지 못한 것들이다. 따라서 수력발전을 제외한 재생가능 바이오매스에너지를 주도적 위치에 놓고 중점 전략 대상으로 삼아야 한다.

화석에너지, 전통 수력에너지와 원자력에너지, 수력발전을 제외한 재생가능에너지 및 그 가운데 풍력에너지와 바이오매스에너지의 관계를 조절하면, 중국의 에너지발전에 대한 전체 사고와 전략이 명확해진다. 안타까운 것은 중국의 현재 에너지에 대한 전체 사고가 이와 정반대라는 것이며, 이는 앞의 관련 장에서 이미 다루었다.

2. 에너지의 환경 기능과 '삼농三農'기능의 관계

풍력에너지, 태양광에너지와 바이오매스에너지 모두 청정에너지 기능을 가지고 있고, 바이오매스 에너지는 '삼농'문제를 해소하는 중요한 기능을 가지고 있기도 하다. 이 점은 종종 '부차적인 것'으로 치부되곤 한다.

바이오매스 산업발전에 있어서 '삼농'의 중요성은 거론하지 않겠지만여덟 번째 '관계'에서 다룰 것임, 중국 농업 현대화에 있어서 바이오매스 산업의 중요성만큼은 결코 '부차적인 것'으로 치부할 수 없다. 중국 '삼농'문제의 근본적 원인은 8억 농민을 1인당 평균 0.1ha도 안 되는 토지에 묶어놓고 부가가치가 극도로 작은 식량과 기타 농산물 생산에 종사하도록 함으로써 도시민과 농촌주민의 1인당 평균 소득격차를 점차 확대시켰기 때문이며, 이는 장기간에 걸쳐 공업과 농업의 이원화와 도시와 농촌의 이원화 정책을 펴온 직접적인 결과이다. 2008년의 17차 3중 전회 보고에서는 "오늘날 농촌개혁을 추진하는 과정에서 도시와 농촌의 이원화가 초래한 심층적 모순이 두드러지며", "새로운 형태의 공업과 농업, 도시와 농촌의 관계 형성에 힘쓰는 것을 빠른 현대화를 위한 중대한 전략으로 삼아야 한다."고 제기한 바 있다. 오늘날 식량 재배 농가에 보조금을 지급하고, 농업세를 없애고, 신농촌건설을 추진하는 등 이 모든 조치가 필요하긴 하지만, '삼농'자체적인 '조혈 시스템'을 형성하고 '물고기를 직접 잡아주기 보다는 물고기 잡는 방법을 가르쳐주는 것'이 근본적인 해결방법이다.

그렇다면 무엇이 '물고기'인가? 바로 초급 농산물 생산에 기초하여 생산 사슬을 고부가가치 쪽으로 연장시키는 것으로써, 그 중 하나는 농산물 가공이고, 다른 하나는 바이오매스 산업이다. 농업을 단일한 초급 농산물 생산에서 농산물가공과 바이오매스 산업으로 확대하는 것은 농업 산업구조의 획기적 혁명이고, 선진국 현대농업의 기본 특징이다. 시장 수요가 매우 왕성하고 상품 부가가치가 높은 바이오매스 산업은 하나의 강력한 엔진이 되어 농업발전을 견인하고 농가소득을 증대시키며, '삼농'문제를 해소시켜 농촌 공업화, 도시화 건설을 촉진하게 될 것이다. 그 사회적 효용은 추정할 수 없을 정도로 클 것이다. 이처럼 중대한 국가의 전략적 비전을 어찌 '부차적인 것'으로 치부할 수 있겠는가? 이를 제대로 인식하지 못하면 바이오에너지에 대한 국가 정책과 계획의 적합성을 논할 수 없다.

2010년 1월 중국에서 설립된, 원자바오溫家寶총리가 주임을 맡은 국가에너지위원회의 구성과정에서 외교부와 해방군 총참모부까지 참여했음에도 유독 농업부와 국가임업국만이 빠졌다. 중국은 한편으로는 '삼농'이 '당 전체 사업에 있어 최우선'이고, "새로운 형태의 공업과 농업, 도시와 농촌 관계 형성에 힘쓰는 것을 빠른 현대화를 위한 중대한 전략으로 삼아야 한다."고 강조하면서도, 다른 한편으로 '삼농'과 '새로운 형태의 공업과 농업, 도시와 농촌의 관계 형성'과 밀접하게 연관된 바이오매스에너지를 배척하고 있다. 도대체 어디에 문제가 있는 것인가?

3. 자원 결핍과 풍요의 관계

바이오매스에너지가 중국에서 제기된 초기, 가장 먼저 "중국에 바이오매스 자원이 있는가?"란 의구심을 갖게 했다. 왜냐하면 당시 미국의 옥수수 에탄올과 브라질의 감자사탕수수에탄올이 사람들에게 깊은 인상을 남겼기 때문이며, 중국의 경우 식량과 경지가 매우 부족한 상황에서 무슨 식량과 경지를 이용해 바이오매스에너지를 발전시킬 수 있겠는가? 심지어 어떤 사람은 "이용할 토지가 어디 있습니까?"라고 면전에서 필자에게 묻기도 하였다.

시간이 지남에 따라 사람들은 바이오매스에너지에 대해 더 많이 이해하게 되었다. 원래 바이오매스에너지에는 에탄올만 있는 것이 아니고, 옥수수 에탄올과 감자사탕수수 에탄올만 있는 것은 더더욱 아니다. 중국 바이오매스 원료자원에 대한 연구에 따르면, 매년 산출되는 농작물 속대, 가축 분뇨, 임업 부산물 등 유기질 폐기물은 연간 5.65억 톤의 표준석탄을 생산할 수 있는 잠재력을 갖고 있고, 그 중 농작물 속대만 해도 현재 중국 최대 규모인 선둥神東탄전 10개에 상당하고, 가축 분뇨만을 이용해서도 연간 1.22억 톤의 표준석탄에 상당하는 에너지를 생산할 수 있다. 이러한 유기질 폐기물 모두가 바이오매스 원료로서 고체, 액체와 기체 에너지와 각종 바이오 상품 생산에 이용될 수 있고, 이 상품들은 식량과 농경지와는 전혀 무관하다.

다시 한계성 토지와 에너지식물을 살펴보자. 한계성 토지는 식량작물이나 일반 농작물을 재배하기에는 부적합하지만, 강한 내성을 지닌 에너지식물 재배는 가능하다. 전국적으로 약 1.37억 ha의 한계성 토지가 존재하며, 이는 현재 경지면적보다도 넓고, 연간 5.49억 톤의 표준석탄에 상당하는 에너지를 생산할 수 있다. 최근 전문 조사보고를 통해 농업부에서 제기했던 액체 바이오연료 생산에 적합한 에너지식물을 재배할 수 있는 황무지면적은 2,680억 ha이고, 거기에 현재 서류를 재배하고 있는 저급 농지를 더할 경우 중국은 연간 1억 톤 이상의 연료 에탄올을 생산할 수 있는 잠재력을 가지고 있다. 국가임업국에서는 전국적으로 5,700만 ha의 조림에 적합한 황폐한 산과 경사지 및 5,000여만 ha의 연료림, 목본유木本油 원료림과 관목림을 이용해 에너지 임업을 발전시킬 수 있다고 보았고, 후진타오胡錦濤주석 또한 전국적으로 재배한 4,000만 ha의 숲은 이산화탄소를 흡수하는 동시에 바이오매스 원료기지가 될 수 있다고 제안하였다.

위에서 말한 한계성 토지의 단위는 천만 ha이고, 이는 매우 큰 수량 단위 억 무(畝)이다. 네덜란드의 전국 경지면적은 90만 ha에 지나지 않음에도 불구하고 미국에 이어 세계 2위의 농산물 수출국이다. 이스라엘의 경지면적은 35만 ha임에도 불구하고 농산물 수출을 통한 평균 노동력의 외화 획득량은 1.5만 달러이다. 에너지식물 재배에 이용할 수 있는 중국의 한계성 토지는 각각 네덜란드와 이스라엘 경지면적의 150배와 390배이다. 그러나 중국은 대국이기 때문에 이를 대수롭지 않게 생각한다. 이 얼마나 대단한 토지자원인가! 이 얼마나 거대한 녹색 유전 혹은 탄전인가! 이 얼마나 광활한 농민을 위한 황금 노다지 삼림인가! 만약 옥수수 에탄올과 감자사탕수수 에탄올만 고려할 경우 중국의 바이오매스 자원은 부족하다. 하지만 농림 유기질 폐기물과 한계성 토지를 고려할 경우 중국의 바이오매스 자원은 매우 풍부한 편이다. "기본적인 원리는 지극히 간단한 법이다."어떤 일 자체가 더없이 간단해 보일지라도 이것이 장기간에 형성된 관념이라면 오히려 더할 나위 없이 복잡하다. 만약 바이오매스 자원을 '혁명'이라고 볼 때 수많은 잠재적 녹색 유전과 탄전이 눈앞에 나타날 것이다. 현재 중국의 에너지 상황은 '금으로 된 밥그릇을 들고 밥을 얻어먹는'모양새다.

4. 연료용 에탄올의 1.5세대와 2세대의 관계

연료용 에탄올은 현대 바이오매스에너지에 있어 일종의 상징적 상품이다. 왜냐하면 연료용 에탄올이 대체하는 것은 오늘날 수요 증가가 가장 빠르고 자원 쟁탈전이 가장 심한 화석 운송 액체연료이기 때문이다. 중국에서 연료용 에탄올의 발전은 빠른 출발, 제자리걸음과 망연자실의 '3단계'로 전개되었다. 그렇다면 왜 망연자실한 단계에 도달했는가?

묵은 식량 재고를 해결하기 위해 〈10 · 5 계획〉시기에 묵은 식량 에탄올 산업을 발전시켰고, 〈11 · 5 규획〉시기에는 묵은 식량이 없어 비식량 에탄올 산업발전을 제기하였다. 이 얼마나 논리 정연한 전개인가. 그러나 현실에 있어서는 식량 에탄올을 계속 생산하고, 비식량 에탄올에 대해서는 신경을 쓰지 않았다. 2010년 5월 원자바오총리는 안후이펑위안연료에탄올공장安徽豊原燃料乙醇廠의 '속대를 에탄올로 전환하는'사업을 시찰하였고, 6월 중 · 미 선진 바이오연료 논단을 개최하면서 정부가 섬유소 에탄올에 관심을 보이며 식량 에탄올에서 섬유소 에탄올로 넘어가려는 듯 보였다. 이는 현재 중국정부가 연료용 에탄올을 대함에 있어 지름길로 가고자 하는 의도이다.

식량 에탄올 발전은 중국에서 실현 가능성이 전혀 없다. 현재 연간 생산되고 있는 100여만 톤도 비식량 에탄올로 빨리 대체해야 한다. 섬유소 에탄올의 기술을 혁신하고 규모화 생산하는 것 또한 말처럼 쉽지 않다. 미국과 유럽은 여러 해에 걸쳐 섬유소 에탄올 기술 혁신과 상용화를 위해 거액의 자금을 투입하였으며, 원래는 2015년 이후 대규모 생산이 가능할 것이라고 내다보았지만 현 시점에서 낙관적이지만은 않다. 2011년 82만 톤의 생산지표를 2.1~8.4만 톤까지 낮추었다. 중국은 이 방면에서 어떠한 노력도 하지 않았는데, 설마 하늘에서 '공짜 떡'이 떨어지겠는가? 중국은 〈재생가능에너지 중장기 발전계획〉에서 제기했던, 이제 10년밖에 남지 않은 2020년 1,000만 톤의 연료용 에탄올 생산목표를 절대 간과해서는 안 된다. 그렇다면 식량 에탄올에 의존할 것인가, 아니면 섬유소 에탄올에 의존하여 이 목표를 달성할 것인가? 두 가지 모두 불가능하다.

2010년 5월 북경에서 열린 중 · 미 선진 바이오연료 논단에서 필자는 1.5세대 에탄올 개념을 제기하였다. 즉 중국에 유리한 사탕수수, 서류, 돼지감자 등 비식량작물을 원료로 하여 연료용 에탄올을 생산하는 것이다. 1.5세대의 비식량 에탄올 기술은 성숙했으며, 설비가 국산화되면서 산업화와 규모화 생산을 빨리 이룰 수 있고, 잠자고 있는 천만 ha의 한계성 토지이용과 농민의 의욕 증진을 통한 비식량 에탄올 생산이 2020년 1,000만 톤의 연료용 에탄올 생산 목표를 달성할 수 있는 유일하면서도 최선의 선택이다.

중국은 현재 계속해서 식량 에탄올을 생산하고 있으며, 섬유소 에탄올에 애착을 보이는 것은 일종의 '사고무친四顧無親'이고 현실적 상황에도 부합하지 않는다. 이는 현재 중국이 연료용 에탄올을 발전시키는데 있어 확실한 방향을 제시하지 못하고 주저하도록 만들어 일을 그르치게 한다. 중국은 환상을 버리고 방황에서 벗어나 비식량 에탄올 발전을 위한 결단을 내리고 강력히 추진함으로써 2020년 1,000만 톤의 목표를 실현하기 위해 노력해야 한다. 동시에 섬유소 에탄올 연구개발에 실질적인 노력을 경주함으로써 기술을 잘 축적해야만 비로소 바이오연료 발전의 정도正道를 걸을 수 있다.

5. 고체 바이오연료의 다양화와 집중의 관계

바이오매스 연료자원 가운데서는 고체가 가장 많다. 농작물 속대, 임업 부산물과 삼림의 바이오매스 등 3가지만 보더라도 연간 7억여 톤의 표준석탄에 상당하는 고체연료 생산이 가능하고, 이는 바이오매스 원료자원 총량의 2/3를 차지한다. 그 중 속대 원료와 리그닌lignin 원료가 각각 40%와 60%를 차지하고, 이것은 농지와 임지에 집중적으로 분포하고 있으며, 직접연소발전發電, 혼합연소발전發電, 기화발전發電, 고형연료 열병합발전發電, 산업 메탄가스 및 기술 혁신 이후의 섬유소 액체 연료 혹은 폴리알코올 등 여러 가지 전환 경로와 상품으로 이용할 수 있다.

고체 바이오매스 원료의 다양한 개발 과정에서 자원의 보유현황과 기술 및 산업화 성숙도에 따라 시기와 지역별로 각각 다른 중점 개발 대상을 선정함으로써 절대우위에 의한 취사선택을 하는 것은 아니다. 현재 국내외 기술발전과 산업실태에 따르면, 직접연소발전發電과 혼합연소발전發電 및 고형연료 열병합발전發電의 기술과 산업화 수준이 가장 높다. 따라서 이를 중국의 중기적 중점 개발 대상으로 선택하는 동시에 아직까지 산업화 시범 혹은 실험단계에 있는 기화발전發電과 산업 메탄가스 등을 육성한다.

고체 바이오매스 원료 개발에 있어서의 걸림돌이라 할 수 있는 것은, 분산되어 분포한다는 점과 에너지 밀도가 낮다는 점, 운송과 유통이 불편하다는 점이다. 그러나 압축을 통해 만들어진 고형연료는 이러한 문제점들을 잘 해결할 수 있고, 그 용량과 발열량은 석탄과 비슷하면서 깨끗하고 운송이 편리하다. 안타깝게도 사람들은 그것의 쓰임새를 일종의 난방 공급을 위한 연료에 국한시키곤 한다. 사실 초벌 가공을 거친 '고형원료'는 유통이 편리해 각종 에너지와 비에너지 상품 생산에 이용할 수 있다. 마치 잘 여문 밀과 옥수수를 통째로 시장에 내놓을 수 없고, 그 전에 껍질을 벗기고 건조시키고 선별하고 포장을 해야 하는 것과 마찬가지다. 식량의 초벌 가공과정은 모두에게 익숙하다. 따라서 아무도 식량의 밀도가 낮고 운송이 불편하다는 문제를 말하지 않는다. 바이오매스 산업은 생소하기 때문에 마찬가지로 원료의 초벌 가공과정이 필요하다는 것을 간과함으로써 에너지 밀도가 낮고 운송이 불편하다는 문제를 제기하는 것이다.

원료의 수집, 초벌 가공을 통한 고형원료 생산 및 운송에서부터 가공 현장에 이르기까지의 이 중간단계는 바이오매스 산업을 발전시키는 중요한 기반 건설이고, 수집, 기계 제조, 성형가공과 운송을 포함한 산업 사슬에 기업의 자금, 기술, 노동력, 관리와 서비스를 끌어들일 수 있다. 고체 바이오매스연료를 발전시키기 위해서는 한편으로 다원화해야 하고, 다른 한편으로 '고형원료'의 가공시장을 육성하여 '병목현상'을 막아야 한다.

6. 농가용 메탄가스와 산업 메탄가스의 관계

1970년대 중국에서 농가용 메탄가스가 발전할 때, 독일과 스웨덴 등 유럽 국가에서는 메탄가스를 규모화 생산하고 공업적 용도로 개발하였다. 이를 산업 메탄가스라 부른다. 그 후 30여년이 지난 지금, 중국 농촌의 농가용 메탄가스 또한 발전하여 소형 메탄가스 탱크가 3,000여만 개로 늘어났고, 연간 120여 억㎥의 메탄가스를 생산한다. 유럽의 산업 메탄가스의 원료도 과거의 도시 오수와 유기질 쓰레기 위주에서 가축 분뇨와 전용 에너지작물로 바뀌었다. 또한 전통적 혐기성 발효 가공법에서 연속 반죽 발효CSTR, 중고온 발효, 싱싱한 상태로 저장한 원료의 단독 혹은 혼합 발효 등 선진 가공법으로 발전하였다. 응용에 있어서도 메탄가스를 직접 연소시켜 발전發電하는 전통적 방식에서 천연가스에 대한 여러 가지 대체방식으로 전환되었다.

농촌 농가용 메탄가스 생산에는 가정에서 소규모로 사육하는 가축 분뇨와 잡다한 유기질 원료만을 이용하고 있고, 규모화 사육장의 가축 분뇨, 도시나 가공업에서 배출되는 유기질 폐기물과 폐수 등 원료자원은 훨씬 풍부하면서도 여전히 방치되어 환경을 오염시키고 있다. 중·대형 사육장의 폐수, 공업 유기질 폐수와 도시 오수 등 이 세 가지 원료자원만 하더라도 연간 830억 ㎥의 메탄가스 혹은 700억 ㎥의 천연가스를 생산할 수 있는 잠재력을 지니고 있고, 이는 현재 전국 천연가스 연간 소비량에 상당한다. 쓰레기 매립가스와 전용 에너지작물의 활용 잠재력도 매우 크다. 중요한 것은 이 원료자원은 상대적으로 집중되어 있어 수집과 규모화 생산이 비교적 용이하고, 농가용 메탄가스와 자원을 놓고 경쟁하지 않아도 되며 환경보호에도 도움이 된다는 점이다.

중국의 천연가스 수요가 급증하고 있지만 부족현상이 날로 심화됨에 따라, 가능한 한 빨리 풍부한 메탄가스 원료자원 개발에 관심을 가져야 하고, 농촌 농가용 메탄가스와 산업 메탄가스를 동시에 발전시키고 상호 보완하는 길로 나아가야 한다. 이를 위해서는 세 가지 측면에서의 개선이 필요하다. 즉 인식과 정책 차원에서 농촌 농가용 메탄가스를 산업 메탄가스와 함께 중시해야 한다. 또한 개별 소형 발효기술에서 공업화와 규모화를 이룬 혐기성 발효기술로 전환해야 한다. 마지막으로 농가의 자가 에너지에서 상업용 에너지로 전환하고, 특히 천연가스를 대체하는 방향으로 나아가야 한다.

7. 에너지 상품과 비에너지 상품의 관계

화석에너지 자원이 고갈되고 환경이 오염되어 에너지 대체가 매우 시급한 상황이기 때문에, 우선 주목해야 할 것은 바이오매스의 에너지 기능임에도 불구하고 바이오 상품에 대해서는 거의 거론하고 있지 않다. 1천 가지 이상의 석유화학 상품 가운데 플라스틱, 화학비료, 화공원료 등 비에너지 상품 생산을 위해 소모되는 원유가 약 30%에 달한다. 오직 바이오 상품만이 비에너지 상품을 대체할 수 있고, 풍력에너지, 태양광에너지 등 기타 청정에너지는 이러한 기능을 갖고 있지 않다.

예를 들어, 연료용 에탄올 자체가 기본 유기질 화공원료이기 때문에, 이로부터 에틸렌, 부타디엔, 산화에틸렌, 에틸렌글리콜, 에탄올아민, 아세트알데히드, 파라알데히드, 부틸알데히드 등 10~20종의 관련된 화공상품이 파생되어 나올 수 있다. 바이오디젤 가공과정에서 글리세린, 지방산 에스터와 기타 에스테르 등의 파생물이 생산되고, 표면 활성제, 공업 용제, 플라스틱과 가소제, 공업용 화학제품, 농업용 화학제품, 윤활제, 접착제 생산에 이용할 수 있다. 에틸렌은 일종의 상징적 화공원료이며, 연료용 에탄올에서 수분을 제거한 뒤 형성된 바이오 에틸렌의 생산비용은 이미 석유에서 추출한 에틸렌의 비용에 근접했거나 그보다 더 낮다. 바이오 플라스틱으로 석유에서 추출한 플라스틱을 대체할 수 있는 여지가 매우 큼은 모두가 아는 바이다.

바이오 상품과 바이오에너지 사이에는 뚜렷한 경계선이 존재하지 않고, 상호 보완하는 통일된 바이오 화공시스템이며, 과학적이고 합리적인 결합생산으로 바이오에너지 상품의 생산비를 크게 낮출 수 있다. 예를 들어, 산둥룽리생물과학기술공사山東龍力生物科技公司는 키실리톨xylitol과 섬유소 에탄올을 결합 생산하는 방식을 채택하여 연간 1만 톤의 섬유소 에탄올을 생산할 수 있는 설비를 들여놓음으로써 섬유소 에탄올 생산의 경제성을 크게 높였다. 과학기술이 진보함에 따라 바이오 상품의 베일이 점차 벗겨질 것이고, 매우 진기한 보물들이 세상에 나올 것이다.

에너지는 다원화할 수 있고, 석유제품 가운데 비에너지 상품은 오직 바이오매스로만이 대체할 수 있다. 20~30년 혹은 30~40년 이후, 석유와 천연가스가 점차 고갈되어 가격이 치솟게 되면 바이오 상품의 중요성이 점점 더 부각될 것이다. 미래를 내다볼 줄 아는 사람은 오늘의 투자를 통해 훗날에 반드시 풍성한 보답을 얻게 될 것이며, 이는 국가도 마찬가지일 것이고, 중국도 예외는 아니다.

8. 가공 생산과 원료 생산의 관계

오늘날 중국은 바이오매스 에너지를 발전시키는 과정에서 보편적인 문제에 봉착하였다. 즉 공업화 가공에 있어 원료 공급의 어려움을 겪고 있다.

바이오매스 발전發電의 원료 공급은 쉽지 않다. 광시廣西 카사바cassava 에탄올 원료 공급도 어려워 수입을 통해 부족분을 충당해야 한다. 중국해양석유총공사中國海洋石油總公司는 연간 생산량 6만 톤의 바이오디젤 가공설비를 들여놓았음에도 불구하고 원료가 없어 운행하지 못하고 있는 실정이고, 중국석유천연가스집단공사中國石油天然氣集團公司 케이폭kapok의 자트로파Jatropho curcas L. 바이오디젤 사업은 중도에 철회되었다. 이 모두가 원료 공급과 관련이 있다. 이처럼 공업화를 추진하는 당사자는 종종 바이오매스 에너지의 가공 전환과정만을 보고 원료 생산과 공급과정은 등한시하며, 사업 난이도에 대한 분석이 충분히 이루어지지 않고 있다. 그들은 "바이오연료의 수집이 어렵고, 농민과의 접촉이 어렵다." 고 말한다. 여기에는 현실적 문제와 인식의 문제가 존재한다.

현실적 문제는 바이오매스 원료가 실제로 분산되어 있으며 농민의 조직화 수준이 낮고 해당 연도 작황의 영향 등의 문제가 분명히 존재한다는 것이다. 그러나 원료의 생산, 수집과 운송의 작업시스템과 관리시스템을 점진적으로 구축해나가면 이러한 문제를 어렵지 않게 해결할 수 있다. 방직업은 면화를 수집하고, 제당업은 사탕수수를 수집하고, 제지업은 목재와 속대를 수집하고, 멍니우집단蒙牛集團은 우유를 수집하는 등 모두가 원료 공급의 문제를 잘 해결하지 않았는가? 이는 다년간에 걸쳐 원료 수집시스템을 구축하여 운영한 결과이다. 바이오에너지 발전은 이제 막 시작되었고, 개별 기업들이 고군분투하고 있는 상황에서 당연히 쉽지만은 않을 것이며, 이럴 때일수록 믿음과 노력이 필요하다.

인식의 문제는 모든 가공업에 원료 지원시스템이 있어야 한다는 것이다. 화력발전소는 석탄 채굴업의 지원이 있어야 하고, 야금업은 채광업의 지원이 있어야 하고, 석유공업은 석유 채굴업의 지원이 있어야 한다. 바이오매스 에너지 산업도 마찬가지로 농림업의 원료 공급 지원이 필요하다. 다른 점이 있다면 일반적으로 공업부문의 원료 생산과 가공은 모두 공업시스템 하에 있는 반면 바이오매스 에너지의 가공은 공업시스템 하에 있고 원료 생산은 농업시스템 하에 있어 두 공정을 연계시키고 조정하는 것이 훨씬 복잡하다.

현실적 문제와 인식의 문제 모두 쉽게 해결할 수 있다. 문제의 핵심은 정부의 태도와 이윤의 크기문제이다.

2000년 미국은 농업부 장관과 에너지부 장관을 공동 위원장으로 하는 '바이오 상품과 바이오에너지 부문 간 조정위원회'와 '바이오 상품과 바이오에너지 조정 사무실'을 구성하였다. 2001년 북경에서 열린 '중 · 미 선진 바이오연료 논단'의 미국 대표단 단장은 농업부 차관이었는데 반해 중국의 경우 바이오매스에너지는 공업시스템에 속해있고 농업부의 주요 관리 범주 내에 포함되지 않는다. 이것이 바로 현재 바이오매스에너지의 가공 생산과 원료 생산이 괴리되어 있는 행정적 원인이다.

9. 국유기업과 민간기업의 관계

중국정부는 연료용 에탄올 발전과 바이오매스 발전發電과정이 주로 대형 중앙 국유기업에 편중되어 있고, 진입장벽이 매우 높아 민영 중소기업이 진입하기는 매우 어렵다. 운송 액체연료 판매에 있어서는 더욱이 중국석유천연가스집단공사와 중국석유화공집단공사 두 기업이 독점하고 있고, 시중에서 생산된 연료용 에탄올 판매를 허가하지 않고 있으며, 시장 문을 꼭 닫아두었다. 정부 관계자의 설명에 따르면, 민영기업은 위험 대처능력이 약하고, 안정적 공급에 영향을 미칠까 우려된다는 것이다. 국가 발전 및 개혁위원회에서 2006년 발표한 연료용 에탄올 발전에 관한 〈11 · 5 규획〉의 총체적 사고에서 다음과 같이 제기한 바 있다. "주도적 역량에 의지하고, 시장진입을 엄격히 하고, 시장 관리를 강화한다."

바이오매스 에너지 원료는 다양하고 분산되어 있으며 지역성이 강하기 때문에 가공기업은 중소형이면서 원료산지에 근접하기 쉽다. 이 책의 6~10장에서 소개한 룽지전력집단龍基電力集團, 마오우쑤생물질발전소毛烏素生物質電廠, 지린후이난훙르신에너지공사吉林輝南宏日新能源公司, 광시신텐더에너지공사廣西新天德能源公司, 베이징더칭위안메탄가스발전소北京德青源沼氣發電廠 등 성공적 사례가 모두 민영중소기업이고, 이들 모두가 자체 자금과 은행 대출을 이용해 굳건히 경영에 임함으로써 상당히 어려운 조건에서도 생존하고 발전할 수 있었다. 민영중소기업에는 아주 대단한 적극성과 생산 잠재력이 숨어있고, 이들을 배제시키는 정책은 국가 바이오매스 에너지 발전에 있어 커다란 착오이자 손실이다. 대형 중앙 국유기업에게 있어 바이오매스 에너지는 마치 항공모함 위에 있는 한 척의 작은 보트, 어마어마한 재산 중 그히 일부분에 지나지 않는다. 따라서 이들의 바이오매스 에너지를 대하는 태도는 중소기업과 사뭇 다르다.

미국의 200여개의 연료용 에탄올 공장, 브라질의 약 400개의 연료용 에탄올 공장, 유럽의 바이오매스 발전發電, 열병합발전, 고형연료, 바이오가스 운송 연료 등은 주로 민영중소기업이 책임을 지고 실현한 것이다. 중국이 바이오매스 에너지 발전에 있어 대형 중앙 국유기업에 의존하고 계획경제관리 사고방식과 정책을 지나치게 강조하는 것은 바이오매스 산업의 특징에 부합하지 않으며, 바이오매스 산업 발전에도 매우 불리하다. 대형 중앙 국유기업과 민영중소기업, 이 두 기업의 유리한 점과 적극적 면모를 모두 발휘하도록 하고, 국가의 지도와 지원 하에서 시장으로 하여금 자원을 배분하고 조절하는 기능을 하도록 하는 방법이야말로 중국 실정에 적합하다.

10. 국내와 국외의 관계

바이오매스에너지는 미국, 유럽과 브라질에서 초기 발전단계를 지나 빠른 발전이 이루어지는 성장기에 진입하였다. 중국의 출발이 늦은 편은 아니지만 각종 문제점과 제도적 제약이 많아 미국, 유럽 및 브라질과의 격차가 점점 멀어지고 있다. 중국은 이 나라들로부터 적지 않은 경험을 습득하였지만 대부분이 기술적 측면이고, 국가의 국정 방침을 결정하는 정책결정자들이 전략적 측면에서 이들 국가들의 동향과 성공적 경험을 주의 깊게 연구하지 않았으며, 들을 수 있는 것이라곤 주변 관료들의 목소리뿐이었다. 이것이 바로 중국 바이오매스에너지 발전이 정체된 주요 원인이다.

각국의 상황은 다르지만, 탄소 배출 감축과 청정에너지 발전은 모든 국가의 관심 대상이다. 그렇다면 이들 나라의 어떠한 전략적 경험을 중국이 본받을 만한가? 예를 들어, 에너지 '자주와 안보'를 국가의 중대 전략으로 삼는 것, 청정에너지로 화석에너지를 대체하는 것을 중대 국책으로 삼는 것, 청정에너지의 전략적 핵심은 재생가능에너지이고, 재생가능에너지 발전에 있어 바이오매스에너지를 주도적 위치에 놓는 것, 바이오매스에너지의 농촌경제 촉진기능을 중시한다는 것 등이다.

외국의 기술적 측면에서는 어떠한 경험을 중국이 본받을 만한가? 첫째, 이미 성숙된 기술과 기술 개선을 사업의 중점으로 삼는다는 것이다. '미국에너지미래위원회'가 2009년 완성한 「미국 에너지의 미래」란 대형 정책결정 자문 보고에서 제기한 8개 요점 가운데 첫째 요점은 "이미 존재하는, 그리고 현재 개발 중인 에너지 생산과 사용 기술을 빨리 응용해야만 에너지 효율을 크게 제고할 수 있고, 새로운 에너지를 획득하고 온실가스 배출을 줄일 수 있다 2009년 8월 21일 출판된 『Science, Vol. 325』."는 것이다. 둘째, 연료용 에탄올, 바이오매스 발전發電 및 열과 전기의 결합생산, 고형연료, 산업 메탄가스 등 1세대 바이오매스 에너지 기술과 그 산업화는 미국, 유럽과 중국에서 이미 성숙단계에 있으며, 현재 중국이 도입해야 할 것은 바이오매스를 이용한 열병합발전 기술 및 메탄가스의 공업화 생산과 정제 기술이다. 셋째, 섬유소 에탄올 등 2세대 바이오매스 에너지 기술과 미조류微藻類 등 3세대 기술에 중국이 투입한 역량은 매우 적으며 이미 미국과 유럽에 비해 많이 뒤처져 있기 때문에, 역량 투입을 크게 늘리고 외국과의 협력을 모색해야 한다. 넷째, 거대한 잠재력과 밝은 전망을 가진 바이오 상품은 아직까지 미국을 제외한 다른 나라 사람들의 주목을 끌지 못하고 있으며, 이는 중국이 이 방면에서 세계의 선두에 설 수 있는 중요한 진입점이라고 할 수 있다.

맺음말: 바이오매스와의 최후 결전

21세기에 접어들어 에너지 전환과 기후변화에 대한 대응은 이미 세계적 흐름이 되었고, 에너지 상황은 이미 한 국가의 국력을 나타내는 상징이 되었다. 일명 “청정에너지, 재생가능에너지를 장악하는 국가는 21세기의 선도적 지위에 오를 것이다[오바마, 2010].”라는 것이다.

중국은 이러한 세계적 흐름을 바싹 쫓았지만, 고속 경제발전이 가져온 압력과 장기적 안목이 부족한 국가 에너지 전략으로 인해 재생가능에너지 발전에 있어 실질적 내용보다 표면적이고 형식적인 것이 더 많은 것으로 보인다. 중국은 여전히 화석에너지를 중시하고 청정에너지는 경시하며, 전통 에너지를 중시하고 수력발전을 제외한 재생가능에너지는 경시하고, 풍력에너지와 태양광에너지를 중시하고 바이오매스에너지는 경시한다. 왜 이러한 현상이 나타나는가? 왜냐하면 중국의 화석에너지 공업과 기업집단의 힘이 너무 강하고, 충분히 보유한 외화로 국가 에너지를 외국에 의존하는 것이 더 낫다고 보고 본토의 재생가능에너지 자원의 힘든 개발은 거들떠보지도 않기 때문이다. 에너지구조의 변화는 이익 분배구조의 변화와 밀접하게 연관될 수밖에 없으며, 중국의 이성적 에너지 전략으로의 회귀 여부는 이익분배의 힘겨루기에 의해 결정된다.

중국은 현재 〈12 · 5 규획〉을 수립하고 있으며, 여러 가지 조짐으로 봤을 때 위의 추세는 크게 변하지 않을 것으로 보인다. 2020년 에너지의 커다란 파이 가운데 재생가능에너지의 몫은 전체의 1/10도 되지 않고, 바이오매스 에너지의 몫은 더더욱 작아질 것이다. 중국 바이오매스 에너지의 〈12 · 5 규획〉기간 중 전망은 명확하다. 즉 〈11 · 5 규획〉의 위축되어가는 추세가 지속될 것이고, 이는 이미 당연한 상황이 되고 말았다. 이러한 상황을 전환시킬 한 가지 방법이 있다. 즉 어떤 돌발적인 요인으로 다음과 같은 바이오매스에너지에 대한 ‘긴급한’수요가 나타나는 것이다. 첫째, 세계 석유와 천연가스 가격이 다시 급등하여 중국 경제에 아주 커다란 압력으로 작용함으로써 어쩔 수 없이 석유와 천연가스 수입량을 줄이는 것이다. 둘째, 수입산 석유와 천연가스의 일부 수입선이 막힘으로써 국내에 석유와 천연가스 대란이 발생해 정상적인 경제활동과 사회생활에 영향을 주는 것이다. 셋째, 중국이 책임진 이산화탄소 배출 감축지표의 달성이 어려워지는 것이다. 중국인들은 이러한 비정상적인 상황이 나타나는 것을 원치 않지만, 절대 발생하지 않는다고 단언하기도 어려우며, 미연에 대비하여 발등에 불이 떨어진 후 황급하게 대처하는 것을 지양해야 한다.

또 하나의 상황 전환 방법은 바로 바이오매스 스스로의 힘을 빌어 국면을 전환하는 것이다. 우연한 기회에 경제학자 한 분과 대화를 나누었는데, 그는 두 손이 중국 경제에 영향을 미친다고 보았다. 하나는 정부의 보이는 손이고, 다른 하나는 아담 스미스의 '보이지 않는 손'이다. 중국이 '세계의 공장'이 된 것은 정부의 보이는 손에 의한 것이 아니고, 부동산시장이 현재의 상황까지 온 것도 정부의 계획과 예상에 따른 것이 아니다. 그의 이 고견은 필자에게 깨달음을 주었다. 만약 바이오매스 산업이 필자가 말한 것처럼 그렇게 매력적인 것이라면 아담 스미스의 그 보이지 않는 손이 분명히 그에 대해 관심을 가졌을 것이다. 물론 이는 피동적으로 기다리자는 뜻이 아니다. 고체 · 액체 · 기체 바이오연료가 기술과 산업화에 있어 계속해서 혁신을 이루고 성공하기를 필자가 얼마나 기대했던가! 작은 승리들이 모여 큰 승리가 됨으로써 대중에게 영향을 미치고 지도자를 감동시키는 법이다. 중국의 바이오매스에너지 기업가들이 외국과 비교해 큰 차이가 있는 정책환경 하에서 어려움과 장애를 극복하고 계속해서 찬란한 성과를 거두기를 필자가 얼마나 기대했던가! 특히 룽지전력집단, 마오우쑤생물질발전소, 지린후이난훙르신에너지공사, 광시신톈더에너지공사, 베이징더칭위안메탄가스발전소 등 많은 기업들이 이미 이와같이 실천하였으며, 이후에 더 많은 바이오매스 에너지 기업들이 뿌리를 내리고 꽃을 피우고 결실을 맺을 수 있을 것이고, 마치 한 점의 불꽃이 되어 중국 대지를 불태울 것이다.

필자가 말한 '바이오매스와의 최후 결전決勝生物質'은 두 가지 함의를 가지고 있다. 첫 번째 함의는 바이오매스 산업이 강력한 생명력을 가지고 있고 인류 사회에 복을 가져다 줄 것이라고 굳게 믿는 것으로, 우리는 이를 위해 크게 외쳐 세상 사람들이 이에 대해 더 일찍 더 잘 인식하도록 해야 한다. 이것은 일종의 '선언'이다. 두 번째 함의는 바이오매스 산업에 뜻이 있는 모든 인재들과 지사들, 예를 들어 기업가, 과학기술 종사자, 교육자, 농림업 종사자, 공무원, 언론인, 예술가들은 자신이 가진 무기로 온갖 어려움을 제거하고 바이오매스 산업을 위한 업적을 쌓아 대중들에게 홍보하고 지도자를 감동시켜야 한다는 것이다. 이것은 일종의 '동원'이다. 필자의 경우 2004년에 바이오매스 영역에 뛰어든 이후 결코 게을리 하지 않고 7년을 하루 같이 스스로의 보잘 것 없는 글 솜씨와 3척의 강단을 빌어 바이오매스와의 최후 결전에 힘썼으며, 생명이 다할 때까지 최선을 다할 것이다.

본 장의 시작부분에서 말한 바와 같이 발전 전략, 노선도 등의 '탁상공론'은 아무런 소용이 없기 때문에 현재의 문제점에 입각하여 중국의 바이오매스 산업 발전의 '10대 관계'에 대해 논술하기로 결정하였다. '10대 관계'에 관한 집필을 끝내고 국가 에너지국에서 발표한 〈12 · 5 규획〉의 에너지 계획 개요를 보고나서야 비로소 자신이 여전히 아무짝에도 소용없는 '탁상공론'을 하고 있음을 발견하였다. 정말로 웃지 않을 수가 없다! 그러나 바이오매스 대업을 생각하니 보잘 것 없는 중국의 〈12 · 5 규획〉은 거론할 가치도 없고, '최후 결전'가운데 하나의 작은 싸움에 불과하다. 중국 지도자들이 이 '10대 관계'를 볼 것인지의 여부와 어떻게 볼 것인지는 그들 자신의 몫이다. 이 책은 중국 대중을 위해 써졌고, 단지 이를 통해 자신만을 위로하였다면 유감스러울 따름이다.

미국 오크 리지 Oak Ridge 국가 실험실에서 제작된 '바이오 정제 Biorefinery' 개념도는 이산화탄소와 바이오매스로 자연 조건 하에서의 생물 생산과 공장화 조건 하에서의 전환을 표현한 하나의 통일된 물질과 에너지의 순환시스템이다.

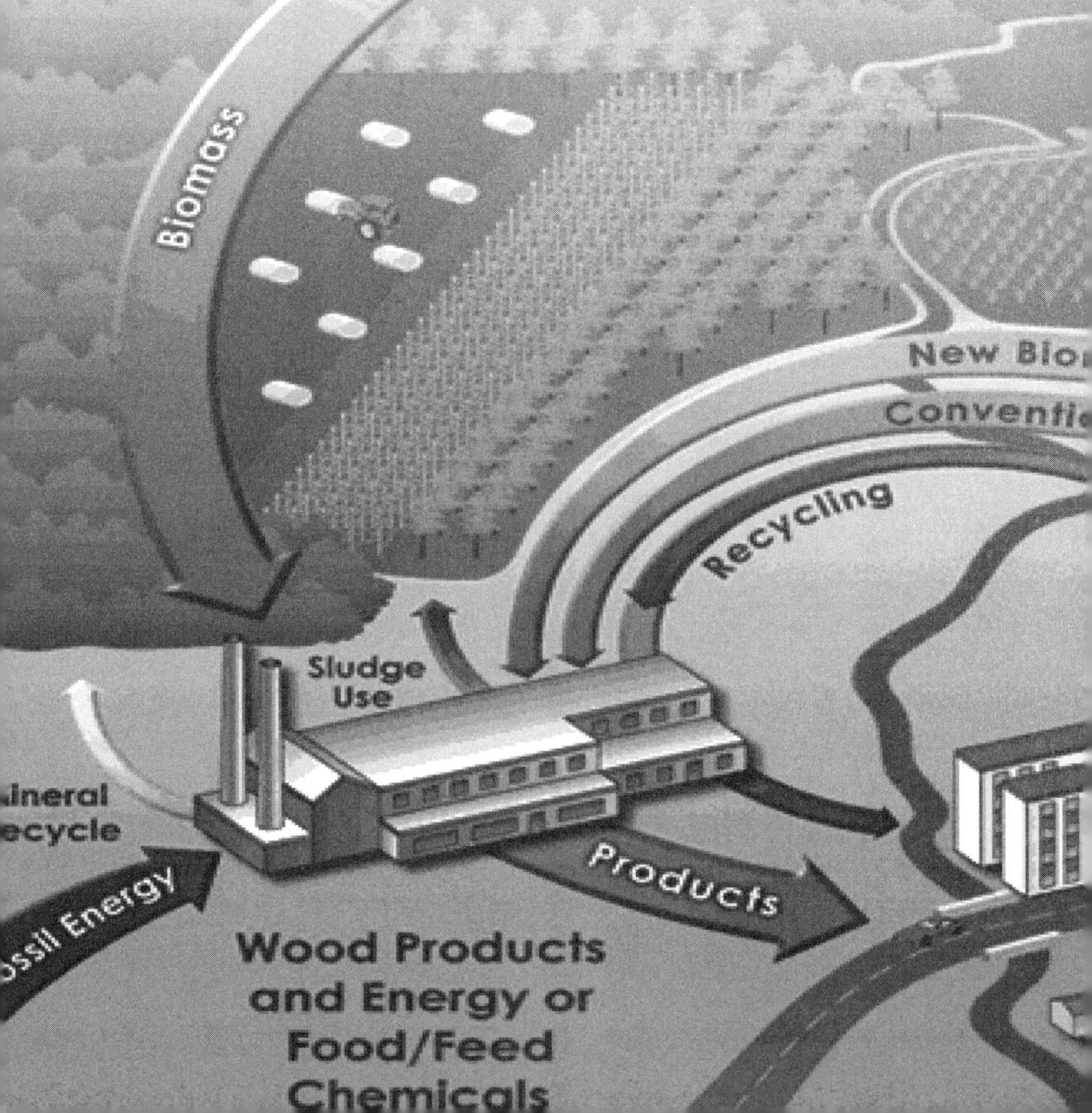

12 아름다운 녹색문명

- 눈부신 농업문명
- 찬란한 공업문명
- 에너지 위기와 '3 단식' 전환
- 비에너지 자원 위기의 심화
- 탄화수소와 탄수화물의 '윤회'
- Biorefinery: 바이오 정제
- Bioindustry: 바이오 산업
- 녹색의 미래
- 아름다운 녹색문명

한 사회가 비록 그 자체가 작동하는 자연법칙을 발견하였다고 할지라도,
……그것은 뛰어넘을 수도 없고
법령으로 없앨 수도 없는
자연적 발전단계이다.
그러나 그것은 분만의 고통을 단축시키고 경감시킬 수 있다.

칼 마르크스 Karl Heinrich Marx

46억 년 전 지구가 탄생했고, 생물은 38억 년 동안 진화를 거쳤다. 생물은 진화과정에서 여러 차례의 멸종위기를 겪었다. 영향이 가장 컸던 시기는 약 2.5억 년 전인 페름기 말과 트라이아스기 초로 95%의 육지 동식물 종과 절반의 해양 생물 종이 멸종하였다. 또 하나는 약 6,000만년 전인 백악기 말로 75%의 동식물 종이 또 다시 멸종하는 치명적 재난을 겪게 된다. 이 멸종 이후 다시 번식한 육지 동식물은 더 이상 나자식물이 아닌 피자식물이었고, 공룡은 멸종되어 포유동물에 의해 대체되었고, 지금의 자연 · 지리 · 경관도 이 지질시대부터 점차 형성되기 시작하였다.

지질사에 있어 가장 최근의 시기는 제4기이고, 기록에 따르면 최근 300만~400만 년의 지질시대인데 이 시대에 2가지 커다란 사건이 있었다. 하나는 여러 차례의 빙하기를 겪었다는 것이고, 다른 하나는 인류가 출현하였다는 것이다. 마지막 빙하기는 약 7만 년 전에 시작되었고, 지금으로부터 1.7~2만 년 전에 최고 절정기에 이르렀고, 1만 년 전에 끝이 났다. 마지막 빙하기 이후 지구의 기후는 점차 온난하면서도 습윤하게 변했다. 400만 년 전에 인류가 출현했지만 그 진화가 매우 더뎠고, 10여만 년 전에 이르러서야 비로소 '직립원인호모 에렉투스'에서 '호모 사피엔스'로 진화하였다. 그 후 다시 호모 사피엔스에서 현대인으로 진화하였으며, 1만 년이라고 하면 마지막 빙하기 이후의 온난 습윤기에 해당한다. 이 온난 습윤한 '가장 아름다운 시기'는 대략 지금으로부터 9,000~6,000년 전에 나타났고, 이는 인류 진화역사에 있어 봄날이며, 중국 황하 중류의 양사오仰韶, 앙소 문화와 동부의 허무두河姆渡, 하모도 문화 모두가 이 시기에 나타났다.

빙하기 후반 온난 습윤한 '가장 아름다운 시기'에 만물들이 윤택하고 무성하였으며, '호모 사피엔스'들도 수렵 · 채집에 만족하지 않고, 위대한 시도, 즉 야생 동식물 길들이기를 시작함으로써 농업이 나타난다. 농업의 '나비 효과'는 먼저 인류로 하여금 산속의 동굴에서 토지가 비옥한 하천 유역의 평원으로 이주하도록 하였다. 또한 수렵 대신 사육하고, 채집 대신 재배하고, 이주생활 대신 정주하도록 하였다. 촌락에 집단으로 거주하면서 인구가 급속도로 증가하게 되었고, 생산물과 생활용품의 잉여분은 비축하였으며, 사회에 분업이 생겨나 육체노동과 정신노동이 분리되기 시작하였다. 이 모든 '효과'의 물질적 기초로 인해 인류의 식품영양이 풍부해졌고, 인간의 두뇌와 지능의 발육이 빨라졌다. 인류 활동의 기본 욕구는 생존과 번식일 뿐만 아니라 그의 질적인 측면에 대한 끊임없는 추구이기도 하다. 바로 이러한 추구가 인류로 하여금 눈부시도록 찬란한 농업문명과 공업문명을 창조하도록 하였다.

사물은 항상 양면적인 법이며, 득과 실 혹은 이로움과 폐단이 그림자처럼 쫓아다닌다. 식량은 많아졌고 그 질도 좋아졌지만, 인구도 빠르게 증가하였고 가용한 토지도 점점 줄어듦으로써 인구와 식량 사이의 모순이 나타났다. 마찬가지로 공업사회가 고도로 발전함으로써 자원의 소모가 급증하였고 생존환경도 악화되었으며, 이에 따라 공업사회가 지속되기 어렵게 되었다. 이러한 모순과 대립은 사회가 진화하도록 하는 내적 요인과 동력이 되었다. 진화는 모순을 계속해서 해결하는 하나의 신진대사과정인 셈이다. 그렇다면, 공업사회는 지속 불가능한 모순을 어떻게 해결해야 하는가? 또한 후기 공업사회는 어떤 모습일까?

이 장은 책 전체의 결말부분으로서 인류문명이 진화한 길고 긴 과정 속에서 후기 공업문명의 미래를 살펴보았다.

1. 눈부신 농업문명

약 4,000년 전 고대 바빌론왕국의 위대한 국왕인 함무라비는 그의 혁혁한 공을 과시하면서도 다음과 같이 말하는 것을 잊지 않았다. 즉 "내가 운하를 개통하여 충분한 수자원을 끌어옴으로써 수메르지역과 아카드$_{\text{Akkad}}$지역의 논밭에 관개를 하게 되었다. 나는 두 지역 토지를 푸른 벌판으로 변화시켰고, 곡물은 풍작을 거둘 것임에 틀림없다."라고 하였다. 2,000여 년 전 카이사르대제국으로부터 사면된 배로$_{\text{M. V. Varro}}$는 80세에 『농업론』을 집필하였으며, 이 책에서 다음과 같이 농업을 격찬하며 자신의 친구에 대한 칭찬을 아끼지 않았다.

> "그는 모든 방면에서 매우 교양 있는 사람이다. 동시에 그는 로마의 농업방면에서 최고의 권위자로 인식된다. 설마 그에 대해 이렇게 평가하는 것이 잘못된 것은 아니겠지? 그는 경영을 잘 하기 때문에 그의 장원(田莊)은 많은 사람들이 보기에 다른 사람의 궁전식 건물보다 더 멋져 보였다. 왜냐하면 사람들이 이곳에 와서 참관하는 장원 건물은 루클루스(Lucullus, 현지의 유명한 부호)가의 화랑이 아닌 과일로 가득 찬 창고이기 때문이다. 세인트 스트리트(Saint Street, 로마광장으로 통하는 도로, 꼭대기에 가장 좋은 과일가게가 위치함)의 가장 꼭대기에 위치한 그의 과수원은 한 폭의 그림과 같고, 그 곳의 과일은 마치 금처럼 팔려나간다."

초기의 농업은 바빌론, 이집트, 중국, 인도 및 그리스와 로마 등 찬란한 고대문명을 창조하였다. 이 시기 호메로스의 서사시와 중국의 『시경』이 쓰여졌고, 피타고라스, 소크라테스, 플라톤, 아리스토텔레스와 중국의 노자, 공자, 장자 등 위대한 사상가들이 나타났으며, 그들의 사상은 수천 년에 걸쳐 인류사회에 널리 영향을 미쳤다.

중국에서는 고대부터 백성은 식량을 생존의 근본으로 여기고民以食爲天, 국가는 농업을 근본으로 여기고國以農爲本, 날씨가 좋아 오곡이 풍년이고, 식량 창고가 가득 차는 것은 위로는 군왕과 대신, 아래로는 일반 백성의 가장 큰 바람이었다. 북경의 '9단천단(天壇), 지단(地壇), 조일단(朝日壇), 석월단(夕月壇), 태세단(太歲壇), 사직단(社稷壇), 기곡단(祈穀壇), 선농단(先農壇), 선잠단(先蠶壇)'은 '농본農本'사상과 관련이 있다. 송宋대 이래로 역대 황실에서 명을 받들어 농사일과 관련된 시를 짓는 전통이 만들어졌으며, 그 그림과 글이 모두 출중했다. 또한 농사에 관한 표창이 이루어졌고, 농사일을 권장하였으며, 농업기술을 보급하였다. 강희康熙, 옹정擁正, 건륭乾隆 황제는 매년 봄마다 직접 대신들을 데리고 베이징 선농단에 가서 쟁기를 끌고 봄갈이를 하였다.

전통 농업의 본질적 특징은 빛, 열, 물, 공기 및 토양 속의 영양분 등 자연적 요소를 이용하고, 식물의 광합성작용을 통해 인류 생존에 필요한 식물성과 동물성 제품을 생산한다는 것이다. 농민은 작물을 재배하고 가축을 사육하여 인류를 부양하는 동시에 작물의 속대, 인간과 가축의 분뇨, 연소하고 남은 초목의 재, 음식물 찌꺼기 등 거의 모든 부산물물질을 직접 혹은 간접적으로 토양으로 환원시켜 재순환과 재생산에 투입 함으로써 수천 년간 토양의 비옥도가 저하되지 않고 유지되었다. 전통 농업은 인위적 참여활동 하에서의 자연 상태이면서 폐쇄적인 생물질과 에너지의 순환시스템이고, 태양복사를 통해 끊임없이 에너지를 제공받는 것 외에 기타 외부로부터 다른 어떠한 에너지나 물질을 공급받지 않는다. 전통 농업 이론의 정수는 하늘, 땅과 사람이 하나가 되는 것이고天地人合一, 기술의 정수는 정성을 다해 집약적으로 경작하는 것이다. 이러한 세심한 경작은 곧 생물질과 에너지 순환의 효율을 극대화하는 것이다. 따라서 중국의 전통 농업은 세계 전통 농업 가운데서도 대표적이라고 할 수 있다.

농업의 부흥은 석재 농기구에서 철재 농기구로의 전환을 가져왔고, 기상학과 수학, 지질와 토지, 수리사업과 공구, 잠사와 방직, 야금과 주조, 도기공예 등 관련된 과학기술과 업종의 발전을 가져왔다. 농업사회에서 주도적 산업인

농업과 농업과학기술은 당시 선진적 생산력의 대표 주자였고, 관련 산업, 과학기술과 함께 농업문명 발전의 물질적 기초를 이루었다.

풍부한 식량은 인구 증가를 가져왔다. 기원후 1~15세기, 즉 중국의 서한西漢부터 명明대에 이르기까지 중국의 인구는 거의 4,500만~6,000만을 유지했다. 청淸대 강희, 건륭이 집권하던 전성기에는 2억에 달했고, 청대 말에는 4.36억에 이르렀다. 1949~2000년에 5.4억에서 13억으로 증가하였다. 인구 증가와 개간 가능한 토지의 감소로 인해 1인당 평균 점유한 토지의 면적은 수隋대의 2.81ha와 당唐대의 1.80ha에서 명대의 0.77ha, 청대의 0.15ha와 1994년의 0.08ha로 감소하였다. 17세기의 세계 인구는 5억이었고, 18세기에는 8억, 19세기에는 13억, 20세기에는 16억에서 60억으로 증가하였다. 19세기에 이르러 세계 인구가 급증한 반면 개간할 수 있는 경지는 얼마 남지 않았다.

농업문명이 발전하여 전성기에 이르렀을 때가 바로 중국과 세계 인구가 급증하고 경지를 확대할 수 있는 공간이 급격히 감소하는 시기였다. 하지만 전통 농업의 폐쇄식 물질과 에너지의 순환시스템은 수천 년 동안 정성을 다해 집약적으로 경작해왔다는 사실에도 불구하고, 작물의 단위생산량 제고에 있어서의 잠재력은 그다지 크지 않았기 때문에 전통 농업은 한계에 부딪혔다. 그러나 전통 농업은 과학기술혁명과 공업혁명을 이끌어 냈다. 과학기술혁명과 공업혁명은 선진적 바이오과학과 농업화학으로 농업에 보답하였고, 우량종자, 화학비료, 농약, 트랙터와 전기를 가져다주었다. 이러한 외부 투입형 물질과 에너지는 전통 농업의 폐쇄식 물질과 에너지의 순환시스템을 파괴시켰고, 농작물의 단위생산량을 배가시켰으며, 이로써 농산물 공급과 수요 사이의 모순이 해소되었다.

어느 철학자가 말했듯이 세상 만물은 생겨나서 결국 사라지는 법이다. 사물은 발전하는 동시에 억제하고 소멸하는 요인도 점차 커져 결국 사라진다. 농업문명도 마찬가지이며, 마치 사람의 성장과 노화가 한께 진행되는 것과 같다. 물론 건강관리를 잘하면 노화를 지연시킬 수 있는 것처럼 인구를 억제하고 농업 생산량을 늘리면 농업문명의 쇠퇴를 늦출 수 있다. 칼 마르크스가 말한 바와 같다.

> "한 사회가 비록 그 차체가 작동하는 자연법칙을 찾아냈다고는 하지만, ……그것은 뛰어넘을 수도 없고 법령으로 없앨 수도 없는 자연의 발전단계이다. 그러나 그것은 분만의 고통을 단축시키고 경감시킬 수 있다."

2. 찬란한 공업문명

5천년 농업문명의 가장 위대한 공헌은 과학기술혁명과 공업혁명을 이끌어 냈고 그것을 지탱하였다는 것이다.

'높은 건물, 전등과 전화'는 단지 공업문명의 표상일 뿐 실질적이고 핵심적인 것은 16세기부터 시작된 코페르니쿠스-뉴턴으로 대표되는 과학혁명하에서 진행된 현대 기술혁명과 공업혁명이다.

■ 제니 방적기$_{\text{1764년}}$와 와트 증기기관$_{\text{1776년}}$이 기술혁명과 공업혁명의 진군을 알리는 호각소리였고, 이로 인해 20세기 초에 자동차$_{\text{1900년}}$, 트랙터$_{\text{1904년}}$와 제트기$_{\text{1939년}}$가 만들어질 수 있었다.

■ 19세기 초의 달톤의 원자설, 보일의 원소설과 릴의 지질진화설이 등장하고 기계제조업이 발전함으로써 현대 광산업, 야금업과 화학공업이 빠르게 발전할 수 있었고, 석탄, 석유, 천연가스, 화학비료와 플라스틱이 생산될 수 있었다.

■ 패러데이의 전자기유도법칙$_{\text{1831년}}$과 맥스웰의 전자기장이론$_{\text{1858년}}$이 등장함으로써 19세기 후반기에 발전기$_{\text{시멘스, 1866}}$, 전화$_{\text{벨, 1976}}$, 전기$_{\text{에디슨, 1879}}$와 무선

통신기술헤르츠, 1888 및 20세기의 극소전자기술이 발명되었고, 더 나아가 인류에게 라디오, TV와 컴퓨터를 가져다주었다.

■샤넌의 정보이론이 등장하고 이진법이 응용됨으로써 정보기술, 광섬유통신, 인터넷과 이동통신이 빠르게 발전하였다. 이로써 오늘날 우리가 네트워크 세상과 핸드폰의 편리함을 누리게 되었다.

■다윈의 진화론1859년, 멘델의 유전학1865년의 등장과 DNA 이중나선 구조1950년의 발견으로 현대 생명과학이 시작되었다. 이로써 오늘날 배아, 효소, 세포, 단백질, 유전자 등 현대 생물기술이 발전하게 되었고, 현대 농학과 의학이 발전할 수 있었다.

■21세기 중기의 '맨해튼 프로젝트'는 핵기술의 획기적인 발전을 가져왔고, '아폴로 계획'은 우주항공기술을 절정에 이르게 함으로써 인류와 우주의 거리를 좁혀 놓았다.

리정다오李政道는 21세기 중국 과학기술 전략 포럼1999년, 베이징에서 특수 상대성이론과 양자역학 이 두 가지 위대한 발견에 대해 이야기하면서 말하기를, "1925년 이 두 영역에 대해 완전히 이해하게 되었고, 이로부터 원자구조, 분자구조, 원자력에너지, 레이저, 반도체, 초전도체, X-ray, 슈퍼컴퓨터 등이 발견 혹은 개발되었다. 만약 특수 상대성이론과 양자역학이 없었다면, 이러한 것들도 없었을 것이다. 20세기 물질문명 대부분이 이 두 가지 물리기초과학의 발견에서 파생된 것이다."라고 하였다.

현대 과학기술은 하루가 다르게 새로워지고 찬란하게 빛나고 있으며, 공업문명은 이러한 현대 과학기술이 외적인 형태로 표출된 것이다.

공업문명은 또 다른 면을 지니고 있다. 즉, 이 공업 빌딩은 에너지, 야금, 제조, 화공, 건축, 운송, 정보, 항공우주, 공공서비스 등의 거대한 자원의 축적으로 쌓아올린 것이다. 그리고 휘황찬란하고 번화한 도시들은 계속해서 지구상의 자원을 대량으로 집어삼키고 지구의 생태계와 환경을 해침으로써 지속가능할 수 없는 검은 구름으로 공업사회의 상공을 점점 더 두껍게 뒤덮고 있다.

인류는 공업사회의 과학기술이 진보할수록 공업생산이 더욱 왕성해지고, 자원의 소모도 더욱 많아지면서, 생태계와 환경에 미치는 악영향도 더욱 커진다는 것을 인식하기 시작하였다. 인류는 과학기술이 얼마나 날카로운 '양날의 검'인지를 인식하기 시작하였다. 즉 과학기술은 공업사회 생산력 발전의 강력한 동력인 동시에 지구 자원의 소모와 생태환경의 악화를 가속화시키는 저승사자이다. "복에는 화가 숨어있는 법福兮禍所伏!"이러한 네거티브 피드백 시스템은 농업문명시기에 식량이 증가할수록 인구가 급속히 증가한 것처럼, 공업문명을 지속 불가능한 쇠퇴의 길로 나아가게 한다. 현재 사람들은 한편으로 공업문명의 성과를 맘껏 누리고 있으면서, 다른 한편으로는 공업문명이 초래한 자원 고갈과 환경 악화에 직면하고 있다. 이에 따라, 재생가능한 청정에너지 개발에 힘쓰고 지구 기후변화에 대응하며, 후기 공업문명이 어떻게 될지 고민하고 있지 않은가?

3. 에너지 위기와 '3단식' 전환

화석에너지는 공업문명이란 큰 빌딩을 지탱하는 석주이지만, 한편 소모가 가장 왕성하고 순환이 어렵고 환경 파괴가 가장 심한 '날카로운 검'이기도 하다. 이 책의 모든 장에서 이에 대해 이미 조금씩 다루었지만, 관련된 수치를 다시금 열거함으로써 더욱 강한 인상을 남기고 싶다. 미국지질조사센터에서 2000년 발표한 세계 에너지 전망보고USGS2000에서는 다음과 같이 지적하였다. 1998년까지 세계 전체적으로 석유와 천연가스를 각각 875억 톤과 496억 톤을 소비했고, 이는 2000년 채굴 가능한 잉여 매장량의 67%와 42%이다. 미국 에너지정보국EIA의 2005년 보고IEO2005에서도 다음과 같이 지적하였다. 2002~2025년 세계 석유, 천연가스와 석탄 소비량의 연평균 증가율은 연간 증가 속도는 각각

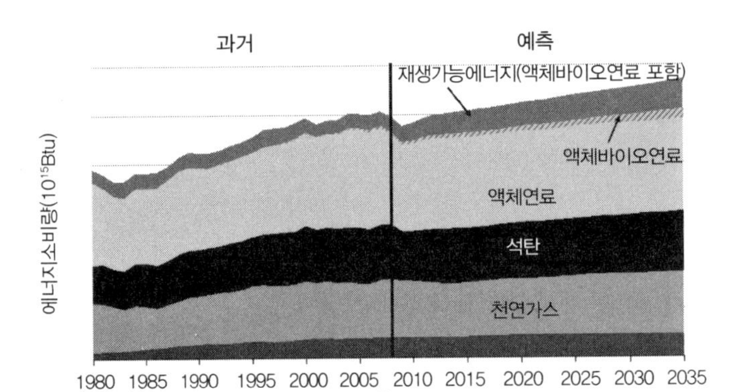

그림 12-1 미국 에너지 소비구조와 예측

1.9%, 2.3%와 1.3%일 것이고, 3자의 사용 가능 연한은 각각 53년, 63년과 90년이다. 이 두 수치는 세상 사람들을 각성시키기에 충분하지 않은가?

미국의 새로운 청정에너지 정책도 좋고, EU의 '3가지 20%'계획도 훌륭하다. 지구 기후변화와 에너지 전환에 대응하는 과정에서 에너지효율을 제고하고 에너지를 절약하여 이산화탄소 배출을 감축하는 것 외에 주된 대안은 청정에너지로 화석에너지를 대체하는 것이다. 그렇다면 진행 상황과 전망은 어떤가?

미국은 세계 최대 에너지 소비국으로 매년 세계 전체 에너지 소비량의 1/5를 소비한다. 미국 에너지정보국$_{\text{IEA}}$의 최신 보고에 따르면, 2035년을 전후하여 미국의 에너지 소비 증가는 둔화될 것이고, 청정에너지는 전체 에너지 소비량의 24%를 차지할 것이라고 한다. 그 중 전기 발전량 증가분의 41%는 수력발전을 제외한 재생가능에너지가 담당할 것이고, 액체연료 소비 증가분은 바이오에탄올로 충당할 것이라고 보았다. 2020년 EU 국가들의 재생가능에너지가 전체 에너지 소비량에서 20%를 차지할 것이고, 2006년 스웨덴의 바이오에너지는 이미 전국 에너지 총 소비량의 25%를 차지하며, 2009년 브라질의 바이오연료가 운송연료에서 이미 56%를 차지하는 것으로 나타났다.

위의 수치가 설명하듯이, 2035년 전후하여 미국과 유럽 각국의 청정에너지는 본국 에너지 총 소비량의 1/4을 초과할 것이고, 에너지를 많이 소비하지 않는 브라질과 스웨덴의 경우 이 지표를 크게 초과할 것이다. 이러한 발전 방향에 근거하여 21세기 에너지 전환의 '3단식'방안을 제기하였다. 즉 21세기 전

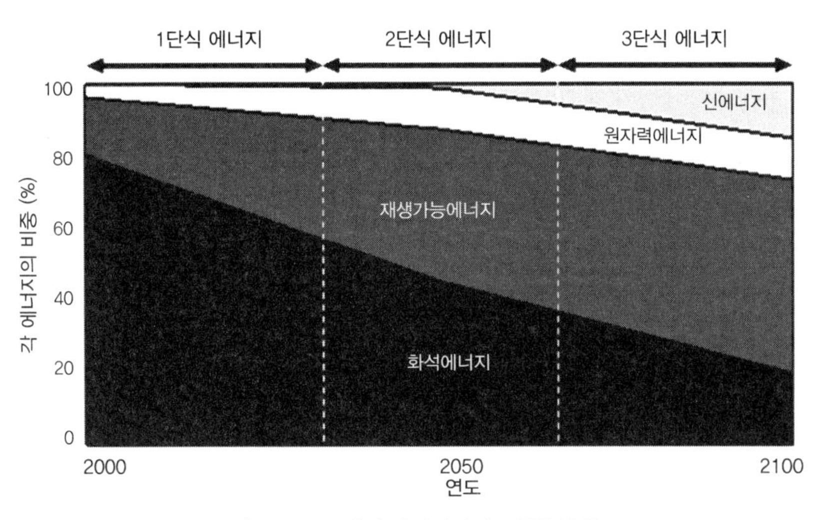

그림 12-2 21세기 에너지의 '3단식' 변화 도표

반부의 1/3시기는 단일 에너지 단계로 재생가능에너지와 원자력에너지를 빠르게 발전시키고 대체하는 동시에 여전히 화석에너지 위주가 될 것이다. 두 번째 1/3시기는 이중 에너지 단계로 재생가능에너지를 대체에너지 가운데 주도적 에너지의 하나로 발전시키고, 화석에너지의 비중은 약 50%까지 낮아져 두 에너지가 세계 에너지 공급을 책임지는 국면이 될 것이다. 셋째 1/3시기는 삼중 에너지 단계로 수소에너지와 핵융합에너지 등 새로운 에너지가 실험을 거쳐 상업화단계에 접어드므로써 재생가능에너지, 화석에너지와 신에너지 세 세력이 할거하는 형국이 점차 형성될 것이다그림 12-2 참조.

4. 비에너지 자원 위기의 심화

공업사회의 자원 고갈, 환경 악화와 지속 불가능을 초래하는 요인 가운데 화석에너지가 첫째로 꼽히지만 유일한 것은 절대 아니다. '공업 빌딩'을 세우는데 에너지 외에도 또 얼마나 많은 지구상의 재생 불가능한 광물자원이 필요한가! 이러한 자원의 부족은 아직까지 충분한 관심을 받지 못하고 있고, 대부분의 대체 광물을 아직 찾지 못한 상태이다. 이 점이 인류사회의 더욱 심각한 근심거리이다.

가장 먼저 이 문제를 체계적으로 제기한 것은 데니스 메도우즈Dennis L. Meadows의 저서 『성장의 한계The Limits to Growth』를 통해서이다. 이 책에는 19종의 재생 불가능한 광물자원의 이미 알려진 매장량을 자세하게 열거하였고, 당시의 연간 채굴량에 근거해 사용 가능한 연수를 산출하였다. 또한 연간 평균 성장률에 근거하여 사용 연수의 지수지표를 산출하였고, 새로 발견될 자원량을 이미 알려진 매장량 지수의 5배로 하여 산출한 사용 가능한 연수를 제시하였다. 표에서 크롬, 석탄, 코발트, 철 등 100년 이상을 사용할 수 있는 네 가지 항목을 제외한 기타 자원은 모두 100년을 넘지 못하는 것으로 나타났다표 12-1 참조. 이 책에서 제기한 기준 시기는 1971년으로 이미 40년 이상이 지났음에 주의하기 바란다.

표 12-1 재생가능한 자연자원 매장량과 사용 연수

자원	이미 알려진 세계 전체 매장량	사용 연수		
		고정적 지표 (년)	지수의 지표 (년)	이미 알려진 매장량 지수의 5배 지수 (년)
알루미늄	1.17X10^{9}톤	100	31	55
크롬	7.75X10^{8}톤	420	95	154
석탄	5X10^{12}톤	2300	111	150
코발트	1.9X10^{6}톤(4.18X10^{9}파운드)	110	60	148
구리	308X10^{6}톤	36	21	48
황금	1.10X10^{4}톤(353X10^{6}온스(*ozt*))	11	9	29
철	1X10^{11}톤	240	93	173
납	9X10^{6}톤	26	21	64
망간	8X10^{8}톤	97	46	94
수은	1.15X10^{5}톤(3.34X10^{6}금고)	13	13	41
몰리브덴	4.9X10^{6}톤(10.8X10^{9}파운드)	79	34	65
천연가스	3.2X10^{13}m^{3}(1.14X10^{15}입방피트)	38	22	49
니켈	6.67X10^{7}톤(147X10^{9}파운드)	150	53	96
석유	7.23X10^{13}리터(455X10^{9}통)	31	20	50
백금	1.34X10^{4}톤(429X10^{6}온스(*ozt*))	130	47	85
은	1.71X10^{5}톤(5.5X10^{9}온스(*ozt*))	16	13	42
주석	4.37X10^{6}톤(4.3X10^{6}롱톤)	17	15	61
텅스텐	1.32X10^{6}톤(2.9X10^{9}파운트)	40	28	72
아연	123X10^{6}톤	23	18	50

주: 1파운드=0.4536kg, 1온스(ozt)=31.1035g, 수은 1금고=76파운드, 1입방피트=0.028317㎥, 1통=158.98리터, 1롱톤=1.016톤.

이 책은 1972년 출간되었고, 20년 후인 1991년 데니스 메도우즈는 새로운 저작인 『한계를 넘어서Beyond the Limits』에서 그가 20년 전에 제시했던 이 수치들과 판단을 다시금 살펴보며 다음과 같이 말했다.

> "우리는 자료를 모아 정리하고, 예전의 계산모형을 다시 돌려보고, 지난 20년 간 배우고 익힌 것을 되돌아봄으로써, 시간의 흐름과 지속되는 성장 추세가 이미 인류사회를 상대적으로 발전이 극한에 이른 새로운 상황으로 몰고 왔음을 인식하였다. 1971년 우리는 인류의 에너지 채굴과 자원 이용으로 인한 자연의 한계가 앞으로 몇 십 년 내에 도래할 것이란 결론을 도출하였다. 1991년 우리는 과거의 수치, 컴퓨터 시뮬레이션 결과 및 세계 각지의 경험을 다시 살펴보고, 비록 과학기술 수준이 계속해서 제고되고, 환경의식이 계속해서 높아지고, 환경정책이 계속해서 엄격해지는 경향을 보이고 있지만, 많은 자연자원의 소비와 오염물질의 배출은 이미 지속가능 발전의 한계선을 초과하였음을 발견하였다."

이 『한계를 넘어서』가 출간되고 또 다시 20년이 흘렀으니, 시간이 정말 쏜살 같이 지나갔다. 2005년 베이징에서 열린 '국제광상지질학회 제8차 대회國際鑛床地質學會第八屆大會, 2008년 8월'의 주제발표에서는 "인류의 자원 개발이 가속화됨에 따라 새로운 광상과 새로운 자원의 광상을 찾고 개발하기가 점점 더 어려워지고 있다. 왜냐하면 이러한 자원과 광상의 매장된 지점이 더 깊고 더 먼 곳에 위치하고, 얕은 층의 광상과 인류활동이 빈번한 지대에 위치한 광상은 점차 고갈되고 있기 때문이다."라고 지적한 바 있다. 이 회의는 인류에게 다시 한 번 광물자원을 "찾고 개발하기가 점점 더 어려워졌다."고 경고하였다.

중국의 광물자원 총량은 세계 3위이다. 하지만 공업화가 시작된 지 반세기도 되지 않았으니 여전히 공업화 중기에 처해있음에도 불구하고 중요한 광물자원의 부족현상이 날로 심해지고 있다. 2003년 철광석과 알루미늄의 대외 의존도가 50%를 넘었고, 구리는 71%에 달했으며, 칼리암염은 80%에 달했다. 〈11 · 5 규획〉을 세울 당시, 국무원연구실 공업무역사司 부사장 류젠성劉健生은 글에서 다음과 같이 밝혔다.

"중국의 45종 주요 광물자원의 1인당 평균 점유량은 세계 수준의 절반에도 미치지 못하고, 철, 구리, 알루미늄 등은 세계 평균 수준의 1/6, 1/6과 1/9에 지나지 않는다. 중국은 많은 금속광물자원이 부족한 상태이고, 개발 이용의 어려움이 크며, 선광(選鑛)과 제련 비용도 높다."

"2020년 중국의 45종 주요 광물자원 가운데 공급이 확실히 보장된 것이 24종이고, 기본적으로 보장된 것이 2종, 부족한 것이 10종이며, 매우 부족한 것이 9종이다." (2008년 8월)

2005년 9월 국무위원 천즈리陳至立는 신장新疆 우루무치烏魯木齊에서의 한 차례 보고에서 깊은 감명을 받고 다음과 같이 말했다.

"2003년 중국은 세계 전체 소모량 가운데 31%의 석탄, 30%의 철광석, 27%의 강철 자재와 40%의 시멘트를 소모하였다(필자 주: 위의 4가지 항목은 그 해 세계 전체 소비량에서 차지하는 백분율을 나타냄). 2004년 중국의 철광석 수요가 급증하여 국제 시장가격이 71.5% 상승하였다. 국제 원유가격이 사상 최고치를 여러 차례 갱신함으로써 중국은 한 해 동안 추가로 지불한 외화가 수십억 위안에 이른다. 계속 이런 상태로 나가게 되면, 점점 더 많은 기업들이 이러한 과중한 부담을 감당할 수 없을 것이고, 국가도 마찬가지로 감당하기 어려울 것이다."

세계의 공업화는 200년이 되었고, 중국은 이제 겨우 50~60년인 상황에서 세계와 중국은 이미 재생 불가능한 광물자원을 조달하기 어려운 실정이다. 이런 식으로 간다면 세계는 어떻게 공업화를 계속 추진할 수 있을까? 또한 중국은 어떻게 공업화를 지속할 수 있을까?

5. 탄화수소와 탄수화물의 '윤회'

"장기적으로 봤을 때 석유는 결국 고갈될 것이고, 아무리 써도 고갈되지 않는 농림 바이오매스 자원이 점차 각광을 받을 것이다. 석유 탄화수소로 생산한 화석연료는 결국 탄수화물로 생산한 바이오매스 연료에 의해 점차 부분적으로 대체될 것이다(수소에너지, 태양광에너지 등으로도 대체될 것이다). 우리는 바이오 정유공장에 대해 더욱 열심히 연구하여 '탄수화물'의 새로운 시대의 도래를 맞이해야 한다."

현재로 봐서는 이러한 말에 사람들이 놀라지 않을 수도 있지만, 이는 중국 석유화공분야의 원로인 민언저閔恩澤가 2006년 집필한 글에서 발췌한 것이다. 민선생은 중국석화과학연구원中國石化科學研究院 전임 부원장이자 총괄 엔지니어였고, 중국과학원 원사와 중국공정원 원사였으며, 2007년도 국가 최고 과학기술상을 수상하였다. 그는 석유화공분야에 반세기 넘게 종사하였으며, 고령의 나이에도 불구하고 "재생가능한 농림 바이오매스 자원의 정유공장을 이용하여 화학공업이 '탄수화물'의 새로운 시대로 나아가도록 해야 한다."는 제목의 고견이 담긴 글을 발표하였으니 그 의의가 매우 크다고 본다. 이 글은 바이오매스 에너지 분야에 몸담은 지 얼마 되지 않은 필자에게 감동과 존경하는 마음을 선사했으며, 얼마 지나지 않아 민선생을 직접 찾아뵙고 중국 바이오매스 에너지 발전을 함께 도모하기로 하였다.

현대 화학공업은 식물성 탄수화물부터 시작한다. 세계 최초의 플라스틱인 셀룰로이드celluloid는 1868년 천연 섬유소 니트로화로 만들어진 것이다. 1880년대 판매량이 가장 많았던 화학제품은 식물성 알코올이었고, 1900년 파리 박람회에서 전시된 내연 엔진의 연료는 땅콩기름이었다. 포드Ford사 최초 자동차의 연료도 알코올이었다. 그러나 탄수화물이 막 두각을 나타내기 시작한, 1920년대 석유와 석유제품의 높은 가격경쟁력으로 인해 탄수화물은 시장에서 퇴출되었다. 1925년 미국 공업제품 가운데 식물성 제품은 여전히 35%를 차지했지만, 1989년에는 16%에 그쳤다.

석유 자원이 점차 고갈되고 유가가 급등하여 탄화수소 제품의 가격이 전반적으로 상승하였을 뿐만 아니라, 그 제품들이 환경에 부정적인 영향을 미치는 것과 환경보호에 대한 사회적 인식이 높아짐에 따라 일부 기업들은 탄화수소 원료에서 탄수화물 원료로 회기하기 시작했다. 반세기 전에 폴리머polymer화학공업의 '허리케인'이 불어 나일론과 플라스틱 제품이 도처에 보급된 바 있다. 사람들이 이러한 '백색 오염'의 심각성을 인식했을 때, 일부 기업가들은 전분을 원료로 하고 유산균 발효와 중합 등의 기술을 통해 생물 분해가 가능한 플라스틱 생산을 시도하였다. 미국 카길Cargill회사의 2001년 연간 생산량 14만 톤의 폴리유산PLA 생산설비의 도입과 투자는 이정표로서의 의의를 가진다. 미국 다우 케미컬Dow Chemical Company이 내놓은 바이오 밸런스Biobalance 생물 폴리머는 과거의 폴리우레탄polyurethane을 대체하여 현재 카펫 제조의 표준이 되었다. 비록 현재 가격 대비 성능에 있어 바이오 플라스틱이 아직 석유 플라스틱에 미치지 못하지만, 기술이 개선되고 비용이 낮아지고 환경보호정책의 지도가 뒷받침 되면 전자가 후자를 점차 대체하는 것이 전반적인 추세가 될 것이다.

마찬가지로, 인쇄물에서 인체에 유해한 유기화합물이 나온다는 것이 확인됐을 때, 1989년부터 2000년까지 미국에서 대두를 원료로 한 인쇄 잉크의 판매량이 4배 증가하여 총 사용량의 22%를 초과하였다ILSR, 2002. 또한 가정용 세척제, 윤활제, 표면활성제, 유기질 비료 등의 '녹색 대체'도 확대되었으니, 바이오에너지의 화석에너지 대체는 이미 모두가 다 아는 사실이다.

'녹색 생산'과 '녹색 소비'는 어느새 시대이념 혹은 일종의 유행이 되었다. 그 뿐만 아니라 정부의 장려, 지원과 관리감독의 '저울'은 이미 탄수화물 원료의 방향으로 뚜렷하게 기울었고, 소비자들도 녹색 상품 구매를 더 원한다. 미국 과학원의 10년 전 보고에서는 "바이오 상품은 결국 90% 이상의 미국 유기화학원료 소모와 50%의 액체연료 수요를 충당할 것이고, 세계의 바이오 상품 전환에 있어 주도적 위치에 오를 것이다."라고 지적한 바 있다. 만약 미국 화학공업원료 구성에 있어 탄화수소류의 비중이 약 70%이고 바이오매스류의 비중은 약 15%인 상황과 석유 위주의 탄화수소류가 점차 당류에 의해 대체되는 것을 볼 때, 미국 과학원이 제기한 "바이오 상품으로 90% 이상의 유기화학원료 소모를 충당할 수 있을 것"이란 예측을 쉽게 이해할 수 있을 것이다. 표 12-2는 1992년 미국의 일부 화공상품 가운데 탄수화물 상품이 차지하는 비중에 관한 자료이다.

불교에 '윤회'란 말이 있듯이, 중국에도 "세상사의 흥망성쇠가 변화무상하다三十年河東, 三十年河西."란 말이 있는데, 이는 탄화수소와 탄수화물 사이의 '윤회'

에도 적용할 수 있다.

미국 농업부 에너지정책과 새로운 용도 국장 로저 콘웨이Roger Conway는 자신의 「바이오 상품의 오늘과 미래」란 제목의 보고에서 "Everything old is new again"이란 표현을 썼다. 이는 "모든 사물은 다시금 회귀할 수 있다."란 뜻이다. 그의 논거도 탄수화물에서 탄화수소로, 탄화수소에서 다시 탄수화물로 되돌아오는 역사적 변천에 따른 것이다. 그는 보고에서 세계 바이오 화공제품 시장에 대해 예측하였으며, 2005년의 시장 판매액은 212억 달러였고, 2025년에는 4,830~6,140억 달러에 달함으로써 2005년의 23~29배에 이를 것으로 보았다표 12-3 참조.

표 12-2 미국의 탄화수소와 탄수화물 상품1992년

상품	총 생산량 (백만 톤)	식물성 점유율 (%)
접착제	5.0	40
지방산	2.5	40
표면활성제	3.5	35
초산	2.3	17.5
가소제	0.8	15
활성탄	1.5	12
합성 세제	12.6	11
염료	15.5	6
연료	4.5	6
도료	7.8	3.5
인쇄 잉크	3.5	3.5
플라스틱	3.0	1.8

출처: Biobased Industrial Products: Research and Commercialization Priorrities, NAS, 1999.

2000년 미국 국회에서 〈바이오매스 연구개발 법안〉이 통과되었고, 이 법안에서는 2010년에는 바이오매스를 통해 12%의 화학제품과 자재를 생산할 수 있고, 2020년에는 18%에 달하고, 2030년에는 25%에 달할 것으로 보았으며, 기준 연도 2002년에는 5%였다.

과거 100년 동안 유기화공 영역의 탄수화물과 탄화수소 간의 윤회는 간단한 회귀와 반복이 아니라 일종의 시대와 기술의 진보였다.

표 12-3 세계 바이오 화공제품시장 예측

단위: 억 달러

상품	2005년	2025년
일반 화공제품	9	500~860
특수 화공제품	50	3,000~3,400
정밀 화공제품	150	880~980
폴리머(polymer)	3	450~900
합계	212	4,830~6,140
증가 배수	1	23~29

6. Biorefinery: 바이오 정제

100년에 걸친 개발과 기술 축적을 통해 석유화공은 이미 천여 종의 에너지와 비에너지 상품을 생산할 수 있고, 성숙하고 완전한 정제기술과 설비시스템을 마련한데 반해, 탄수화물의 현대 화공기술과 설비는 이제 겨우 시작단계에 있다. 1982년의 Science지에서 'Biomass refinery'라는 제목의 글이 실렸고, 이것은 최초로 '석유 정제'개념에 기초하여 도출한 '바이오 정제'개념이다. 이는 현대 탄수화물시대가 도래했음을 나타내고, 바이오 정제의 기술과 설비시스템도 점차 구축될 것임을 나타낸다.

석유 정제와 바이오 정제의 원리는 비슷하지만 그 대상은 다르다. 하나는 생명이 없는 석유이고, 다른 하나는 생명이 있는 바이오매스이다. 바이오 정제는 생물화학, 열화학과 분자생물학의 기술을 통해 바이오매스를 바이오에너지와 바이오 화공제품으로 전환하는 정제기술과 설비시스템이다. 농작물과 수목 등 식물과 그 잔해물, 가축 분뇨, 유기질 폐기물 등 모든 바이오매스는 정제 원료로 사용할 수 있기 때문에, 그 종류는 리그닌$_{\text{lignin}}$ 섬유소 정제, 전체 작물 정제, 녹색식물$_{\text{초목식물, 조류(藻類) 등}}$ 정제, 유기질 폐기물 정제 등이 있다. 정제는 일반적으로 바이오매스를 당으로 가수분해한 뒤 몇 개 유형의 탄소 함유 상태로 전환하는 공정이다. 1개의 탄소$_{C1}$가 함유된 메탄가스와 메탄올 등이 있고, 2개의 탄소$_{C2}$가 함유된 에탄올, 초산, 에틸렌, 에틸렌 글리콜 등이 있고, 3개의 탄소$_{C3}$가 함유된 젖산, 아크릴산, 프로필렌 글리콜 등이 있고, 4개의 탄소$_{C4}$가 함유된 숙신산$_{\text{succine acid}}$, 푸마르산$_{\text{fumaric acid}}$, 1,3-부틸렌 글리콜$_{\text{1,3-butylene glycol}}$ 등이 있고, 5개의 탄소$_{C5}$가 함유된 이타콘산$_{\text{itaconicacid}}$, 크실리톨$_{\text{Xylitol}}$ 등이 있고, 6개의 탄소$_{C6}$가 함유된 시트르산$_{\text{citric acid}}$, 소르비톨$_{\text{sorbitol}}$ 등이 있다. 전환된 상품에는 에탄올, 바이오디젤, 메탄가스 등 바이오매스 에너지가 있고, 바이오 플라스틱, 나일론 엔지니어링플라스틱 등 바이오매스 자재가 있으며, 에틸렌, 에탄올, 아크릴산, 아크릴아마이드$_{\text{acrylamide}}$, 1,3-디히드록시프로판$_{\text{1,3-dihydroxypropane}}$, 1,4-부틸렌 글리콜, 숙신산 등 백여 종의 중요한 화학제품, 정밀한 화학제품과 약물 등이 있다. 이 외의 바이오매스에는 수소제조에 있어 경쟁력이 가장 큰 원료도 있다.

2009년 미국 에너지부는 2009~2014년 6년 간 2억 달러를 투자하여 바이오 정제공장의 사전 시험과 시범공정 사업을 지원할 것이라고 발표하였다. 또한 2010년 농촌 폐기물에 기반을 둔 최초의 대규모 종합형 바이오 정제공장을 건설하기로 하였다.

석유 정제의 대상은 석유이며, 사람들은 그 기질을 제한적으로 선택할 수는 있지만 바꿀 수는 없다. 그러나 바이오 정제의 기질은 매우 다양하기 때문에 선택의 폭이 매우 넓고 생명력도 가지고 있어 선별 육종과 유전자변형을 통해 기질의 가공 품질을 개량하거나 제어할 수 있으며, 생산량을 증가시킬 수 있다. 분자생물학과 바이오기술이 급속히 발전함에 따라 사람들은 바이오 정제에서의 '식물 공장'과 '세포 공장'이란 개념을 제시하였다$_{\text{그림 12-3}}$. '식물 공장'은 유전자가 변형된 식물 개체를 통해 목표했던 어떤 생산물 혹은 중간매체물을 직접 생산할 수 있도록 하는 것을 가리킨다. 예를 들어, 폴리하이드록시알카노이드$_{\text{polyhydroxyalkanoates, PHAs}}$는 플라스틱을 생산하는 일종의 고분자 화합물$_{\text{polymer}}$인데, 현재는 석유 정제를 통하거나 바이오매스 발효를 통해 합성된다. DOE 회사는 유전자를 변형시킨 큰개기장$_{\text{panicum virgatum}}$으로 PHAs를 직접 생산하는

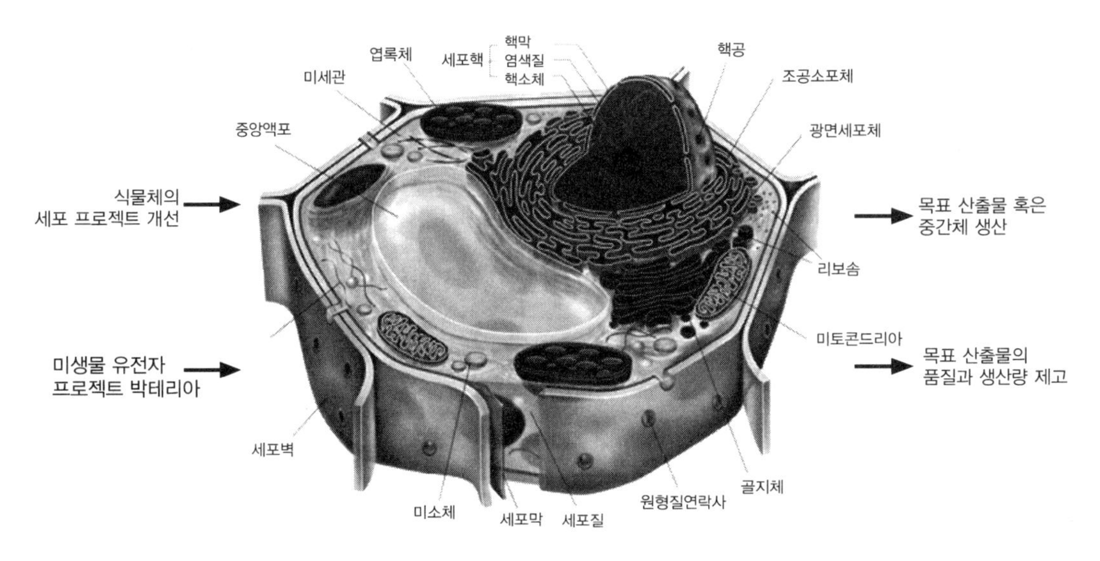

그림 12-3 바이오 정제에서의 '세포 공장' 설명도
출처: 우칭위吳慶余, 기초생명고학, 2판.

사업에 자금을 지원하였다. '세포 공장'은 세포 차원에서 '어떠한 상품을 생산하거나 어떠한 처리공정을 진행하고', '수요에 따라 생산라인과 보조 시스템을 설계하고 생산 진행속도를 통제할 수 있음'을 뜻한다. 미국의 듀폰Dupont사와 제넨코Genencor사에서 건설한 대장균을 재결합시켜 1,3-부틸렌 글리콜을 생산할 수 있는 '공장'의 상품은 2006년 이미 공업화 생산을 이루었고, 이 상품은 시장에서 석유를 원료로 한 같은 종류의 상품과 경쟁구도를 이룰 수 있었다.

바이오 정제 기본 원료는 생명력을 가지고 있기 때문에 인위적 통제과정의 발전을 기본 원료의 개량으로까지 연장시킬 수 있다. 오늘날 급속히 발전하고 있는 분자생물학과 바이오기술은 마치 바람에 돛을 단 것처럼 이를 촉진하고 있으며, 그 잠재력이 무한해 발전가능성도 매우 크다.

미국 오크 리지Oak Ridge 국가실험실에서는 바이오 정제의 개념도Idealized biorefinery concept를 제작한 바 있다그림 12-4 참조. 이 그림은 이산화탄소와 바이오매스를 '연계'시킨 것이고 자연조건하에서의 식물성 생산과 공업화 전환을 하나의 통일된 바이오매-에너지 순환시스템으로 구성하였으며, 이는 거시적 개

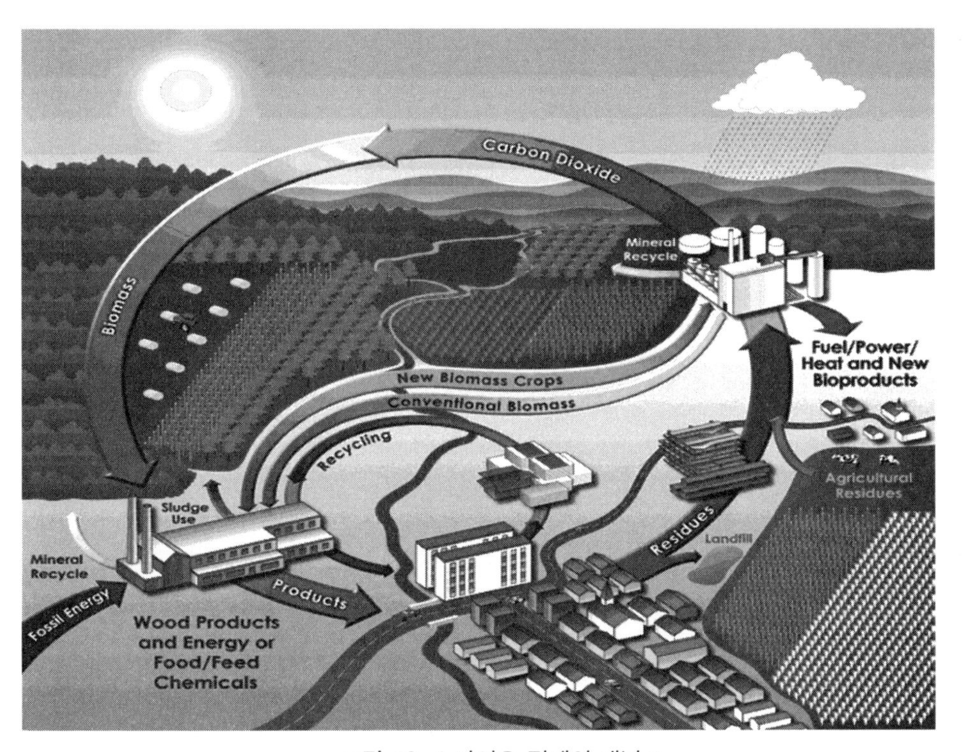

그림 12-4 바이오 정제의 개념도
출처: 미국 오크 리지 국가실험실.

념에서 성립될 수 있다. 그러나 식물의 자연계에서의 생장, 농작물의 인공적 생산과정과 그 생물체$_{\text{바이오매스}}$의 공업화 전환과정은 생명성과 비생명성의 완전히 다른 속성임에 틀림없다. 양자가 비록 밀접하게 연관되어 있지만, 그렇다고 식물성 생장과 생산과정을 바이오 정제 범주에 편입시키는 것은 적합하지 않고, 바이오 정제를 특정한 바이오매스의 현대 가공 정제시스템으로 보는 것이 더 낫다. 미국 국가재생에너지실험실$_{\text{NREL}}$의 바이오 정제에 대한 정의는 '바이오매스를 원료로 하여 바이오매스의 가공기술과 설비를 상호 결합시켜 연료, 전기와 열에너지 및 화학제품을 생산하는 과정'이다.

7. Bioindustry: 바이오 산업

위의 설명에 따르면, 바이오매스 생산과 바이오 정제는 단지 석유 등 탄화수소화합물만을 대체하는 것으로 보이는데, 그렇다면 4절에서 제기한 재생 불가능한 알루미늄 · 철 · 주석 · 구리 · 아연 등의 금속자원 부족은 또 어떻게 대처해야 하는가? 물론 바이오매스로 모든 것을 해결할 수는 없지만, 커다란 기여는 할 수 있다.

단백질은 독특한 결정구조를 갖고 있으며 자연계에서 가장 복잡한 분자 집합체 중의 하나로, 재료로서 최고의 성능을 가지고 있다. 그 예로, 아직까지 어떠한 합성섬유의 강도와 탄력성도 거미줄을 따라가지 못한다. 거미줄의 강도는 철사의 5배이고, 탄력성은 나일론실의 2배이며, 방수성과 신축성은 더 말할 필요도 없다. 어느 캐나다 과학자는 이미 유전자를 조작하여 산양 젖에 거미줄 단백질을 함유시키는데 성공하였다. 일부 국가에서는 바이오 거미줄로 만든 가볍고 성능 좋은 방탄복을 연구하고 있다. 해양생물의 점액성 단백질과 일부 수생생물이 만들어내는 단백질도 거미줄과 유사한 성능을 가지고 있다.

위의 절에서 말한 바이오 플라스틱과 나일론은 이미 여러 가지 재료로 응용되기 시작하였다. 예를 들어, 일본 도요타Toyota사에서는 고구마 전분으로 만든 플라스틱으로 여러 가지 자동차 부품을 제작하였고, 후지쯔Fujitsu사에서는 옥수수 전분으로 만든 플라스틱으로 컴퓨터 케이스를 제작하였다. 또한 약 100만 개에 달하는 분자량의 바이오 고분자 집합물 재료의 생산과 응용이 이루어지고 있다. 2004년 4월 카길사와 다우사는 네브래스카Nebraska주 블레어Blair시에 처음으로 대규모 PLA공장을 건립하였다. 이 공장은 3억 파운드의 생산력을 가지고 있고, 2020년의 시장 규모는 80억 파운드에 이를 것이라고 내다보고 있다. 2001년 미국 '바이오 엔지니어링 기술협회'부회장은 "옥수수 전분을 원료로 한 PLA 바이오 재료는 미국에서 이미 상용화되기 시작하였다. 우리는 이제 막 모든 제조업부문에서 그것이 응용되는 것을 목격하기 시작하였으며, 이는 구舊경제를 완전히 바꿔놓을 것이다."라고 표명한 바 있다.

복합재료는 바이오매스 재료가 강성 재료를 대체하게 되는 또 하나의 영역이다. 철근 강화 콘크리트, 철사 보강 타이어, 유리섬유와 탄소섬유로 재료를 강화하는 것은 일찍이 있어 왔고, 현재 과학자들은 강도가 더 높고 재질이 더 가벼운 녹색 재료를 개발하고 있다. 연료 소모를 줄이기 위해 자동차 제조업체는 재질이 가벼우면서 저렴하고 질이 우수한 녹색 재료 개발에 많은 관심을 보이고 있으며, 최근 포드Ford사는 폴리프로필렌과 케나프양마 섬유 복합재료를 사용해 여러 가지 자동차 모델의 내부 문짝을 제작하기 시작하였다. 존 디어John Deere사는 대두유로 만든 수지를 사용한 복합재료로 전통적 접착제를 대체하고 있다. 만약 유리섬유가 천연섬유에 의해 대체된다면, 복합재료 판재는 모두 식물성이 될 수 있고, 유리섬유의 가격은 1파운드 당 0.50~0.75달러인데 반해 천연섬유의 가격은 0.03황마~0.25달러양마에 지나지 않을 것이다.

원료의 공급원이 광범위하고, 기술이 계속해서 향상되기 때문에, 상품의 품질이 개선되고 녹색화가 지속가능해질 수 있다. 아울러 이는 많은 재생 불가능한 자원을 대체할 수 있는 유일한 대안이며, 이에 바이오 제품이 점점 더 큰 시장을 점유할 것이 분명하다. 경제적 측면에서 보면 이는 식품, 방직, 제지, 건설 등 전통적 용도에 뒤지지 않을 것이고, 사회적 측면에서는 사회의 지속가능한 발전을 보장하는 새로운 주춧돌이 될 것이다.

2006년 필자가 한 강연에서 '바이오산업'의 개념을 거론한 바 있다. 그 내용은 식물 생산, 동물 생산과 미생물 생산이 하나를 이룬 것으로 상품에 따라 농업 생산의 장Ag, 농산물 가공의 장Ap, 바이오에너지의 장Be, 바이오 상품의 장Bp와 Bm과 미생물 제품의 장Mp으로 나뉜다. 그림 12-5는 당시 PPT에서 인용하였다.

중국 국가 발전 개혁위원회는 중국에서의 바이오산업 발전을 적극 추진하고 있으며, 2007년 제1회 중국 바이오산업 대회를 개최하였다. 국가 발전 및 개혁위원회 부주임 장샤오창張曉强은 개회사에서 다음과 같이 말했다.

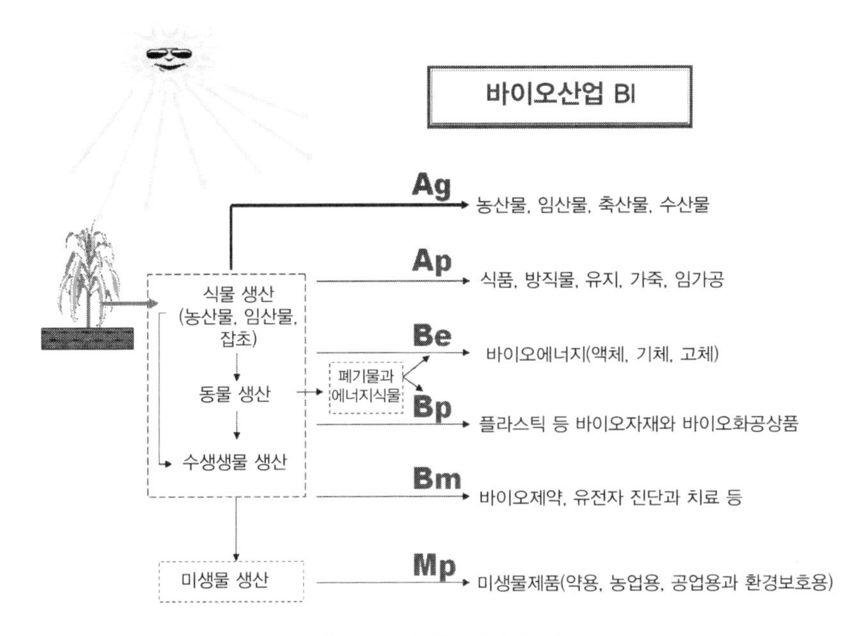

그림 12-5 바이오산업의 개념도

> "현재 생명과학은 생명의 본질적 법칙을 밝히고 생물학적 작용을 통제하는 방향으로 빠르게 발전하고 있다. 바이오기술의 획기적 혁신은 농업, 의약, 에너지 등의 영역에서 새로운 산업혁명을 잉태하고 그 탄생을 재촉하고 있으며, 세계 바이오기술의 발전은 이미 대규모 산업화단계에 접어들기 시작하였다. 앞으로 몇 년 안에 고속 성장기가 새로이 도래할 것이며, 현재 활력이 넘치는 바이오산업이 형성되고 있다."

세계금융위기의 영향으로 중국 첨단기술 제조업은 마이너스 성장을 보였고, 2009년 1~2월의 영업소득은 10.34% 감소하였고, 이윤은 54.67% 감소한데 반해 바이오산업은 여전히 고속 성장하는 추세를 보였다. 2009년 제2차 바이오산업 대회에서 국가 발전 개혁위원회의 당 그룹 구성원인 쑤보蘇波는 다음과 같이 말했다.

> "발전 상황을 볼 때, 바이오산업은 새로운 지주산업이 되기 위한 많은 조건들을 갖추고 있고, ……2010년까지 바이오산업의 부가가치가 5,000억 위안 이상이 되게 할 것이다. 이를 기초로 하여 2020년 전국 바이오산업 부가가치가 2조 위안을 돌파함으로써 국민경제의 주도산업이 될 것이다."

8. 녹색의 미래

인류사회 발전에 필요한 자연자원에는 세 가지가 있다. 첫째, 재생할 수 없고 순환시킬 수도 없는 자원으로 화석에너지가 대표적이다. 둘째, 재생은 불가능하지만 소모를 줄일 수 있는 자원으로 금속과 비금속 광물이 대표적이다. 셋째, 재생이 가능하고 소모를 늘릴 수 있는 자원으로 생물자원이 이에 속한다. 앞의 두 자원은 지속 불가능하고 마지막 자원만이 지속가능하다. 만약 시간척도를 늘려 백년 후 핵융합에너지, 수소에너지, 헬륨-3 등이 주도적인 에너지가 될 수 있다면, 인류의 에너지에 대한 전망은 낙관적일 수 있다. 그러나 물질 생산의 기본 요소인 물질자원, 즉 위의 두 번째 자원은 어떻게 되는가? 이 자원은 소모를 줄이는 가운데 서서히 고갈될 것이다. 현재 가지고 있는 지식과 기술로 점차 고갈되어가는 물질자원에 대응할 수 있는 유일한 대안은 재생가능한 생물자원으로 대체하는 것 외에 다른 방법이 없다.

자원과 기술의 발전성을 볼 때, 화석에너지와 채광야금업은 점차 위축되는 반면 바이오매스산업은 점차 성장하는 것이 이미 대세가 되었고, 인력으로 어찌할 수 있는 게 아니다. 바이오산업이 발전함에 따라 앞으로 농업과 목축업, 식품과 경공업, 에너지와 운송, 자재와 제조, 의약과 건강 등 많은 영역에 두루 영향을 미칠 것이다. 따라서 현재 농업, 공업과 서비스업으로 나눠지는 '3차 산업'구도는 바이오산업, 비바이오산업(채광업, 야금업, 제조업, 무기화공업, 신에너지산업, 정보산업)과 서비스산업의 새로운 '3차 산업'의 구도로 바뀔 것이다.

탄수화물 제품이 탄화수소 제품을 대체하는 것은 유사 이래로 인류사회 최대 규모의 '녹색'대체이다. 미래의 채광업, 야금업, 제조업, 무기화공업, 정보산업과 서비스업이 청정에너지를 사용할 것이고, 생산과정도 녹색이 될 것이다. 녹색의 내일은 꿈이 아니라 일종의 노력이자 기대이다.

유엔환경계획(UNEP)의 주관으로, 국제노동기구(ILO), 국제경영자단체연맹(IEO), 국제노동조합연맹(ITUC)이 공동으로 세계 정책결정자들에게 자문을 제공하는 연구를 실시하여, 「Green Jobs: Towards Decent Work in a Sustainable, Low-Carbon Word」란 제목의 보고서2007를 발표하였다. 보고서에서 'Green Jobs'를 "농업 · 공업 · 서비스업과 관리에 있어 환경의 질을 보호하고 회복시키는데 도움이 되는 일이고, 이는 에너지를 절약하고 온실가스를 줄이며, 이산화탄소를 줄이고 환경오염을 최소화하는데 도움이 된다."고 정의하였다. 보고서에서는 2006년 세계적으로 재생가능에너지부문에서 233.2만여 개의 녹색 일자리가 존재하고, 그 중 바이오매스 에너지부문이 50%를 차지한다고 추정하였다. 또한 2030년에는 녹색 일자리가 2,040만 개까지 증가할 것이고, 그 중 바이오매스 에너지부문이 59%를 차지할 것이라고 내다보았다그림 12-6 참조.

2008년 미국 세계관찰연구소에서도 이와 비슷한 「미국 경제에서 현재와 잠재적 녹색 일자리」란 제목의 보고서를 내놓았다. 이 보고서는 재생가능에너지와 에너지효율 제고의 영역에 있어 미국의 51개 주와 그 관할 지역의 현재2008년와 잠재적2038년 녹색 일자리에 대해 조사하고 예측하였다. 그 결과, 현

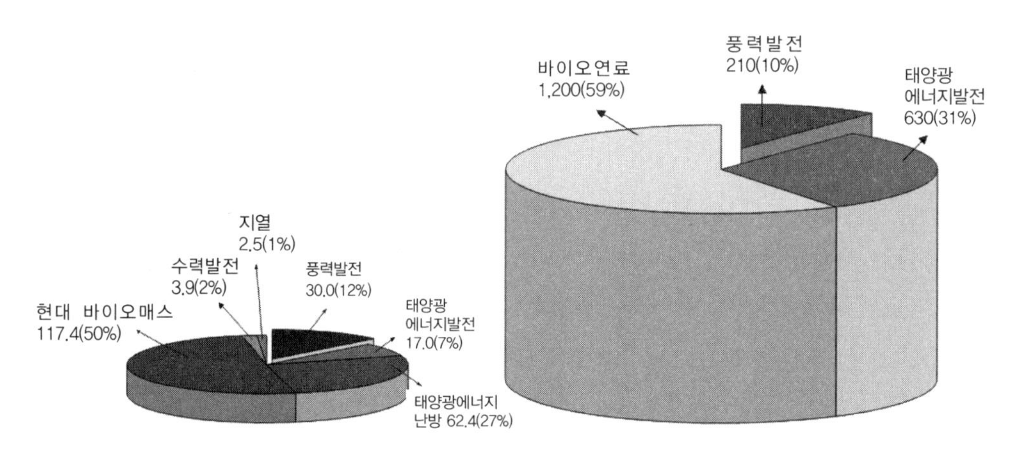

그림 12-6 세계 녹색 일자리의 현황2006년과 예측2030년

재 75.1만 개의 녹색 일자리가 있고, 2018년, 2028년과 2038년에 각각 254만 개, 348만 개와 422만 개가 될 것이라고 예측하였다.

표 12-4 미국의 잠재적 녹색 일자리 예측2038년

녹색 일자리 구문	2018년	2028년	2038년
재생가능에너지 발전	407,200	802,000	1,236,800
가정과 상업 설비 개조	81,000	81,000	81,000
재생가능 운송연료	1,205,700	1,437,700	1,492,000
프로젝트, 법률, 연구개발과 자문	846,900	1,160,300	1,404,900
합계	2,540,800	3,481,000	4,214,700

이 두 보고서는 사람들이 이미 미래의 녹색사회를 위한 계획을 세우기 시작하였음을 보여준다.

만약 재생 불가능한 에너지의 과도한 소모와 인류 생존환경의 악화가 전통 공업사회의 종말을 고했다고 하면, 바이오산업의 경우 인류사회에 희망과 아름다운 미래를 가져다 줄 것이며, 공업문명 이후의 녹색문명이 도래할 것임을 예견하게 한다

9. 아름다운 녹색문명

전문가들은 후기 공업사회에 대해 지식경제, 정보경제, 생태경제, 저탄소경제 등 여러 가지 생각과 견해를 가지고 있다. 많은 경제학자, 사회학자들이 인류사회의 발전에 대해 전문적으로 연구한 바 있다. 예들 들어, 오귀스트 콩트Auguste Comte의 '사회 동력학', 허버트 스펜서Herbert Spencer의 '사회 진화론', 막스 베버Max Weber의 '사회발전 이성화 이론'과 칼 마르크스Karl Marx의 '사회발전론'등이다.

사회 형태마다 각기 다른 본질적 특징을 가지고 각기 다른 발생, 발전과 쇠

퇴의 과정을 거친다. 농업사회에서는 농업이 주도적 생산력이고 사회를 구성하는 주요 형태이다. 동시에 농업 생산력이 고도로 발전함에 따라 인구와 토지 사이에 첨예한 모순이 발생하면 지속되기 어렵다. 공업사회에서는 공업이 주도적 생산력이고 사회를 구성하는 주요 형태이며, 공업 생산력이 고도로 발전함에 따라 자원이 고갈되고 환경이 악화되어 지속될 수 없다. 그렇다면, 그 다음의 사회 형태는 반드시 자원 부족과 환경 악화의 모순을 해소하고 사회의 지속가능한 발전을 보장하는 것이 기본 특징이 되어야 한다. 이러한 의미에서 생물과 기타 재생가능 자원을 위주로 한 녹색산업만이 이와 같은 중대한 역할을 할 수 있고, 바이오산업 위주의 녹색산업이 미래사회의 주도적 생산력과 사회를 구성하는 주요 형태가 될 것이다.

녹색문명이론은 '하늘과 인간의 합일'과 '지속발전'이다. 녹색문명은 생태계와 환경을 희생하는 발전모델을 생태계와 환경을 회복시키고 보호하는 모델로 전환시킬 것이다. 녹색문명은 재생 불가능한 자원 주도의 모델을 재생가능한 자원 주도의 모델로 전환시킬 것이다. 녹색문명은 단일한 단기 목표를 추구하는 과학기술의 진보를 사회가 건강하고 지속가능한 발전을 이루는 장기적 목표를 추구하는 과학기술의 진보로 전환시킬 것이다. 녹색문명은 생산과 생활소비에 있어 인간의 탐욕적이고 무절제한 태도를 이성적이고 고결한 태도로 전환시킨 것이다. 녹색사회에서 이념, 과학기술, 생산, 소비, 생활 모두가 녹색으로 전환되고, 인류는 녹색으로 번영할 것이다.

노예사회에서는 노예를 쟁탈하기 위해 전쟁을 벌였고, 봉건사회에서는 토지를 쟁탈하기 위해 전쟁을 벌였으며, 자본주의사회에서는 자원과 시장을 쟁탈하기 위해 전쟁을 벌였다. 특히 화석에너지 자원을 놓고 20세기에 두 차례에 걸쳐 세계대전이 벌어졌고, 그 이후에도 걸프전을 비롯한 전쟁이 빈번하게 일어난 것도 모두 이러한 이유에서이다. 오늘날 세계는 이미 다원화로 나아가고 있고, 지구 기후변화는 세계가 공동으로 대응해야 하며, 화석에너지 자원의 가치는 이미 '최고치'에 달했다. 그러나 재생가능에너지로 인해 각국은 외국 자원을 놓고 경쟁하기보다는 자국 자원 개발에 더 많은 관심을 갖게 되었다. 이러한 기본적 요소의 변화는 국제관계의 구도를 바꿀 것이다. 부시 대통령조차도 미국의 '석유 중독'을 비판하고 "우리는 더 이상 중동의 석유에 의존하지 말아야 한다!"라고 주장하였다. 지구촌이라는 인류 공통의 삶의 터전에 대해 관심을 갖는 것은 60억 지구인의 행동이자 시대적 흐름이 될 것이다. '녹색'은 인류사회에서 태동하여 자라나고 있다. 50년, 100년 혹은 더 긴 시간 내에 인류사회의 '녹화'는 실현될 것이 확실하고, 우리는 이러한 신념과 기대를 갖고 있다.

녹색문명은 인류사회에 대한 역사관을 수립하고, 생산력 발전을 핵심으로 삼고, 아울러 공업사회가 지속적으로 발전할 수 없다는 시대적 배경에서 제기된 것이다. 이는 마치 마르크스가 말한 "사람들은 스스로 자신의 역사를 창조하지만, 그들은 결코 아무렇게나 창조하지 않고, 결코 그들 마음대로 정한 조건하에서 창조하는 것이 아니라 직접 부딪치고 이미 정해지고 과거로부터 계승된 조건하에서 창조한다."와 같다.

우리가 지금 기후변화와 에너지 전환에 대한 대응과 후기 공업사회와 녹색문명에 대해 논하는 것은 곧 미래의 아름다운 시대를 논하는 것이며, '바이오매스의 최후 승리决勝生物質'는 그 아름다운 시대를 맞이하기 위한 중요한 전투이다.

성경에서는 '천국'에 대해 다음과 같이 묘사하고 있다.

> "성의 찬란한 빛은 아주 값진 보석, 벽옥 같고, 그 밝음은 수정과 같다. 그 성곽은 벽옥으로 되어있고 그 성은 순금인데 맑은 유리 같더라. 그 성의 성곽의 토대는 각양각색의 보석으로 꾸며져 있는데……그 성은 해나 달의 비침이 쓸 데 없으니 이는 하나님의 영광이 비치고 어린 양이 그 등불이 되심이라. 만국이 그 빛 가운데로 다니고 땅의 왕들이 자기 영광을 가지고 그리로 들어가리라. 낮에 성문들을 도무지 닫지 아니하리니 거기에는 밤이 없음이라." (요한계시록 21: 18~25)

성경에서 이처럼 아름다운 천국을 묘사한 뒤 다음과 같이 경고하고 있다.

> "무엇이든지 속된 것이나 가증한 일 또한 거짓말하는 자는 결코 그리로 들어가지 못하리." (요한계시록 21: 27)

이 점은 매우 중요하다. 만약 우리가 녹색문명을 '지상의 천국'으로 여긴다면, 인류사회는 반드시 공업문명시대에서 범한 '청결하지 않고', '가증스럽고 거짓된'과실을 명심하고 다시는 그와 같은 어리석은 짓을 저질러서는 안 된다. 그렇지 않으면, 녹색문명이란 '지상의 천국'에 들어갈 수 없다.

2010년 봄, 필자가 참석한 어메이산峨眉山 바오궈사報國寺 법회에서 한 고승이 "부처는 마음속에 있고, 중생이 바로 부처이다."라고 하며 "영산에서 부처를 찾으려 하지 말며, 영산은 바로 당신의 마음속에 있다."라고 하였다. 사실, 녹색 이념이 우리의 마음과 행동 가운데 있기만 하면, '녹색문명'은 바로 우리 곁에 있는 것이다. 공업사회에서 온 우리는 반드시 석가모니의 "고개만 돌리면 피안이고回頭是岸", "그 자리에서 성불한다立地成佛."는 가르침을 명심해야 한다. 우리 개개인이 이를 실천하고, 특히 국가와 지방정부의 지도자들이 이를 더 잘 실천하게 되면, 결국 우리는 이 지구를 장악할 권리를 가지게 된다. 현대인과 후손을 위해 그들이 "녹색을 마음에 품을 수 있기를"더욱 간절히 바란다.

저자소개

스위안춘(石元春)

베이징농업대학 토양 · 농업화학과 대학원 졸업 1956

베이징농업대학 총장 역임 1987~1995

전 중국과학기술협회 부회장

전 국무원과학기술장려위원회 위원

현 중국과학원 원사, 중국공정원 원사

현 제3세계과학원 원사

현 국가계획전문가위원회 위원

현 중국농업대학 자원환경학원 교수

역자소개

지성태(池成泰)

중국농업대학 농업경제관리학 석사 졸업2007
중국런민대학 농업경제관리학 박사 졸업2011
전 한국국제협력단KOICA 농업전문관
전 농협경제연구소 책임연구원
현 한국농촌경제연구원 부연구위원

양철(楊喆)

중국인민대학 국제관계학원 외교학 박사
중국인민대학 국제에너지환경전략연구센터 위촉연구원

중국의 바이오에너지 산업

2014년 10월 20일 초판 1쇄 인쇄
2014년 10월 30일 초판 1쇄 발행

지은이 스위안춘
엮은이 지성태 · 양철
펴낸이 이건웅
편 집 권연주
디자인 이주현
마케팅 안우리

펴낸곳 차이나하우스
등 록 제303-2006-00026호
주 소 서울시 영등포구 영등포동 8가 56-2
전 화 02-2636-6271
팩 스 0505-300-6271
이메일 china@chinahousebook.com
홈페이지 www.chinahousebook.com
ISBN 979-11-85882-01-7 93520

값: 25,000원

이 도서의 국립중앙도서관 출판예정도서목록(CIP)은 서지정보유통지원시스템 홈페이지(http://seoji.nl.go.kr)와
국가자료공동목록시스템(http://www.nl.go.kr/kolisnet)에서 이용하실 수 있습니다.
(CIP제어번호: CIP2014028091)